气田汞污染控制技术

蒋 洪 班兴安 编著

石油工业出版社

内 容 提 要

本书重点阐述了天然气及凝析油脱汞、含汞污水及含汞固体废弃物（以下简称固废）处理、设备清汞等的处理方法及原理，主要内容包括汞及其化合物的性质与危害、汞腐蚀及防护、汞检测、天然气脱汞、凝析油脱汞、含汞污水处理、含汞固废处理、汞污染设备清洗及气田汞安全防护。全书吸收国内外汞污染控制的新技术及进展，总结作者多年科研工作的研究成果，理论与应用并重，内容丰富，实用性强。

本书可供从事油气田地面工程相关行业的技术人员参考，也可供高等院校石油工程、油气储运及相关专业的本科生、研究生及研究人员参考。

图书在版编目（CIP）数据

气田汞污染控制技术 / 蒋洪，班兴安编著 . —北京：石油工业出版社，2019.2
ISBN 978-7-5183-3136-9

Ⅰ . ①气… Ⅱ . ①蒋… ②班… Ⅲ . ①气田开发 – 汞污染 – 污染控制 – 研究 Ⅳ . ① X741

中国版本图书馆 CIP 数据核字（2019）第 033330 号

出版发行：石油工业出版社
　　　　　（北京安定门外安华里 2 区 1 号　100011）
　　　　　网　　址：www.petropub.com
　　　　　编辑部：（010）64523535　图书营销中心：（010）64523633
经　　销：全国新华书店
印　　刷：北京中石油彩色印刷有限责任公司

2019 年 2 月第 1 版　2019 年 2 月第 1 次印刷
787×1092 毫米　开本：1/16　印张：20.75
字数：530 千字

定价：152.00 元
（如出现印装质量问题，我社图书营销中心负责调换）
版权所有，翻印必究

前言 FOREWORD

汞是常温常压下唯一呈液态的金属，具有高毒性、强挥发性以及高度的生物富集性。汞进入环境后不能生物降解，易在生物体内聚积及转化，破坏生物体正常生理代谢，同时在自然环境中发生汞的迁移，参与生态环境循坏，危害生态环境和人体健康。随着《水俣公约》的实施，人们对汞污染问题日益关注，汞污染治理和防护已成为环境保护的重要课题。

汞是天然气及凝液产品中普遍存在的一种微量有害元素，世界范围内的多个国家和地区均有含汞气田的存在，如泰国湾、墨西哥湾、荷兰等。汞随着天然气的开采及处理，分布于天然气、凝析油、气田污水等物流中，同时部分聚积于工艺管线及设备内部。因汞的特殊危害性，必须对含汞物流及汞污染设备进行处理，防止汞对环境的污染，保证人员安全。

近年来，作者专注于气田面临的汞污染控制问题，开展了天然气处理厂汞分布规律、天然气及凝析油脱汞工艺技术、含汞污水及污泥处理技术、设备清汞技术、汞腐蚀及防护技术等项目的研究，成功开发了天然气、凝析油及气田污水的专用脱汞剂以及设备汞清洗剂等产品，形成了气田汞污染控制的核心技术。本书吸收国内外汞污染控制的新技术及进展，总结作者多年的科研成果，以期推动气田汞污染控制技术的进步和应用。

本书共九章，包括汞及其化合物的性质与危害、汞腐蚀及防护、汞检测、天然气脱汞、凝析油脱汞、含汞污水处理、含汞固废处理、汞污染设备清洗及气田汞安全防护等内容。全书突出汞处理原理和方法，注重理论联系工程实际。

本书第一章至第三章由班兴安编写，第四章至第九章由蒋洪编写，全书由蒋洪统稿。本书由中国石油天然气股份有限公司勘探与生产分公司副总经理汤林、中国石油塔里木油田公司教授级高级工程师王天祥审稿。本书成稿过程中，蒋斌、吴昊、周灵等研究生对书稿资料整理和图样绘制做了大量工作，西南石油大学石油与天然气工程学院、石油工业出版社为本书的出版提供大力支持和帮助，在此表示衷心的感谢。

由于作者水平有限，书中若有疏漏或不足之处，敬请各位读者批评指正。

编者
2018 年 10 月

目 录 CONTENTS

第一章　汞及其化合物的性质和危害 · 1
- 第一节　汞及其化合物的性质和用途 · 1
- 第二节　汞的来源和分布 · 9
- 第三节　汞及其化合物的危害 · 23
- 参考文献 · 44

第二章　汞腐蚀及防护 · 51
- 第一节　概述 · 51
- 第二节　汞腐蚀机理 · 55
- 第三节　汞对不同材质的腐蚀 · 60
- 第四节　汞腐蚀防护 · 78
- 参考文献 · 80

第三章　汞检测 · 83
- 第一节　概述 · 83
- 第二节　天然气汞检测 · 85
- 第三节　液烃汞检测 · 89
- 第四节　污水汞检测 · 94
- 第五节　固体废物汞检测 · 100
- 参考文献 · 106

第四章　天然气脱汞 · 108
- 第一节　概述 · 108
- 第二节　天然气脱汞工艺 · 111
- 第三节　脱汞剂类型及性能分析 · 120
- 第四节　天然气脱汞方案 · 127
- 第五节　工程实例分析 · 130
- 参考文献 · 134

第五章　凝析油脱汞 · 137
- 第一节　概述 · 137
- 第二节　凝析油脱汞工艺 · 143

第三节　脱汞剂类型及性能分析 ·················· 150
　　第四节　凝析油脱汞方案 ······················· 153
　　第五节　工程实例分析 ························· 159
　　参考文献 ··································· 164

第六章　含汞污水处理 ································ 166
　　第一节　概述 ································· 166
　　第二节　含汞污水脱汞工艺 ····················· 171
　　第三节　水处理剂 ····························· 190
　　第四节　含汞污水处理关键设备 ·················· 195
　　第五节　水处理方案及工程应用 ·················· 202
　　参考文献 ··································· 214

第七章　含汞固废处理 ································ 218
　　第一节　概述 ································· 218
　　第二节　含汞污泥减量化 ························ 224
　　第三节　热处理工艺 ··························· 231
　　第四节　固化/稳定化工艺 ······················· 243
　　第五节　深井回注工艺 ························· 251
　　第六节　其他处理工艺 ························· 256
　　第七节　含汞固废处理工艺选用及管理 ············· 261
　　参考文献 ··································· 265

第八章　汞污染设备清洗 ······························ 271
　　第一节　概述 ································· 271
　　第二节　含汞设备清洗工艺 ····················· 272
　　第三节　流散汞处理方法 ························ 281
　　第四节　汞处理剂 ····························· 284
　　第五节　废气废液处理 ························· 288
　　参考文献 ··································· 290

第九章　气田汞安全防护 ······························ 292
　　第一节　概述 ································· 292
　　第二节　作业人员职业汞安全防护 ················· 299
　　第三节　含汞作业环境的安全防护 ················· 308
　　第四节　集输及处理系统安全技术要求 ············· 319
　　第五节　汞应急预案及救援 ····················· 321
　　参考文献 ··································· 324

第一章 汞及其化合物的性质和危害

汞及其大多数化合物均具有高毒性、迁移性及生物富集性。研究汞及其化合物的物理化学性质、来源、分布及危害，能从根本上了解汞及其化合物的理化特性和毒性机理，有效控制汞及其化合物对人体的危害和对环境的污染。本章包括汞及其化合物的理化性质和用途、汞的来源和分布、汞及其化合物的危害等。

第一节 汞及其化合物的性质和用途

汞的性质主要体现在物理性质、化学性质以及它的毒性上。汞的化合物分为无机汞和有机汞，其中有机汞具有很强的神经毒性。

一、单质汞的性质

1. 单质汞的物理性质

汞俗称水银，化学符号 Hg，位于元素周期表第 80 位、第 6 周期、第ⅡB族，是自然界中唯一在常温下呈液态的金属，液态汞呈银白色金属光泽。单质汞的物理性质主要包括密度、熔点、沸点等，单质汞的物理性质见表 1-1。

表 1-1 单质汞的物理性质

性质	参数	性质	参数
化学符号	Hg	电负性	1.90
化学文摘登记号码	7439-97-6	溶解度（水，20℃），kg/L	2.00×10^{-8}
原子序数	80	电离半径（2 价），nm	0.11
原子量	200.59	熔解热，J/kg	1.17×10^7
物理状态	银白色、液态	蒸发热，J/kg	2.83×10^8
密度，g/cm^3	13.546	热导率，W/(m·K)	1.04×10^4
熔点，℃	-38.87	电子构型	$[Xe]4f^{14}5d^{10}6s^2$
沸点，℃	356.58	蒸发速率（静止空气，20℃，对于 10.5cm^2 的汞珠），mg/(cm^2·h)[1]	0.007

单质汞具有高挥发性，在 0℃便可挥发，环境温度每升高 10℃，汞的挥发速度就会增加 1.2~1.5 倍[1]。因为汞的高挥发性，在玻璃试管中加热液态汞，可看到汞蒸气，汞蒸气

在温度较低的试管上不会重新冷凝，形成"汞镜"[2]。

汞的相对密度为13.546，其密度随着温度的增加而降低，在-20～500℃范围内基本呈线性关系，单质汞的密度随温度变化趋势如图1-1所示[3]。

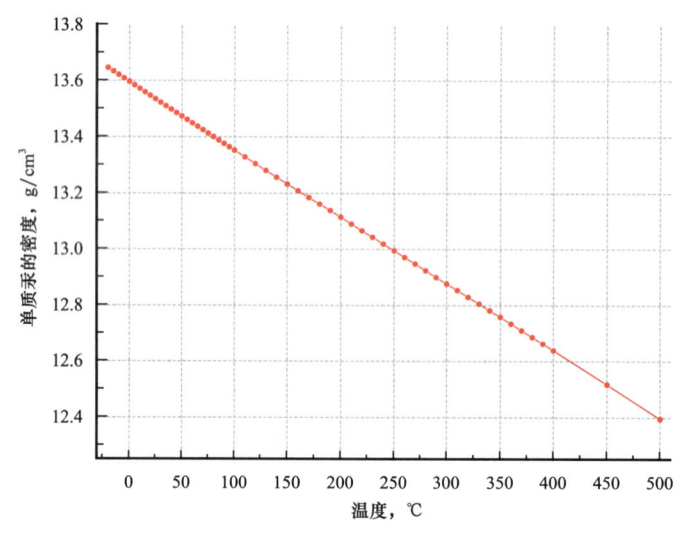

图1-1 单质汞密度随温度的变化

汞在不同温度下的和饱和蒸气压及浓度[4]见表1-2，其变化趋势如图1-2所示。通过分析可知，单质汞的蒸气压强烈地依赖于温度，并随着温度的增加而增加。单质汞的饱和蒸气压和饱和浓度均随温度的升高而增加。温度低于50℃时，增加趋势较慢；温度高于50℃时，增加趋势加快。

表1-2 汞在不同温度下的饱和蒸汽压及浓度

温度，℃	饱和浓度，mg/m³	饱和蒸气压，Pa	温度，℃	饱和浓度，mg/m³	饱和蒸气压，Pa
0	2.45	0.0247	60	316	3.3650
10	6.38	0.0653	70	601	6.4328
20	15.5	0.1601	80	1101	13.3322
30	35.6	0.3702	90	1950	21.0915
40	77.3	0.8105	100	3346	36.3836
50	160	1.6892			

单质汞在常温常压下对其他金属具有一定溶解作用，钠、钾、金、银、锌、镉、锡、铅等都能与汞形成汞齐，根据金属在汞中的溶解度，单质汞与金属形成汞齐的难易程度各不相同，一般与汞性质相近的金属更易于溶解[5]。元素周期表中的同族元素，在汞中的溶解度随原子序数的增加而增大。铊在汞中的最大溶解度为42.8%（18℃）；铝在汞中的溶解度为2.3×10^{-3}%[6]。铁在汞中的最小溶解度为10%～17%，其次为镍，常温下较小。因此，常用铁桶或钢桶作为汞的贮存容器。

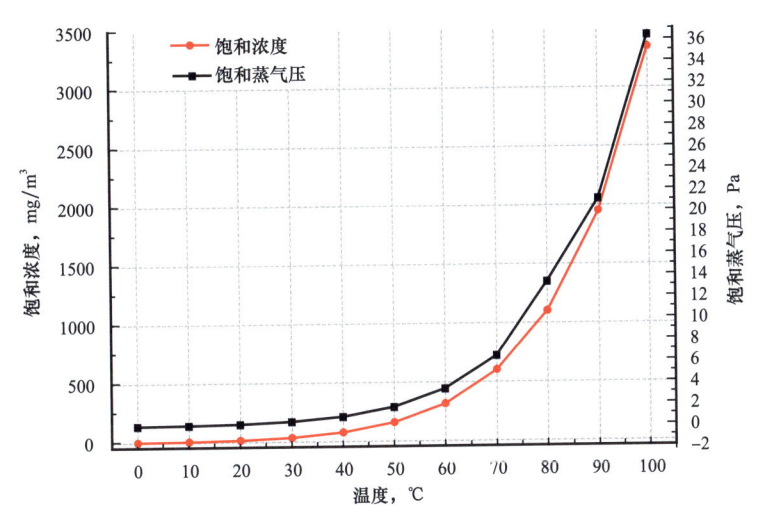

图 1-2 汞的饱和蒸气压和浓度随温度的变化

EPA 2001 报告显示，25℃时，单质汞在水中的溶解度为 0.05mg/L，在油中的溶解度为 2mg/kg，在乙二醇中的溶解度小于 1mg/L[7]。在环境温度下，汞在液态脂肪族烃中的溶解度在 1～3mg/kg 范围内，是水中溶解度 0.05mg/L 的若干倍；单质汞在己烷中的溶解度为 1200μg/kg（27.5℃）；汞在正构烷烃中的溶解度随温度的升高成线性变化。汞在正构烷烃中的溶解度随温度的变化如图 1-3 所示[8]。

2. 单质汞的化学性质

图 1-3 汞在正构烷烃中的溶解度随温度的变化
m—汞摩尔分数；*T*—温度

汞的化学性质稳定，在常温干燥的环境条件下不易被氧化。常温下可与所有卤族元素（氯、碘、溴等）反应生成卤化物，反应过程见式（1-1）至式（1-3），利用该性质，可以用来氧化单质汞。在空气中加热单质汞，会生成氧化汞，见式（1-4）；当温度高于 500℃时，氧化汞会再度分解，见式（1-5）。

$$Hg + Cl_2 \longrightarrow HgCl_2 \qquad (1\text{-}1)$$

$$Hg + I_2 \longrightarrow HgI_2 \qquad (1\text{-}2)$$

$$Hg + Br_2 \longrightarrow HgBr_2 \qquad (1\text{-}3)$$

$$2Hg + O_2 \longrightarrow 2HgO\,(T > 300℃) \qquad (1\text{-}4)$$

$$2HgO \longrightarrow 2Hg + O_2\uparrow\,(T > 500℃) \qquad (1\text{-}5)$$

汞能与硝酸、浓硫酸（热）、次氯酸等强氧化性酸发生反应，见式（1-6）至式（1-9）。但与稀硫酸、稀盐酸和碱不发生反应。

$$2Hg(过量) + 4HNO_3(浓) \longrightarrow Hg_2(NO_3)_2 + 2NO_2 \uparrow + 2H_2O \quad (1-6)$$

$$Hg + 4HNO_3(过量)(浓) \longrightarrow Hg(NO_3)_2 + 2NO_2 \uparrow + 2H_2O \quad (1-7)$$

$$Hg + H_2SO_4(浓)(高温) \longrightarrow HgSO_4 + SO_2 \uparrow + 2H_2O \quad (1-8)$$

$$2Hg + 2HClO = Hg_2OCl_2 + H_2O \quad (1-9)$$

汞具有强烈的亲硫性，在常温下能与单质硫发生反应，利用该特性，可用来处理实验室少量的流散汞，见式（1-10）。常温下单质汞与硫粉的反应很慢，当硫粉与汞珠表面发生反应生成黑色的硫化汞后，由于汞较大的内聚力和表面张力，硫粉无法与内部包裹的汞珠发生反应，但随着外界温度的升高，硫粉与内部汞珠的反应速率会加快。在使用载硫活性炭脱汞剂进行天然气脱汞的过程中，汞蒸气会与具有很大表面积的硫单质迅速反应，且脱汞效率随温度的升高而升高。利用汞的亲硫性，还可以用干法（升华法）生产黑色硫化汞，过量15%~20%硫粉在140~160℃与汞发生熔融反应，适当搅拌，增加汞与硫的接触面积，生成黑色硫化汞，反应原理见式（1-10）。

$$Hg + S \longrightarrow HgS \downarrow \quad (1-10)$$

二、无机汞的性质

常见的无机汞化合物被称为"汞盐"，汞盐主要以$Hg^{2+}X$或$Hg_2^{2+}X_2$形式存在，其中X为无机离子。主要包括氯化汞（$HgCl_2$）、氯化亚汞（Hg_2Cl_2）、氢氧化汞[$Hg(OH)_2$]、氧化汞（HgO）、硫化汞（HgS）、碘化汞（HgI_2）等，其中氢氧化汞的性质不稳定，析出沉淀后会立刻分解成溶解度更低的HgO。典型无机汞的性质见表1-3。

（1）氯化汞（$HgCl_2$），又名升汞，无色或白色结晶性粉末，有剧毒，溶于水、醇、醚和乙酸。遇光或暴露于空气中缓慢分解，生成氯化亚汞。$HgCl_2$可溶于水，在水中的近似溶解度为70g/L（25℃）[7]，随温度的升高而增大。但是，$HgCl_2$在水溶液中的离解度极小，大多数以未离解的$HgCl_2$存在。当$HgCl_2$以单盐状态存在时不稳定，但与HCl、NH_4Cl、NaCl等可溶性氯化物共存则可形成稳定的络盐。

$HgCl_2$比Hg^0在凝析油和油中的溶解度大10倍，25℃时，$HgCl_2$在油中的近似溶解度大于10mg/kg，在乙二醇中的近似溶解度大于50mg/L[7]；27.5℃时，在己烷中的溶解度为11.5mg/kg[8]。

$HgCl_2$与NaOH作用生成黄色沉淀，化学方程式如式（1-11）；向$HgCl_2$溶液中加过量的氨水，得白色氯化氨基汞$Hg(NH_2)Cl$沉淀，方程式如式（1-12）；实验室少量的$HgCl_2$的泄漏可用Na_2S来处理，见式（1-13）；在酸性条件下，适量的$SnCl_2$可将$HgCl_2$还原为难溶于水的白色Hg_2Cl_2，见式（1-14），若$SnCl_2$过量，Hg_2Cl_2会进一步被$SnCl_2$还原为单质汞，使沉淀变黑，见式（1-15）；$HgCl_2$可以和Hg^0反应生成不溶于烃和沉淀物的白色Hg_2Cl_2沉淀，方程式见式（1-16）[9]。

$$HgCl_2 + 2NaOH \longrightarrow HgO^- + H_2O + 2NaCl \quad (1-11)$$

$$HgCl_2 + 2NH_3(过量) \longrightarrow Hg(NH_2)Cl^- + NH_4Cl \quad (1-12)$$

$$HgCl_2 + Na_2S \longrightarrow HgS^- \downarrow + 2NaCl \quad (1-13)$$

$$2HgCl_2 + SnCl_2 \longrightarrow Hg_2Cl_2 \downarrow + SnCl_4 \quad (1-14)$$

$$Hg_2Cl_2 + SnCl_2 \longrightarrow 2Hg \downarrow + SnCl_4 \quad (1-15)$$

$$HgCl_2 + Hg \longrightarrow Hg_2Cl_2 \downarrow \quad (1-16)$$

（2）氯化亚汞（Hg_2Cl_2），俗称甘汞，白色有光泽的结晶或粉末，无气味。在400~500℃时升华，无熔点。可溶于王水和硝酸汞溶液，微溶于稀硝酸和盐酸，不溶于水和有机溶剂。在日光下渐渐分解成氯化汞和汞，见式（1-17），需密闭保存。能被碘化钾、溴化钠、氰化钾溶液分解为高汞盐和金属汞，见式（1-18）。氯化亚汞与石灰水、氢氧化钠反应，形成氧化亚汞而变黑，见式（1-19）[10]；向氯化亚汞溶液中滴加氨水，形成黑色的氨基亚汞盐，见式（1-20）。

$$Hg_2Cl_2 \longrightarrow Hg + HgCl_4 \quad (1-17)$$

$$Hg_2Cl_2 + 4KI \longrightarrow Hg + K_2(HgI_4) + 2KCl \quad (1-18)$$

$$2Hg^+ + 2OH^- \longrightarrow Hg_2O + H_2O \quad (1-19)$$

$$Hg_2Cl_2 + 2NH_3 \longrightarrow Hg + Hg(NH_2)Cl + NH_4Cl \quad (1-20)$$

表 1-3 典型无机汞的性质

名称	氯化汞	氯化亚汞	氧化汞	硫化汞	碘化汞
分子式	$HgCl_2$	$HgCl/Hg_2Cl_2$	HgO	HgS	HgI_2
化学文摘登记号码	7487-94-7	10112-91-1	21908-53-2	1344-48-5	7774-29-0
汞的价态	二价	一价	二价	二价	二价
相对分子质量	271.50	472.09	216.59	232.66	454.40
外观与性状	无色或白色结晶性粉末	白色有光泽的结晶或粉末	黄色、橘黄色或红色的晶体粉末	黑色或红色粉末	黄色结晶或粉末/红色四方晶体或粉末
熔点，℃	276	—	500	分解温度 560	259
沸点，℃	302	384	—	—	354
密度，g/cm³	5.43（固）	7.15	11.14（固）	8.10	6.09

续表

名称	氯化汞	氯化亚汞	氧化汞	硫化汞	碘化汞
水溶性[7]	70g/L（25℃）	2mg/L（20℃）	0.05g/L（25℃）	微溶	极微溶于水
溶解性	易溶于水、甲醇、乙醇、乙醚、丙酮、乙酸乙脂，不溶于二硫化碳	不溶于水，不溶于乙醇、乙醚、稀酸，微溶于浓硝酸、硫酸	易溶于稀盐酸、稀硝酸、氰化碱和碘化碱溶液，不溶于乙醇和水	能溶于硫化钠溶液与王水，不溶于盐酸、硝酸和水	易溶于碘化碱金属、硫代硫酸钠溶液，溶于乙醚、丙酮、氯仿、醋酸乙酯
毒性	剧毒 LD$_{50}$：1mg/kg（大鼠经口），41mg/kg（兔经皮）	中度 LD$_{50}$：17mg/kg（大鼠静脉）	剧毒 LD$_{50}$：18mg/kg（大鼠经口）	中度	剧毒 LD$_{50}$：75mg/kg（大鼠经皮）

注：LD$_{50}$——半数致死量。

（3）氧化汞（HgO），又名三仙丹，黄色、橘黄色或红色的晶体粉末，剧毒，有刺激性。氧化汞分为黄色氧化汞和红色氧化汞，两者大小不同，一般认为红色氧化汞的粒子比黄色氧化汞大。两者均难溶于水，但黄色氧化汞的溶解度大于红色氧化汞[10]。25℃时，HgO 在水中的近似溶解度为 50mg/L，在油中的近似溶解度很低[7]。

氧化汞受光会缓慢变成暗黑色，500℃高温分解生成含汞和氧的高毒性烟雾，见式（1-5）；与氯、过氧化氢、次磷酸镁（受热时）、二氯化二硫及三硫化二氢发生猛烈反应，有爆炸危险。

（4）硫化汞（HgS），又称辰砂或朱砂，有红色和黑色两种，天然存在的辰砂为红色，人工制成的为深红色，黑色的不常见。HgS 溶解度极小，极难溶于水和油，常以悬浮态汞化合物（非常小粒度的悬浮固体颗粒）的形式存在。25℃时，HgS 在水中的溶解度约为 0.01mg/L，在油中溶解度小于 0.01mg/kg，在乙二醇中的溶解度小于 0.01mg/L[7]。HgS 不溶于盐酸、硝酸，能溶于硫化钠溶液与王水。硫化汞溶于王水的化学反应机理见式（1-21）[11]。

$$3HgS + 2HNO_3 + 12HCl \longrightarrow 3H_2(HgCl_4) + 3S + 2NO\uparrow + 4H_2O \quad (1-21)$$

（5）碘化汞（HgI$_2$），有红色或黄色两种结晶，红色碘化汞加热到 127℃转变为黄色，冷却时再变为红色，无味。碘化汞难溶于水，在水中溶解度为 60mg/L（25℃），微溶于水中的碘化汞不解离，以中性分子状态存在；溶于乙醇、乙醚等有机溶剂。可用于医药和化学试剂。加热至 500℃时碘化汞分解成 Hg 和 I$_2$，见式（1-22）；碘化汞与碘化钾可形成复盐 K$_2$[HgI$_4$]·2H$_2$O，该复盐的碱性溶液称为纳氏（Nessler）试剂，是检验氨的试剂，反应方程式见式（1-23）。

$$HgI_2 \longrightarrow 2Hg + I_2 \quad (1-22)$$

$$2(HgI_4)^{2-} + NH_3 + 3OH^- \longrightarrow (Hg_2ONH_2)I + 7I^- + 2H_2O \quad (1-23)$$

三、有机汞的性质

有机汞化合物主要包括甲基汞、氯化甲基汞、二甲基汞、氯化甲基汞、二乙基汞、氯化乙基汞等[12]。典型有机汞的性质见表1-4。

表1-4 典型有机汞的性质

名称	甲基汞[13]	二甲基汞	氯化甲基汞	二乙基汞	氯化乙基汞	二苯基汞
分子式	CH_3Hg	$(CH_3)_2Hg$	CH_3HgCl	$(CH_3CH_2)_2Hg$	CH_3CH_2HgCl	$(C_6H_5)_2Hg$
化学文摘登记号码	22967-92-6	593-74-8	115-09-3	627-44-1	107-27-7	587-85-9
相对分子质量	215.63	230.67	251.07	258.73	265.1	354.80
外观与性状	无色透明液体,特殊气味	无色,易挥发液体,易燃,味带甜	红色结晶,具有特殊臭味	具有刺激气味无色液体	白色、黄色、灰色、棕色粉末或结晶	白色结晶
熔点,℃	5.5	-43	170	—	192.5	128~129
沸点,℃	80.1	96	68.75	170	—	204（1.40kPa）
密度,g/cm³	0.88（25℃）	2.961	4.063	2.47	3.482	2.32
水溶性[7]	1.8g/L（25℃）	<1mg/L（25℃）	>10000mg/L（25℃）	<1mg/L（25℃）	微溶	不溶
溶解性	可溶于油、水	能渗过乳胶,易溶于乙醚、乙醇,易溶于原油和凝析油	溶于水、油和乙二醇	微溶于乙醇,易溶于乙醚,易溶于原油和凝析油	微溶于冷乙醇、乙醚,溶于热乙醇、氯仿	微溶于乙醇、热醇,溶于氯仿、苯、二硫化碳
毒性	剧毒	剧毒	剧毒 LD_{50}: 16mg/kg（小鼠腹腔）	剧毒 LD_{50}: 51mg/kg（大鼠经口）	剧毒 LD_{50}: 40mg/kg（大鼠口服）	剧毒

（1）甲基汞（CH_3Hg）是一种无色无味,具有挥发性、腐蚀性的液体,有剧毒。可溶于水、油,25℃时在水中的溶解度为1.8g/L。常温下较稳定,遇高温或明火产生剧毒蒸气。在环境中通常由生物甲基化过程而产生[13]。自然界中,任何形式的汞化合物均能在一定条件下转化为剧毒的甲基汞。甲基汞具有溶脂性,易以简单扩散的方式通过生物膜,也易随血液的流动透过血脑屏障进入脑组织,危害人体健康。

（2）二甲基汞[$(CH_3)_2Hg$]在常温常压下为无色液体,易燃,味带甜,不溶于水、易溶于乙醇和乙醚。二甲基汞有剧毒,数微升即可致死,是最危险的有机汞化合物。美国达特茅斯学院的Karen Wetterhahn毒物化学教授,因在实验中不慎将二甲基汞洒在手上,二甲基汞渗过她戴的乳胶手套接触皮肤,导致其最终不治身亡。因此,接触二甲基汞时必须佩戴特制手套。二甲基汞易挥发,被土壤胶体吸附的能力相对较弱,容易发生气迁移和水迁移[14]。二甲基汞在原油和凝析油中的溶解度很大,在己烷中几乎全部溶解[9]。厌氧条件下，汞的甲基化主要是生成二甲基汞[15]。在弱酸性的水环境中，二甲基汞可转化为水溶性的甲基汞，又回至底泥或进入生物体内。

（3）氯化甲基汞（CH₃HgCl）为红色结晶，具有特殊臭味，有剧毒。遇明火、高热可燃，受高热分解产生有毒的腐蚀性烟气。易溶于水、乙二醇、原油和凝析油，25℃时，氯化甲基汞在水中的近似溶解度大于10g/L，在油中的近似溶解度为1g/kg，在乙二醇中的近似溶解度大于1g/L[7]；20℃时，在己烷中的溶解度大于1g/kg[9]。

（4）二乙基汞[(C₂H₅)₂Hg]为无色、有刺激性气味的液体，有剧毒，遇明火能燃烧。几乎不溶于水，微溶于乙醇，易溶于乙醚，在原油和凝析油中的溶解度很大[9]。能与氧化性物质发生反应，当受热分解或接触酸、酸气能产生有毒的汞蒸气。

（5）氯化乙基汞（CH₃CH₂HgCl）为白色、黄色、灰色、棕色粉末或结晶，遇热有挥发性，遇光宜分解。微溶于水，不溶于冷水，溶于乙醇、乙醚。

（6）二苯基汞[(C₆H₅)₂Hg]为白色结晶，不溶于水，微溶于乙醚、热乙醇，溶于氯仿、苯、二硫化碳，受光发黄。遇明火、高热可燃，受高热分解放出有毒的气体。

四、汞及其化合物的用途

汞是地球上分布极广的重金属元素，世界上约有80多种工业需要汞作为生产原料[16]。在工业、农业、科学技术、交通运输、医药卫生及军工生产等领域中得到广泛应用，如电池、气压表、压力表、汞真空泵、日光灯、整流器、水银法制烧碱、汞触媒、雷酸汞、颜料朱砂、农药、镏金、气焊切割等都离不开汞及其化合物。汞化合物的主要应用见表1-5。

表1-5 汞化合物的主要应用

名称	分子式	用途
氧化汞	HgO	氧化汞可用于制取汞化合物或用作催化剂、防腐剂、干电池去极剂、研磨剂、氧化剂、抗菌剂、牙科和皮肤科的医疗药剂、颜料及汞电池中的电极材料
氯化汞	HgCl₂	可用于木材和解剖标本的保存、皮革鞣制和钢铁镂蚀，是分析化学的重要试剂，还可作消毒剂和防腐剂
氯化亚汞	Hg₂Cl₂	用于制造甘汞电极、药物（利尿剂）和农用杀虫剂，也可以制造暗绿色烟火、轻泻剂、防腐剂、锡锌合金的涂镀剂，与金混合可作瓷器涂料等
硫化汞	HgS	用作油画、印泥、朱红雕刻漆器等的红色颜料，也用于彩色封蜡和油墨、塑料、橡胶、化妆品、石印术、医药用朱砂及防腐剂等
硫酸汞	HgSO₄	应用于有机化学工业作触媒剂、制造特种电池及医药
硫酸亚汞	Hg₂SO₄	
硝酸汞	Hg(NO₃)₂·1/2H₂O	用于毛纺织物的防腐剂、硝化芳香族化合物、医药
雷汞	Hg(CNO)₂	用作重要起爆剂，生产雷管、引火帽、军用武器
二乙基汞	(CH₃CH₂)₂Hg	可用于有机合成及制造合成纤维
氯化甲基汞	CH₃HgCl	主要用于种子消毒
氯化乙基汞	CH₃CH₂HgCl	可用作农用杀菌剂
二苯基汞	(C₆H₅)₂Hg	可用于农药、有机合成等

利用汞的液态性质、扩散性、附着性，以及在整个液态范围内体积膨胀均匀性，可用于制造温度计；利用汞的大密度和低蒸气压性能，又可将其用于气压计和压力计的制造；汞的蒸气在电弧中能导电，并辐射高强度的可见光和紫外线，可将其应用于制造医疗太阳灯；利用汞的高相对密度、导电性和流动性，在实验工作中又可将其用作液封和大电流断路继电器；利用汞的溶解性，可在冶金中提炼金（Au）和银（Ag）等金属；汞对热中子的截获性高，导热性好，还可作为核反应器的防护和冷却介质[17]。单质汞的主要应用[18, 19]见表1-6。

表1-6　单质汞的主要应用

产品制造部门	产品及用途
电器、仪器工业	制造温度计、气压计、血压计、水平仪器，飞机、轮船导航的回转器，交通信号的自动控制器，自动点开关，水银灯，水银真空泵，紫外线灯，水银整流器和振荡器，汞槽，汞盐干电池、蓄电池及物理仪器等
化学工业	用汞作电极电解食盐，生产高纯度的氯气和烧碱； 在有机化学工业的蒸馏设备中，用汞代替水作为加热介质或用于高温的恒温器
冶金、铸造工业	有色金属的提取（用混汞法提取金、银，从炼铝的烟尘中提取铊，也可提取金属铝）；汞与铋、铅、铝、镉可合成低熔点合金，用作制造精密铸件的模型，镉基轴承合金等
医疗工业	汞与银、锡制作合金汞膏，作为重要的牙科材料
军事工业	钚原子反应堆的冷却器
聚氯乙烯行业	PVC板
采矿行业	黄金冶炼
化妆品行业	祛斑霜、护肤品及美容化妆品等

2016年4月30日，我国批准了2013年10月10日由政府代表在熊本签署的《关于汞的水俣公约》，该公约于2017年8月16日在我国正式实施。根据《水俣公约》，自2020年起，各缔约国禁止生产及进出口含汞产品。作为公约缔约国，中国势必面临诸多挑战。2013年初，中华人民共和国环境保护部就《汞污染防治技术政策》向社会公开征求意见，提出到2020年，含汞废物将得到全面控制，资源利用、能源消耗和污染排放指标达到国际先进水平。

因此，我国环境保护部联合其他部门呼吁各相关涉汞行业持续推动无汞或低汞技术的应用，对用汞工艺和含汞产品的生产过程加强管理和控制；减少含汞废物的产生和排放，实现用汞产品的替代并逐步淘汰替代；积极推进绿色环保的生活方式，不断提升我国可持续发展的能力。

第二节　汞的来源和分布

进入环境中的汞可分为自然释放、人为排放和再排放三大类。工业革命之前，环境中的汞主要来源于自然释放，如火山活动和岩石风化等。工业革命以来，人为排放逐渐成为环境中汞的主要来源。了解各国油气田汞的来源、分布和排放对油气田高效安全地开发、保护环境和人体健康都有十分重要的意义。

一、环境中汞的来源和分布

环境是由大气、水体和土壤组成的生物圈，汞是该生物圈的组成元素之一，以各种形态在大气、水体和土壤之间进行持续交互的循环，不同国家或地区的汞含量存在显著差异。

1. 环境中汞的来源

汞作为一种自然元素，在自然界中广泛存在，环境中汞的来源可分为以下三类。

自然释放：自然活化导致地壳中的汞释放进入环境，包括壳幔物质、土壤表面的释放，自然水体的释放，植物表面的蒸腾作用，火山气体的排放，森林火灾和地热活动等。目前对自然源汞释放的研究还不成熟，其释放量范围约为1800～7800t/a[20]。

人为排放：人为活动排放的汞是目前大气汞的主要来源，排放量约为2100t/a[21]。主要包括化石燃料的燃烧；一些已被提取、加工或回收矿物中的汞释放；使用或加工含汞产品造成的汞释放，如使用牙齿汞合金、含汞污染物的渗漏、废弃产品的堆放、垃圾焚烧等。另外，在油气田的开发过程中，含汞废气、含汞污水以及含汞固废的排放也逐渐成为环境中汞的来源之一。

再排放：与人类活动相关的环境（大气、水体、土壤、沉积物）中聚集的汞重新活化并再排放至环境中循环。

2. 环境中汞的分布

汞在环境中的分布极不均匀，汞的宇宙丰度为0.284×10^{-6}，其在地球各圈层中的丰度大小依次为地壳（0.08×10^{-6}）、地幔（0.01×10^{-6}）、地核（0.008×10^{-6}）。此外，在不同类型的岩石中，以黏土岩石中汞的丰度最高（$0.n \times 10^{-6}$，$1<n<9$），然后依次为基性岩（0.09×10^{-6}），酸性岩（0.08×10^{-6}）和碳酸岩（0.04×10^{-6}），超基性岩中汞的丰度最低（0.01×10^{-6}）[22]。

汞具有较高的电离势和挥发性，各种汞化合物易被还原成单质汞，并以气态分散于岩石圈、沉积圈、水体和大气，但汞在世界范围内的迁移量有很大的不确定性，世界各地区大气中汞的含量差别很大，如在欧洲和北美洲，汞的自然背景值为$1 \times 10^{-6} \sim 4 \times 10^{-6} mg/m^3$；而在日本，汞的自然背景值为$5 \times 10^{-6} \sim 10 \times 10^{-6} mg/m^3$。环境中汞的分布情况见表1-7。

表1-7 环境中汞的分布情况

类别	汞含量
地壳	0.8mg/kg[5]
岩石	变质岩：2～3900ng/g；火成岩：4.5～1600000ng/g；沉积岩：5～200000ng/g[23]
大气	北半球1.5～1.7ng/m³；南半球1.1～1.3ng/m³[24]
土壤	森林土壤：0.029～0.1μg/g；耕地：0.3～0.7μg/g；黏土 0.03～0.034μg/g[25]
水体	雨水：0.2μg/L；河水：1μg/L；海水：0.3μg/L；泉水：>80μg/L[25]

3. 环境中汞的排放

20世纪以来，工业化的发展成为当前人为汞排放的重要驱动力。图1-4是美国地质调查局（United States Geological Survey，简称USGS）关于美国西部冰川内部汞浓度随时间变化的一项研究结果[26]，该汞浓度变化也表明了当地大气中汞含量的变化。

由图1-4可知，环境中的汞含量每年都会发生重大变化。图中的三个蓝色尖峰分别代表了三次火山活动，包括19世纪的两次印度尼西亚爆发（Tambora和Krakatau）和1980年规模较小的圣海伦山的火山爆发。这说明火山活动是环境中汞的主要来源之一。金色的这部分这代表了美国西部的淘金热，可知在淘金期间汞曾被广泛地使用。据美国地质调查局估计，该期间美国加利福尼亚州向环境中释放了超过4535923.7kg的汞[27]。图中的红色部分则是工业化导致的汞的排放。工业化的影响是当前全球关注的重点，并且也是与汞排放相关人类活动的主要驱动因素。

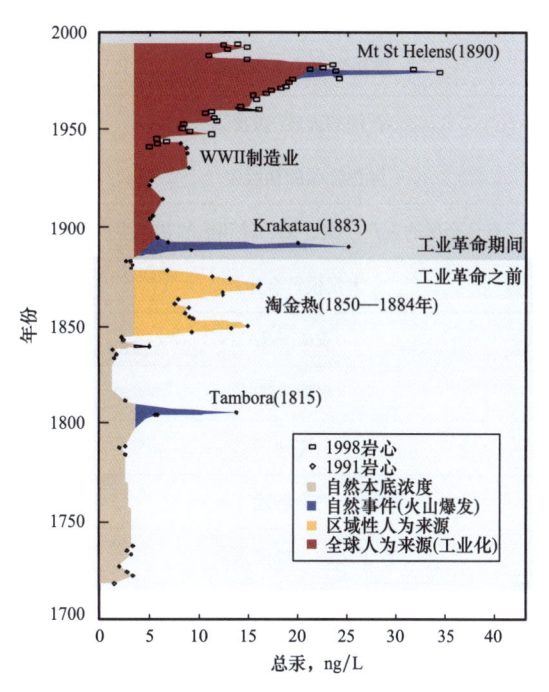

图1-4 冰川样本内部的汞浓度

联合国环境规划署（United Nations Environment Programme，简称UNEP）在2010年更新了全球人为活动向大气排放的汞含量及相对贡献的估算[28]（图1-5和表1-8）。手工和小规模采金是造成汞排放的最大因素，其次是煤炭燃烧、水泥生产和有色金属的冶炼。联合国环境规划署的估计还包括与石油和天然气有关的两项排放量（石油和天然气的直接燃烧、炼油），这两项排放量差不多占人为排放总量的2%。

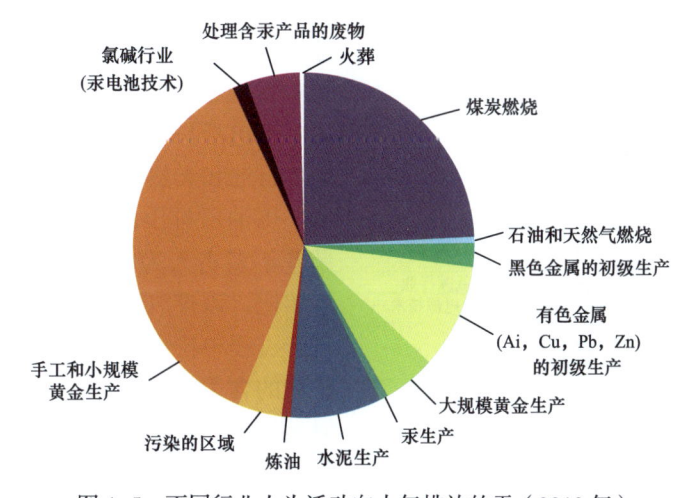

图1-5 不同行业人为活动向大气排放的汞（2010年）

表 1-8 不同行业人为活动向大气排放的汞含量及相对贡献

行业	汞含量①，t/a	相对贡献②，%
煤炭燃烧（所有用途）	474（304～678）	24
石油和天然气的燃烧	9.9（4.5～16.3）	1
黑色金属的初级生产	45.5（20.5～241）	2
有色金属的生产（铜、铅、锌和铝的初级生产）	193（82～660）	10
大规模黄金生产	97.3（0.7～247）	5
汞矿开采	11.7（6.9～17.8）	<1
水泥生产	173（65.5～646）	9
炼油	16（7.3～26.4）	1
污染场地	82.5（70～95）	4
手工和小规模采金	727（410～1040）	37
氯碱行业	28.4（10.2～54.7）	1
消费品的浪费	95.6（23.7～330）	5
火化（牙齿汞合金）	3.6（0.9～11.9）	<1
总量	1960（1010～4070）	100

① 四舍五入到三位有效数字。
② 到最近的百分比。

联合国环境规划署在 2015 年发布了全球不同行业人为活动向水体排放的汞含量及相对贡献的估算[29]（图 1-6 和表 1-9）。全球大部分人为排放到水体中的汞与废物处理部门有关（52%），其次是能源部门（26%），矿石开采及其加工部门（22%）。在该新的清单中，仅含汞产品的使用、处置和城市污水的排放这两个部门就贡献了包括所有部门在内的总排放量的一半以上（52%）。另外，该清单也包括与石油和天然气有关的两项排放量（石油和天然气在生产期间排出的含汞污水、炼油厂排出的含汞污水），这两项排放量差不多占人为排放总量的 3.5%。与 2010 年相比，该排放清单新增了从原油和天然气生产过程中排出的含汞污水量。在石油行业排放的含汞污水中，有 96% 来源于采出水。但是该清单仍然有一定的局限性，例如在处理、运输石油和天然气时造成的汞排放并没有被记录在内。

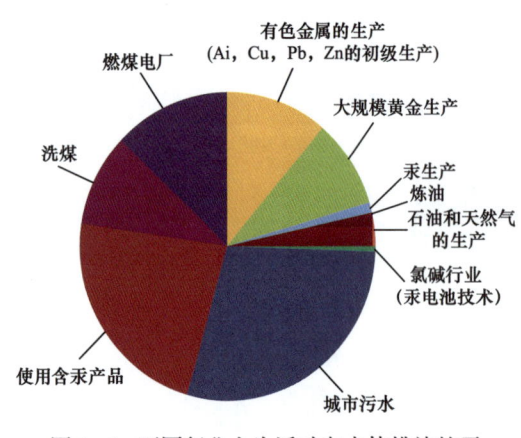

图 1-6 不同行业人为活动向水体排放的汞（2015 年）

表 1-9　不同行业人为活动向水体排放的汞含量及相对贡献

行业	汞含量[①], t/a	相对贡献[②], %
有色金属的生产（铜、铅、锌和铝的初级生产）	47.9（$x\sim y$）	11
金属汞的生产	5.18（$x\sim y$）	1.2
大规模黄金生产	40.6（$x\sim y$）	9.4
炼油厂	0.56（$x\sim y$）	0.1
石油和天然气生产期间	14.7（$x\sim y$）	3.4
氯碱行业（汞电池技术）	1.74（$x\sim y$）	0.4
城市污水	126（42～210）	29
燃煤电厂	55.6（12.3～123）	13
洗煤	42（23～65）	9.7
含汞产品的使用和废物处理	99.4（66.5～133）	23
手工和小规模采金[③]	1011（509～1513）	—
总量	434（$x\sim y$）	

① 四舍五入到三位有效数字。
② 图 1-6 中不包括手工和小规模采金。
③ 手工和小规模采金向大气和水体中均有释放汞。

二、油气田中汞的来源和分布

汞和油气具有相近的活动性和成藏条件，是油气聚汞的根本原因，天然气中的汞主要来源于烃源岩，在烃源岩的热演化成烃过程中，汞以挥发组分的形态随天然气一起聚集在油气藏中。原油及凝析油中的汞主要以悬浮态汞及固体悬浮物上的吸附态汞的形式存在，这些悬浮汞大部分是硫化汞以及一部分有机汞[30]。

1. 油气田中汞的来源

借鉴汞在自然界中的循环过程和煤的形成过程，可将油气中汞的形成划分为 5 个演化阶段[31]，即搬运、沉积、埋藏、释放、保存。火山喷发物和各种岩石风化的产物是自然界中汞最原始的来源，在环境气流、水流等作用下，汞以气态、吸附态和各种化合态的形式进入湖泊或海洋沉积，在沉积过程中被有机质胶体吸附，在有机物中富集并随有机物一起被埋藏下来，通过热演化的过程富集到石油天然气中，并随着石油天然气的迁移一同被开采出来。石油天然气的形成和迁移过程如图 1-7 所示[32]。

（1）油气中汞的成因。

汞在油气藏中聚集的根本原因是汞易于还原和蒸发，具有很高的活动性，对温度、压力的变化与油气具有相同的效应，因而具有相似的运移和聚集条件。

天然气中汞的成因可分为有机、无机两种机制。天然气的形成主要来自气源岩的热演化，由于有机质具有良好的聚汞性质，富含有机质的烃源岩可作为天然气中汞的矿源层。

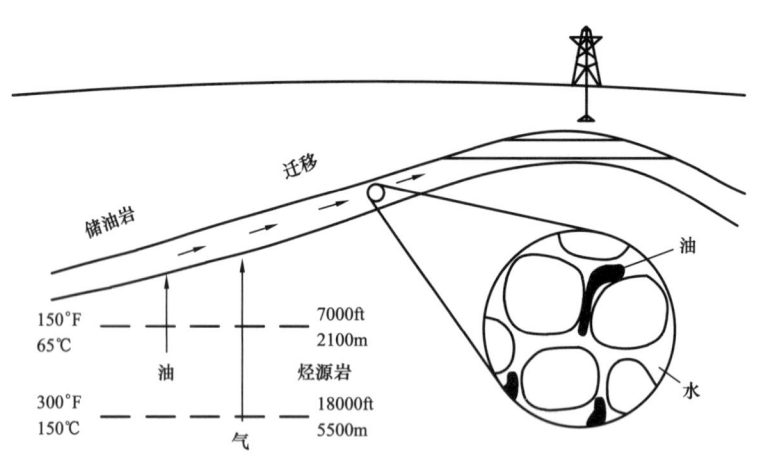

图 1-7 石油天然气的形成和迁移过程

在热演化过程中，汞也被气化，不断从矿源层富集到天然气中，这是天然气中汞的有机成因。因气源母质类型具有差异，煤型气中汞的含量普遍高于油型气中汞的含量。蒙斯特 Munster 气田赤底统煤成气中的汞含量为 $1×10^3$～$4×10^3 \mu g/m^3$，是目前世界上天然气中汞含量最高的天然气气田。Grotewold 认为，该气田的天然气来自上石炭统的煤层，而煤层吸附了来自热液成因的汞[33]。当煤层在 100～200℃温度下形成煤成气的同时，被气化的汞随煤成气一起运移到上覆赤底统砂岩，经储层储集、聚焦并保存在蒙斯特背斜圈闭中。

另一种无机成因说是 Bailey 根据美国加利福尼亚州 San Joaquin Valley 油气田附近存在热液成因汞矿及原油中含汞的现象首次提出的[34]。他指出，天然气中的汞主要来自地球深部的成矿流体，一般发育有基底断裂构造或有岩浆活动的含油气盆地天然气汞含量较高。位于美国加利福尼亚州 San Joaquin Valley 西部的 Cymric 油气田与 New Almaden 等汞矿床相连，均受到 San Andreas 深大断裂的控制，是世界上少数几个在开采油气过程中提炼汞的油气田之一。

原油中汞的成因为石油和汞矿产聚集的主要地质单元都是沉积盆地，通过 Peabody 和 Einaudi 对汞矿床中辰砂与石油共生关系的研究，表明石油与汞同源（含汞和烃类的有机成矿流体的产物）且经历了相似的形成和演化过程[35]；另外，汞和汞的化合物在烃类物质中的溶解度很高，使之在原油中存在[36]。

（2）天然气中汞的富集。

汞与天然气具有相近的活动性且在赋存条件方面具有相似性，使得以烃类为主成分的天然气中汞呈现相对富集的状况。天然气中重烃的含量影响着汞蒸气的含量，其高含汞量与油气的成熟度密切相关。岩浆活动是高含汞气田形成的必要条件，但并不是只要有岩浆活动就可以形成高含汞气田。Ryzhov 等还通过连续观察与分析不同气井中的汞，发现天然气中的汞含量变化具有周期性，造成这种周期性现象的原因可能与月潮周期有关。天然气中汞的富集条件具体包括以下两个方面[37]：

① 有效岩浆活动。岩浆活动发生的时期不宜太早，同时，岩浆活动释放的汞蒸气能够到达气藏。大量数据表明，岩浆活动发生时期越早，形成的天然气汞含量越低。全球高含汞气田的岩浆活动均发生在中生代晚期至新生代。另外，在岩浆岩分布区不同产层的汞含量差异也很大。富含汞的气源岩含汞量越高，形成的天然气汞含量才可能会高，如煤或

偏腐殖型气源岩。地层热力越充足，气源岩温度越高，汞的活动性越强，就越容易从气源岩中释放出来。

全球高含汞气田主要有格罗宁根等，高含汞地区包括阿隆、波德拉维纳、泰国湾等，在这些气田或地区中均有大面积的新生代岩浆岩分布。格罗宁根是世界上最著名的高含汞大气田，位于西荷兰盆地的东南部。在晚侏罗—早白垩世时期，该盆地开始频繁发生岩浆活动，并一直持续到新近纪末[38]。阿隆位于印度尼西亚苏门答腊盆地内北部，这是一个新生代的弧后盆地，在上新世—更新世时期曾发生强烈的火山喷发和岩浆侵入活动[39]。波德拉维纳气田位于欧洲潘诺盆地的西南部，早中新世时期该盆地火山活动频繁[40]，泰国湾盆地形成于古近纪，在中新世晚期该盆地火山活动也比较频繁。

② 必要的保存温度。煤岩和黄土中的有机胶体对汞具有较强的吸附性。在特定的温度条件下，物质对汞的作用表现为吸附和脱附两个动态过程，直至某一平衡状态。温度越低，有机物对汞的吸附量就越大，大量的检测数据表明，地层温度低于80℃，很难有高含汞天然气的出现。

2. 油气田中汞的分布

汞在油气田中主要以单质汞、无机汞、有机汞三种形式存在。由于不同汞化合物的沸点和溶解度不同，再加上其他物理化学性质和动力学因素的不同，使其在不同的馏分中的分布也各不相同[7]。

（1）天然气中汞的分布。

汞是天然气中普遍存在的痕量非烃类组分，以单质汞为主，少量以有机汞、无机汞等形式存在。天然气气田含汞量较高的地区包括东南亚、东欧、南美、北海及北非等，不同的地区天然气中汞含量变化范围较大，全球部分地区天然气中的汞含量见表1-10[41]，部分国外气田的天然气汞含量见表1-11[42]，由于地质因素和生产实践的影响，各油气田中的汞浓度均可能随着时间的迁移而发生改变。

在天然气处理过程中，大量的汞会分布在工艺管道、设备和物流中，泰国雪佛龙公司于1999年研究了泰国湾天然气处理过程的汞分布情况，见表1-12[44]。结果表明，原料天然气中65%的汞进入处理过程产生的废料；28%的汞进入天然气凝析油；4%的汞进入排放污水（主要是生产水）；3%的汞进入商品天然气。

表1-10 全球部分地区天然气中的汞含量

国家或地区	汞浓度，μg/m³	国家或地区	汞浓度，μg/m³
欧洲	100～150	中东	1000～9000
北欧	10～180000	远东	50～300
东欧	1000～2000	非洲	80～100
东亚	58000～193000	北非	300～130000
南美	69000～119000	南非	100[43]
北美	5～40	荷兰	0～300

表 1-11　部分国外气田的天然气汞含量

盆地（或国家）	气田（或地区）	天然气产出层位	含汞量，μg/m³
中欧盆地	蒙斯特气田	赤底统	4000
	格罗宁根气田	赤底统	180
	武斯特洛夫气田	赤底统	100～300
	阿纳文气田	石炭系	300
	阿纳文气田	下三叠统	200
	戈里金什切特气田	石炭系	340
	南巴仑博尔斯特尔气田	下三叠统	240
	北巴仑博尔斯特尔气田	下三叠统	450
	巴里延气田	下三叠统	30
	亨格斯特拉格气田	下三叠统	15
	林根	—	100
北高加索盆地	拉夫宁气田	中侏罗统	0.8～5.9（3.35）
	斯捷普气田	中侏罗统	0.27～2（1.135）
德涅波—顿涅茨盆地	谢别林卡气田	二叠系	0.22～1.3（0.76）
	谢别林卡气田	石炭系	0.01～4（1.079）
	比列舍皮诺气田	石炭系	0.15～0.6（0.375）
	马舍夫	C_1—C_2	0.1
印度尼西亚	阿隆	C_3	180～300
泰国	泰国湾	—	100～400
克罗地亚	波德拉维纳		20～250

注：括号内的数值为算术平均值。

表 1-12　泰国湾天然气处理过程中汞的分布

汞的分布	占总汞的百分比 %（质量分数）	储存和处理方法
储罐残渣及生产过程中产生的单质汞	65	注入回注井前固体残渣存于 HDPE 容器
天然气凝析油	28	在炼油厂或石油化工厂进一步处理
外输干气	3	在天然气净化厂进一步处理
排放污水	4	回注深井前进行化学和物理处理

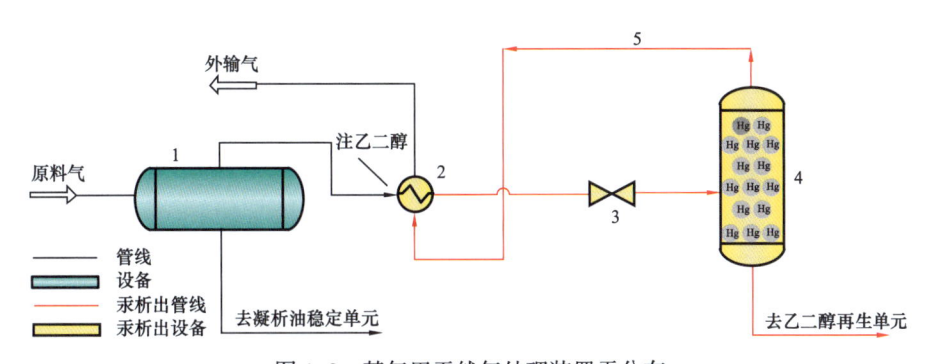

图 1-8 某气田天然气处理装置汞分布
1—入口分离器；2—原料气预冷器；3—节流阀；4—气液分离器

根据某气田的工艺流程和运行参数，原料气中总汞浓度为180μg/m³，进料温度为40℃，压力为10.7MPa。利用HYSYS软件对天然气处理装置进行了汞分布模拟，其处理装置汞分布如图1-8所示，红色管道和橙色设备均有单质汞析出并聚集。该过程的主要物流汞含量见表1-13。由图1-8可知，在天然气处理的各个阶段汞的析出有很大的变化。原料气经入口分离器后，温度变化不大，没有汞析出。经注醇换热后温度降低至−5℃，单质汞析出，析出的单质汞沿管线分布。从原料气进入节流阀后，温度进一步降至−20.4℃，单质汞分布于工艺管线、节流阀和气液分离器气液相中。

表 1-13 某气田主要物流汞含量

主要物流	原料气	原料气预冷器出口	节流阀出口	气液分离器气相出口	气液分离器液相出口
温度，℃	40	−5	−20.44	−20.44	−20.44
压力，kPa	10700	10600	7101	7101	7101
摩尔流量，kmol/h	8681	8707	8707	8670	37.33
质量流量，kg/h	142826.1	144024.8	144024.8	142468	1556.8
汞流量，kg/h	0.0375	0.0375	0.0375	0.0132	0.0243
析出汞质量流量，kg/h	0	0.02607	0.03373	0.01184	0.02188
溶解汞质量流量，kg/h	0.0375	0.01143	0.00376	0.00132	0.00245

（2）凝析油及原油中汞的分布。

凝析油及原油中的汞含量、汞存在形态主要取决于原料来源、加工阶段和时间期限。美国环保署（EPA，2001）对全球地区石油中的汞形态进行分析，认为凝析油及原油中有溶解态的汞（单质汞、有机汞、无机汞）和非溶解态的汞（汞悬浮物、吸附在固体颗粒上的汞）[7]。

单质汞以金属态溶解于凝析油和原油中，含量能达毫克每升数量级。若液相介质中含有固体颗粒（悬浮蜡、泥沙等），则单质汞可能吸附在这些物质上。有机汞在凝析油和原油中的溶解度很大，主要以液态形式存在于其中，因此在炼油厂内，它们以不同形式蒸馏到不同馏分中。无机汞在石油中呈溶解态，但其易在油水分离过程转移至污水中。无机汞也能物理吸附在固体颗粒物上。汞悬浮物如HgS和HgSe，均不溶于水和油，以极小的固体颗粒形式悬浮于油和水中。另外，还有小部分吸附在固体颗粒物上的单质汞、有机汞和无机汞。部分地区气田中凝析油的汞含量见表1-14[7]。

表1-14 部分地区或国家气田凝析油中的汞含量

气田所在地区或国家	凝析油，µg/kg	气田所在地区或国家	凝析油，µg/kg
中东	10~50	北非	20~50
南美洲	50~100	泰国湾	400~1200
远东	400~1200	墨西哥湾（美国）	500~1000
东南亚	9~63	印度尼西亚	10~500
马来西亚	10~100	俄罗斯	66~470

2011年1月，政府间谈判委员会（Intergovernmental Negotiating Committee，简称INC）在INC2会议上要求联合国环境规划署（以下简称环境署）秘书处编写一份关于石油和天然气行业汞排放的文件。国际石油工业环境保护协会（International Petroleum Industry Environmental Conservation Association，简称IPIECA）向环境署秘书处提供了2007—2011年间有关凝析油和原油中汞含量的检测数据。该数据包含了全球范围内446种油品汞含量的检测结果[45]，其结果分别列于图1-9和表1-15中。图1-9中的数据表明，仅有13种油品的汞含量超过100µg/kg，其比例不到全球原油产量的3%。表1-15的数据表明不同区域原油中的汞浓度存在差异，比如说中东原油中汞的含量最低，该地区79%的原油中汞含量小于或等于2µg/kg，且该地区原油中的汞含量不超过15µg/kg。太平洋和印度洋地区国家的原油汞含量最高，汞含量在15µg/kg以上的达30%，高于100µg/kg达8%。

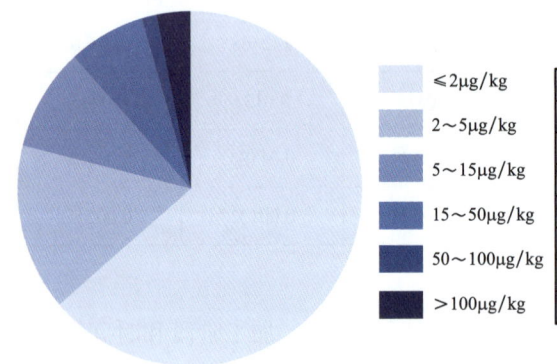

汞含量范围，µg/kg	原油和凝析油样品数，个	样品百分比，%
≤2	284	64
2~5	68	15
5~15	42	10
15~50	33	7
50~100	6	1
>100	13	3
总数	446	100

图1-9 全球原油等级的汞含量范围

凝析油中的汞主要集中在汽油馏分[46]，东南亚地区不同沸点馏分中的汞占凝析油总汞的质量分数[47]见表1-16。根据有机汞的沸点（见表1-4），可知大部分的有机汞都存在于石油脑；难挥发的悬浮态汞，如HgS和HgSe等，一般存在于常压渣油和减压渣油；易挥发的单质汞和甲基汞则多存在于天然气和较轻的石油馏分。

表 1-15 不同产地原油中的汞含量

原油产地	样品个数	平均汞浓度 μg/kg	原油中不同范围汞含量的百分比，%					
			≤2μg/kg	2～5μg/kg	5～15μg/kg	15～50μg/kg	50～100μg/kg	>100μg/kg
非洲	90	1.0	72	15	9	3	1	—
亚欧大陆	95	1.2	74	10	6	4	1	5
中东	34	1.0	79	18	3	—	—	—
北美	95	1.2	64	21	9	6		
太平洋和印度洋	93	3.0	41	13	16	18	4	8
南美	39	1.4	69	12	8	8	—	3

表 1-16 不同沸点馏分中汞占凝析油总汞的质量分数

切割温度 ℃	组分	馏分中汞占凝析油总汞的质量分数，%	切割温度 ℃	组分	馏分中汞占凝析油总汞的质量分数，%
<36	—	8.9	170～260	煤油	16.0
36～100	汽油	27.6	260～330	柴油	7.4
100～170	汽油	33.8	>330	残留物	6.3

Tao 等人用 GC-ICP-MS（气相色谱—电感耦合等离子体制谱）方法研究了凝析油、石油脑和原油中各种形态汞的含量[36]，其检测结果见表 1-17。Tao 等人的数据表明，凝析油中汞主要以无机汞和单质汞的形式存在，二甲基汞的含量小于 10%，甲基汞含量更少。石油脑中汞主要以 RHgX（R 和 X 表示烃基）形式存在，含少量无机汞，无单质汞。原油中汞主要以有机汞的形式存在，无机汞相对较少。唯一不足的是 Tao 所测样品的来源不清楚。

表 1-17 不同类型样品中汞及其化合物的浓度

样本		Hg^0	$HgCl_2$	DMeHg	MeEtHg	DEtHg	MeHgCl	HgS	总和
凝析油 1	汞含量，μg/g	1.5	30.9	<	<	<	<	<	32.4
	百分比，%	4.6	95.4	0.0	0.0	0.0	0.0	0.0	
凝析油 2	汞含量，μg/g	0.5	8.1	2.0	3.2	0.9	0.2	0.05	15.0
	百分比，%	3.3	54.0	13.3	21.3	6.0	1.3	0.3	
凝析油 3	汞含量，μg/g	28.8	116	9.3	14.0	5.1	0.3	—	173
	百分比，%	16.6	67.1	5.4	8.1	2.9	0.3	0	
凝析油 4	汞含量，μg/g	2.66	7.4	0.9	1.0	0.1	0.1	—	12.2
	百分比，%	21.8	60.7	7.4	8.2	0.8	0.8	0	

续表

样本		Hg^0	HgCl$_2$	DMeHg	MeEtHg	DEtHg	MeHgCl	HgS	总和
凝析油 5	汞含量，μg/g	0.9	26.8	<	<	<	<	<	27.7
	百分比，%	3.2	96.8	0.0	0.0	0.0	0.0	0.0	
石油脑 1	汞含量，μg/g	<	48.4	<	<	<	<	<	48.4
	百分比，%	0.0	100.0	0.0	0.0	0.0	0.0	0.0	
石油脑 2	汞含量，μg/g	<	0.68	22.4	28.9	6.1	0.5	<	58.5
	百分比，%	0.0	1.2	38.3	49.4	10.4	0.9	0.0	
石油脑 3	汞含量，μg/g	0.03	0.14	3.9	<	0.2	0.1	0.07	7.58
	百分比，%	0.4	1.8	51.5	40.9	2.6	1.3	0.9	
原油 1	汞含量，μg/g	0.03	0.60	<	<	<	<	<	0.63
	百分比，%	4.8	95.2	0.0	0.0	0.0	0.0	0.0	
原油 2	汞含量，μg/g	0.3	3.8	2.6	—	1.0	0.3	0.1	8.1
	百分比，%	3.7	46.9	32.1	—	12.3	3.7	1.2	
原油 3	汞含量，μg/g	1.7	9.8	2.3		0.3	0.2	0.1	14.4
	百分比，%	11.8	67.8	16.1		2.1	1.4	0.7	

注：（1）"<"表示含量没有达到检测下限。
（2）总和 =Hg^0+HgCl$_2$+DMeHg+MeEtHg+DEtHg+MeHgCl+HgS。
（3）"%"表示各种形态汞占样品总汞量的质量分数。

Zettlitzer 等人用两种方法测量了凝析油中的汞分布[48]。一种是 HRLC–UV–PCO–CVAA（高效液相色谱—紫外—光催化—毛细管电泳联用），这种方法所测凝析油中的甲基汞含量很低；另外一种是 GC–MS（气相色谱—质谱联用），该方法所测凝析油中汞化合物的浓度见表 1–18。该方法所测凝析油的来源不一且测试条件不同，其检测结果不能作为最终参考。

表 1–18　凝析油中汞化合物的浓度

汞化合物		Hg^0	HgCl$_2$	RHgCl	其他	总和	总量	HgS
低温分离器	汞含量，μg/g	250	400	6	644	1300	3500	2200
	百分比，%	19.2	30.8	0.5	49.5	100	—	—
常温分离器	汞含量，μg/g	2000	400	100	2600	5100	5500	400
	百分比，%	39.2	7.8	2	51	100	—	—
储罐	汞含量，μg/g	200	200	50	1250	1700	4300	2600
	百分比，%	11.8	11.8	2.9	73.5	100	—	—

注：（1）总和 =Hg^0+HgCl$_2$+RHgCl+ 其他；其他 = 酸提取物 –HgCl$_2$；HgS= 总量 – 总和。
（2）"%"表示各种形态汞占样品总汞量的质量分数。

Bloom 研究了多组未经过滤和经 0.8μm 膜过滤后的凝析油和原油中的汞形态分布[36]，其检测分析结果见表 1-19。未经过滤的单质汞约占总汞的 7%~69.8%，经 0.8μm 膜过滤后的无机汞占总溶解量的 4.9%~41.3%。

表 1-19 凝析油和原油中汞的分布

样品	未经过滤的汞，μg/g		经 0.8μm 的膜过滤的汞，μg/g		
	总汞	Hg^0	总溶解量	Hg^{2+}	CH_3Hg
凝析油 1	20.7	3.06	5.21	2.15	3.74×10^{-3}
凝析油 2	49.4	34.5	36.8	2.37	6.24×10^{-3}
原油 1	1.99	0.408	0.821	0.291	0.25×10^{-3}
原油 2	4.75	1.12	1.47	0.433	0.26×10^{-3}
原油 3	4.61	0.536	1.68	0.377	0.27×10^{-3}
原油 4	4.1	1.25	1.77	0.506	0.62×10^{-3}
原油 5	15.2	2.93	3.11	0.489	0.45×10^{-3}
原油 6	1.51×10^{-3}	0.09×10^{-3}	1.01×10^{-3}	0.39×10^{-3}	0.15×10^{-3}
原油 7	0.42×10^{-3}	0.17×10^{-3}	0.41×10^{-3}	0.02×10^{-3}	0.11×10^{-3}

通过上述分析知，由于各地区不同，凝析油和原油中汞形态可能不同，凝析油和原油中的汞主要以单质汞、无机汞和有机汞为主。在凝析油和原油预处理过程中，无机汞易在油水分离过程转移至污水中[49]。因此，研究凝析油和原油加工过程中的汞形态及分布，对企业生产的稳定运行和环境保护都具有重要意义。

3. 油气田中汞的排放

油气田开发过程中产生的汞可能通过废气及污水的排放、含汞污泥等方式释放到环境中。美国、英国、俄罗斯、印度等国家均对汞的排放量进行过估算，国外各油气田汞排放量见表 1-20，美国环保署 2001 年发布的油气生产和处理过程产生的汞排放量估值见表 1-21[7]。英国每年从油气田生产释放到环境中的总汞量为 446~2849kg，该数目占英国大气汞释放总量的很大一部分，但在世界范围内的释放量相对较小。英国石油天然气行业向土壤、水体和大气中排放的年度总汞量见表 1-22[50]，其中包括炼油产品的燃烧。

表 1-20 国外各油气田汞排放量

国家或地区	汞排放量，kg	国家或地区	汞排放量，kg
澳大利亚	101	印度尼西亚	680
加拿大	210~470	挪威	40
克罗地亚	800	俄罗斯	61000
欧盟	26	南非	160
德国	9	美国	11000

表 1-21 油气生产和处理过程中汞排放量的估计值

类型	行业	类别	排放物总量, 10^9 kg/a	总汞含量	预估汞排放量, kg/a
水	油气生产	产出水	500	1μg/L？	500
	炼油	炼厂污水	250	1μg/L？	250
	输油	罐渣	?	1μg/L？	?
					>750
固体废料	油气勘探	钻井废料	50	100μg/kg？	5000
	炼油	炼厂废料	30	50μg/kg？	1200
					6200
空气	石油开采	燃料气	4.5	1.9425μg/m³？	10
		泄漏	1	239.6μg/m³？	185
	天然气生产与运输	泄漏	5.9	?	?
	石油	燃料燃烧	790	<10.36μg/m³	6000
	天然气	燃料燃烧	341	<0.39μg/m³？	100
					>6300

注：（1）汞排放总量约为 13250kg/a。
（2）"?" 表示使用的汞含量数据为不确定值。

表 1-22 英国石油天然气行业的总汞排放量

单位：kg/a

形式	生产平台	天然气	原油	总排放量
土壤	12～22	0①	41～650	53～672
水体	186	微量	<37	223
大气	7	<1416②	162～530	170～1954
总量	205～215	<1416	240～1217	446～2849

① 来自天然气净化的固体含汞废物主要是由安全处置的除汞装置生产的。
② 该值完全取决于脱汞系统。若没有脱汞，则所有加工和燃烧过程中会释放汞。

（1）油气田含汞废气的排放。

现有数据表明，石油天然气处理过程中产生的含汞废气、污泥等有可能排放到大气、水体和土壤中。据估计，俄罗斯的炼油厂在炼油过程中可脱除约33t汞，2001年和2002年俄罗斯油气行业汞消耗、排放量见表1-23[51]，2000年和2004年度印度油气行业废油向大气中排放的汞量分别为0.52t和0.47t[52]。对比印度和俄罗斯的汞释放量，可见俄罗斯原油和天然气中的汞含量相对较高。

表 1-23 2001 年和 2002 年俄罗斯油气行业汞消耗与排放量

单位：t/a

类别	汞消耗	释放到空气中的汞量
石油加工和石油产品的使用	33	3.4（+？）
天然气、油页岩和生物燃料	8.0	1.0
总量	42	4.4

注："+？"表示释放到空气中的汞量超过 3.4t/a，但超过的汞量为不确定值。

目前，油气生产过程中排放的总汞量只能计算一个估值，该估值约占煤燃烧排放总汞量的 1/10。在油气生产和处理过程中（勘探、开采，运输、处理和燃料燃烧），汞的挥发、汞与铝制金属容器发生汞齐化反应、悬浮态汞的析出等均会降低油气生产过程中排放的总汞量；在石油炼厂精制产品的过程中，大量的汞（约 75% 的总汞）因黏附聚集在处理装置内而造成损失。因此，目前测得的油气田含汞废气的排放量可能偏低，需要引入更多的数据才能获得更高精度汞排放数值。

（2）油气田含汞污水的排放。

含汞油气田污水中的汞分别以单质汞、无机汞和有机汞的形态存在[53]，其中 Hg^{2+} 为污水中的主要形态。原油品质以及处理流程的不同，产生的水量及污水中的汞含量和形态都会有一定的差异。不同油气田汞含量的差异，会导致采出水中的汞浓度也各有不同。现有数据表明，泰国湾的一些油田，采出水中的汞浓度从低于 1mg/L 到十几毫克每升不等[50]。利用 IPIECA 的原油汞浓度区域分析方法可得出部分国家或地区采出水中的汞浓度，见表 1-24[29]。

表 1-24 部分地区或国家采出水中的汞浓度

地区或国家	汞浓度，μg/L	地区或国家	汞浓度，μg/L
非洲	3.0	北美	3.5
中东	3.0	南美	4.0
欧洲	3.5	太平洋和印度	9.0

第三节 汞及其化合物的危害

汞及其化合物的危害不仅表现为汞对人体的危害，还表现为对环境的危害和对石油天然气行业处理过程、工艺设备的危害。油气田含汞污染物的超标排放会导致汞在大气、水体和土壤环境中传输、扩散、沉降，并在该过程中转化为剧毒的甲基汞，通过食物链高度富集，最终威胁人体健康。

一、汞及其化合物在油气处理过程中的危害

在油气运输、处理等过程中,汞会对下游处理工艺、设备及管线造成危害,具体表现在以下几个方面:

(1)汞对设备及管线的危害主要是汞具有腐蚀性,其腐蚀机理表现为汞易和金属形成汞齐,尤其是在压力高、温度低的部位。汞与金属形成汞齐后,在有水的条件下迅速氧化溶解致使铝制设备在腐蚀环境中迅速被腐蚀,从而导致设备失效,造成重大安全事故。因此,为防止天然气中的汞对设备的腐蚀,针对处理工艺中设备材质的不同,应控制天然气中的汞含量。

(2)在化工生产和炼油过程中,汞会大大降低下游装置中昂贵催化剂的寿命,主要是使加氢精制催化剂或其他精制催化剂中毒。在含汞凝析油用作芳烃重整料或乙烯裂解料时,汞容易使贵金属催化剂(如铂、钯)中毒失去活性,并以1:1的比例形成铂、钯合金。形成的铂、钯合金性质稳定,因此会影响化工厂、炼油厂下游装置的正常生产。

(3)汞会污染预处理装置,如分子筛、乙二醇脱水装置等。当汞随天然气进入脱水单元、脱酸单元及再生单元后,它会污染各工艺物流,包括造成分子筛吸附剂难以处理以及再生困难等。

(4)汞在油气处理过程中会对检修人员的身体健康造成威胁。汞随工艺物流迁移至不同设备及管线中冷凝并聚集,当检修人员在设备检修时会暴露在高浓度的汞蒸气环境中,极易造成慢性汞中毒甚至是急性汞中毒,这不仅给检修人员带来了健康和安全风险,也增加了设备维修难度。

二、汞及其化合物对人体健康和安全的危害

对人体健康和安全造成影响的汞及其化合物主要包括汞蒸气和甲基汞化合物,它们均会导致人体神经系统功能的下降,且摄入汞的含量和种类不同都会导致中毒症状的表现和时间不同。长期接触汞蒸气会导致人体虚弱、消瘦、心理障碍等。表1-25列出了正常人体内血液、尿液、头发中的汞含量。长期从事汞相关工作的人员应定期检查体内的汞含量,从而避免因长期慢性吸入汞蒸气而造成的慢性中毒或暴露于高浓度汞环境中造成的急性中毒。

表1-25 正常人体内血液、尿液、头发中的汞含量

项目	汞含量	项目	汞含量
血液	1~8μg/L	头发	2μg/g
尿液	4~5μg/L		

GBZ 89—2007《职业性汞中毒诊断标准》规定了职业性汞中毒诊断及分级标准,见表1-26。人体急性与慢性汞中毒临床症状见表1-27。

汞及其化合物都会对人体造成以神经毒性和肾脏毒性为主的多系统损害,其吸收途径包括经呼吸道吸入、经皮肤吸收以及经口摄入等,不同接触途径所致汞中毒的临床表现不完全相同。

表1-26 职业性汞中毒诊断及分级标准

汞中毒分级		临床医学诊断症状	备注
急性中毒	轻度中毒	口腔—牙龈炎及胃肠炎；急性支气管炎	短期内接触大量汞蒸气，尿汞增高，出现发热、头晕、头痛、震颤等全身症状并具诊断症状之一者即是此类中毒
	中度中毒	间质性肺炎；明显蛋白尿	在轻度中毒基础上，具备诊断症状之一者即是此类中毒
	重度中毒	急性肾功能衰竭；急性中度或重度中毒性脑病	在中度中毒基础上，具备诊断症状之一者即是此类中毒
慢性中毒	轻度中毒	神经衰弱综合征；口腔—牙龈炎；手指震颤，可伴有眼睑、舌震颤；尿汞增高；近端肾小管功能障碍，如尿中低分子蛋白含量增高	长期密切接触汞后，具备诊断症状之三者即是此类中毒
	中度中毒	性格情绪改变；上肢粗大震颤；明显肾脏损害	在轻度中毒基础上，具备诊断症状之一者即是此类中毒
	重度中毒	慢性中毒性脑病	具备诊断症状者即是此类中毒

表1-27 人体急性与慢性汞中毒临床症状

系统	急性中毒	慢性中毒
心血管	高血压、心悸、低血容量休克、晕厥	高血压、心动过速
肺	气短、肺炎、水肿、肺气肿、肺炎、胸膜炎胸痛、咳嗽、间质性纤维化、RDS	—
消化道	恶心、呕吐、严重腹痛、腹泻、便血	便秘、腹泻、疼痛
中枢神经系统	震颤、烦躁、嗜睡、混乱、精神运动功能和脑电图异常、抽搐、反射降低、神经传导和听觉减弱	震颤、失眠、胆怯、记忆丧失、抑郁症、厌食症、头痛、共济失调、发音障碍、步态不稳、视觉和血管舒缩障碍、神经病变、感觉障碍
皮肤和角质组织	黏膜炎、灰膜和颊部疼痛、灼热、出血、接触性皮炎、红斑、瘙痒皮疹、脱发	牙龈炎、痤疮、牙龈上存在细蓝线、脱发
肝脏	血清酶升高	—
肾脏	寡尿、无尿、血尿、蛋白尿、肾衰竭	多尿、多饮、蛋白尿
生殖/胎儿	自发流产	自发流产、胎儿脑损伤（迟钝、失明、语言障碍、耳聋、癫痫、麻痹）
肌肉骨骼	腰痛	肌无力、肌肉紧张、震颤、瘫痪
其他	发烧、发冷、金属味、口臭、牙齿松动	体重减轻、盗汗、面部发红、畏光

1. 单质汞对人体的危害

单质汞中毒是指由接触单质汞而引起的以中枢神经系统、口腔病变为主,并累及呼吸道、胃肠道、肾脏等的全身性疾病。

1) 单质汞的吸收和转化

在室温下,单质汞极易挥发,挥发出的汞蒸气无色、无味、无刺激性,通过呼吸道被人体吸收,在肺部的吸收率为70%~85%[54]。Teisinger 等人对人体研究的结果表明,经鼻吸入汞蒸气并经口呼出时,吸收率可达76%。汞蒸气还可经皮肤吸收,但是吸收水平很低,仅有总剂量的3%[55],当皮肤有破损或溃烂时,对汞蒸气的吸收会增加。口服单质汞经肠道进入消化道以后只有不到0.01%[56]被人体吸收,误食的单质汞对人体仅有轻微毒性。单质汞对人体器官或系统的主要影响见表1-28。

表1-28 单质汞对人体器官/系统的主要影响

症状器官/系统	例数/性别	暴露时间	剂量 mg/(kg·d)	表现	参考文献
致死	2成年男性 2老年女性	约24h	—	恶心、呼吸窘迫、中枢神经系统受损、肾脏近端小管坏死。 BML:尿汞浓度4.6~219μg/L	[60]
中枢神经系统	实验组:5男性,2女性(包括儿童和成人) 对照组:12人(性别未知)	51~176d	0.1~1.0	和对照组相比更容易紧张、失眠、注意力不集中,性格改变,脑电图发生改变。 BML:首次测量的血汞浓度为183~620μg/L	[61]
胃肠道				恶心、呕吐、腹痛、腹泻、厌食、牙龈出血。 BML:平均尿汞浓度为3.7μg/L	
肾脏	17男性	<16h	—	因脱水、肾衰竭等引起高氯血症,急性吸入汞蒸气后尿液中的碳酸氢盐低于正常水平。 BML:急性接触汞蒸气20天后的血汞浓度为60μg/L	[62]
呼吸系统				拥塞、呼吸困难,17人中有16人的肺部遭到浸润。 BML:急性接触汞蒸气20天后的血汞浓度为60μg/L	
心血管	2男性 2女性成人	3d	—	血压升高、心跳加速。 BML:24h内的尿液中的汞含量范围为82~5700μg	[56]
肝脏	1男婴(8个月)	约1d	—	血清谷丙转氨酶(SGPT)和胆红素水平升高,肝凝血因子合成减少。 BML:24h内的尿液中的汞含量为16μg	[63]
血液	1女童	6个月	—	6个月持续暴露于汞蒸气环境导致白细胞增多。 BML:24h内的尿液中的汞含量为686μg	[64]

续表

症状器官/系统	例数/性别	暴露时间	剂量 mg/(kg·d)	表现	参考文献
皮肤	1女童	2星期	—	手掌和脚底变成粉红色、出汗过多、瘙痒、皮疹。 BML：24h内的尿液中的汞含量为130μg	[65]
生殖/胎儿	57女性	0.5~27a	—	月经异常、生殖衰竭（自然流产、死胎、先天性畸形）高于对照组，在婴儿身上的效应与母亲吸入汞蒸气浓度相关。 BML：平均发汞含量为0.527μg/g	[66]

注：（1）BML（Biological Monitoring Level）——生物监测水平。
（2）表格包含个案研究和流行病学方法两种研究方式得出的结论。个案研究的对象较少，生物表现有一定的局限性。

单质汞的主要积蓄器官是肾脏、脑，在人体的半衰期大约为60天[57]。由于汞的亲脂性及高度的扩散性，被吸收的单质汞容易遍布人体的各个器官组织，透过血脑屏障及胎盘。单质汞的急性毒性靶器官主要是肾，其次是脑、肺、消化道（包括口腔）及皮肤；汞的慢性毒性靶器官主要是脑、消化道及肾脏。单质汞对中枢神经系统及胎儿的毒性比无机汞化合物强得多，其进入大脑内的能力大约是无机汞化合物的10倍。在血液中，单质汞最初主要分布在红细胞中。Huff等人的研究表明，单质汞进入人体20min后，血液中的红细胞含98%的汞；几小时后，红细胞与血浆中的汞浓度比例稳定在1:1左右[58]。

经人体吸收的单质汞，大部分很快被组织中的过氧化氢酶氧化成汞离子，汞离子可以与体内酶或蛋白质中许多带负电的基团结合，如硫基、磷酰基、羧基、酰胺、胺基团等，造成蛋白质失活；引起细胞膜通透性改变，导致细胞膜功能的严重障碍，甚至导致细胞坏死；抑制酶（腺苷环化酶Mg、Ca-ATP酶及Na、K-ATP）的活性[59]，进而影响一系列生物化学反应。剩下的很少一部分未被氧化的单质汞继续保持其单质形态，随血液循环通过血脑屏障，最后在脑中蓄积，损害中枢神经系统。

2）单质汞中毒的临床症状

单质汞的急性中毒多为短期内吸入高浓度汞蒸气所致，通常发生于通风不良、温度较高、汞蒸气积聚的环境。慢性中毒主要是职业性汞接触者的汞中毒，为长期接触一定浓度的汞蒸气（在最高容许浓度的10倍以上）所致。当空气中的汞蒸气浓度达10mg/m³时，会威胁人的生命健康[67]；空气中汞浓度为1.2~8.5mg/m³[68]时，会引起急性中毒。日常生活中，汞中毒多为慢性毒性，长期在空气中汞浓度高于0.01mg/m³的环境下工作或生活，会导致慢性中毒。研究表明[69]，空气汞浓度在0.014~0.017mg/m³时，慢性汞中毒发病率约为3.5%；汞浓度范围在0.02~0.04mg/m³时，发病率约为4.5%；0.05~0.10mg/m³时，发病率约为5%~12%。

单质汞中毒者呼吸系统受损较明显，临床表现为化学性气管炎、支气管炎、肺炎、肺水肿、急性呼吸窘迫综合征；尸体解剖发现，以气管、支气管、左右肺泡及肾脏近曲小管的损害最为严重。广州市职业病防治院对不同途径接触单质汞所导致的中毒进行了临床研究，该部分选取了 2006—2014 年该院收治的 21 名汞中毒患者的临床资料分析整理，不同途径单质汞中毒的临床表现见表 1-29[70]。

表 1-29　不同途径单质汞中毒的临床表现

临床表现	呼吸道吸入（$n=12$ 组）		消化道摄入（$n=9$ 组）	
	例数	发病率，%	例数	发病率，%
头晕	0	0	3	33.33
头痛	1	8.33	2	2.33
肢体麻木	0	0	1	11.11
口腔牙龈炎	2	16.67	0	0
呼吸系统症状	5	41.67	0	0
发热	5	41.67	0	0
性格改变	0	0	0	0
震颤	1	8.33	1	11.11
神经衰弱综合征	7	58.33	3	33.33
肠胃炎	0	0	1	11.11
皮肤改变	0	0	0	0

注：震颤主要表现为手指震颤，也可伴有舌、眼睑震颤，乃至前臂、上臂粗大震颤。

这 21 位汞中毒患者的中毒途径并不完全相同，经呼吸道吸入组的 12 例患者中有 6 例患者为一家庭作坊土法炼金引起群体一次性急性中毒所致；1 例为在某私人炼金厂使用汞齐法炼金加热工作中接触汞蒸气，每天接触约 40min，每周工作 7 天，无防护，两年长期慢性吸入所致；2 例为私人"水银土法炼金"，接触汞蒸气一个月所致；1 例为职业性锅炉检板工作 8 年所致；1 例为血压计检测工作所致；1 例为从事废品回收工作 10 天后发病。经消化道摄入组的 9 例患者中，1 例为典型重度口服含汞偏方所致，2 例为口服溴化汞药水所致，其余均为儿童咬破体温计使液态汞进入体内所致。

通过表 1-29 的 21 例汞中毒患者的临床资料可以了解，不同途径接触单质汞所致汞中毒的临床表现各有特点，然而所有患者均表现出不同程度的神经衰弱、头痛等症状，特别是神经衰弱综合征发生率较高，是汞中毒的共同临床表现。呼吸道吸入中毒组呼吸系统症状较突出，试排尿汞升高明显，部分病例出现间质性肺炎、低氧血症，该报告认为呼吸道吸入容易引起肺功能受损甚至死亡，在临床上应引起重视。消化道摄入中毒组中有 1 例患者有长期进食深海鱼的习惯，因此出现四肢震颤、神经衰弱等症状。该组中儿童因咬破水银计导致中毒占 66.67%，这可能与玻璃划破黏膜助汞吸收及儿童肾功能未发育完全，排泄减弱有关。

这些症状基本与理论上的急性、慢性中毒症状一致。在对以上患者进行治疗时，驱汞治疗是汞中毒治疗的基础，即以螯合剂结合循环中的单质汞并促其经肾脏排出。

2. 无机汞对人体的危害

无机汞主要通过胃肠道和皮肤吸收，主要的积蓄器官是肾脏，在人体中的半衰期大约为40天。经口摄入的无机汞可能会导致急性胃黏膜病变、腹痛、黑便甚至便血。无机汞在肠道的吸收率很低，约为10%[56]。Endo等人提出无机汞在肠道的吸收率与无机汞的溶解度有关，随无机汞在水中的溶解度降低而降低[71]。例如，难溶性盐硫化汞（HgS）、长期用作治疗剂的甘汞（Hg_2Cl_2）等均很难从肠道被吸收。另外，年龄、饮食习惯、肠道pH值等的不同都会影响无机汞的吸收率，其中肠道pH值的增加会促进无机汞在人体内的吸收。

无机汞的毒性机理主要表现为汞离子会与血浆和红细胞中的巯基结合。无机汞在人体各组织中分布不均匀，初期主要分布于肝脏，随着血液的流动和暴露时间的增加，最终90%的无机汞会在肾脏累积[72]，积累量随摄入量的增加而增加。肾脏中汞含量最高的是近端小管。和单质汞相比，无机汞的脂溶性差，汞离子不易穿过血脑屏障或胎盘。另外，无机汞具有腐蚀性，其腐蚀作用会损害肠道黏膜，引起呕吐和胃痛，严重情况下可能导致休克。由无机汞的这些特点可知，仅有少量溶解的无机汞可以以离子形态被肠道吸收，大部分无机汞只是穿过肠道随尿液和粪便排出体外，因而也不会大量积累在体内导致人体汞中毒。无机汞对人体器官的主要影响见表1-30。

表1-30　无机汞对人体器官/系统的主要影响

症状器官/组织	例数/性别	暴露时间	剂量, mg/(kg·d)	表现	参考文献
致死	25男性 29女性	1次	21～37（$HgCl_2$）	9人死亡（成年人），死亡原因包括心血管衰竭，胃肠道损伤和急性肾功能衰竭	[73]
中枢神经系统	2女性	6～25a	0.73（Hg_2Cl_2）	痴呆，烦躁不安，小脑神经元减少。 BML：额叶皮层3.4～4.7μg/g	[74]
肾脏	1男性	1次	21.4（$HgCl_2$）	肾小球和肾小管损害，排出蛋白尿。 BML：平均血汞浓度370μg/L	[75]
胃肠道	1男性成人	1次（药片）	30（$HgCl_2$）	恶心、呕吐、腹部绞痛、腹泻	[76]
生殖系统	1女性	1次（药片）	30（$HgCl_2$）	摄入氯化汞13天后流产，无确凿证据表明堕胎与汞暴露相关	[76]
基因水平	实验组/对照组：29男性（年龄匹配）	20.8a	剂量未知[Hg（OCN）$_2$]	与对照组相比，实验组工人淋巴细胞中的染色体（$P<0.001$）和微核$P<0.01$发生畸变的概率增加。 BML：平均尿汞浓度123.2μg/L	[77]

注：（1）P——原假设发生概率，作为检验样本观察值的最低显著性差异水平，$P<0.5$表示有显著差异。
（2）BML（Biological Monitoring Level）——生物监测水平。
（3）表格包含个案研究和流行病学方法两种研究方式得出的结论。个案研究的对象较少，生物表现有一定的局限性。

无机汞急性中毒大多数是使用含汞中药偏方导致，如用甘汞（Hg_2Cl_2）治疗银屑病、湿疹、皮炎、哮喘等，也有误服升汞（$HgCl_2$）自杀或他杀者，通过吸入其蒸气、口服和涂抹皮肤而引起中毒，也有经静脉、皮下注射而导致中毒。无论是通过何种途径，或是何种无机汞化合物引起的急性中毒，其损伤的靶器官大致相似，但是病损程度差别很大。口服汞盐引起的汞中毒以急性腐蚀性肠胃炎、肾病综合征、肾功能衰竭更为常见。王允滋的动物实验通过电镜证实了小剂量的氯化汞（<1.00mg/kg）对大鼠的肾近端小管有损害[78]。

人体内的金属硫蛋白（Metallothionein，简称 MT）与汞离子有很强的亲和力，对积蓄在体内的汞起缓冲作用，因此少量的无机汞中毒可以自行解毒。如果不慎食入无机汞，误食者应立即漱口，给饮牛奶或蛋清，然后就医。对于急性无机汞中毒患者，如要在短期内迅速吸附和清除蓄积在血液中的无机汞，减少汞对机体的损害，常见的方法有血液灌流和血液透析。与单纯通过灌流器吸附清除血汞的血液灌流相比，对于严重肾功能损害的患者，血液透析在清除血汞的同时，也可清除体内过高的肌酐等小分子代谢毒素，有助于肾功能恢复。Dargan 等人报告了 1 例血汞浓度为 15580μg/L 的重度硫酸汞中毒患者，通过高流量持续静脉血液透析去除了血汞总量的 12.7%[79]，表明血透对严重的无机汞中毒，特别是有急性肾功能衰竭的患者早期适用。

3. 有机汞对人体的危害

有机汞对人体的危害很大，立即威胁人类生命安全的浓度为 2mg/m³[57]。其中甲基汞对人体中枢神经系统影响最大，它对人体的毒性比其他有机汞更易辨别。而其他有机汞化合物，如苯基汞等，它们在体内更快地转化成无机汞并对肾脏造成损伤，毒性更类似于无机汞[80]，在该部分仅详述甲基汞对人体的危害。

1）甲基汞的吸收和转化

甲基汞除经呼吸道、消化道进入人体外，还可经皮肤缓慢吸收中毒，以头晕、体温升高、感觉异常为主。经口摄入的甲基汞在胃酸的作用下形成氯化甲基汞（Metllyl Mercury Chloride，简称 MMC），形成的氯化甲基汞几乎全部被人体吸收进入血液，吸收率为 95%～100%[81]。喜田村等人对小鼠经口投给氯化甲基汞后，发现其肠道对氯化甲基汞的吸收率非常高[10]。如图 1-10 所示，投给 6h 后，氯化甲基汞的吸收曲线仍在继续上升，24h 后吸收率基本达到 100%。Miettinen 等人[82]对 14 名男性受试验者经口投给用放射性汞标记或与蛋白结合标记的甲基汞，并观察甲基汞在人体消化道内的吸收率。实验结果表明，甲基汞在人体肠道中的吸收率分别为 95%（放射性汞标记的甲基汞）和 94%（与蛋白结合的甲基汞）。

甲基汞对巯基具有很高的亲和力，可以抑制酶的形成，一旦吸收进入血液循环，90% 会与血红蛋白结合，透过血脑屏障脑组织后进入中枢神经系统，从而引起

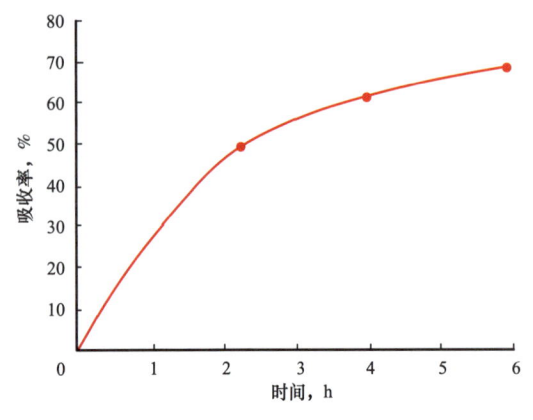

图 1-10　经口投食氯化甲基汞后小鼠肠道的吸收曲线

神经细胞变性和功能障碍[83]。损害最为严重的是小脑和大脑,特别是枕叶、脊髓后束和末梢神经。经人体吸收后的甲基汞主要经粪便和尿液排出体内,少量随乳汁、汗液、唾液排出[84]。甲基汞在人体内的肝肠循环如图1-11所示[85]。

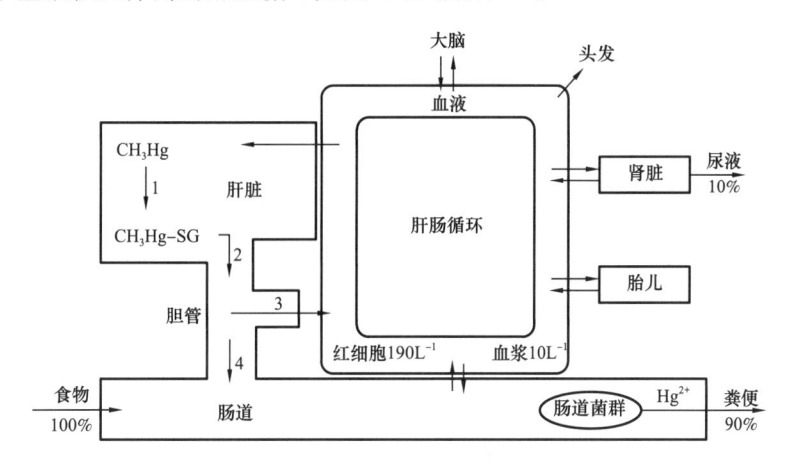

图1-11 甲基汞在人体内的肝肠循环

1—甲基汞与还原型谷胱甘肽在肝脏结合形成甲基汞—谷胱甘肽的复合物(CH_3Hg-SG);2—肝脏中的复合物和谷胱甘肽分泌进入胆汁;3—胆囊对甲基汞、甲基汞—半胱氨酸复合物的重新吸收作用;4—部分进入肠道的甲基汞—半胱氨酸复合物被重吸收进入门脉循环中,一部分通过肠道菌群去甲基化,去甲基化后产生的大部分无机汞(约占总排泄量的90%)随粪便排出

肝肠循环对人体消除甲基汞的毒性起着关键作用。在肝脏中,甲基汞与还原型谷胱甘肽结合形成甲基汞—谷胱甘肽的复合物(CH_3Hg-SG),形成的复合物和谷胱甘肽分泌到胆汁中,被细胞外酶分解成半胱氨酰甘氨酸和半胱氨酸,从而释放甲基汞—半胱氨酸复合物。反过来又被胆囊和胃肠道重新吸收回体内。机体内的甲基汞与血浆中谷胱甘肽结合形成甲基汞—谷胱甘肽的复合物转运至肾脏,经由肾小球滤过到原尿中,除一小部分经尿排泄(约占总排泄量的10%)外,大部分在肾近曲小管刷状缘 γ-谷氨酰转肽酶、半胱氨酰甘氨酸水解酶作用下分解为半胱氨酸结合型甲基汞,然后以氨基酸形式被重吸收到肾脏内[86]。由此可见,甲基汞的肝肠循环和肾脏的重吸收作用在甲基汞的生物转运过程中发挥着重要作用,影响其在体内的积蓄、排泄和对人体的危害程度。

2)甲基汞对人体器官的影响

被人体摄入的甲基汞最初分布于血液和肝脏,逐步向脑转移,最终分布于肾脏、肝脏、脑等器官,损害人的中枢神经系统。甲基汞在大脑的感觉区和运动区含量较高,尤其是大脑后叶蓄积量最高,会导致患者智力减退,出现视觉、听觉障碍,四肢缺乏协调性表现为步态障碍、平衡障碍,出现主观症状,表现为头痛,肌肉和关节疼痛,健忘和疲劳等。人的病状还与甲基汞的累积量有关,知觉异常(25mg)、步行障碍(55mg)、发音障碍(90mg)、死亡(200mg)[87]。甲基汞对人体器官的主要影响见表1-31。

急性接触甲基汞后,大脑中的大部分汞呈有机形式,经长期接触后,大脑中的有机汞会转变为无机形式。另外,甲基汞的生物蓄积量可能受到年龄和性别的影响,Thomas等给不同性别的大鼠注入甲基汞后,雌性大鼠肾脏中汞的蓄积量较高[88]。

甲基汞的高溶脂性使其易通过胎盘屏障和血脑屏障并在胎儿脑组织中沉积,引起神经元和神经胶质细胞的坏死，对胎儿脑组织造成损害。因此，甲基汞对孕期妇女的影响备受关注。发育中的胎儿大脑对甲基汞非常敏感，从表1-32中可以看出胎儿血液中的甲基汞浓度比母亲的血汞浓度高出约1.6倍（范围：1.06～2.23）。若妇女在怀孕期间暴露于高水平的甲基汞环境，其产儿的临床症状与其他因素引起的脑瘫类似，主要表现为智商降低[89]（母亲发汞浓度每增加1μg/g，胎儿智商IQ平均下降0.18）、小头畸形、反射亢进、严重的运动及精神障碍，可能伴有失明或耳聋[90,91]。若妇女在怀孕期间暴露于较低水平的甲基汞环境，对产儿的危害在其生长发育过程后期逐渐显现，表现为运动障碍、精神障碍以及持续的病理反应[92]。

表1-31 甲基汞对人体器官/系统的主要影响

症状/器官/组织	例数/性别	暴露时间	剂量 mg/（kg·d）	表现	参考文献
致癌	412（男性+女性）	—	—	居住在水俣湾附近男性的肝癌发病率增加。但该地区酒精消费量较高导致乙型肝炎患病率较高也是肝癌的诱发因素	[93]
致死	1男性	3a	—	吸入（可能伴有经皮吸入）种子敷料中的有机汞颗粒后血压升高，可能伴随心血管毒性。神经毒性症状明显。BML：尿汞浓度500～640μg/L	[94]
致死	6530（男性+女性）	43～68d	0.71～5.7	入院的6530例病例中，459例因食用了经甲基汞杀菌剂处理过的谷物制成的面包后死亡。BML：血汞浓度<100～5000μg/L	[95]
中枢神经系统	6530（男性+女性）	43～68d	0.71～5.7	食用了经甲基汞杀菌剂处理过的谷物制成的面包后肢体和口周感觉麻木、共济失调、视野缩小或失明、言语不清、听力受损。发病率和受损严重程度与血液浓度相关。BML：发病时体内的汞含量≥50mg	[95]
胎儿	220女性（水俣病时期食用了被甲基汞污染的鱼类）	—	—	刚出生的婴儿表现正常，但随后表现出智力发育迟缓、小脑萎缩、构音障碍、运动机能亢进、反射亢进表现为唾液分泌过多、斜视和锥体症状	[96]
基因	实验组：6男性，3女性 对照组：3男性，1女性（年龄匹配）	>5a	剂量未知[Hg(OCN)₂]	血汞含量与染色体断裂的淋巴细胞的百分比在统计学上有明显的相关性，摄入甲基汞可能会导致染色体畸变、姐妹染色体交换	[97]

注：（1）BML（Biological Monitoring Level）——生物监测水平。
（2）表格包含个案研究和流行病学方法两种研究方式得出的结论。个案研究的对象较少，生物表现有一定的局限性。

表 1-32　孕妇和脐带血中甲基汞的浓度

国家	取样地区	产妇样品数量	血汞，µg/L	脐带血，µg/L	脐带血比血汞	参考文献
西班牙	塞维利亚	17	4.97	5.25	1.06	[98]
中国	—	9	2.5	4.18	1.67	[99]
瑞典	索尔纳	98	0.73	1.4	1.92	[100]
加拿大	魁北克	92	0.23	0.39	1.7	[101]
	北极地区	402	2.2	4.9	2.23	[102]
日本	福冈	115	4.77	9.32	1.95	[103]

生活中应注意增加营养，多食用牛奶、鸡蛋和富含维生素 E 的食物，它们对甲基汞的毒性具有防御作用。花生油、芝麻油含有丰富的维生素 E。另外，硒对于甲基汞中毒机体有保护作用，可减轻部分症状。硒还能减轻因氯化汞引起的生长抑制，对汞引起的肾脏损害有明显的防护作用。此外，果胶能与汞结合，加速汞离子排出，降低血液中汞离子浓度。很多的蔬菜、水果和干果都富含果胶，如土豆、胡萝卜、萝卜、豌豆、青菜、柿子椒、橘子、柚子、草莓、苹果、梨、核桃、花生和栗子等[104]。

4. 解毒机理

1）人体自身的解毒机理

单质汞、无机汞、有机汞进入人体后，大部分会转化为二价汞离子的形态存在，二价汞离子在人体内会与巯基等化合物发生一系列反应生成稳定的复合物。因此，微量的汞可经粪便、尿液、汗液、乳汁等途径排出体外。汞中毒的人体解毒机理见表 1-33。

表 1-33　汞中毒的人体解毒机理

人体防线	物质名称	解毒机理
"一线"防护	亚硒酸盐（selenite）	亚硒酸盐在还原型谷胱甘肽的作用下被还原成硒酸根离子，能够在 Hg^{2+} 与蛋白的巯基间形成硒桥，生成稳定的汞—硒复合物。汞—硒复合物的形成主要发生于血浆和红细胞中
"二线"防护	谷胱甘肽（glutathione, GSH）	GSH 是体内重要的非蛋白类巯基化合物，广泛存在于各种细胞中，可迅速与 Hg^{2+} 结合形成无毒的化合物，阻止 Hg^{2+} 与体内大分子物质的结合，防止汞中毒
"三线"防护	金属硫蛋白（MT）	当汞、镉等重金属进入人体后，可诱使大量的 MT 生成。MT 与汞、镉等重金属的亲和力远大于其他金属（30000 倍以上），可迅速与进入肾、肝细胞中的重金属结合，使其失去毒性。MT 主要存在于胞浆中
最后防线	溶酶体（lysosome, Lys）	胞浆内生成的汞硫蛋白可被 Lys 吞噬，Hg^{2+} 也可以直接与 Lys 内的酸性脂蛋白结合。被 Lys 吞噬的汞硫蛋白可以更安全地贮存于细胞内，然后逐渐降解，形成低分子物质，排入肾小管腔

注："X 线"防护是指的第 X 道防线。各防线崩溃后，汞毒性才得以发挥作用，也就是说，人体中微量的汞能够通过上述机理自行排除或失去毒性。

2）解毒药剂

Baum 等人以氯化汞染毒家兔,分别观察体内、体外实验中二巯基丙磺酸钠、依地酸二钠钙、青霉胺、谷胱甘肽、二巯基丁二酸等螯合剂的驱汞效果,结果显示二巯基丙磺酸钠的驱汞效果最明显[105]。目前,汞中毒的治疗也是以二巯丙磺钠为首选。研究发现,在使用螯合剂驱汞后尿液中的微量白蛋白反而增高,表明经肾脏排出较多汞时可能会加重对肾脏的损害。因此,在对患者进行驱汞治疗时应间歇使用螯合剂,同时注意监测和保护肾功能。常用的汞解毒药物及其药理作用见表 1-34。

表 1-34 常用的汞解毒剂及其药理作用

解毒剂	药理作用	注射方法	副作用
二巯丙磺钠	其巯基可与汞离子结合成巯—汞复合物,随尿排出,使组织中被汞离子抑制的酶得到复能	急性中毒时的首次剂量为5%溶液 2~3mL,肌肉注射;以后由医生根据病情决定用量。一般治疗一周左右	头晕、头痛、恶心、食欲减退、无力;偶尔出现腹痛或低血钾,少数出现皮疹,个别发生全身过敏性反应或剥脱性皮炎
二巯丙醇	其药理作用与二巯丙磺钠相似	首次剂量为 2.5~3.0mg/kg 体重,每 4~6h,深部肌肉注射一次,共 1~2 天。第 3 天按病情改为每 6~12h 一次;以后每日 1~2 次。共用药 10~14 天	头痛、恶心、咽喉烧灼感、流泪、鼻塞、出汗、腹痛、肌肉痉挛、心动过速、血压升高、皮疹和肾功能损害等。小儿易发生过敏反应和发热
乙酰消旋青霉胺（N-Acetyl-D, L-penicil-lamine）	对肾脏的毒性较青霉胺小	每日剂量 1g,分 4 次口服	乏力、头晕、恶心、腹泻、尿道排尿灼痛。少数出现发热、皮疹、淋巴结肿大等过敏反应和粒细胞减少

三、汞及其化合物对环境的危害

油气田中汞会通过气田污水、固体废弃物、尾气排放和油气燃烧等多种途径排放到周围环境中。众所周知,极少量的汞就会对环境造成严重的危害,而进入环境中的汞则会沿着食物链在生物体内累积富集并最终危害人类健康。

汞在大气中的停留时间较长,会对大气造成全球性污染。从大气中沉降到地表的汞进入土壤和水体后,通过甲基化作用转化为生物毒性更强的甲基汞,由此对陆生生态系统和水生生态系统造成严重影响。20 世纪 80 年代末,科学家研究发现,人为排放的汞可通过大气远距离传输沉降到偏远地区。因此,汞的全球性污染成为研究的热点问题。联合国环境规划署于 2002 年发布了《全球汞评估报告》,该报告对全球的大气汞污染源及其影响进行了调查,给出了全球大气汞排放清单,指出人为活动的汞排放已经对社会生态构成了严重威胁。近年来,国际环境学术界围绕大气汞的来源、迁移转化、不同生态系统汞的生物地球化学循环演化规律、汞污染严重地区汞的生物地球化学变化等方面开展了大量的研究工作。

1. 汞及其化合物的迁移转化

汞作为一种自然元素,在环境中永久存在,不能分解成为低毒物质。研究表明,自然因素和人为活动能够导致汞在大气、水体、土壤等生态系统中的重新分布,其间会发生一系列复杂的迁移、转换作用。汞在环境中的迁移和转化如图1-12所示[106]。

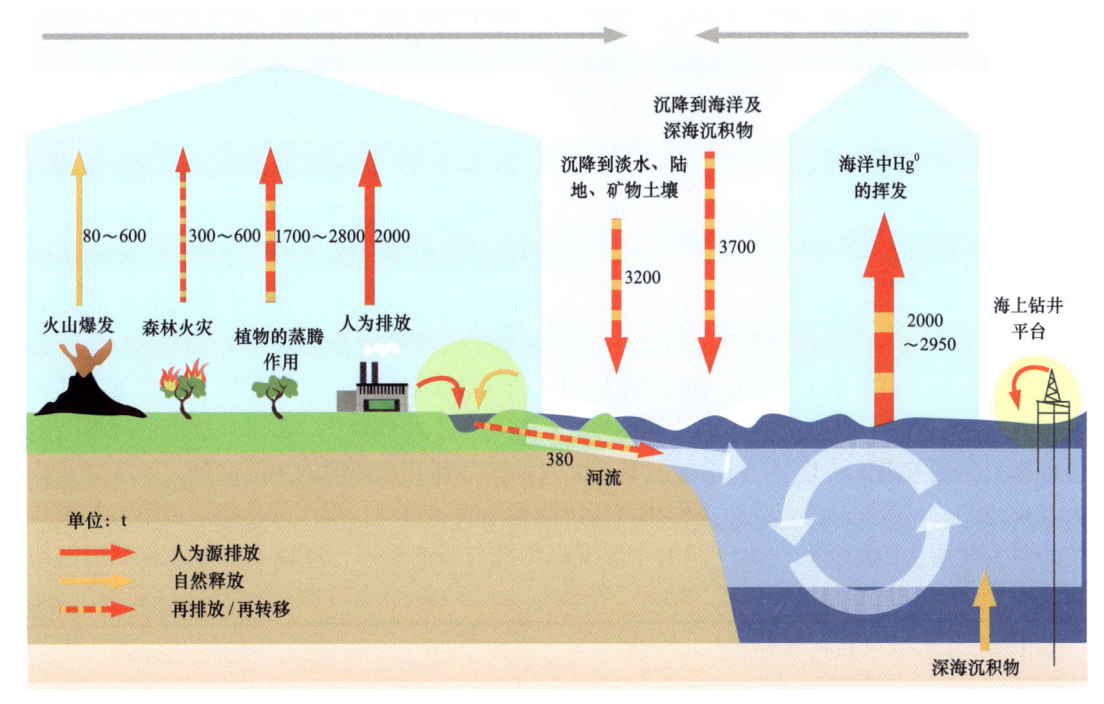

图 1-12 汞在环境中的迁移和转化

本图结合了UNEP2013和UNEP2018的内容,部分数据可能需要重新修订。该全球汞预算模型说明了汞在全球范围内循环的重要路径,包括自然释放和人为排放,以及从空气中沉积到土壤、地表水和植物中汞的再排放

在大气中,单质汞是气相中的主要形态,其较低的水溶性和干沉降速率有利于其在全球范围内进行长距离迁移[107]。汞离子存在于液相中,溶解或吸附在液滴中的颗粒上,易通过干湿沉降沉积在土壤表层[108]。在水体和土壤环境中,汞主要以各种二价汞化合物的形式存在,包括无机汞(如$HgOH$)和有机汞(如CH_3Hg)化合物,其次主要以单质汞的形态存在[109]。环境中的甲基汞可以通过食物链进行累积,并在生物体内富集[110],因此,甲基汞在环境中的生物转化也是汞循环中的一个重要部分[111]。

汞及其化合物在不同生态环境之间的迁移和转化,伴随着许多重要的物理、化学、生物过程。这些过程包括单质汞和Hg^{2+}的氧化还原过程、大气中汞的干湿沉降、颗粒物对汞的吸附和解吸附、光化学反应、汞的甲基化过程等[112]。

1)汞在大气中的迁移和转化

汞在大气中的形态主要分为单质汞(Hg^0)、二价汞(Hg^{2+})和颗粒态汞(Hg^p,吸附于大气气溶胶的汞)。单质汞是大气汞的主要存在形态,占大气中各种形态汞的90%以上,且其在大气中停留的时间较长,能随大气环流进行长距离迁移。占大气汞很低比例的二价汞和颗粒态汞在大气中的停留时间较短,易于通过干湿沉降去除,迁移距离相对较短。因此,不同形态汞的转化就直接决定着汞在大气中的停留时间及迁移距离。

大气中汞的形态转化对汞的全球生物地球化学循环起着极其关键的作用。汞在大气中

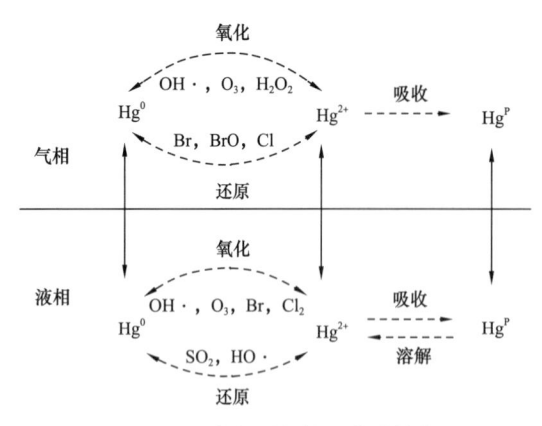

图 1-13 大气汞的物理化学转化

的迁移转化可分为气液相反应以及不同相之间的相互转化（包括颗粒态汞在气相和液相中的吸附平衡等）。大气汞的物理化学转化如图 1-13 所示[113]。

单质汞在气液相中的氧化还原过程是重要的大气汞化学过程。气相中汞的反应主要是单质汞向二价汞的转化和二价汞向颗粒态汞的转化。而云雾 pH 值、大气环境温度的变化、太阳天顶角度[114]等都能够影响单质汞的氧化还原效果。大气中颗粒态汞的形成是由于气溶胶（悬浮在大气中的固态和液态颗粒物的总称）对单质汞和二价汞的吸附作用，而气溶胶对二价汞的吸附能促进二价汞的还原。另外，环境条件的变化也可能会影响气态汞向颗粒态汞的转化，如环境温度的降低会促进气态汞向颗粒态汞转化[109]。干湿沉降是大气汞转移到其他环境的主要途径。干沉降是指大气汞经扩散、惯性碰撞或受重力作用直接沉降到地表的过程；湿沉降是指通过雨雪等形式使汞从大气中去除的过程。大气汞的干湿沉降特征与汞的形态、环境条件、地表类型密切相关。

2）汞在水体中的迁移和转化

汞在水体中的存在形态主要有颗粒态汞、溶解态的单质汞（Hg^0）、溶解态的二价汞（Hg^{2+}）和有机汞。水中的有机汞分两种形态：一种为非极性化合物结构 RHgR，如（CH_3）$_2$Hg、C_3H_5Hg（CH_3COO）等，这类化合物几乎不溶于水，但具有极大的脂溶性和挥发性，进入水体后易通过气化过程转移到大气中去；另一种为 RHgX 结构，如 CH_3HgCl 等，这类化合物兼具水溶性和脂溶性，会在水中长期滞留。水体中汞的迁移转化如图 1-14 所示[115]。

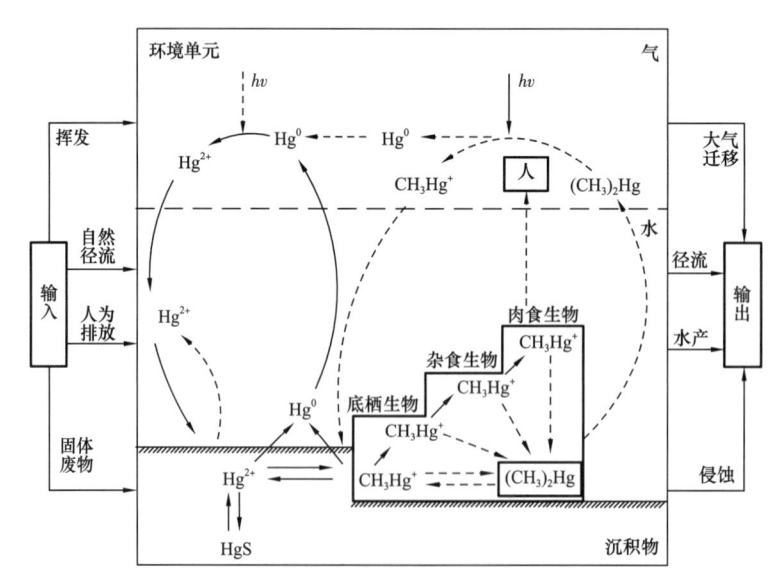

图 1-14 水体中汞的迁移转化

hv 表示来自环境的光照

汞在水体中可通过物理化学转化、生物态转化的方式进行迁移转化。物理化学转化又包括溶解气态汞的挥发、发生络合反应和螯合反应、颗粒态汞的沉降。

(1) 汞在水体中的物理化学转化。

天然水体中溶解气态汞的主要形态为单质汞和少量的二甲基汞[116]。当水体中含氧量减少时,汞被水中的有机质、微生物等还原为气态单质汞,排放到大气中。当水体中的含汞量稍高,pH值≥7时,水中的汞可在厌氧微生物的作用下生成二甲基汞。由于二甲基汞在水中的溶解度很小,所以很容易散逸到大气中。

水体中除溶解态汞外,还存在着络合态汞。溶解态的二价汞可以和很多有机或无机配位体如氢氧根离子(OH^-)、氯离子(Cl^-)、硫离子(S^{2-})发生各种络合和螯合反应。络合物的形成是汞能随水流迁移的重要因素之一[117]。

在水体中,汞主要被水中存在的悬浮微粒物理吸附,最后沉降至水底。水中的悬浮物能大量摄取溶解态汞,从而使汞失去自由活动能力,当地质条件或者环境改变而导致悬浮物沉积时,吸附在悬浮物上的汞也随之沉淀下来。同样,水体沉积物中的化学物质还会吸附水中溶解态的二价汞。

(2) 汞在水体中的生物态转化。

汞在水体中的生物态转化主要是在微生物的参与下,使汞及其化合物发生氧化还原反应和甲基化作用的过程。水体中汞的生物态转化如图1-15所示。

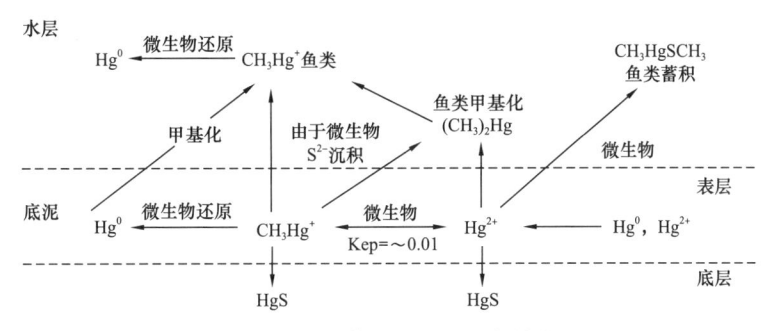

图1-15 水体中汞的生物态转化

氧化还原作用主要是单质汞与二价汞(Hg^{2+})之间的转化。在有氧条件下,某些细菌,如柠檬酸细菌、枯草芽孢杆菌、巨大芽孢杆菌能使单质汞氧化。另外,有些细菌,如铜绿假单胞菌、大肠埃希氏菌、变形杆菌、酵母菌等可以把无机或有机汞化合物中的二价汞还原成单质汞。在含汞培养基上的酵母菌菌落表面呈现汞的银色金属光泽。

甲基化作用主要是二价汞(Hg^{2+})与甲基汞(CH_3Hg)之间的转化。汞的生物甲基化与甲基钴氨素有关,甲基钴氨素是甲基化过程中甲基的生物来源,见式(1-24)。无论在好氧或厌氧条件下,都存在能使汞甲基化的微生物。汞在厌氧条件下主要转化为二甲基汞,在好氧条件下主要转化为甲基汞,在pH值为4~5的弱酸性水体中,二甲基汞也可以转化为甲基汞。此外,在鱼体内也可进行汞的甲基化作用。甲基维生素B_{12}可使沉积物中的无机汞甲基化,厌氧污泥中汞的甲基化途径见式(1-25)和式(1-26)。

$$CH_3CoB_{12} + Hg^{2+} + H_2O \longrightarrow (CH_3)_2Hg \qquad (1-24)$$

$$Hg^{2+} \xrightarrow{2R-CH_3} (CH_3)_2Hg \xrightarrow{X} CH_3Hg^+ + CH_3X \quad (1-25)$$

$$Hg^{2+} \xrightarrow{R-CH_3} CH_3Hg \xrightarrow{R-CH_3} (CH_3)_2Hg \quad (1-26)$$

水体中汞的生物态迁移量是有限的，在微生物的参与下，沉积在水中的无机汞能转变成剧毒的甲基汞，并且沉积物中生物合成的甲基汞能连续不断地释放到水体中。甲基汞的亲脂性强，因此，水中低含量的甲基汞也能被水生生物吸收，并通过食物链的不断富集进而威胁到人类。因此，汞在水中的生物态迁移过程，实质上可以说是甲基汞的迁移和积累过程，这与无机汞在大气、水体中的迁移不同，它是一种危害人体健康与威胁人类安全的生物地球化学迁移[118]。一般来说，通过食物链的富集可以使某些生物体内的含汞量比水体中的汞浓度增大几倍至几十万倍。一般水生生物的食物链为浮游植物—浮游动物—贝类、虾、小鱼—大鱼。

3) 汞在土壤中的迁移和转化

汞在土壤中的形态主要为单质汞、无机汞和有机汞，以单质汞为主要形态，占总汞的90%以上[119]。土壤表层的汞主要来自大气沉降，林冠（树木上部着生的全部枝和叶称为树冠，在林分中，树冠层的总和称为林冠）的湿沉降和枯落物。进入土壤中的汞，95%以上能被土壤中的黏土矿物和有机质迅速吸附或固定，因此汞容易在土壤表层积累[5]。土壤中的一部分汞会与硫结合成硫化汞，通过岩石风化逸出外部环境；另一部分汞通过人为活动转移至大气。

汞在土壤中的迁移和转化可分为氧化还原反应、吸脱附过程、络合反应和螯合反应、甲基化作用。土壤中二价汞还原生成单质汞的主要可能机制有三种。

汞在土壤中的氧化反应包括光致还原，即土壤中有机物作为电子供体，在光照的激发下将二价汞（Hg^{2+}）还原成单质汞；微生物还原，可能是微生物汞还原酶的作用，也可能是某类汞敏感还原菌细胞的作用；有机物还原，新沉降的无机汞具有较高的反应活性，被土壤有机物中的某些含氧官能团快速还原为单质汞直接排放到大气。

吸附作用是指二价汞（Hg^{2+}）极易被土壤中的黏土矿物、有机质等迅速吸附。该作用有利于汞在土壤中的固定。此外，土壤中单质汞的吸脱附过程也会影响土壤向大气的汞排放。二价汞还可以与很多无机配位体如氢氧根离子（OH^-）、氯离子（Cl^-）、硫离子（S^{2-}）、硫化物、磷酸盐等结合生成络合物。土壤中的有机配位体，如羟基和羧基等对汞有很强的螯合作用，它与吸附作用一起增强有机质对二价汞的亲和力，使有机质中的汞含量明显增高。

植物对汞的吸收主要是通过根来完成的。很多情况下，汞化合物在土壤中先转化为单质汞或者甲基汞后才能被植物吸收。植物对汞的吸收和积累与汞的形态有关，挥发性高且溶解度大的汞化合物更容易被植物吸收，其吸收顺序为氧化甲基汞＞氧化乙基汞＞乙酸苯汞＞氧化汞＞硫化汞。汞在植物各部分的分布一般是根＞茎、叶＞种子。这种趋势是由于汞被植物吸收后，常与根上的蛋白质反应沉积于根，阻碍了向地上部分的运输。植物叶片和大气汞交换是近年来提出的科学新问题。研究指出，植物既可以从大气中吸收汞，又可以将汞释放到大气中，这是一个双向动态过程。

2. 汞对环境的污染

汞对环境的污染包括对大气、水体和土壤的污染。汞在环境中的迁移转化将大气、水体和土壤连接成了一个完整的汞循环，而环境中的汞污染最终都将会对人体健康造成极大的危害。20世纪50年代，日本九州水俣湾发生的"水俣病"，就是首次发现的汞污染引起的环境公害事件。此后，世界各国汞污染事件也陆续发生，引起了全球的广泛关注，纷纷采取各种措施防治汞污染[120]。中国已经在采取行动遏制汞的排放，减少汞对环境造成的污染。2014年11月，在北京签订的《中美气候变化联合声明》中，中国做出控制化石燃料使用的承诺，这一举措在一定程度上会降低我国大气汞的排放量。

1) 汞对大气的污染

自然释放和人类活动都会造成大气汞污染。全球汞矿化带等土壤汞含量相对富集区域的汞释放是大气汞污染的自然来源。随着现代工业的发展，工业化生产等人类活动导致的大气汞排放量逐渐增加。由图1-5和图1-6可知，石油天然气行业中含汞污染物的燃烧、排放也是大气汞污染的来源之一。

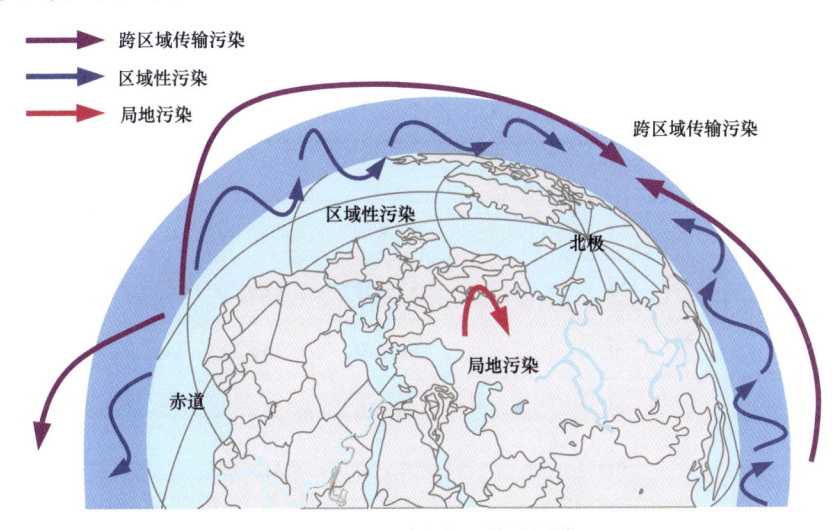

图1-16 汞对大气环境的污染

汞对大气环境的污染如图1-16所示。该污染分为局地污染、区域性污染和跨区域传输污染[121]。影响大气污染范围的因素是排放源的类别和大气汞排放的形态。汞在大气中的停留时间很长，传输距离可以达到数百米乃至数千米，进而可以从局地污染转化为区域性的大气污染，因此在远离汞污染的地区仍可能会监测到高浓度的汞。由于全球性大气环流的存在，汞还存在着跨区域的长距离传输，从而形成跨地区、跨国家的影响，带来持久而复杂的环境效应。

天然气处理厂中的汞可以通过天然气燃烧、尾气排放、泄漏等方式进入大气。根据EPA 2001的报告，含汞废气中汞的主要形态为气态单质汞，还有小部分的二甲基汞[7]。天然气处理厂排放到大气中的含汞废气会带来局地污染，但随着时间的推移，汞在空气中的浓度会逐渐降低；当处理厂发生大量含汞废气泄漏或工作人员打开汞污染的设备进行检修期间未采取特殊预防措施时，附近环境中的汞浓度会迅速增加，将带来高水平的汞蒸气聚集,该作业区的暴露人群血汞浓度升高,极端条件下可能会发生急性汞中毒。因此,在天然气处理厂等相关石油行业进行涉汞作业的时候一定要做好汞防护措施。同时,从天然气处理厂中排放的气态单质汞易吸附在大气颗粒上,也易溶解于雨水中,因此易通过汞的干湿沉降污染土壤、地表水及地下水,会引起沉降地区土壤和水体汞浓度的显著升高,从而引起农作物、陆生动植物和水生动植物体内汞浓度的升高,进而影响到人类的健康。

我国在1997年实施了GB 16297—1996《大气污染物综合排放标准》,该标准对含汞气体的大气排放限制做了明确规定,见表1-35。我国还制定了GB 3095—2012《环境空气质量标准》,该标准给出了环境空气中汞含量的年浓度参考限值,一级和二级均为0.05μg/m³。2012年9月,国务院批复的《重点区域大气污染防治"十二五"规划》中提出了要深入开展燃煤电厂大气汞排放控制试点工作,积极推进汞排放协同控制;同时,还编制了包括石油天然气工业等重点行业大气汞排放清单,研制了重点行业大气汞污染的控制对策。

表1-35 GB 16297—1996《大气污染物综合排放标准》中现有污染源大气汞排放限值

污染物	最高允许浓度 mg/m³	最高允许排放速率,kg/h			无组织排放监控浓度限值	
		排气筒高度 m	一级	二级	三级	监控点	浓度 mg/m³
汞及其化合物	0.015	15	禁排	1.8×10^{-3}	2.8×10^{-3}	周界外浓度最高点	0.0015
		20		3.1×10^{-3}	4.6×10^{-3}		
		30		10×10^{-3}	16×10^{-3}		
		40		18×10^{-3}	27×10^{-3}		
		50		27×10^{-3}	41×10^{-3}		
		60		39×10^{-3}	59×10^{-3}		

2)汞对水体的污染

水体中汞污染的来源包括工业污水、农业污水、生活污水和大气汞的干湿沉降等。其中最主要的来源是超标排放的工业污水。排放的含汞污水对环境的污染呈现出较强的局地性,含汞污染物主要存在于排污口附近的底泥和悬浮物中,其余部分则以溶解态或络合物的形式随水流迁移,危害水生生物。汞对水生生物的危害见表1-36。

水体中的汞表现出形态的多变性、毒性效应的不可降解性和迁移转化过程的多样性。水生植物和水体直接接触,对汞污染较为敏感,中毒的临界值很低。由于各种植物对汞的耐受性不一,受到的毒害程度也不同[122]。对鱼类、贝类来说,它们对水体中的汞有很强的生物富集作用。试验证明,当水体中的汞含量达0.001~0.01mg/L时,汞就会通过小球藻→水蚤→金鱼的途径进行转移积聚,经35天后金鱼体内汞的含量可达水体环境中汞含量的800倍[123]。从表1-36中可以看出,过高剂量的汞会抑制鱼类的生长发育、降低其生殖率，严重情况下将导致鱼类死亡。更为严重的后果是，食物链的这种生物放大和生物积累作用会导致大量水产品体内的汞含量超标，一旦误食了这些含汞水产品，就会造成人体汞中毒。有研究表明，经常吃鱼人群的发汞量高于不常吃鱼人群，这就是水体环境中的汞在鱼体内富集的结果[11]。

表1-36 汞对水生生物的危害

物种	主要积蓄部位	主要影响	实例
鱼类	肝脏、鳃、脑部	孵化率和存活率降低、仔鱼畸形率增加、鳃瓣内黏液的分泌增加，堵塞鳃与外界的气体交换，严重情况下导致鱼类死亡[124]	在0.1mg/L的醋酸汞或氯化乙基汞的天然水域中，草鱼的眼部出血，部分眼球被严重破坏以至失明[125]
贝类	—	发育减缓、抑制受精、胚胎成型率降低、代谢产物改变	Adjei-Boateng等人[126]研究表明，汞会影响蛤的性成熟，对其繁殖产生影响
两栖类	肝脏、脑部	干扰神经系统、免疫系统、内分泌系统的正常调节功能，影响蝌蚪发育，最终导致发育畸形甚至死亡[127]	Hg^{2+}浓度在0.32~0.56mg/L时，绿蟾蜍蝌蚪的异常形态表现为腹部膨大、皮肤色素变淡、腹部皮肤略透明、内脏肿大；在1mg/L时，头部膨大、鼻孔张大、身体收缩[128]
水生植物	根、叶子、茎	在临界值以下，汞能增加细胞内核糖体、多聚核糖体及核糖体亚基的数量，诱导蛋白质的合成，但当积累超过临界值就会影响水生植物的正常生理活动[129]，甚至导致植物死亡	Ji等人[130]研究表明，Hg^{2+}促进菹草（Potamogeton Crispus）对钙、铁、镁、锌的吸收，阻碍菹草对主量元素磷、钾的吸收。电镜观察后发现，Hg^{2+}浓度增大使细胞超微结构的损伤程度加剧，具体表现为被膜断裂、消失、叶绿体膨大或解体

在油气田的开发过程中，含汞天然气集输及处理装置产生的含汞污水也会对人体及生态环境造成一定程度的影响。1950—1960年，我国某河水流域上游渔民均出现了一种怪病，表现为肌无力、双手颤抖、关节弯曲、双眼向心性视野狭窄。经调查发现，其污染源为上游的某石化公司。进入该河的汞散布在河床上，随着水流的冲刷渐渐向下游推移。研究人员对上千名食用江鱼的沿江渔民的头发进行了汞含量检测，检测结果显示，以江鱼为生的渔民体内的汞含量比普通人高出几十倍甚至上百倍。

目前，我国食品卫生标准规定，鱼和贝类汞含量不得超过0.3mg/kg，其中甲基汞不超过0.2mg/kg。1973年，世界卫生组织（World Health Organization，简称WHO）根据能使人类中毒的汞含量分析，建议成人每周摄入的汞允许量最多不超过0.3mg，甲基汞不能超过0.2mg。我国还对排入江河的污水制定了GB 8978—1996《污水综合排放标准》，对污水中的汞含量做了规定，污水中总汞含量不得超过0.05mg/L，并不得检测出烷基汞。为了防治水污染，保护水资源，保障人体健康，维护良好的生态系统，我国制定了GB 3838—2002《地表水环境质量标准》、GB/T 14848—2017《地下水质量标准》等，我国水环境中汞的限值见表1-37。从这些水的环境质量标准及排放标准可以看出，我国对水体中汞污染的控制在标准建立与实施上已经较为完善。

表 1-37　我国水环境中汞的限值

标准名称	汞的限值，mg/L				
	Ⅰ类	Ⅱ类	Ⅲ类	Ⅳ类	Ⅴ类
地表水质量标准 GB 3838—2002[①]	≤0.00005	≤0.00005	≤0.0001	≤0.001	≤0.001
地下水质量标准 GB/T 14848—2017[②]	≤0.0001	≤0.0001	≤0.001	≤0.002	≤0.002
海水水质标准 GB 3097—1997[③]	第一类	第二类	第三类	第四类	—
	≤0.00005	≤0.0002	≤0.0005	—	—
渔业水质标准 GB 11607—1989	≤0.0005				
农田灌溉水水质标准 GB 5084—2005	≤0.001				

①Ⅰ类：源头水、国家自然保护区；Ⅱ类：集中式生活饮用水地表水源地一级保护区等；Ⅲ类：集中式生活饮用水地表水源地二级保护区等；Ⅳ类：工业用水及人体非直接接触娱乐用水；Ⅴ类：农用水及一般景观要求水域。

②Ⅰ类、Ⅱ类适用各种用途；Ⅲ类：集中式生活饮用水及工农业用水；Ⅳ类：农业和部分工业，适当处理后可作生活饮用水；Ⅴ类不宜作为生活饮用水。

③第一类：海洋渔业水域；第二类：水产养殖、海水浴场、与人类食用直接相关的工业用水；第三类：一般工业用水；第四类：港口，海洋开发作业区。

3）汞对土壤的污染

土壤中汞污染的来源分为直接来源和间接来源[131]。施用无机和有机肥料（如污泥和堆肥）、石灰和含汞杀菌剂所造成的农业污染是土壤中汞污染的直接来源。间接来源主要包括自然因素和工业污染，如土壤母质、大气汞的干湿沉降，油气田含汞污水的排放和含汞固体废弃物的堆积等。油气田生产过程中产生含汞固体废物主要包括含汞污泥、天然气和凝析油脱汞产生的失效脱汞剂、处理厂检修和清汞过程产生的固体废物、被汞腐蚀的设备构件以及相关个人防护用具等。含汞固废中汞的主要存在形态有单质汞、无机汞和有机汞。土壤中汞污染的来源如图 1-17 所示。

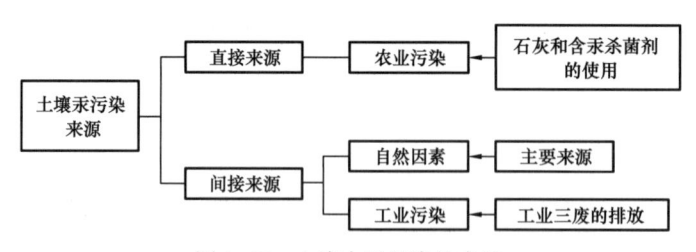

图 1-17　土壤中汞污染的来源

汞对土壤的危害主要表现在汞及其化合物会致使土壤板结，导致土壤失去种植生产能力，从而影响植物的生长，甚至使植物发生基因变异，表现为植株矮化，根系发育不良。而从土壤中被植物、农作物等摄取的汞会通过食物链进入动物或人体，给动物或人体造成危害。汞对陆生生物的危害见表 1-38。更为重要的是，当土壤 pH 值 <3 时，积聚在土壤中的壤气汞很容易从土壤中挥发出来，在汞矿区等汞污染较重且自然通风不佳的地

区可能会形成局部汞蒸气聚集，造成该地区暴露人群血汞浓度升高。土壤有一定自净能力，可通过物理净化、化学净化、生物净化等方式将进入土壤中的汞污染物净化，但在很多情况下，土壤净化能力十分有限。土壤的汞污染与大气汞污染相比，也呈现出更强的局地性。

表 1-38 汞对陆生生物的危害

物种	积蓄部位	主要影响	实例
鸟类 （急性中毒：湿重 20mg/kg）	肝脏、肾脏、羽毛	蛋壳变薄、卵重下降、畸形、孵化率降低、生长率及雏鸟存活率降低[132]、运动失调、死亡	环颈鸡（Phasianus Colchicus）肝脏中的汞达到 3~13mg/kg 时，孵化率显著降低[133]。甲基汞导致绿头鸭（Anas Platyrhyncos）的雏鸟警戒反应减少[134]
植物	根、茎、叶	抑制光合作用、根系生长、养分吸收、酶的活性、根瘤菌的固氮作用，轻则使植物体内代谢过程发生紊乱，生长发育受阻，重则可造成植物枯萎甚至衰老死亡，茎叶、花瓣、花梗、幼蕾的花冠变成棕色或黑色，严重情况下叶子和幼蕾掉落	豆类植物、薄荷的叶子和茎出现暗色的斑点，并逐渐变黑，最后枯萎或过早落叶[6]。土培实验表明，汞浓度为 0.074mg/kg 时，水稻根系受害，批谷率增加，产量下降[135]

含汞废物已被列为《国家危险废物名录》中 HW29 类危险废物，油气田含汞固废中汞的存在形态复杂多样，而有机汞的存在，将会增强含汞固废的生物毒性。除此之外，其他行业含汞固废的大量排放和非法倾倒、含汞污水的超标排放等都会对周边的土壤和农作物造成危害，使环境汞浓度水平显著升高，进而对人体健康造成危害。为了防止土壤污染，保持生态环境，保障农林生产，维护人体健康，我国制定了 GB 15618—2018《土壤环境质量 农用地土壤污染风险管控标准》。规定了农用地土壤污染风险筛选值、管制值以及监测、实施和监督要求，农用地土壤汞污染限值见表 1-39。

表 1-39 土壤环境质量农用地土壤汞污染限值

农用地土壤汞污染限值	土壤 pH 值	pH 值≤5.5	5.5<pH 值≤6.5	6.5<pH 值≤7.5	pH 值>7.5
风险筛选值[①]，mg/kg	水田	0.5	0.5	0.6	1.0
	其他	1.3	1.8	2.4	3.4
风险管制值[②]，mg/kg		2.0	2.5	4.0	6.0

①农用地土壤污染风险筛选值指农用地土壤中污染物含量等于或者低于该值的，对农产品质量安全、农作物生长或土壤生态环境的风险低，一般情况下可以忽略；超过该值的，对农产品质量安全、农作物生长或土壤生态环境可能存在风险，应当加强土壤环境监测和农产品协同监测，原则上应当采取安全利用措施。

②农用地土壤污染风险管制值指农用地土壤中污染物含量超过该值的，食用农产品不符合质量安全标准等农用地土壤污染风险高，原则上应当采取严格管控措施。

参 考 文 献

[1] 陈倩.含汞污泥处理工艺技术研究[D].成都：西南石油大学，2016.

[2] 布莱恩·奈普.锌，镉，汞[M].亓英丽，江加发，译.济南：山东教育出版社，2006.

[3] 日本化学会.化学便览[M].改订3版.东京：丸善，1980.

[4] SPEIGHT, JAMES G. Lange's handbook of chemistry[M]. McGraw-Hill Professional Publishing, 2004.

[5] 范栓喜.土壤重金属污染与控制[M].北京：中国环境科学出版社，2011.

[6] 付秀勇，吐依洪江，吴昉.轻烃装置冷箱的汞腐蚀机理与影响因素研究[J].石油与天然气化工，2009，38（6）：478-482.

[7] U.S. EPA.Mercury in petroleum and natural gas : estimation of emissions from production, processing and combustion[R].U.S. Environmental Protection Agency, 2001.

[8] WILHELM S M, BLOOM N. Mercury in petroleum[J]. Fuel processing technology, 2000, 63（1）: 1-27.

[9] SNELL J, JIN Q, JOHANSSIN M, et al. Stability and reactions of mercury species in organic solution[J]. Analyst, 1998, 123（5）: 905-909.

[10] 喜田村正次，侯召棠.汞[M].北京：原子能出版社，1988.

[11] 朱廷钰，晏乃强，徐文青，等.工业烟气汞污染排放监测与控制技术[M].北京：科学出版社，2017.

[12] 孟紫强.现代环境毒理学[M].北京：中国环境出版社，2015.

[13] 刘文君，张丽萍.城镇供水应急技术手册[M].北京：中国建筑工业出版社，2007.

[14] 陶秀成.环境化学[M].北京：高等教育出版社，2002.

[15] 胡荣桂.环境生态学[M].武汉：华中科技大学出版社，2010.

[16] 王玉锁.合肥地区大气汞的形态、浓度及影响因素[D].合肥：中国科学技术大学，2010.

[17] 王莉艳.从环境保护谈汞的用途及汞污染的防治[J].重庆广播电视大学学报，2001（4）：46-48.

[18] 莫友怡.世界与中国汞资源产销及其用途概况[J].中国矿山工程，2001（3）：56-57.

[19] 孙淑兰.汞的来源、特性、用途及对环境的污染和对人类健康的危害[J].上海计量测试，2006，33（5）：6-9.

[20] MASON R P, SHEU U R. Role of the ocean in the global mercury cycle[J].Gobal Biogeochemical Cycles, 2002, 16（4）: 1093.

[21] PACYNA E U, PACYNA J M, STEENHUISEN F, et al. Ulobal anthropogenic mercury emission inventory for 2000[J].Atmos. Environ, 2006, 40: 4048-4063.

[22] 康春丽，杜建国.汞的地球化学特征及其映震效能[J].地质地球化学，1999，27（1）：79-84.

[23] 侯路，戴金星.天然气中汞含量的变化规律及应用——兼述岩石和土壤中汞的含量[J].天然气地球科学，2005，16（4）：514-521.

[24] LINDBERG S E, BULLOCK R, EBINGHAUS R, et al .A synthesis of progress and uncertainties in attributing the sources of mercury in deposition[J]. AMBIO, 2007, 36（1）: 19-33.

[25] 舒代宁.环境汞污染与健康[J].乐山师专学报，1998，14（1）：28-31.

[26] SCHUSTER P F, KRABBENHOFT D P, NAFTZ D L, et al. Atmospherc mercury deposition during the last 270 years : a glacial ice core record of natural and anthropogenic sources.[J]. Environmental

Science & Technology, 2002, 36（11）: 2-10.

［27］ALPERS B, CHARLES N, HUNERLACH, et al. A report on mercury contamination from historic gold mining in california［J］. Journal of Organometallic Chemistry, 2002, 645（1-2）: 87-93.

［28］UNITED NATIONS ENVIRONMENT PROGRAMME.Global mercury assessment 2013: sources, emissions,releases and environmental transport. Chapter 3: Anthropogenic emissions to the atmosphere［R］. UNEP, 2013.

［29］UNITED NATIONS ENVIRONMENT PROGRAMME. Global mercury assessment 2018: Draft technical background document.Chapter 5: Releases of Hg to the aquatic environment from anthropogenic sources［R］. UNEP, 2018.

［30］薛艳.石油中汞的分析方法进展［J］.当代石油石化, 2008, 16（6）: 33-35.

［31］李剑,韩中喜,严启团,等.中国气田天然气中汞的成因模式［J］.天然气地球科学,2012,23（3）: 413-419.

［32］GERARD S S. Mercury in extraction and refining process of crude oil and natural gas［D］. Aberdeen: University of Aberdeen, 2013.

［33］GROLEWOLD G. Production and processing of nitrogen-rich natural gases from reservoirs in the NE part of the Federal Republic of Germany［C］.Bucharest, Romania: 10th World Petroleum Congress, 1979.

［34］BAILEY E H. Froth veins, formed by immiscible hydrothermal fluids, in mercury deposits, California［J］. Bulletin of the Geological Society of America, 1959, 70: 661-664.

［35］PEABODY C E, EINAUDI M T. Origin of petroleum and mercury in the Culver-Baer Cinnabar deposit, Mayacmas District, California［J］. Economic Geology, 1992, 87: 1078-1103.

［36］田松柏.石油加工技术热点评述［M］.北京: 化学工业出版社, 2011.

［37］垢艳侠, 侯栋才, 王旭东.天然气中汞的来源及富集条件［J］.新疆石油地质, 2009, 30（5）: 582-584.

［38］BALEN R T. Modelling the hydrocarbon generation and migration in the west Netherlands basin, the Netherlands［J］. Netherlands Journal of Geosciences, 2000, 79（1）: 32.

［39］张子枢.世界大气田概论［M］.北京: 石油工业出版社.1990: 228.

［40］BRUNO S. Tertiary subsurface fades, source rocks and hydrocarbon reservoirs in the SW part of the Pannonian basin［J］.Geologia Croatia, 2003, 56（1）: 101.

［41］PETER J H, CARNELL J O. Mercury distribution on gas processing plants［C］.Louisiana: 83rd Annual Convention Proceedings, 2004.

［42］何伟,汤达祯,严启团.天然气中汞的分布及其成因机制分析［J］.资源与产业, 2011（6）: 110-116.

［43］HENNICO A, BARTHEL Y, COSYNS J, et al. Mercury and arsenic removal in the natural gas, refining and petrochemical industries［J］. Oil Gas European Magazine, 1991, 17: 36-38.

［44］YAN T Y. Process for removing mercury from water or hydrocarbon condensate: US4962276［P］. 1990-10-09.

［45］DOLL B, KNICKERBOCKER B M, NUCCI E. Industry response to the UN global mercury treaty negotiations focus on oil and gas［C］.Perth, Australia: International Conference on Health, Safety and Environment in Oil and Gas Exploration and Production, 2012.

[46] 王卫平，王子军. 石油和天然气中汞的赋存状态及其脱除方法 [J]. 石油化工腐蚀与防护, 2010, 27（3）: 1-4.

[47] SARRAZIN P, CAMERON C J, BARTHEL Y, et al. Processes prevent detrimental effects from As and Hg in feedstocks [J]. Oil and Gas Journal, 1993, 25（1）: 86-90.

[48] ZETTLITZER M, SCHOLER H F, EIDEN R, et al. Determination of elemental, inorganic and organic mercury in north german gas condensates and formation brines [C]. Houston, Texas: International Symposium on Oilfield Chemistry, 1997.

[49] 姜学艳. 原油及其加工过程中汞的形态及分布 [J]. 安全、健康和环境, 2012, 12（11）: 32-36.

[50] DAVID L, MURRAY G, DR J H. Mercury arising from oil and gas production in the United Kingdom and UK continental shelf [R]. Integrating Knowledge to Inform Mercury Policy, 2012.

[51] Autistic Community Activity Program. Assessment of mercury Releases from the Russian Federation [R]. ACAP, 2005.

[52] ARUN B MUKHERJEE, PROSUN B, ATANU S, RON Z. Mercury emissions from industrial sources in India and its effects in the environment [J]. Mercury Fate and Transport in the Global Atmosphere, 2009: 81-112.

[53] WATRAS C J, BLOOM N S, HUDSON R J M, et al. Sources and fates of mercury and methylmercury in Wisconsin Lakes [M]. USA: Lewis Publisher, 1994.

[54] CLARKSON T W, MAGOS L. The toxicology of mercury and its chemical compounds [J]. CRC Critical Reviews in Toxicology, 2006, 36（8）: 54.

[55] U.S.EPA Mercury Study Report to Congress. Volume V: Health effects of mercury and mercury compounds [R]. U.S. Environmental Protection Agency, 1997.

[56] SNODGRASS W, JR S J, RUMACK B H, et al. Mercury poisoning from home gold ore processing. Use of penicillamine and dimercaprol [J]. Jama, 1981, 246（17）: 1929-1931.

[57] World Health Organization. elemental mercury and inorganic mercury compounds: human health aspects [R]. Geneva: WHO, 2003.

[58] GERSTNER H B, HUFF J E. Clinical toxicology of mercury [J]. Journal of Toxicology and Environmental Health, 1977, 2（3）: 491-526.

[59] 万双秀，王俊东. 汞对人体神经的毒性及其危害 [J]. 微量元素与健康研究, 2005（2）: 67-69.

[60] KANLUEN, GOTTLIEB, DETROIT, et al. A clinical pathologic study of four adult cases of acute mercury inhalation toxicity [J]. Archives of Pathology and Laboratory Medicine, 1991, 115（1）: 56-60.

[61] SEXTON D J, POWELL K E, LIDDLE J, et al. A Nonoccupational Outbreak of Inorganic Mercury Vapor Poisoning [J]. Archives of Environmental Health: An International Journal, 1978, 33（4）: 186-191.

[62] BLUHM R E, BREYER J A, BOBBITT R G, et al. Elemental mercury vapour toxicity, treatment, and prognosis after acute, intensive exposure in chloralkali plant workers. Part II: Hyperchloraemia and genitourinary symptoms. [J]. Human and Experimental Toxicology, 1992, 11（3）: 2-5.

[63] JAFFE K M, SHURTLEFF D B, ROBERTSON W O. Survival after acute mercury vapor poisoning [J]. Am. J. Dis. Child, 1983, 137（137）: 749-751.

［64］FAGALA G E，WIGG C L．Psychiatric Manifestations of Mercury Poisoning［J］．Journal of the American Academy of Child and Adolescent Psychiatry，1992，31（2）：306-311．

［65］KARPATHIOS T，ZERVOUDAKIS A，THEODORIDIS C，et al. Mercury vapor poisoning associated with hyperthyroidism in a child［J］．Acta Paediatrica Scandinavica，2010，80（5）：551-552．

［66］SIKORSKI R，JUSZKIEWICZ T，PASZKOWSKI T，et al. Women in dental surgeries：Reproductive hazards in occupational exposure to metallic mercury［J］．International Archives of Occupational and Environmental Health，1987，59（6）：551-557．

［67］美国国立职业安全卫生研究所．(2005）危险化学品使用手册［M］．北京：中国科学技术出版社，2007．

［68］吴振鹏．血液汞含量超标200多倍，警方调查"男童疑被灌汞"［EB/OL］．［2014-04-01］．http：//www.xinhuanet.com//photo/2014-04/01/c_126339523.htm．

［69］ZERUCUO K．水银中毒量是多少［EB/OL］．［2017-01-27］．https：//www.ys137.com/yxjk/1682274.html．

［70］张伊莉，刘薇薇，刘移民．不同途径汞中毒对机体影响的分析研究［J］．职业卫生与应急救援，2015，33（4）：234-237．

［71］ENDO T，NAKAYA S，KIMURA R. Mechanisms of absorption of inorganic mercury from rat small intestine：III. Comparative absorption studies of inorganic mercuric compounds in vitro.Pharmacol［J］．Toxicol，1990，66（5）：347-353．

［72］ROTHSTEIN A，HAYES A D .The metabolism of mercury in the rat studied by isotope techniques［J］．Journal of Occupational & Environmental Medicine，1960，3（3）：166-176．

［73］TROEN P，KAUFMAN S A，KATZ K H. Mercuric bichloride poisoning.［J］．N. Engl. J. Med.，1951，244（13）：459-633．

［74］DAVIS L E，WANDS J R，WEISS S A，et al. Central nervous system intoxication from mercurous chloride laxatives. Quantitative，histochemical，and ultrastructural studies［J］．Arch Neurol，1974，30（6）：428-431．

［75］PESCE A J，HANENSON I，SETHI K. β2 Microglobulinuria in a patient with nephrotoxicity secondary to mercuric chloride ingestion［J］．Clinical Toxicology，1977，11（3）：7．

［76］AFONSO J F，DE ALVAREZ R R．Effects of mercury on human gestation.［J］．American Journal of Obstetrics and Gynecology，1960，80（80）：145．

［77］WAGIDA A，GABAL S．Cytogenetic study in workers occupationally exposed to mercury fulminate［J］．Journal of Chemical Physics，1991，130（12）：184-184．

［78］王允滋．小剂量氯化汞的毒理研究［J］．癌变·畸变·突变，1995，17（5）：273．

［79］DARGAN P I，GILES L J，WALLACE C I，et al. Case report：severe mercu-ric sulphate poisoning treated with 2,3-dimer-captopropane-1-sulphonate and haemodiafiitration［J］．Crit Care. 2002,7（3）：1-6．

［80］IPIECA.Mercury management in petroleum refining［R］．International Petroleum Industry Environmental Protection Association，2014．

［81］孙素群．食品毒理学［M］．武汉：武汉理工大学出版社，2012．

［82］MIETTINEN J K．The accumulation and excretion of heavy metals in organisms［J］．Heavy Metals in the Aquatic Environment，1975：155-162．

［83］World Health Organization. International Programme on Chemical Safety［R］. Geneva：WHO., 1990.

［84］STEIN A F, GREGUS Z, KLAASSEN C D. Species variations in biliary excretion of glutathione-related thiols and methylmercury［J］. Toxicology and Applied Pharmacology, 1988, 93（3）：351-359.

［85］CLARKSON T W, MAGOS L.The toxicology of mercury and its chemical compounds［J］. Crit. Rev. Toxicol, 2006（36）：609-662.

［86］OMATA S, KASAMA H, HASEGAWA H, et al. Species difference between rat and hamster in tissue accumulation of mercury after administration of methylmercury［J］. Archives of Toxicology, 1986, 59（4）：249-254.

［87］刘英, 李全乐. 汞及其化合物的神经毒性及机制研究进展［J］. 河南预防医学杂志, 2006（1）：46-47.

［88］THOMAS D J, FISHER H L, SUMLER M R, et al. Distribution and retention of organic and inorganic mercury in methyl mercury-treated neonatal rats［J］. Environmental Research, 1988, 47（1）：59-71.

［89］AXELRAD D A, BELLINGER D C, RYAN L M, et al. Dose-response relationship of prenatal mercury exposure and IQ：an integrative analysis of epidemiologic data［J］. Environmental Health Perspectives, 2007, 115（4）：609-615.

［90］HARADA, MASAZUMI. Minamata Disease：Methylmercury poisoning in Japan caused by environmental pollution［J］. CRC Critical Reviews in Toxicology, 1995, 25（1）：1-24.

［91］SCHOCHET S S. The pathology of minamata disease. A tragic story of water pollution［J］. Journal of Neuropathology and Experimental Neurology, 2000, 59（2）：175.

［92］National Research Council. Toxicological effects of methylmercury［M］.Washington, DC：The National Academies Press, 2000.

［93］TAMASHIRO H, ARAKAKI M, AKAGI H, et al. Effects of ethanol on methyl mercury toxicity in rats［J］. Journal of Toxicology and Environmental Health, 1986, 18（4）：595-605.

［94］HÖÖK O, LUNDGREN K D, SWENSSON. Å. On alkyl mercury poisoning［J］. Acta Medica Scandinavica, 1954, 150（2）：131-137.

［95］BAKIR F, DAMLUJI S F, AMIN-ZAKI L, et al. Methylmercury poisoning in Iraq［J］. Science, 1973, 181（4096）：230-241.

［96］HARADA H. Congenital minamata disease：Intrauterine methylmercury poisoning［J］. Birth Defects Research. Part A：Clinical and Molecular Teratology, 2010, 88（10）：906-909.

［97］SKERFVING S, HANSSON K, LINDSTEIN J. Chromosome breakage in humans exposed to methyl mercury through fish consumption Preliminary communication.［J］. Archives of Environmental Health, 1970, 21（2）：133.

［98］SORIA M L, SANZ P, MARTÍNEZ D., et al. Total mercury and methylmercury in hair, maternal and umbilical blood, and placenta from women in the seville area［J］. Bull Environ Contam Toxicol, 1992, 48（4）：494-501.

［99］YANG J, JIANG Z, WANG Y, et al. Maternal-fetal transfer of metallic mercury via the placenta and milk［J］. Annals of Clinical and Laboratory Science, 1997, 27（2）：135.

［100］VAHTER M, KESSON A, LIND B, et al. Longitudinal study of methylmercury and inorganic mercury in blood and urine of pregnant and lactating women, as well as in umbilical cord blood［J］.

Environmental Research, 2000, 84（2）: 0-194.

［101］MORRISSETTE J, TAKSER L, ST-AMOUR G, et al. Temporal variation of blood and hair mercury levels in pregnancy in relation to fish consumption history in a population living along the St. Lawrence River [J]. Environmental Research, 2004, 95（3）: 0-374.

［102］BUTLER W J, HOUSEMAN J, SEDDON L, et al. Maternal and umbilical cord blood levels of mercury, lead, cadmium and essential trace elements in Arctic Canada. [J]. Environmental Research, 2006, 100（3）: 295-318.

［103］SAKAMOTO M, KANEOKA T, MURATA K, et al. Correlations between mercury concentrations in umbilical cord tissue and other biomarkers of fetal exposure to methylmercury in the Japanese population [J]. Environmental Research, 2007, 103（1）: 0-111.

［104］郑娆. 浅谈汞的危害与自我防护［J］. 计量与测试技术, 2011, 38（1）: 69-71.

［105］郁东, 徐旭东, 周永田, 等. HgCl2染毒大鼠的胫神经变性［J］. 环境与健康杂志, 2006, 23（5）: 409-412.

［106］U.S EPA. Mercury study report to congress [R]. U.S. Environmental Protection Agency, 1997.

［107］SCHROEDER W H, MUNTHE J. Atmospheric mercury——an overview [J]. Atmospheric Environment, 1998, 32（5）: 809-822.

［108］FITZGERALD W F, LAMBORG C H, HEINRICH D H, et al. Geochemistry of mercury in the environment [J]. Treatise on geochemistry. Oxford: Pergamon; 2007（b）: 1-47.

［109］FITZGERALD W F, LAMBORG C H, HAMMERSCHMIDT C R. Marine biogeochemical cycling of mercury [J]. Chem. Rev., 2007a（107）: 641-662.

［110］ULLRICH S M, TANTON T W, ABDRASHITOVA S A. Mercury in the Aquatic Environment: a review of factors affecting methylation [J]. C. R. C Critical Reviews in Environmental Control, 2001, 31（3）: 53.

［111］EBINGHAUS R, JENNINGS S G, SCHROEDER W H, et al. International field intercomparison measurements of atmospheric mercury species at Mace Head, Ireland [J]. Atmospheric Environment, 1999, 33（18）: 3063-3073.

［112］冯新斌, 仇广乐, 付学吾, 等. 环境汞污染［J］. 化学进展, 2009, 21（Z1）: 436-457.

［113］LINDBERG S E, BULLOCK R, EBINGHAUS R, et al. A synthesis of progress and uncertainties in attributing the sources of mercury in deposition[J]. AMBIO, 2007, 36（1）: 19-33.

［114］WATRASC. J, HUCKABEEJW. Mercury pollutant: integration and synthesis [M]. Boca Raton: Lewis Publishers, 1994.

［115］王俊, 张义生. 化学污染物与生态效应［M］. 北京: 中国环境科学出版社, 1993.

［116］KOTNIK J, HORVAT M, TESSIER E, et al. Mercury speciation in surface and deep waters of the Mediterranean sea [J]. Marine Chemistry, 2007, 107（1）: 13-30.

［117］邓小红. 环境中汞的形态［J］. 渝西学院学报: 自然科学版, 2003, 2（3）: 42-45.

［118］许妍. 我国环境汞污染现状及其对健康的危害［J］. 职业与健康, 2012, 28（7）: 879-881.

［119］LINDQVIST O. Mercury in the Swedish environment [J]. Water, Air and Soil Poll., 1995（55）: 1-261.

［120］苗亚琼, 熊丹, 林清. 环境中汞的迁移转化及其生物毒性效应［J］. 绿色科技, 2016（12）: 59-61.

［121］王书肖. 中国大气汞排放特征、环境影响及控制途径［M］. 北京: 科学出版社, 2016.

[122] REGIER N, LARRAS F, BRAVO A G, et al. Mercury bioaccumulation in the aquatic plant Elodea nuttallii in the field and in microcosm: accumulation in shoots from the water might involve copper transporters [J].Chemosphere, 2013, 90 (2): 595-602.

[123] 郑宗林, 黄朝芳, 廖三赛. 重金属对鱼类的危害及污染防治 [J]. 中国饲料, 2003 (15): 23-24.

[124] 沈盎绿, 沈新强. 汞对水生动物的危害及机理 [J]. 水利渔业, 2005, 25 (4): 105-107.

[125] 杨芝英. 重金属对鱼类的危害 [J]. 水产科技情报, 1981 (3): 22-23.

[126] ADJEI-BOATENG D, OBIRIKORANG K A, AMISAH S, et al. Relationship between gonad maturation and heavy metal accumulation in the clam, Galatea paradoxa (Born 1778) from the Volta Estuary, Ghana [J].Bulletin of Environmental Contamination and Toxicology, 2011, 87 (6): 626-632.

[127] 徐纪芸, 潘奕陶, 池振新, 等. 汞对中国林蛙蝌蚪的毒性效应 [J]. 东北师大学报: 自然科学版, 2010 (4): 138-143.

[128] XU S X, LI X D, WANG Y Z.Study on amphibian as bioindicator on biomonitoring water pollution [J]. Chinese Journal of Zoology, 2003, 38 (6): 110-114.

[129] HE G, GENG C G, LUO R. the effect of heavy metals of water plants and its control [J].Guizhou Agricultural Sciences, 2008, 36 (3): 147-150.

[130] JI W D, SHI G X, ZHANG H, et al. Physiological and ultrastructural responses of Potamogeton crispus to Hg^{2+} stress [J].Acta Ecological Sinica, 2007, 27 (7): 2856-2863.

[131] CLEMENT A. Toxicological profile for mercury [J]. Toxicology and Industrial Health, 1999, 15 (5): 480-482.

[132] BURGER J, GOCHFELD M. Risk, mercury levels, and birds: relating adverse laboratory effects to field biomonitoring [J]. Environmental Research, 1997, 75 (2): 0-172.

[133] FIMREITE N. Effects of dietary methylmercury on ring-necked pheasants, with special reference to reproduction [J]. Can. Wild. Serv. Occas, 1971, 20 (9): 1-39.

[134] HEINZ G H. Methylmercury: Reproductive and behavioral effects on three generations of Mallard ducks [J]. Journal of Wildlife Management, 1979, 43 (2): 394-401.

[135] 鲁洪娟, 倪吾钟. 土壤中汞的存在形态及过量汞对生物的不良影响 [J]. 土壤通报, 2007, 38 (3): 597-600.

第二章 汞腐蚀及防护

汞是天然气中普遍存在的微量有害元素，但汞在金属表面具有累积性，汞浓度随时间的增加而逐渐增大。汞易冷凝、吸附以及聚集在管线和设备上，汞的长期聚集必然产生一定的腐蚀危害。汞对设备的腐蚀主要是汞吸附在金属表面溶解部分金属元素、生成易溶于水的腐蚀产物以及渗透到晶界降低金属原子键合力，降低金属表面力学性能，从而造成金属表面脆化。汞对金属的腐蚀程度取决于金属在汞中的溶解度，金属在汞中溶解度越高，腐蚀越容易发生。汞对金属的腐蚀通常分为汞齐、汞齐化腐蚀、液态金属脆化以及电偶腐蚀，不同金属材质在含汞环境中表现出不同的腐蚀差异。本章主要包括汞腐蚀机理、汞对不同材质的腐蚀、汞腐蚀防护措施等内容。

第一节 概　　述

汞吸附在管线和设备表面会严重危害油气处理厂的管线及设备正常运行，增加其腐蚀破裂风险。为保证含汞气田安全高效开发，防止汞腐蚀事故，需对汞腐蚀及防护措施进行研究。

一、汞腐蚀机理研究进展

汞腐蚀通常由单质汞、离子汞以及烷基汞引起，其中以单质汞引起的汞齐化、汞齐化腐蚀、液态金属脆化、电偶腐蚀为主。

1979 年，德国 Grotewold 等[1,2]研究表明天然气中汞浓度会随天然气在管道和设备中不断流动而逐渐减少。这是由于管壁粗糙度、表面黏附力、汞在管线凝液和化学处理试剂中的溶解等因素引起。对一段 200km 的海上混输管道（7MPa，10℃）进行汞分布检测，管道在运行 50 个月后在接收终端检测到汞，认为汞在管道中输送具有"滞后效应"，计算发现管道表面汞含量为 1.5~2g/m²。从某天然气处理厂分离器下游取一运行管段，通过电镜扫描图分析管道垢中的汞，发现汞主要以 HgS（原料气含硫化氢）的形式附着在管壁或以 Hg^{2+} 形式进入氧化铁中。

1981 年，加拿大 Leeper 等[3-5]认为在有水的条件下，铝汞齐主要发生电化学反应，铝汞齐中的铝失电子生成铝离子，在水中不断溶解，水中的氢离子得电子生成氢气，汞对铝腐蚀反应物为 Al(OH)$_3$。也有人认为汞单质沉积在铝表面与铝形成铝汞齐，加速铝在潮湿空气中的氧化，形成氧化铝结晶。在常温常压下通过分析参与反应的氧气、水含量，得到铝在空气中氧化的主要控制因素为水含量。采用 XPS 衍射仪对腐蚀产物物相进行定性分析得到氧化产物为 γ-Al$_2$O$_3$。

液态汞沉积在铝表面可能会发生液态金属脆化断裂[6-8]，其实质是汞沿着铝的晶界渗入金属铝母材，降低晶界处的结合力，在低于其屈服应力的条件下，产生裂纹，裂纹沿晶界迅速扩大，最终导致铝制设备破裂失效。

汞对铝的腐蚀程度受到汞的形态、温度以及表面处理工艺的影响。Pawel 和 Manneschmidt[9] 将 6061-T6 型铝合金暴露在液态汞和汞蒸气下得出 6061-T6 型铝合金不易被汞蒸气腐蚀，但在液态汞中短时间内便出现点蚀和裂纹。此外，Zerouali 等[10] 提出铝汞齐中铝的腐蚀取决于汞齐厚度、铝在汞中的扩散程度和铝在汞中的化学溶解速率三个因素。在高电压和短时间浸没条件下，铝在汞中的化学溶解速率是限制腐蚀反应进程的因素；在长时间浸没和低电压条件下，铝在汞中的扩散是限制腐蚀反应进程的因素。

Wilhelm[11] 对汞造成的铝合金换热器腐蚀风险进行了分析评价，提出可将流体模型以及实际检测数据结合来预测汞沉积量、液态金属脆化以及汞齐腐蚀的概率和后果，并在风险较高的位置采取相应措施从而减少风险。

1986 年，Leeper 等[3, 7, 12] 得出铜汞齐会降低铜的稳定性，常温下铜与水反应的吉布斯自由能负值较小，因此，铜汞齐与水的电化学反应在较高的温度下才能发生，在室温下，铜一般不会发生汞齐化腐蚀。汞对铜的侵入性强，在含汞的环境中，易使铜发生液态金属脆化，其腐蚀实质与铝相同，有研究表明：受到高应力作用下的黄铜在汞盐中只要几秒钟时间就会发生断裂。2000 年，华南理工大学[13] 研究汞对黄铜的致脆作用，得到汞导致黄铜破裂的原因主要是汞或其蒸气延应力作用造成的缺陷部位深入组织内部，通过物理或化学作用与原来的组织生成强度低的新相，破裂便延新相区域扩展。

2006 年，Bessone 等[14-17] 研究得出铁在汞中的溶解度很小，铁汞齐很难生成。有研究表明：25℃时，汞在铁中的溶度积仅为 1.0×10^{-19}。所以碳钢为主体材质的管道和设备不易发生汞齐腐蚀。

2010 年，Nengkoda 等[7, 18, 19] 研究含汞溶液对不锈钢的腐蚀机理。不锈钢耐蚀主要是其表面生成致密的氧化膜（Cr_2O_3），若氧化膜发生破裂，则汞与铬在常温下形成汞齐，在有水存在的条件下，促进汞齐中铬的氧化以及铬在汞中的溶解；不锈钢中的镍元素可提高不锈钢在高温卤素环境中的防腐性能，汞在较高温度时易与镍形成汞齐，在有游离水的条件下，汞齐中的镍与汞形成原电池，发生电化学反应，促进镍的氧化和镍在汞中的溶解。当腐蚀介质中含有其他酸性气体时，可增加汞对不锈钢的腐蚀。在室温条件下，添加硫化氢后，腐蚀明显加剧，在不锈钢的整个表面均出现点蚀现象，局部均匀地分散着腐蚀小坑，在试样边缘出现大的黑洞，在以上基础上再添加盐酸之后，腐蚀进一步加剧，不锈钢出现均匀腐蚀的现象。

二甲基汞是天然气中的一种有机汞组分，二甲基汞的腐蚀性研究成果较少，仅 Wongkasemjit 等[15] 通过研究二甲基汞的腐蚀性后得出：二甲基汞对碳钢和金属铝具有较强的腐蚀性，相比单质汞或汞的氯化物腐蚀性更强。在含有二甲基汞的甲醇和石油醚溶液中，汞对碳钢的腐蚀速率普遍要大于对铝片的腐蚀速率；同时，二甲基汞的存在，使碳钢和铝片在温度超过 30℃和 50℃时的腐蚀速率明显增加。二甲基汞溶液的浓度与反应温度越高，腐蚀性越强，这是由于腐蚀过程中产生了高浓度的单质汞。烃的氯化物和硫化物可明显增强二甲基汞的腐蚀性。金属在盐酸和二甲基汞溶液中的腐蚀速率大约是在二甲基汞溶液中腐蚀速率的 700 倍，是在酸性溶液中腐蚀速率的 40 倍[15]，在存在微量硫化氢或盐酸的条件下，二甲基汞的腐蚀性得到很大增强以至在较短的时间里可能发生灾难性事故。

二、汞腐蚀事故

汞与铝、铜等金属材质接触可引起齐化腐蚀及液态金属脆化等腐蚀现象，汞的长期积累可引起严重破坏。据报道，在阿尔及利亚 Skikda 液化天然气工厂、印度尼西亚 Arun 气田、澳大利亚 Moomba 天然气处理厂和中国雅克拉集气处理站等相继发生因汞引起的腐蚀事故。

1. Arun 天然气液化工厂汞腐蚀事故

1980 年，印度尼西亚亚齐省 Arun 天然气液化工厂在更换热电偶开关时第一次发生汞腐蚀事故[20]。该气田天然气含汞量大约为 300μg/m³，经调查发现，原焊接金属上有一条可导致泄漏的小裂缝，在这个小裂缝周围，有类似"浅棕色霉菌"的物质形成，并逐步扩大。这是由于泄漏出来的汞与所接触的金属，在潮湿环境中自发、连续地发生化学反应。天然气中的汞与铝反应生成铝汞齐，在有水和氧气存在的情况下，铝汞齐会进一步反应，生成一种可循环再生的产物——γ 型氧化铝纤维。此反应可导致铝制或铝合金部件的结构发生破坏。

为了防止汞导致制冷设备的腐蚀破坏，Arun 天然气液化工厂采取了如下措施：

（1）在处理流程的前端安装脱汞装置，天然气中汞的浓度不超过 0.1μg/m³。

（2）设备启动时，吹扫气温度尽量降低，汞和铝的反应不能在低于 -40℃ 的情况下发生。

（3）改进天然气取样分析方法，保证及时、准确检测天然气中的汞浓度。

2. 美国 Anschutz Ranch East LNG 厂汞腐蚀事故

1991 年，美国 Anschutz Ranch East LNG 厂发生因汞导致冷箱发生液态金属脆化的腐蚀事故[21]，冷箱铝制管道失效 X 射线扫描图如图 2-1 所示。该工厂原料气汞含量范围为 8～24mg/m³，除汞量约为 0.77kg/d。工厂采用载硫活性炭脱汞，运行一段时间后，脱汞剂效率下降，汞沉积在铝制换热器引起失效。研究人员将汞泄漏处管道切断后送到阿莫科生产研究中心，得出汞沉积在冷箱后发生汞齐以及液态金属脆化。

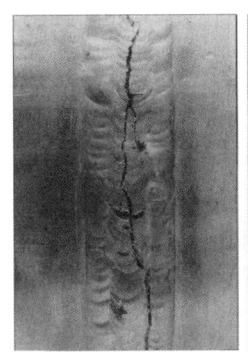

图 2-1　冷箱铝制管道失效 X 射线扫描图

3. 某天然气处理厂铝合金透平膨胀机轮失效

2004 年，某天然气处理厂铝合金透平膨胀机轮发生失效事故[6]。铝合金透平膨胀机轮失效原因是由于液态金属脆化造成的腐蚀冲击，汞对铝合金的腐蚀和脆化导致了沿部分叶片边缘产生了一些裂缝和内部的扩展轮产生了一些孔洞。液态金属脆化引起金属韧性下降，从而导致疲劳腐蚀，应力腐蚀开裂和膨胀机轮过早破坏。通过使用耐腐蚀涂层，避免汞和铝合金表面直接接触以及汞含量低于 10mg/L 时采用阳极电镀等措施降低叶轮失效。铝制透平膨胀机叶轮发生液态金属脆化断裂如图 2-2 所示。

图 2-2　铝制透平膨胀机叶轮的液态金属脆化断裂

4. 中国石化雅克拉集气处理站站主冷箱刺漏

中国石化雅克拉集气处理站于 2005 年底建成投产，天然气日处理为 $260\times10^4 m^3$，原料气温度为 31～35℃，最低制冷温度 -80℃。原料气中汞含量为 $73.76\mu g/m^3$，经分子筛脱水后的汞含量为 $30.93\mu g/m^3$ [22]。2008 年 8 月，冷箱物流一出口封头焊缝附近发生刺漏；2009 年 1 月，物流一出口（Ao）和物流二入口（Ci）又连续发生 10 余次刺漏，主冷箱刺漏位置如图 2-3 所示。2009 年 1 月 29 日，主冷箱内板束体侧面底部出现一道长约 15cm 的不规整裂纹，并在刺漏口发现有单质汞存在。

主冷箱刺漏部位在 -40～-30℃ 的铝合金管段，此阶段汞蒸气大量冷凝、聚集并与金属直接接触。主冷箱的腐蚀主要是由于汞冷凝与铝合金材质直接接触发生汞齐，在天然气中微量水的作用下发生汞齐化腐蚀生成 $Al(OH)_3$，使得腐蚀加剧，腐蚀部位不断变薄。当腐蚀部位薄到一定程度时，在一定应力作用下发生液态金属脆断，导致冷箱突然发生刺漏。

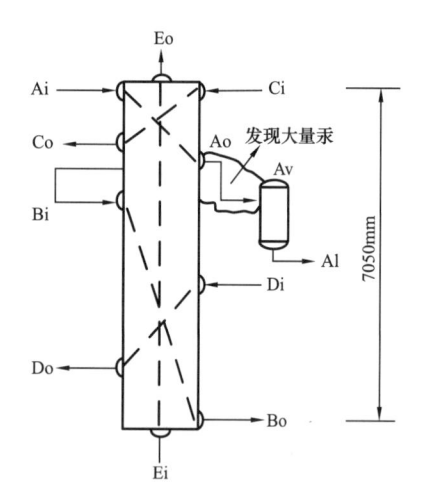

图 2-3　雅克拉集气处理站主冷箱刺漏位置

针对汞导致冷箱刺漏的问题，雅克拉集气处理站采用以下措施：

（1）采用载硫活性炭脱汞工艺，脱汞塔安装在分子筛干燥塔之后，脱汞塔出口天然气中汞含量设计值 $0.01\mu g/m^3$。

（2）脱汞塔设计为双塔流程，并在脱汞塔后增设了粉尘过滤器。

5. 海南海然高新能源有限公司所属 LNG 厂汞腐蚀事故

2006 年，海南海然高新能源有限公司所属 LNG 厂主冷箱至气液分离器的铝合金直管段漏气，漏气位置在封头与铝合金管段接口处[23]。由于天然气换热器温度低，汞析出沉积在封头处，发生汞齐化腐蚀。通过在预处理系统增加脱汞塔，脱汞剂采用载硫活性炭解决主冷箱发生腐蚀的问题。

第二节 汞腐蚀机理

单质汞对金属的腐蚀主要有汞齐化、汞齐化腐蚀、液态金属脆化以及电偶腐蚀[18]。所有类型的腐蚀都是在汞润湿金属的前提下，且每一种腐蚀速率的控制因素不一样。汞齐化是受原子扩散控制，汞齐化腐蚀是受电化学反应控制，液态金属脆化是受外界应力或残余的正应力控制，电偶腐蚀是金属与含汞溶液中 Hg^{2+} 发生的电化学反应。

一、汞齐化

汞齐化是指金属溶于汞与其组成的一种合金。根据汞在汞齐中所占的比例，可形成液态、固态或膏状的汞齐。

1. 腐蚀机理

汞齐化的实质是汞原子在汞与金属接触的表面开始扩散，降低局部金属原子之间的键能。若与合金接触，合金中易溶于汞的元素将优先溶解，降低合金材质的稳定性和完整性。不锈钢中相对易溶于汞的镍元素和铬元素溶解，导致不锈钢内壁表面形成孔洞，如图 2-4 所示。某些金属或合金表面存在致密的氧化膜阻止液态汞与基体金属接触，但是汞蒸气可穿过氧化膜冷凝并溶解在基体金属中。一般来说，设备在运行过程中表面氧化膜容易破裂，液态汞便可直接与基体金属接触。

2. 发生条件

汞齐化的发生需要满足以下两个条件：（1）金属溶于汞；（2）常温下金属不易自发发生氧化反应。

各种金属与汞生成汞齐的难易程度相差较大，汞齐形成的难易程度由各种金属在液态单质汞中的溶解度得出。

二、汞齐化腐蚀

汞与金属形成汞齐后，在有水的条件下迅速氧化溶解的现象称作汞齐化腐蚀。汞齐化腐蚀可使金属或合金在腐蚀环境中迅速发生腐蚀，导致设备失效，图 2-5 为典型的汞齐化腐蚀形貌，金属表面附着大量的氧化产物，汞齐化腐蚀一般伴随着液态金属脆化。

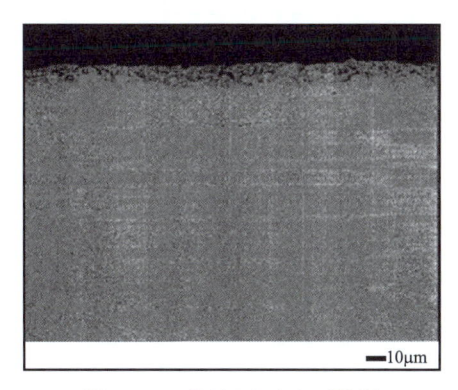

图 2-4　不锈钢内壁表面孔洞

图 2-5　汞齐化腐蚀形貌

1. 腐蚀机理

汞与某些金属形成汞齐后，在有水的条件下，汞齐中的活泼金属发生电化学反应，活泼金属失去电子，以离子态溶解在溶液中，同时置换出水中的氢气。在整个反应过程中，汞起到运输介质的作用，没有在反应中被消耗，只是起到催化作用。被"润湿"的基体金属表面有一层汞膜，部分基体金属溶解在汞膜中，汞将基体金属原子输送到表面与腐蚀环境直接接触，造成基体金属的溶解性氧化反应，如式（2-1）或式（2-2）所示。

$$MHg + H_2O \longrightarrow M(OH)_y + H_2 \qquad (2-1)$$

$$MHg + H_2O \longrightarrow M_xO_y + H_2 \qquad (2-2)$$

在整个腐蚀反应过程中，基体金属与液态汞之间存在亚稳态平衡，一旦亚稳态平衡发生破坏或表面钝化膜去除，汞便润湿该处基体金属并作为一种传输媒介，使基体金属从固—液界面快速转移到液—汽界面，在空气中迅速氧化溶解，因此该腐蚀行为的宏观形貌一般表现为局部附着大量基体金属的氧化产物，腐蚀部位也主要呈现出基体金属氧化产物的颜色，氧化产物表面分布着银白色汞珠。常温常压可能不是所有金属—汞系统的最佳条件，但改变这些变量可控制反应过程。

2. 发生条件

发生汞齐化腐蚀需要满足三个条件[5]：（1）存在溶于汞的金属元素；（2）在一定工况条件下，金属元素的氧化物或氢氧化物具有足够大的负自由能，保证该反应能在该条件下自发进行；（3）金属与汞具有简单的二元相图，简单相图的含义是没有中间相在元素汞界面形成，从而阻止氧化或羟基化反应的继续。

汞齐化腐蚀的三个条件缺少一个便不能使反应持续进行下去。汞对铝的齐化腐蚀是由于满足以上三个条件[24]，汞—铝二元体系相图如图2-6所示。从动力学方面来看，铝形成氧化铝及氢氧化铝的吉布斯自由能较高[25]。铝—汞界面不形成中间相阻止氧化铝和氢氧化铝的形成，不会中断反应的进行。

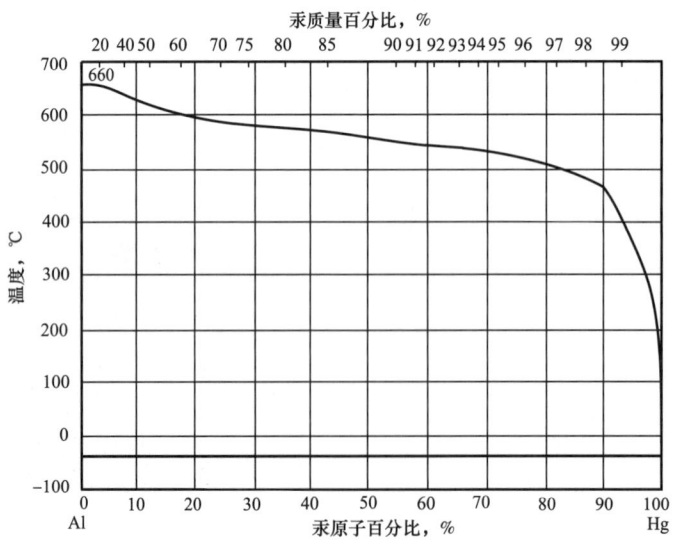

图 2-6 汞—铝二元体系相图

三、液态金属脆化

材料和液体金属接触导致塑性和韧性降低或低应力脆断的现象称为液体金属脆化（LME）。液体金属脆化是最具有破坏力的一种失效现象，图2-7为含汞环境下汞引起铝合金换热器致脆出现的沿晶裂纹。一些韧性金属在空气中进行拉伸试验时，断面面积可减小到接近100%，但在某些特定的液态金属环境中，断面面积减少可能接近于0，表现出明显的脆性。对于暴露在特定的液态金属环境中的金属样品，给其施加低于屈服应力的恒定载荷，脆性断裂可"瞬间"发生，有时在发生突然的脆性断裂前也会有很长一段时间的孕育期[26]。液态金属环境中，脆性亚临界裂纹的扩展速度可能高达每秒数百毫米，且应力强度因子（裂纹顶端附近区域各点应力的强弱程度）仅为空气快速断裂所需的10%[27]。

图2-7 汞引起铝合金换热器致脆沿晶裂纹

1. 腐蚀机理

液态金属脆化机理主要是吸附诱导位错发射理论[28]和微孔聚集理论[29]。

吸附诱导位错发射理论是指在汞原子接触到基体金属加载裂纹尖端引起裂纹尖端位错组态发生变化，位错会向无位错区域发射和运动。当吸附促进位错发射和运动发展到临界条件时，即吸附促进的局部塑性变形发展到临界状态时，此时集中的局部应力等于原子键合力，脆性裂纹在无位错区形核和扩展[30, 31]。Liu等[32, 33]对存在裂缝的Al 7075试样加载一恒定载荷并放置在含汞腐蚀环境中，利用透射电镜跟踪裂纹尖端的位错发展情况，A处为预处理试样的裂纹尖端，如图2-8（a）所示；暴露在含汞腐蚀环境中5h后，试样在裂纹尖端附近其他完好的区域发生位错，如图2-8（b）所示；继续暴露在含汞腐蚀环境中6h后，位错区域出现了不连续的微裂纹，如图2-8（c）所示；再暴露在含汞腐蚀环境中4h后，不连续的微裂纹连接在一起，如图2-8（d）所示。

微孔聚集理论是液态汞单质渗透进固态金属的晶间并溶解晶界（铝、铜等在汞中溶解度较高的金属）或以单晶的形式存在于晶界（不锈钢、碳钢等在汞中溶解度较低的金属），导致晶粒之间的结合力减弱，在外力作用或残余正应力作用下，晶界、相界或大量位错塞积处形成微裂纹，因相邻微裂纹的聚合产生可见微孔洞，孔洞长大、增殖，最后连接形成断裂。

2. 发生条件

液态金属脆化的发生主要有4个条件[34, 35]：（1）温度高于汞的凝固点（-38.9℃），保证汞处于液相；（2）金属氧化膜表层出现裂口，使得汞与内部金属接触；（3）汞接触的金属必须具有敏感的性能以及具有汞易入侵的微观结构（如马氏体组织）；（4）汞污染金属必须承受外力或内部残余应力。

(a)

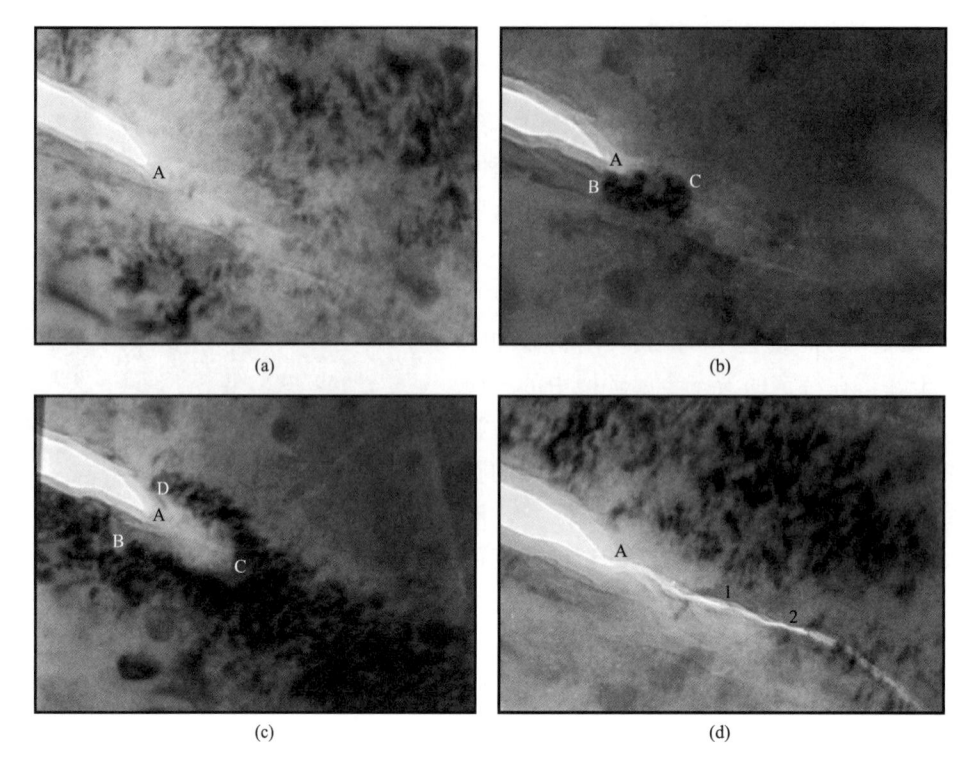

(b)

(c)

(d)

图 2-8　Al7075 透射电镜跟踪位错图

液态金属脆化的程度通常在脆化金属的熔化温度稍高一点的位置最严重，在高温下脆化作用降低。温度对脆化程度的影响如图 2-9 所示，在脆化金属的熔化温度左右，拉伸时断面减少的面积百分率最小。表示金属在未发生任何塑性变形就已经断裂，随着温度升高，断面减少率增大，表明在受到拉伸应力时，断面有明显变形。出现这种现象的原因是在更高的温度下，潜在裂纹发生区域的应力松弛现象更容易出现，降低局部应力[35,36]。

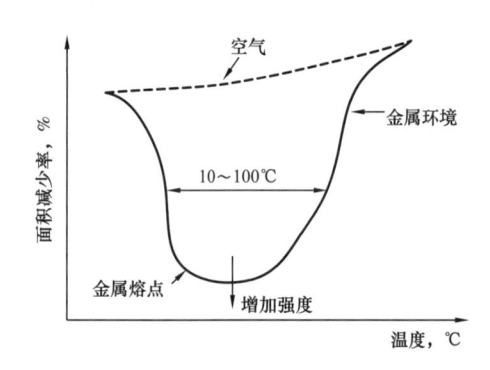

图 2-9　温度对脆化程度影响

3. 断裂形貌

除了铜合金之外，大部分多晶体或单晶体在没有适当的定向晶界时也会发生解理断裂。晶间和类似于裂解的断裂表面有时表现出较浅的韧窝，并且裂纹尖端周围可能具有显著的局部可塑性[29]，其晶粒表面微观图如图 2-10（a）所示。在大多数情况下，断裂表面看起来是平的，除了在某些情况下具有孤立的撕裂棱之外，其他部分几乎没有特征，在裂纹尖端附近没有明显的滑动迹象[29]，其晶粒表面微观图如图 2-10（b）所示。液态金属脆化晶相组织图常表现出一种沿晶断裂的特征，沿晶断裂金相组织如图 2-11 所示。

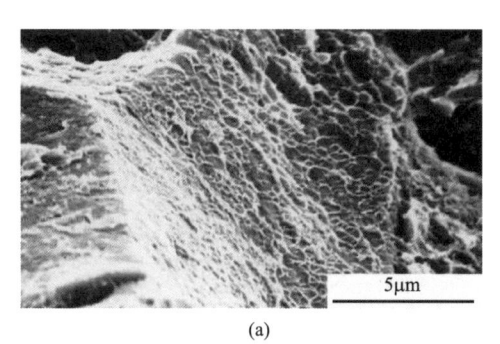

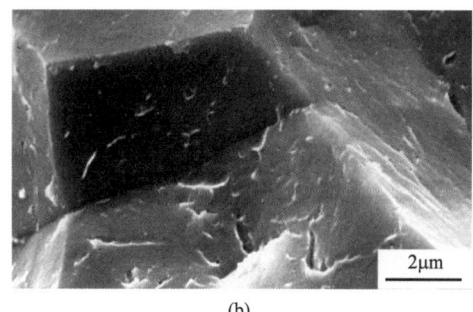

图 2-10　暴露在 20℃的液态汞中 D6AC 钢的断口晶粒表面微观图

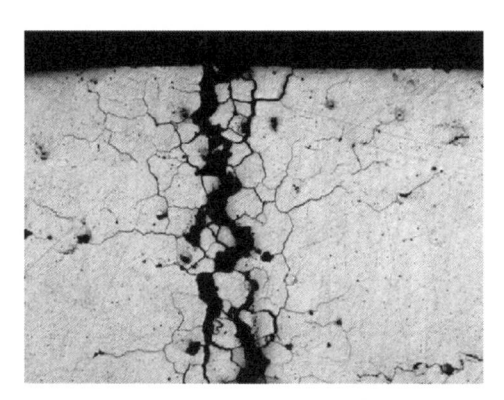

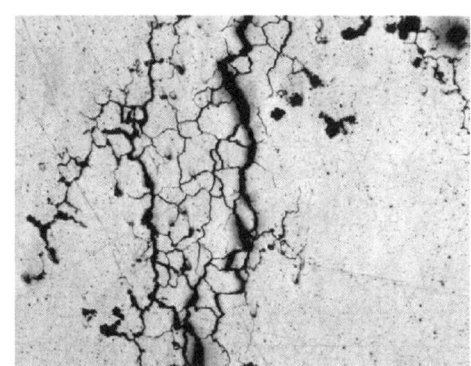

图 2-11　沿晶断裂金相组织

四、电偶腐蚀

1. 腐蚀机理

当 Hg^{2+} 与其他活泼金属在溶液中接触时，Hg^{2+} 易得电子形成汞单质并沉积在金属表面并润湿金属，活泼金属失电子溶解在溶液中，金属发生汞沉积的电偶腐蚀，加速局部腐蚀效应。

2. 发生条件

Hg^{2+} 对金属的电偶腐蚀主要经历三个过程：汞沉积过程、活化过程以及腐蚀加速过程[18]。Hg^{2+} 的电偶腐蚀需要满足以下条件：（1）在氧化性的腐蚀环境中金属会在缺陷处自发修复氧化膜，在修复过程中，Hg^{2+} 在缺陷周围还原成单质汞。（2）当 Hg 与金属氧化物的接触角大于 Hg 与金属单质的接触角时，Hg 便能顺利接触基体金属然后润湿，润湿之后则是加速基体金属氧化溶解。汞润湿基体金属原理如图 2-12 所示。

从电化学的角度表现为腐蚀电位瞬间升高到缓慢降低最后到急剧降低的过程，溶液的 pH 值越低，基体金属氧化膜的修复速度越低，从而增加汞润湿基体金属的时间，加速基体金属活化过程。含 Hg^{2+} 腐蚀溶液中金属腐蚀电位随时间变化曲线如图 2-13 所示。

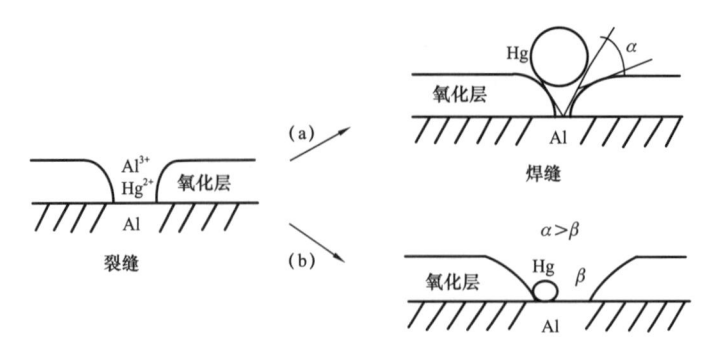

图 2-12 汞润湿基体金属原理

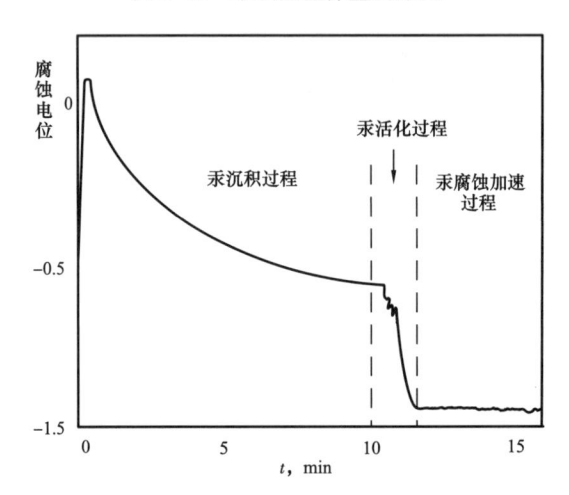

图 2-13 含 Hg^{2+} 腐蚀溶液中金属腐蚀电位随时间变化曲线

第三节 汞对不同材质的腐蚀

汞对不同材质腐蚀具有不同的腐蚀行为,其中汞对铝制设备的危害较为严重,主要受到汞齐化腐蚀和液态金属脆化共同作用;汞对铜的危害在于汞齐与液态金属脆化;汞与不锈钢接触会发生汞齐化、汞齐化腐蚀和液态金属脆化,其危害主要体现在致脆作用;汞对镍合金危害主要是液态金属脆化;钛合金表面致密的氧化膜可有效阻止汞与基体金属接触,因此具有较好的抗性,但在有液态汞沉积部位发生塑性应变,钛合金则会被汞致脆。

一、汞对纯金属的腐蚀

单质汞引起的腐蚀过程按照以下顺序进行:
(1)单质汞与未腐蚀的金属融合;
(2)基体金属与汞互溶后以未钝化的状态暴露在腐蚀介质中,在单质汞和基体金属中形成微型腐蚀电池,液态水作为电解质溶液;
(3)如果仅存在纯水和惰性气体,汞齐中的基底金属通过与水反应逐渐腐蚀。
基体金属与水发生的氧化反应:

$$M+H_2O \longrightarrow M_x(OH)_y + H_2 \tag{2-3}$$

如果天然气中存在酸性物质二氧化碳、硫化氢等，则腐蚀产物为金属的碳酸盐或金属的硫化物。当基体金属表面未出现钝化状态即表面无氧化膜覆盖，当水存在时，通过研究金属与水之间的热力学性质，判断汞腐蚀是否发生。

1. 汞对铝的腐蚀

铝与汞形成汞齐后，汞中溶解的铝与水的反应按式（2-4）进行：

$$2Al+6H_2O \longrightarrow Al(OH)_3+3H_2 \quad (2-4)$$

18℃时，氢氧化铝的焓值（H）及吉布斯自由能（G）分别是 –1274.782 kJ/mol 与 –1140.722kJ/mol；水的焓值及吉布斯自由能分别是 –285.7866kJ/mol 与 –236.9244kJ/mol。

热力学反应方程计算如下：

$$\Delta H=2\times(-1274.782)-6\times(-285.7866)=-834.24 \text{ kJ/mol}$$

$$\Delta G=2\times(-1140.722)-6\times(-236.9244)=-859.66 \text{ kJ/mol}$$

式中　ΔH——净焓变，kJ/mol；

　　　ΔG——净吉布斯自由能，kJ/mol。

由热力学反应方程计算值可知，由于净焓变和净吉布斯自由能都是负值，反应会强烈地释放热量，并且在室温下就能完全反应。通常情况下，铝不被水侵蚀的原因是铝的表层紧紧地覆盖有一层致密的氧化膜。在无氧的环境中，铝与汞融合形成产物的表层不会生成该氧化膜。

2. 汞对铜的腐蚀

铜与汞形成汞齐后，汞中溶解的铜与水的反应按式（2-5）进行：

$$Cu+2H_2O \longrightarrow Cu(OH)_2+3H_2 \quad (2-5)$$

18℃时，氢氧化铜的焓值及吉布斯自由能分别是 –446.424 kJ/mol 与 –357.39 kJ/mol。

热力学反应方程计算如下：

$$\Delta H=-446.424-2\times(-285.7866)=+125.15 \text{ kJ/mol}$$

$$\Delta G=-357.39-2\times(-236.9642)=+116.54 \text{ kJ/mol}$$

由热力学反应方程计算值可知，净焓变和净吉布斯自由能均为正值且正值较小。净吉布斯自由能为正值，得出在常温下反应不能自发进行；净焓变为正值，表明这个反应需要消耗能量才能持续进行，并且反应不能进行到底。由于铜的腐蚀需要持续的能量消耗，因此，铜在常温下不会受到液态水的攻击，除非在温度升高的情况下，即使在汞合金中，这种腐蚀也需要持续的热量输入。铜的腐蚀一般在二氧化碳和氧气存在的情况下发生，铜与汞形成汞齐会引起晶体结构发生改变，降低铜的稳定性。

3. 汞对铬的腐蚀

铬与汞形成汞齐后，汞中溶解的铬与水的反应按式（2-6）进行：

$$2Cr+3H_2O \longrightarrow Cr_2O_3+3H_2 \quad (2-6)$$

18℃时，氧化铬的焓值及吉布斯自由能分别是 -1141.14 kJ/mol 与 -1042.074 kJ/mol。热力学反应方程计算如下：

$$\Delta H = -1141.14 - 3 \times (-285.7866) = -283.78\text{ kJ/mol}$$

$$\Delta G = -1042.074 - 3 \times (-236.9642) = -331.18\text{ kJ/mol}$$

由热力学反应方程计算值可知，净焓变和净吉布斯自由能都是负的，反应会强烈地释放热量，并且在室温下能够自发反应。汞与铬形成铬汞齐之后，在水的催化作用下加速汞齐中铬的氧化以及铬在汞中的再溶解。

4. 汞对镍的腐蚀

镍与汞形成汞齐后，汞中溶解的镍与水的反应按式（2-7）进行：

$$Ni + H_2O \longrightarrow NiO + H_2 \qquad (2\text{-}7)$$

18℃时，氧化镍的焓值及吉布斯自由能分别是 -224.112 kJ/mol 与 -221.66543 kJ/mol。热力学反应方程计算如下：

$$\Delta H = -224.122 - (-285.7866) = +61.66\text{ kJ/mol}$$

$$\Delta G = -221.6654 - (-236.9642) = +15.38\text{ kJ/mol}$$

由热力学反应方程计算值可知，反应式净焓变及净吉布斯自由能均为正值，但正值较小。表明，镍与水的腐蚀反应在常温下不能够自发进行，且反应为吸热反应，需要外部提供能量该反应才能够进行。由于正值较小，因此镍的腐蚀温度高于铝的腐蚀温度。

二、汞对铝合金的腐蚀

1. 腐蚀机理

汞对铝的腐蚀危害主要在于汞齐化腐蚀以及液态金属脆化。铝的表面有一层具有保护功能的氧化膜（Al_2O_3），阻碍金属铝与腐蚀介质汞的接触。然而，金属铝表面的氧化膜并不是十分均匀，仍然存在很多缺陷，汞便从缺陷处渗透进基体金属，与基体金属直接接触。溶解在汞中的铝输送到汞膜表面，当存在氧和水的情况下，铝被氧化成 Al_2O_3 结晶或 $Al(OH)_3$。

氧化膜的生成降低汞中溶解的铝，破坏铝—汞系统平衡。为了再一次达到平衡，更多的铝溶于汞中，新溶解的铝再次发生氧化，直到所有的铝完全被氧化，反应结束。要保证整个反应过程连续不断进行，必须要有充足的水蒸气以及铝汞界面不会发生"脱湿现象"。如果铝的表面发生脱湿，则在铝汞接触表面形成钝化膜阻止反应进一步发生，而附着在铝上的汞膜会因为氧气不断地通过变成分散的汞滴[37]，铝—汞接触面反应机理如图 2-14 所示。

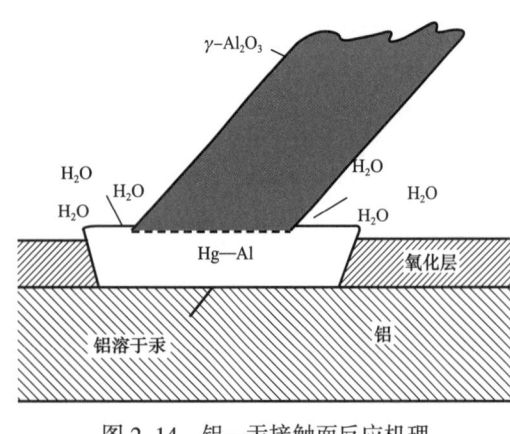

图 2-14 铝—汞接触面反应机理

汞在整个反应起到的作用主要如下：（1）通过润湿表面来保持大块铝的"活性"，从而防止铝和氧的紧密接触形成钝化膜；（2）为满足相平衡，汞不断溶解新的铝原子；（3）汞将铝原子输送到汞膜表面与空气中的水蒸气接触，并提供分子级别的铝与水蒸气接触。

2. 腐蚀微观形貌

汞对铝的齐化腐蚀反应产物外观主要有两种形式[5]：第一种形式是白色、不透明、纤维状，其腐蚀产物形貌如图 2-15（a）所示。第二种形式为大型的连续切片，有一个规则的外观，其腐蚀产物形貌如图 2-15（b）所示。当用高倍放大扫描电子显微镜对第一种形式观察时，呈现出一种分层、片状、多孔以及非结晶的形貌，其腐蚀产物微观形貌如图 2-16 所示。

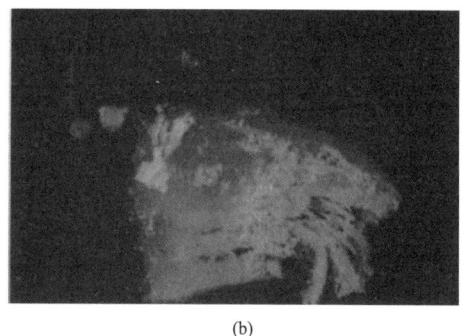

(a)　　　　　　　　　　　　(b)

图 2-15　汞润湿铝表面反应产物微观形貌

图 2-16　汞润湿铝表面氧化晶须微观形貌

汞对铝脆化的断面一般表现出沿晶脆性断裂的特征。汞对铝致脆断面扫面电镜图如图 2-17 所示，断面立体感较强，断裂以晶粒为单位，断面附着的腐蚀产物较少，主要为氧化铝。断口的金相切片也显示出同样沿晶断裂的特征，汞对铝致脆断面金相图如图 2-18 所示。

某天然气处理厂中的冷箱材料选用的是 5038 镁铝合金，冷箱的冷端物流工作温度一般在 -30℃以下，原料气中的汞在低温环境下呈液态，容易沉积在冷箱中，对冷箱造成严重腐蚀。冷箱汞腐蚀现场图如图 2-19 所示，入口装置破裂面积大，断口为脆性断裂特征，断口处有大量的白色的氧化晶须。

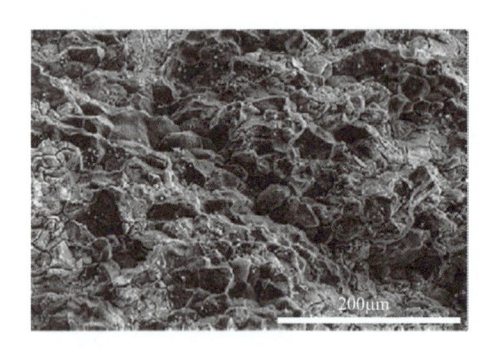

图 2-17　汞对铝致脆断面扫描电镜图

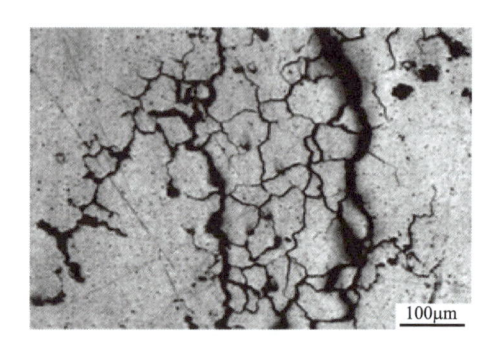

图 2-18　汞对铝致脆断面的金相组织图

3. 腐蚀影响因素分析

汞对铝的腐蚀主要受汞的类型、温度、氧气、水蒸气等因素的影响。

1）汞的类型

铝制设备在含汞环境下运行时,汞与铝的接触方式有多种类型,不同接触方式对汞的腐蚀程度不同。汞与铝的接触方式主要是暴露于汞蒸气或浸没于液态汞两种类型。

Pawel 等[9]将 6061-T6 型铝合金试样分别暴露在汞蒸气环境和浸泡在液态汞中,并放置在 0℃,22℃和 45℃环境中,实验表明铝浸没在汞溶液中的腐蚀程度大于与汞蒸气接触。22℃时暴露在含汞环境中 6061-T6 型铝制试件腐蚀宏观形貌如图 2-20 所示。

图 2-19　冷箱腐蚀

(a) 浸没在汞中　　　(b) 汞蒸气中

图 2-20　22℃时暴露在含汞环境中的 6061-T6 型铝制试件腐蚀宏观形貌

在含汞环境中存放 6 天的 6061-T6 型铝制试件实验结果见表 2-1。在三个温度下,液态汞浸没的试样减少的质量更多,表明腐蚀更加严重,并且由图 2-20 中试件在同一温度不同接触形式下腐蚀的宏观形貌可得到证实。汞浸没的试样有明显的点蚀现象,且在点蚀周围也出现大块、灰色被汞润湿的部位。而在汞蒸气环境中的试样有一些点蚀前兆零散地出现在试件的暴露表面,点蚀前兆周围的润湿变色区域很小。

表 2-1 在含汞环境中存放 6 天的 6061-T6 型铝制试件实验结果

存放环境	质量变化，mg	现象描述
浸没在汞中，45℃	-2.2，-4.4，-39.0	侵蚀，分散点蚀和裂纹
浸没在汞中，22℃	-2.7，-2.6，-12.6	侵蚀，分散点蚀和点蚀前兆
浸没在汞中，0℃	-0.1，-0.1，-0.1	点蚀前兆
在汞蒸气中，45℃	没有变化	点蚀前兆
在汞蒸气中，22℃	没有变化	少量点蚀前兆
在汞蒸气中，0℃	没有变化	少量点蚀前兆

2）温度

随着温度升高，铝在汞中的溶解度增加。从热动力学角度分析，温度升高可提高铝的反应速率。由表 2-1 可知，所有浸没在汞中的试样随着温度升高，质量变化增大。图 2-21 为不同温度下浸没在汞中试样的腐蚀宏观形貌。在 45℃环境下，试件典型的点蚀直径大约为 0.5mm，深度一般为 0.15mm。几乎每一个蚀坑都会生成黑的污染区，污染区域比实际点蚀区域要大得多。在 22℃环境下，试件形成了一些环形斑点状区域，但腐蚀深度和范围都要小一些。在 0℃环境下，试件观察不到明显的点蚀迹象，只是有一些点蚀的前兆零散地出现在试件的暴露表面，这些点蚀前兆还没有或者很少渗透进去，点蚀周围只有少量的变色且区域小。但 Pinnel 等[5]却提出，当温度升高到一定程度时反而会降低腐蚀反应速率。当温度升高到约 125℃时，反应停止，这是由于铝发生氧化反应的必要条件是金属表面存在水蒸气，但是温度的升高会减少铝表面的水蒸气，从而降低反应速率。

(a) 45℃　　(b) 22℃　　(c) 0℃

图 2-21 不同温度下浸没在液汞中的试样腐蚀宏观形貌

3）氧气

在铝—汞体系中，汞主要充当催化剂加速铝在空气中氧化溶解，因此氧气是控制反应速率的主要因素，氧气量的缺乏或减少会降低铝的氧化速率，从而降低汞对铝的腐蚀速率。相关实验结果也证实了这一结论，把汞润湿的试样浸没在液态水中或把试样放置在充满氮气的湿润环境中，使试样与氧气隔绝，样品的腐蚀速率明显小于在含有氧的环境中。

4）水蒸气

汞对铝的腐蚀实质是电化学反应，水蒸气充当电解质传递电子。因此，当水蒸气含量减少或者缺失，汞对铝的腐蚀速率也会相应降低。将汞润湿的试样放置在同一温度下的不同湿度的环境中，湿度大的试样腐蚀速率明显。

三、汞对铜合金的腐蚀

1. 腐蚀机理

汞对铜合金的腐蚀主要在于汞齐与液态金属脆化，铜合金以铜为基体加入一种或几种其他元素所构成的合金。汞对铜的侵入性强，在含汞环境中，易使铜发生液态金属脆化。汞从晶间渗透并溶解晶界或在晶界处形成新相，造成金属塑性降低，当承受拉应力时易发生脆断，断口形貌主要表现为脆性断裂，但也不排除出现解理断裂的断口形貌，断裂扩展方式为沿晶扩展。铜合金因种类不同而首先发生溶解的金属元素不同，在汞中溶解度较大的金属先溶解，例如黄铜合金在含汞腐蚀环境中，合金中的锌最先发生溶解。不同铜合金在含汞环境中腐蚀形貌差异不同，本节对蒙乃尔合金的微观腐蚀形貌进行分析。

2. 腐蚀微观形貌

蒙乃尔合金压力表安装在含汞气田井口，井口天然气汞含量为2200～3200μg/m³，井口压力为12.9MPa，温度为85.5℃，运行一段时间后，蒙乃尔合金压力表内部弹簧管发生开裂。

通过对开裂部位进行金相分析，裂纹断口处组织为"奥氏体"。从金相图中可看出裂纹是沿晶界由弹簧管弯管内壁向外壁扩展，且在主裂纹附近出现新的二次沿晶裂纹。蒙乃尔合金压力表弹簧管金相图如图2-22所示。

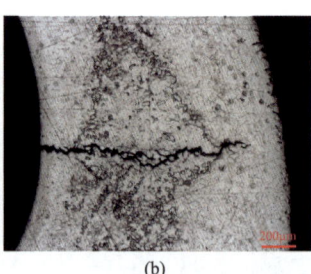

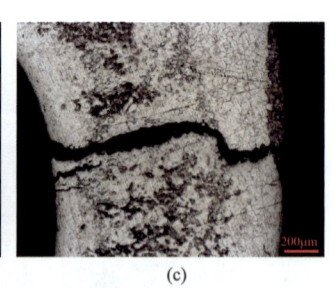

图2-22 蒙乃尔合金压力表弹簧管开裂金相图

3. 断裂形貌分析

弹簧管裂纹区域晶粒度分析如图2-23所示，对裂纹晶粒度评级结果为管内壁晶粒度为7～8级，管外壁晶粒度为6级。弹簧管内壁组织晶粒明显较细，晶粒越细小，适合变形的晶粒越多，能承受更大的塑性变形或冲击，避免单个晶粒因变形过量而发生断裂现象，因此晶粒粗大不是导致力学性能降低而引起开裂的原因。开裂是从内壁扩展到外壁的沿晶型开裂，这是由于汞导致晶界处的结合力降低，能量较高，在弹簧管内部残余应力的作用下发生开裂。

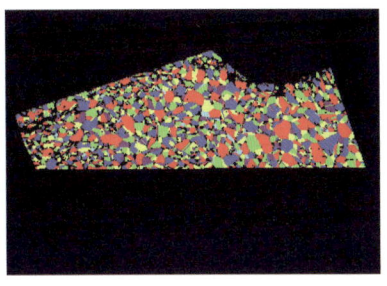

图 2-23 弹簧管裂纹区域晶粒度分析

通过扫描电镜对弹簧管两处裂纹附近的微观形貌分析，如图 2-24 所示。弹簧管裂纹近内壁、近外壁以及壁厚中心表面的断裂微观形貌如图 2-25 和图 2-26 所示。从图 2-25 和图 2-26 中可明显看出，断口表面具有较强的立体感，弹簧管近内壁断口呈冰糖块状，部分晶粒的多面体形状清晰、完整，部分晶粒间界的表面存在质点脱落留下的孔洞，此种断裂属于脆性沿晶断裂[38]，几乎未发生塑性变形；弹簧管近内壁呈现解理断裂形貌，只有冷脆金属才会出现此种断裂；壁厚中心断口表面呈岩石状，晶粒间界表面存在大量微孔花样。断裂是由于在外力作用下，通过微孔的形成、扩大和相互连接引起的沿晶断裂，局部有塑性变形。综上所述，从扫描电镜微观形貌分析来看，其断裂机理是汞导致的脆性沿晶断裂。

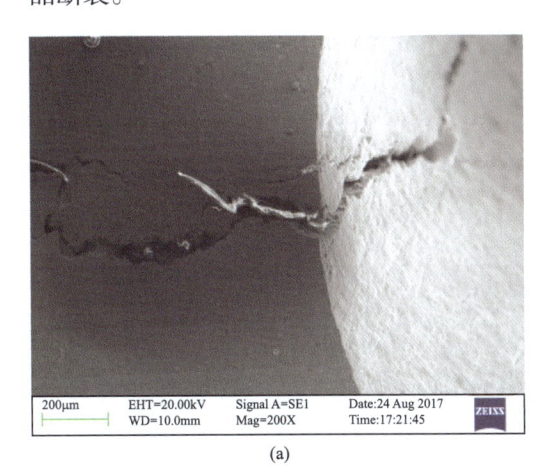

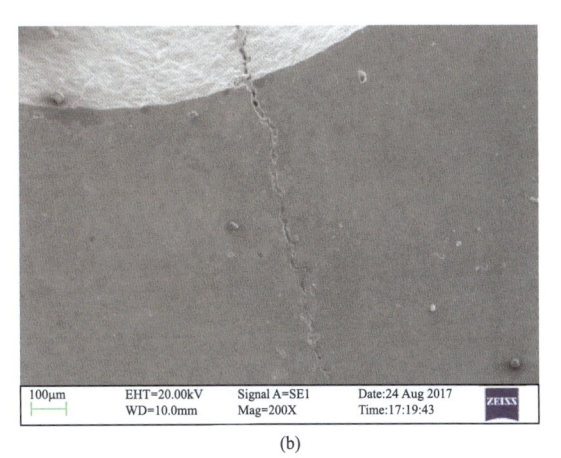

(a)　　　　　　　　　　　　　(b)

图 2-24 弹簧管裂纹微观形貌

断面近内壁侧晶粒表面和晶粒间进行能谱分析结果如图 2-27 和图 2-28 所示，断面靠近内壁侧晶粒表面及晶粒间元素含量见表 2-2；断面壁厚中心晶粒表面及晶粒间能谱分析结果如图 2-29 和图 2-30 所示，断面壁厚中心晶粒表面及晶粒间元素含量见表 2-3；断面近外壁侧晶粒表面及晶粒间能谱分析结果如图 2-31 和图 2-32 所示，断面近外壁侧晶粒表面及晶粒间元素含量见表 2-4；断面的三个区域（靠内壁侧、壁厚中心、靠外壁侧）的能谱分析结果相差不大，晶粒表面及晶粒间金属元素组成除基体元素（Fe，Ni，Cu）外，还有一部分汞元素，且晶粒间的汞元素含量远远大于晶粒表面的汞元素含量。除此之外，内壁侧汞元素高于外壁侧，在晶间距离较宽处汞含量高于较窄处。综上所述，汞易聚集在铜晶界处，从而引起铜合金的脆化。

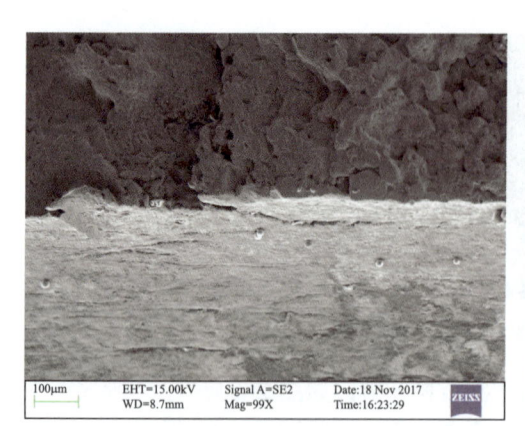

(a) 断面靠内壁侧微观形貌　　　　　　　(b) 断面靠外壁侧微观形貌

图 2-25　弹簧管断面微观形貌

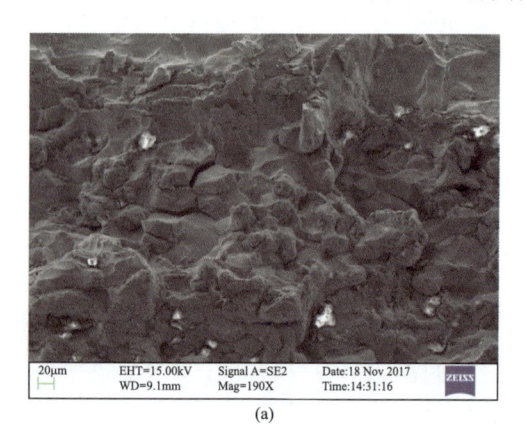

(a)　　　　　　　　　　　　　　　　(b)

图 2-26　弹簧管断面壁厚中心的微观形貌

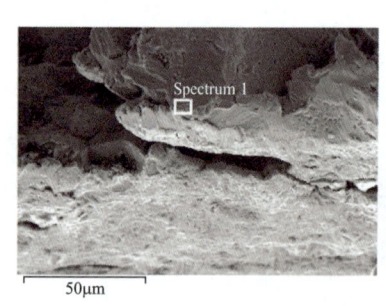

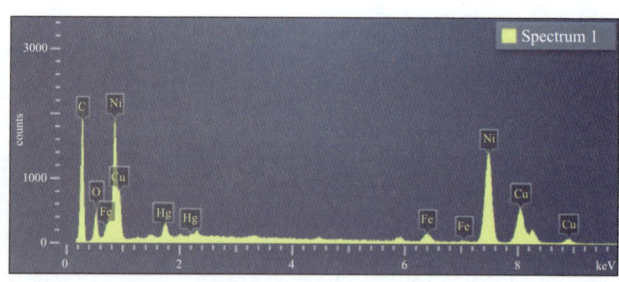

图 2-27　断面靠内壁晶粒表面能谱分析

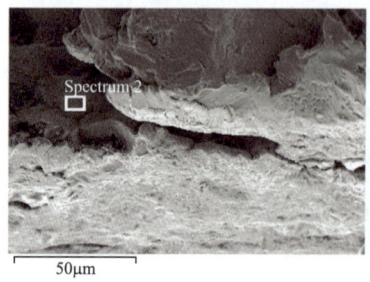

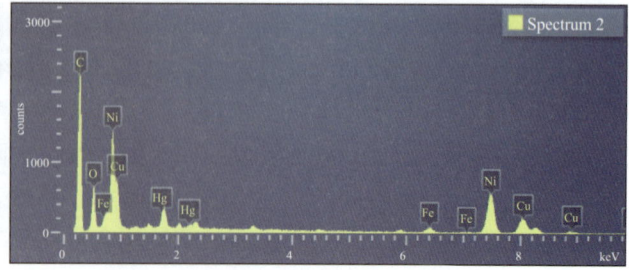

图 2-28　断面靠内壁晶粒间能谱分析

表 2-2 断面靠内壁侧晶粒表面及晶粒间元素含量

内壁侧晶粒表面元素	质量分数 %	原子数百分比 %	内壁侧晶粒间元素	质量分数 %	原子数百分比 %
C	24.02	59.27	C	40.64	72.40
O	2.58	4.78	O	6.98	9.33
Fe	2.07	1.10	Fe	2.01	0.77
Ni	47.58	24.01	Ni	32.75	11.94
Cu	23.02	10.73	Cu	15.98	5.38
Hg	0.73	0.11	Hg	1.64	0.17
总计	100.00	100.00	总计	100.00	100.00

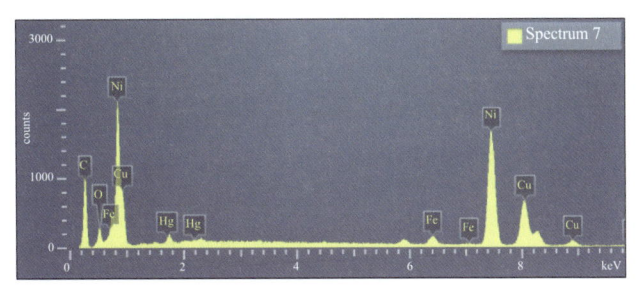

图 2-29 断面壁厚中心晶粒表面能谱分析

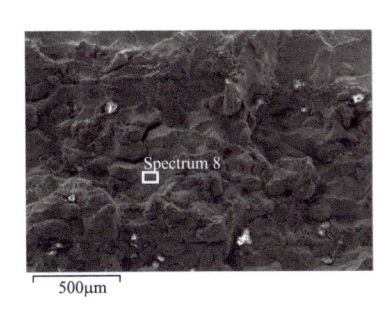

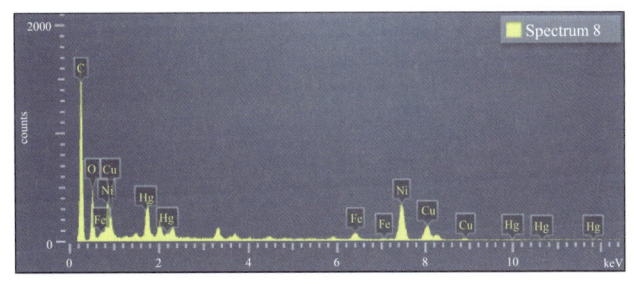

图 2-30 断面壁厚中心晶粒间能谱分析

表 2-3 断面壁厚中心晶粒表面及晶粒间元素含量

断面壁厚中心晶粒表面元素	质量分数 %	原子数百分比 %	断面壁厚中心晶粒间元素	质量分数 %	原子数百分比 %
C	13.29	42.52	C	41.59	72.48
O	1.26	3.03	O	8.04	10.52
Fe	2.03	1.39	Fe	2.96	1.11
Ni	55.46	36.31	Ni	30.30	10.80
Cu	27.54	16.66	Cu	14.66	4.83
Hg	0.43	0.08	Hg	2.45	0.26
总计	100.00	100.00	总计	100.00	100.00

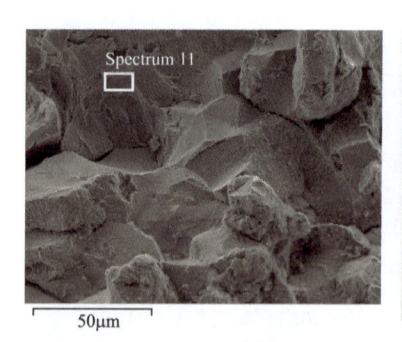

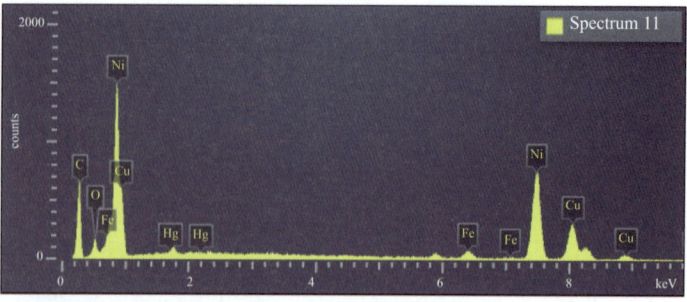

图 2-31　断面靠外壁侧晶粒表面能谱分析

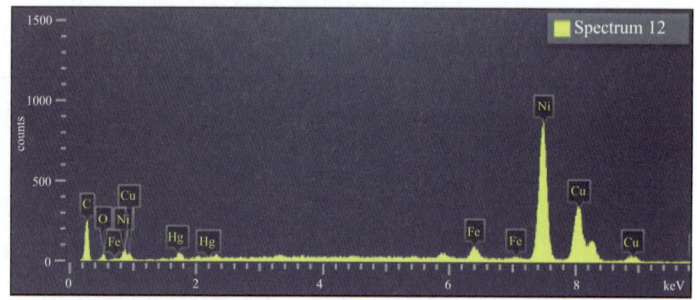

图 2-32　断面靠外壁侧晶粒间能谱分析

表 2-4　断面靠外壁侧晶粒表面及晶粒间元素含量图

断面靠外壁侧晶粒表面元素	质量分数 %	原子数百分比 %	断面靠外壁侧晶粒间元素	质量分数 %	原子数百分比 %
C	17.34	50.00	C	7.51	28.66
O	1.50	3.24	O	0.45	1.30
Fe	2.11	1.31	Fe	2.67	2.19
Ni	52.80	31.15	Ni	59.84	46.71
Cu	26.21	14.29	Cu	29.22	21.07
Hg	0.05	0.01	Hg	0.32	0.07
总计	100.00	100.00	总计	100.00	100.00

四、汞对不锈钢的腐蚀

1. 腐蚀机理

不锈钢在含汞环境中发生汞齐化、汞齐化腐蚀以及液态金属脆化，不锈钢主要由铁、铬、镍等金属元素组成。在温度较高且存在液态汞环境中不锈钢会发生汞齐化，其腐蚀机理主要为：当汞与基体金属直接接触，不锈钢中的铬与镍会微量溶于液态汞中，并被液态汞带走，导致该处组织出现孔洞，不锈钢的耐蚀性和力学性能也会因此降低[22]。汞导致不锈钢管道内壁处产生多孔层如图 2-33 所示。

2. 微观腐蚀形貌

Nengkoda 等[18]对 316L 不锈钢在含汞溶液中进行腐蚀实验，溶剂采用含有氯化物的甲醇与水溶液，温度在 100～200℃以 20℃的变量增加。通过对含汞环己烷溶液与含硫化氢的汞溶剂对比后得出：当腐蚀环境存在水或氧时，汞接触到 316L 不锈钢点蚀坑表面促进点蚀的发生，其腐蚀形貌如图 2-34（a）所示；当存在硫化氢酸性介质时，腐蚀明显加剧，转变成大面积的点蚀，且蚀坑面积增大，其腐蚀形貌如图 2-34（b）所示；当腐蚀介质存在硫化氢和盐酸时，316L 不锈钢表面发生均匀腐蚀，这是由于汞与盐酸反应生成有机汞所导致。其腐蚀形貌如图 2-34（c）所示。

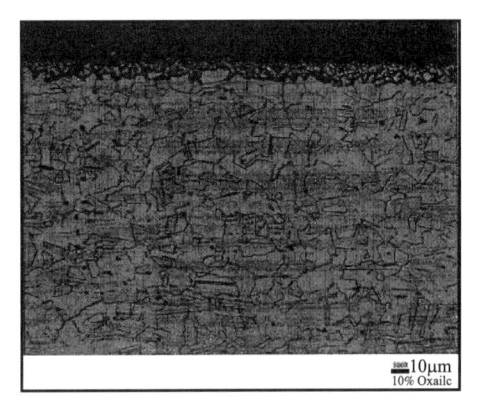

图 2-33 不锈钢管道内壁处的多孔层

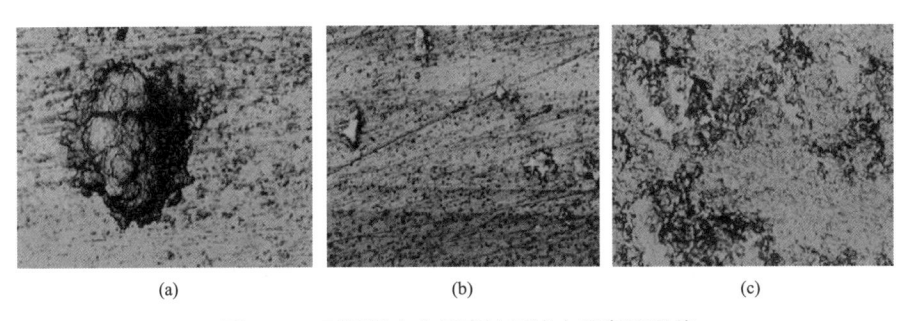

图 2-34 不锈钢在含汞腐蚀环境中的腐蚀形貌

不锈钢对汞的致脆敏感性普遍较强，一般不会被汞致脆，只有 304 不锈钢对汞的致脆敏感性相对较低，在含汞腐蚀环境且发生塑性变形时才会出现明显的抗拉强度降低，断裂处也会出现液态金属脆化的二次裂纹。304 不锈钢被汞致脆的断口一般呈现出脆性断口特征，断口的表面具有较强的立体感，部分晶粒的多面体形状清晰、完整[39]。对 304 不锈钢进行扫描电镜分析，其含汞环境中的断口微观形貌如图 2-35（a）所示，在空气中的断口微观形貌如图 2-35（b）所示。

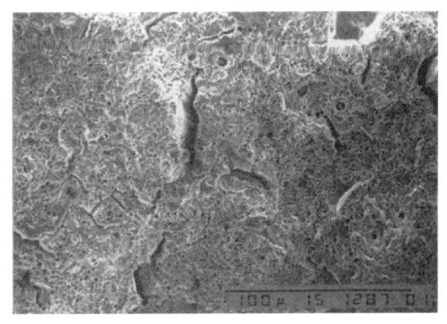

(a) 含汞环境 (b) 空气

图 2-35 304 不锈钢断口微观形貌

3. 断裂形貌分析

304不锈钢压力表安装在井口，井口温度57.4℃，井口天然气汞含量在2200~3200μg/m³。通过扫描电镜对304不锈钢弹簧管内壁进行不同倍数下的微观形貌分析，其微观形貌如图2-36所示。从300倍微观形貌分析可看出，弹簧管内壁表面有很多微裂纹，从5000倍和10000倍的微观形貌分析可看出弹簧管内壁表面存在一些小蚀坑，表面有很多絮状物质。

(a) 50倍

(b) 300倍

(c) 5000倍

(d) 10000倍

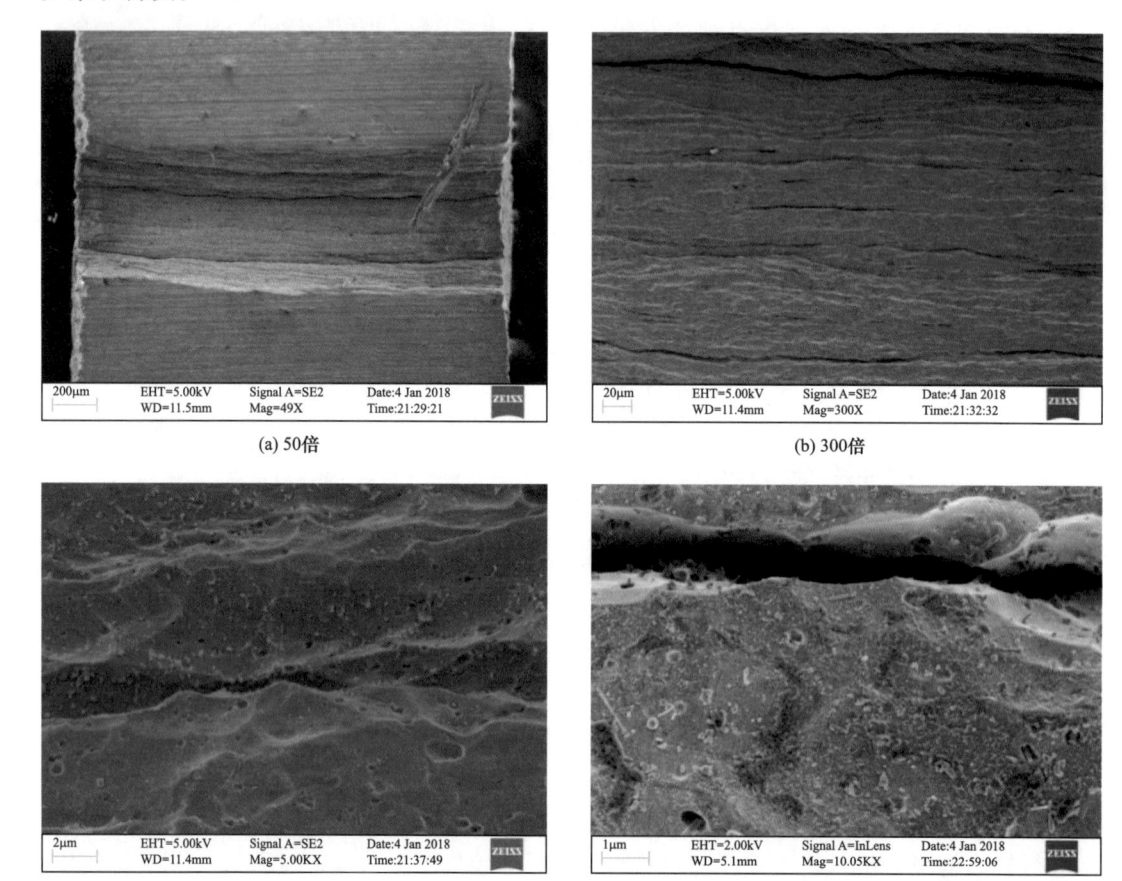

图2-36 304不锈钢弹簧管内壁表面不同倍数扫描电镜图

通过扫描电镜对304不锈钢压力表弹簧管截面进行不同倍数下的微观形貌分析，其微观形貌如图2-37所示。从图2-37（a）和图2-37（b）可看出，不锈钢压力表弹簧管内壁表面粗糙，在两端弯曲变形区域的多处凹坑有往壁厚方向延伸的裂纹，最长的微裂纹达到83μm。这是因为与内壁直接接触的腐蚀介质中有含氯离子的水蒸气，不锈钢在氯离子的环境中易发生点蚀，蚀坑处内应力集中便产生裂纹。在微裂纹区域周围发现很多浅色物质富集，如图2-37（d）所示，需要对该物质元素成分进行分析。

通过能谱分析仪对304不锈钢压力表弹簧管内壁和裂纹区域进行元素面分布分析。裂纹处元素分布如图2-38所示，从元素分布图中可看出在裂纹周围主要元素是铬与氧，与基体金属中铁、铬、镍元素有明显的差异。

(a) 16倍

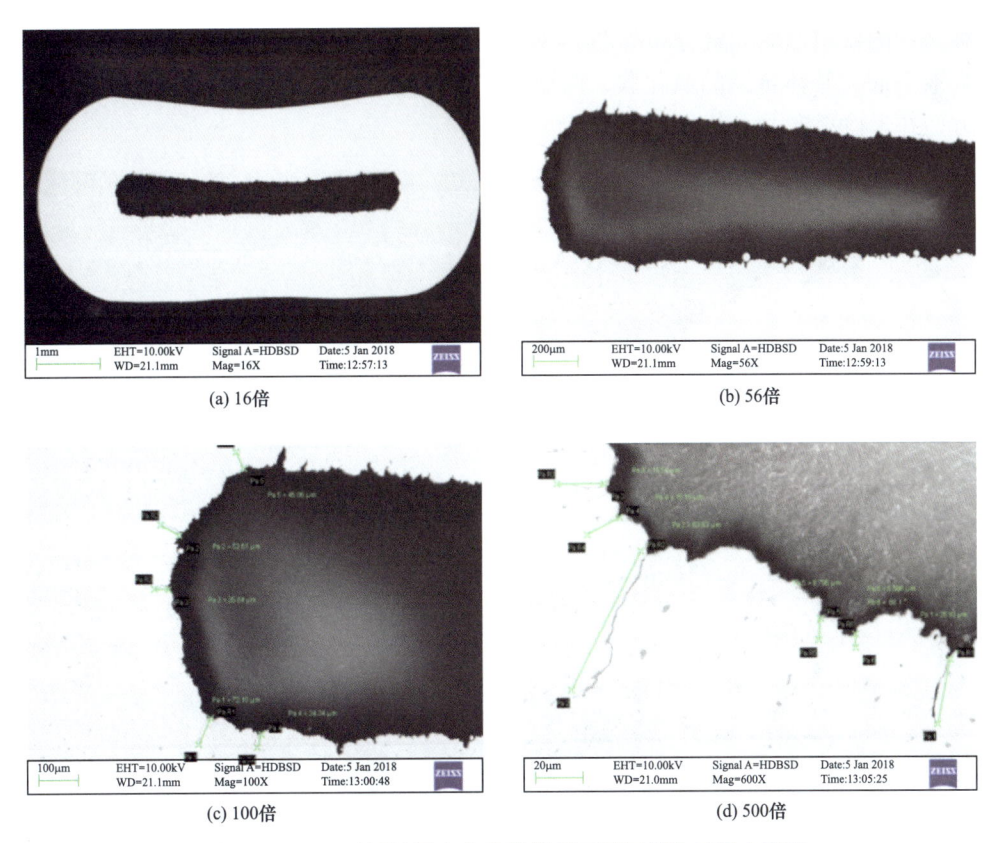

(b) 56倍

(c) 100倍

(d) 500倍

图 2-37　304不锈钢压力表弹簧管截面不同倍数扫描电镜图

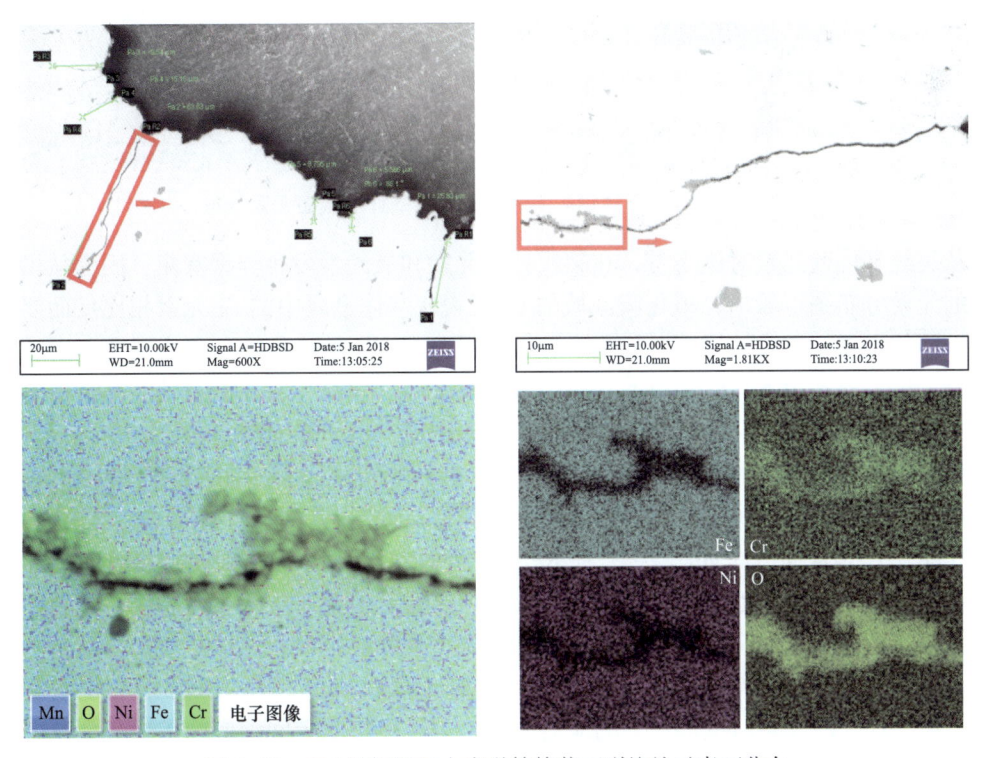

图 2-38　304不锈钢压力表弹簧管截面裂纹处元素面分布

弹簧管内壁粗糙面元素分布如图2-39所示，从图中可看出在内壁最外层附着一些烃液，烃液下面为基体金属的氧化膜，内壁上的元素除C和O元素之外主要为基体金属自身成分，并未检测出汞元素。

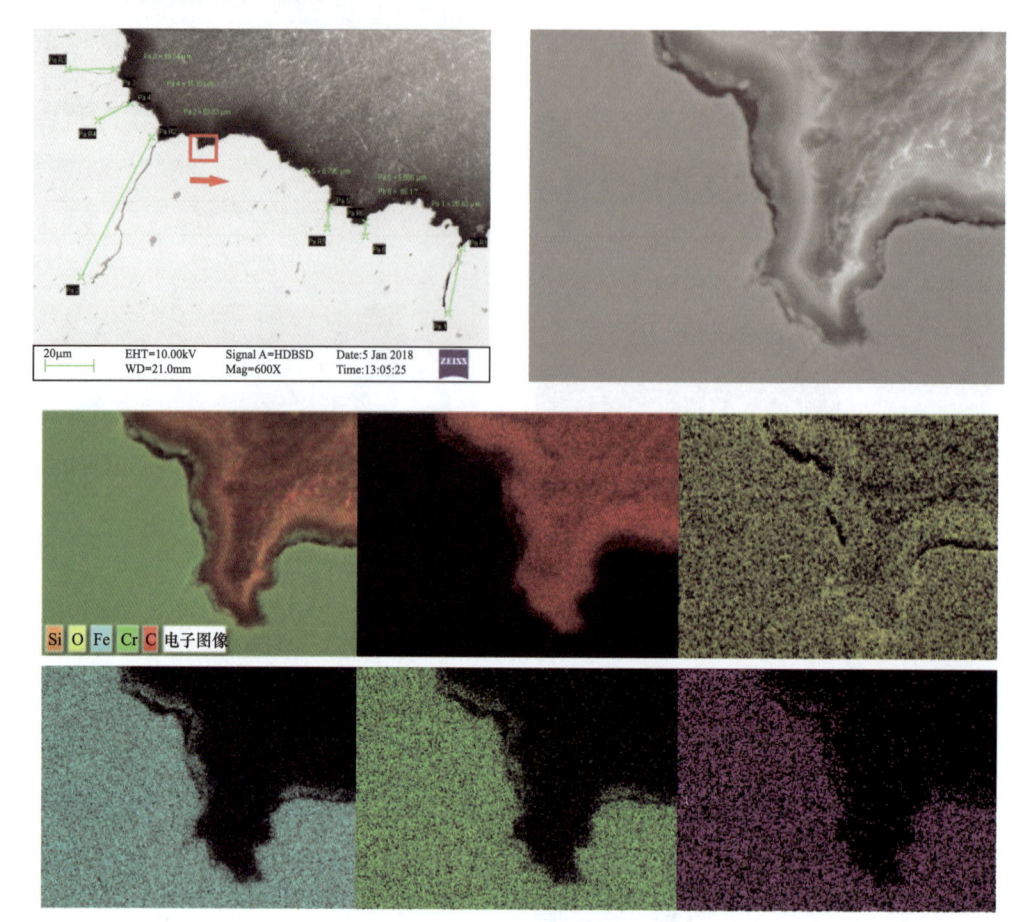

图2-39 304不锈钢压力表弹簧管内壁处沿截面元素分布

从裂纹和内壁元素对比来看，在裂纹处铬元素和氧元素发生异常富集，因为从内壁粗糙处的元素分布图可看出，氧化膜区域的Cr元素比基体金属中的Cr元素相比反而要稀薄一点，即使出现新的裂纹并立即钝化，也不可能出现在裂纹表面铬元素含量多于基体金属的情况。这是由于汞齐化腐蚀可使微溶于汞中的金属加速氧化，在裂纹处产生大量氧化晶须。一般汞齐化腐蚀同时伴随着沿晶裂纹，可通过进一步研究证实。

样品切片的STEM衬度图如图2-40所示。从图中可发现裂纹贯穿整个切片，且在切片上存在很多与基体金属成分不同的夹杂、镶嵌物。

样品切片元素面分布如图2-41所示，通过STEM元素分析发现在主裂纹附近处灰色圆形颗粒为氧化铬及附近包裹的有机物，与基体接触部位存在纳米级微裂纹，微裂纹由氧化铬颗粒向基体内部延伸，且在氧化铬附近检测到微量汞元素。

对两处微裂纹处进行高分辨分析，分析结果如图2-42所示。由图中可发现基底金属晶粒细化，这是由于材料变形产生的应力所致。裂纹沿着晶粒间隙向内扩展且裂纹处有无定形物质在界面产生，该无定形物质为氧化铬，该物质衬度与低倍下结晶的氧化铬相同。

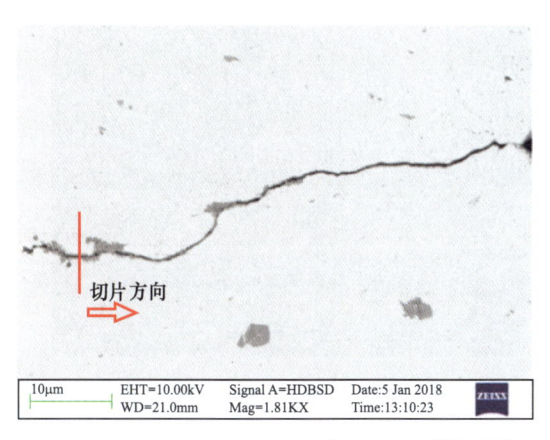

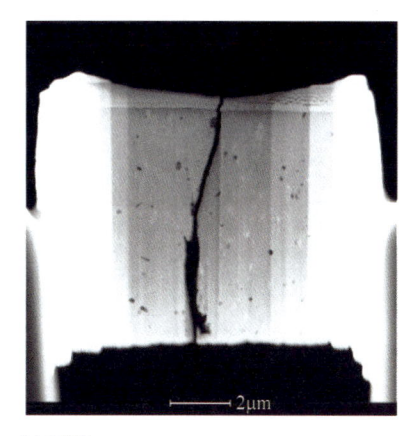

图 2-40　样品切片 STEM 衬度图

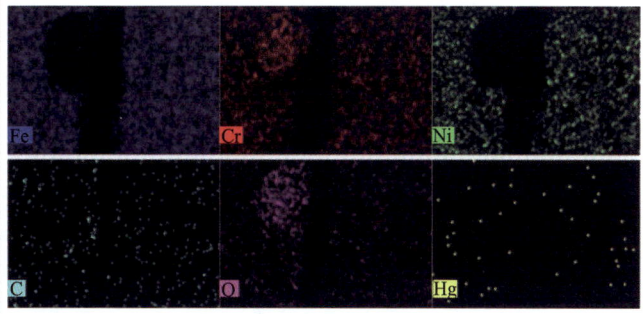

图 2-41　FIB 样品切片处元素面分布图

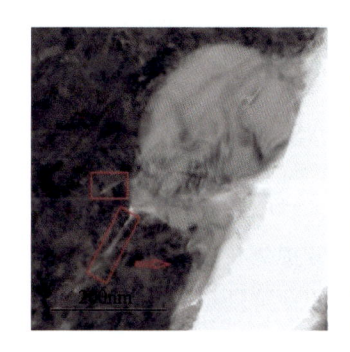

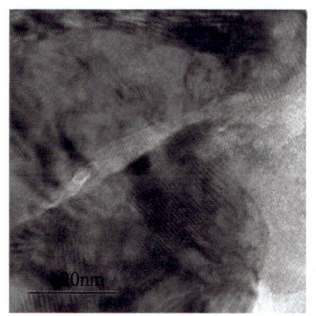

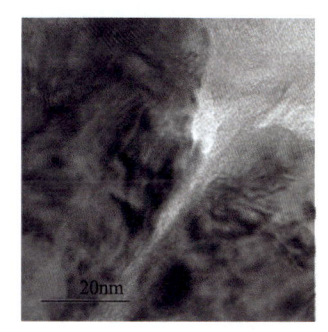

图 2-42　裂纹 TEM 高分辨图

裂纹附近晶粒 TEM 高分辨分析如图 2-43 所示。裂纹附近处有多组不同的原子排列方式，通常一个晶粒的原子排列方式是呈一定的规律排列，多组不同的原子排列方式意味着这块区域存在多个晶粒。在 20nm 的范围内有多个晶粒，远小于一般晶粒的尺寸（晶粒尺寸为微米级别），且该区域处在弯管的变形区域，这是由于弯曲变形导致晶粒之间挤压，发生晶粒细化，在该处易发生应力腐蚀开裂。

裂纹上下方 TEM 高分辨分析如图 2-44 所示。两处区域原子排列不一样，表明是两个不同取向的晶粒，不同取向晶粒之间为晶界，由此得出裂纹是沿晶界开裂。此外，裂纹区域上方原子排列规则，裂纹区域下方有多组原子排列，因此该晶界处能量高，在受到内部应力时易发生开裂。

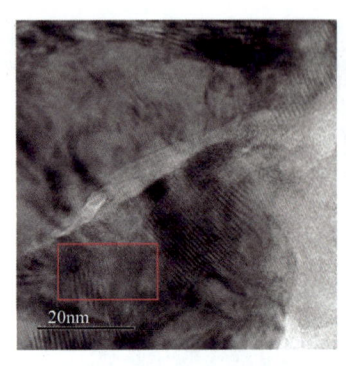

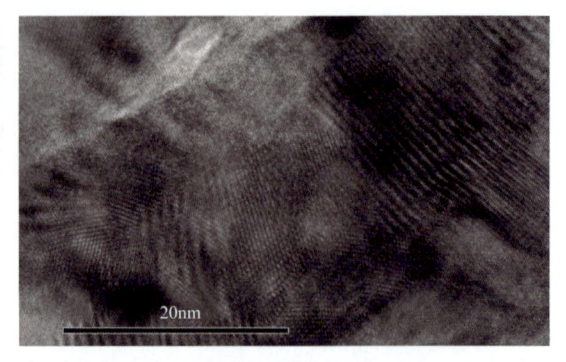

图 2-43 裂纹附近晶粒 TEM 高分辨分析

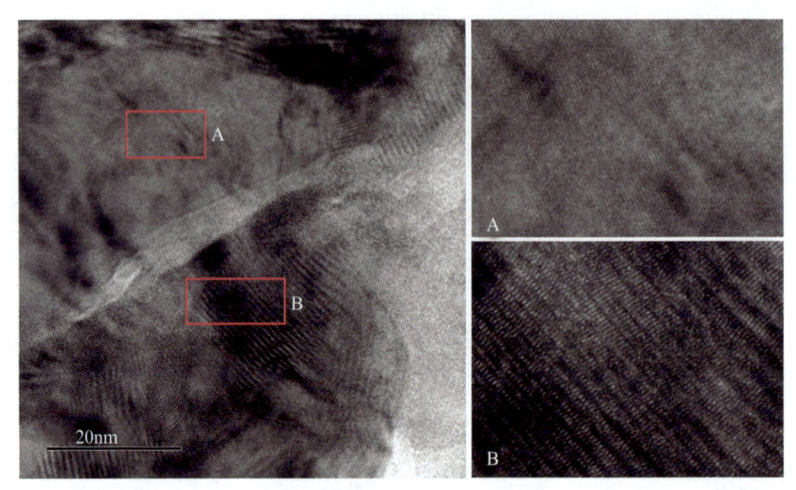

图 2-44 裂纹上下方 TEM 高分辨分析

由于不锈钢主要含有 Fe，Cr 和 Ni 三种基体成分，从汞的溶解度以及氧化的吉布斯自由能来看，Cr 在汞中的溶解度比 Fe 和 Ni 都要大且 Cr 能在室温下自发发生氧化反应，因此汞在常温下能引起 Cr 的汞齐化腐蚀。汞齐化腐蚀的条件是汞与基体金属直接接触，刚好裂开的新断面在再钝化之前便被汞润湿，因此仅在裂纹处发现氧化铬的富集。不锈钢在腐蚀介质与内部应力共同作用下产生了微裂纹，在微裂纹处的新鲜断口的金属表面发生铬的汞齐化腐蚀，通过透射电镜分析发现裂纹沿晶断裂，并在断裂口发现微量汞元素，汞的存在导致该区域产生二次裂纹。

五、汞对碳钢的腐蚀

碳钢中主要成分是铁，假设汞与铁形成铁汞齐后，在存在水的情况下，汞齐中的铁将与水反应而发生腐蚀，反应式如下：

$$3FeHg+4H_2O(l) \longrightarrow Fe_3O_4+4H_2+3Hg+832.6kJ/mol \quad (2-8)$$

$$3FeHg+4H_2O(g) \longrightarrow Fe_3O_4+4H_2+3Hg+786.8kJ/mol \quad (2-9)$$

当参与反应为液态水时，在 25℃下，式（2-8）的焓差 ΔH 和吉布斯自由能差 ΔG 分别为 -832.6kJ/mol 和 -778.3kJ/mol，当参与反应的是水蒸气时，25℃下式（2-9）的焓差和吉布斯自由能差分别为 –876.6kJ/mol 和 –786.8kJ/mol，焓差与吉布斯自由能差都为负值且负的较多表明该反应能自发进行，相比于液态水，在水蒸气下反应更为迅速。但温度在 25℃时，汞在铁中的溶度积很小，铁汞齐很难生成，故汞对铁的腐蚀性极其微弱，所以以碳钢为主体材质的管道和设备不易发生汞齐腐蚀。

当汞在碳钢表面沉积时，汞沉积部位与没有汞沉积部位存在电位差，汞沉积部位为阴极，溶液中的氢离子在该电极得到电子生成氢气，没有汞沉积部位为阳极，铁在该电极失去电子，生成铁离子，腐蚀原理见式（2-10）。一般来说，氢气的析出都伴有较大的超电势，超电势越高，氢的析出就越困难，汞的超电势高达 1.3V，属于高超电势，因此，氢在汞电极中的析出困难，故汞与碳钢在有水环境中几乎不发生电偶腐蚀。

$$2Fe + 6H^+ \longrightarrow Fe^{3+} + 3H_2 \qquad (2-10)$$

关于碳钢与汞发生电偶腐蚀轻微的结论也有实验数据验证，Wilhelm 等[17]设计了一个电化学系统，汞与碳钢分别为阴阳电极，模拟了大阴极/小阳极结构。试验溶液在通入试验气体之前用氮气净化，试验温度为室温。碳钢和汞之间的电流用零电阻安培计测量。暴露于测试溶液中的碳钢表面积为 15.9cm^2，厚度为 3.6cm^2。钢—汞电偶腐蚀速率见表 2-5，氢离子减少速率见表 2-6。碳钢与汞形成的腐蚀电偶引起碳钢腐蚀速率增加的量很小，且汞阴极向钢提供的电流密度约 1/4，表明汞阴极上的还原反应速率很低。油气田常在使用碳钢部位添加缓蚀剂，因此，碳钢难以与汞形成电偶腐蚀。除此之外，有部分学者对暴露在液态汞以及汞蒸气的碳钢做力学实验，实验结果表明汞不易渗透进碳钢晶间，对碳钢的延展性的影响不明显，故汞对碳钢的致脆作用轻微。综上所述，汞对碳钢的腐蚀作用轻微。

表 2-5 钢—汞电偶腐蚀速率表

实验溶液	实验气体	pH 值	电流密度，μA/cm^2	腐蚀速率，mm/a
1mol/L NaCl	CO$_2$	3.5～4.2	1	0.001
1mol/L NaCl	H$_2$S	3.8～4.1	10	0.010
1mol/L NaCl	N$_2$	0.9～1.5	5	0.005

表 2-6 氢离子减少速率

实验溶液	实验气体	pH 值	Fe 电极电流密度，μA/cm^2	Hg 电极电流密度，μA/cm^2
1mol/L NaCl	CO$_2$	3.5～4.2	1	0.001
1mol/L NaCl	H$_2$S	3.8～4.1	10	0.010
1mol/L NaCl	N$_2$	0.9～1.5	5	0.005

由于镍合金、钛合金等金属材质在油气田中应用较少，因此，对于汞对其腐蚀性的研究较少。Mcintyre 等通过对不同材质进行 SSRT 实验，以断裂寿命比（试验介质断裂寿命/

空气中的断裂寿命)和断面收缩率作为判别标准,判断不同钢对汞致脆的敏感性,得出镍合金中 UNS N08825 和 UNS N08800 表现出对汞致脆良好的抵抗力、UNS K32018 表现出弱的汞致脆敏感性[40]、UNS N06625、UNS N07718 和 UNS N10276 表现出一般的汞致脆敏感性[7, 14]、ASTM A353 9% 镍钢表现出较强的汞致脆敏感性[41]。Wongkasemjit 等对钛合金研究结果表明:在汞蒸气环境中,钛合金不会被汞致脆,当被液态汞沉积时,钛合金在受到大于其屈服应力而发生塑性应变时会出现汞致脆现象[15],这是因为钛合金表面的致密氧化膜阻止腐蚀介质与基体金属接触。

第四节 汞腐蚀防护

只有当汞与基体金属直接接触时,汞才能对管线和设备产生危害,因此防止汞腐蚀的关键在于隔绝或者减少汞与材质尤其是敏感材质的直接接触。汞腐蚀防护主要有含汞介质脱汞、选用耐汞腐蚀材质、对管线及设备进行清汞以及在管线及设备表面涂覆涂层等措施。

一、脱汞

天然气及凝析油处理等设备与含汞介质接触会引起汞腐蚀破坏,尤其对天然气处理中凝液回收单元以及液化天然气厂等铝制板翅式换热器危害较大。为防止由汞引起的腐蚀破坏,需对含汞介质进行脱汞处理,含汞介质脱汞可从根本上避免汞腐蚀事故的发生。当汞浓度较高时,可在进处理装置的上游进行脱汞处理;汞浓度较低时,可在处理装置下游进行脱汞处理。目前,天然气、凝析油脱汞工艺常用的方法是化学吸附法。化学吸附工艺利用汞与脱汞剂中的活性物质发生化学反应或汞齐反应以达到脱汞的目的,具有脱汞效率高、经济性好、适应性强、无二次污染等特点。为防止汞引起设备腐蚀状况的发生,天然气液化及凝液回收装置原料气的汞浓度要求低于 $0.01\mu g/m^3$;根据凝析油处理后用途不同,稳定后的凝析油汞含量指标各不相同,具体凝析油脱汞深度详见本书第五章。

二、材质选用

气田集输及处理系统中含有不同腐蚀介质,且每种介质含量各不相同,管道及设备的腐蚀是由于多种介质共同作用下的结果。因此,主要考虑单质汞作用下的材质耐腐蚀性能。

气田常用的金属材质有碳钢、316L 不锈钢、22Cr 双相不锈钢、铝合金等。除铝合金易与汞发生汞齐化腐蚀之外,汞对其他合金造成的危害主要体现在液态金属脆化。因此,评判各金属对汞的耐蚀性主要是通过实验后的金属断裂形貌以及断后截面伸长比率、面积收缩比率来判断金属是否易被汞致脆。伸长比率以及面积收缩比率越大,表明汞对金属的致脆作用越小。通过大量的文献资料收集,综合考虑各种含汞实验条件、实验方法以及实验结果,总结了部分材质对汞的耐蚀性。不同金属材质耐汞腐蚀性能见表 2-7[7, 14, 39-41],耐汞腐蚀性好的碳钢等金属材料断后伸长比率以及面积收缩比率在 0.9 以上,耐蚀性一般的 304L 等金属材料断后伸长比率及面积收缩比率在 0.8 以上,耐蚀性差的蒙乃尔合金等金属材料伸长比率及面积收缩比率在 0.8 以下。

表 2-7　不同金属材质耐汞腐蚀性能

材质类型	材质型号	耐蚀性
碳钢	20 号，20R，L245，L360，L415	好
双相合金钢	22Cr 双相不锈钢，25Cr 双相不锈钢	
奥氏体不锈钢	316L，316	
沉淀硬化不锈钢	304L，304	一般
奥氏体镍钢	Alloy 600，Alloy 200	
奥氏体铜镍合金	蒙乃尔合金	较差
铝合金	5083，6061	

三、清汞

汞因冷凝、吸附和碰撞聚结等原因留存于集输系统管线及处理厂设备中，易对管线和设备材质造成危害，影响集输系统的正常运行，需定期对含汞管线和设备进行清汞作业。

管道清汞多采用化学清管器清洗法，将化学清汞工艺与清管流程相结合，清管器分三级投放，第一级清管器对管道内壁上的杂质进行初步清除，一级清管器后方注入化学溶剂，将管道内壁上沉积的汞转化为可溶性络合物；再投入二级清管器，后方注入水溶液冲洗，清除管道内壁残余的络合物污染物，防止腐蚀管道。

汞污染设备清洗方法包括蒸汽清洗法、化学循环清洗法、人工擦拭法等。高温蒸汽清洗法适合于立式容器及塔器清洗；化学循环清洗法具有安全性好、清洗效率高等特点，适用于汞污染较严重的设备；人工擦拭法常用作清洗后的深度处理方法，在保证工作场所汞浓度满足作业要求前提下作业人员才能进入设备内部进行清洗，可有效防止设备内汞浓度回升，适用于汞浓度较低、经预处理后的容器。清洗后容器内气体汞浓度低于 $20\mu g/m^3$ 即可认为满足清洗要求。

四、涂层

涂层可隔绝汞与金属设备表面直接接触，可有效防止汞对金属的腐蚀和渗透。汞腐蚀防护涂层有化学镀镍、MAGNAPLATE IICR 涂层、MAGNAPLATE NEDOX 系列涂层以及陶瓷涂层等。

1. 化学镀镍

化学镀镍也叫无电解镀镍，在含有特定金属盐和还原剂的溶液中进行自催化反应，析出金属并在基材表面沉积形成表面金属镀层的一种优良的成膜技术[42]。有研究评估化学镀镍工艺对抑制汞腐蚀的效果，经过镀镍后的铝合金可在高含汞（500mg/L）的酸性环境中运行 6 个月不发生明显腐蚀，且在低温条件下（-96℃）表面镀层的性能并未受到影响[43]。化学镀镍过程主要是还原剂次磷酸盐（比如 NaH_2PO_2）能够放出原子态活性氢，镍离子还原为金属镍而沉积，同时，$H_2PO_2^-$ 还原为金属磷。化学镀镍过程需要在较高的温度

（60~95℃）以及催化活性表面上进行。反应产物除了金属镍之外，还生成了 P，$H_2PO_3^-$ 和 H_2，反应过程中生成的 H^+ 使镀液 pH 值下降，酸性更强。反应速率与镀液成分、pH 值和温度以及其他因素有关。

2. MAGNAPLATE HCR 涂层

MAGNAPLATE HCR 涂层可用于铜含量低于 5%、硅含量低于 7% 以及无铅的铝合金。通过将汞与基体金属相隔离，从而达到有效防止汞腐蚀的目的。MAGNAPLATE HCR 是专有的表面增强技术，通过将氧化铝陶瓷的硬度与金属材料和专有聚合物的密封作用相结合，使铝和铝合金零件达到空前的硬度，耐腐蚀性和永久润滑性，适用于 –79~316℃的环境。

3. MAGNAPLATE NEDOX 系列涂层

NEDOX 涂层通过电化学方法在金属表面沉积一种专利镍基合金镀层，沉积的镀层具有特定的专利技术处理扩大的微孔，控制亚微米级含氟聚合物微粒，并使表面完全封闭，使得汞蒸气难以接触到基体金属，有效防止汞腐蚀。NEDOX 涂层可在金属零件上创建一个比钢还硬、自润滑的表面，具有较强的抗腐蚀性、低的摩擦性能、耐磨损等特点，帮助不太耐用的金属达到不锈钢的使用寿命和性能。NEDOX 系列涂层在石油化工应用较多的有 NEDOX CR[+] 和 NEDOX SF–2。

4. 陶瓷涂层

陶瓷涂层在金属表面制作，因其既具有金属的强度和韧度，又具有陶瓷的抗氧化性和耐磨、耐蚀性而受到广泛的重视[44]。陶瓷涂层主要含有氧化铝、二氧化硅等成分，由于表面具有致密的保护层以及不与汞等大部分腐蚀介质反应等特点，因此具有良好的抗腐蚀性。目前，陶瓷涂层已发展了自蔓延高温合成、热喷涂、化学反应等多种制备陶瓷涂层的方法。ZS–822 复合陶瓷耐高温防腐涂料是经过超高温、超高压处理过无机纳米粉料—氧化铝、碳化硼、稀土氧化物等。这些粉料经过超高温、超高压处理后会形成无机尖晶石单层结构。使得材料的晶格重新修补，材料内力抗腐蚀协同效应大大增加，保证涂层在相对低温受热后，就能形成陶瓷防腐涂层。涂层呈交联玻璃相致密结构，抗腐蚀效果极佳，硬度高，抗磨损，能长时期耐酸碱液体、腐蚀性气体的腐蚀。

参 考 文 献

[1] GROTEWOLD G. Production and processing of nitrogen-rich natural gases from reservoirs in the NE part of the Federal Republic of Germany [C]. Bucharest, Romania：10th World Petroleum Congress，1979.

[2] WILHELM S M，NELSON M. Interaction of elemental mercury with steel surfaces [J]. Journal of Corrosion Science & Engineering，2010.

[3] LEEPER J E.Mercury corrosion in liquefied natural gas plants [J]. Energy Process，1981，73：46.

[4] 力凤琴. 为什么汞齐化的铝在潮湿空气中会迅速长出"白毛"[J]. 化学教学，1996（10）：44.

[5] PINNEL M R，BENNETT J E. Voluminous oxidation of aluminium by continuous dissolution in a wetting mercury film [J]. Journal of Materials Science，1972，7（9）：1016-1026.

[6] BAVARIAN B. Liquid metal embrittlement（LME）of the 6061 Al- Alloy by Mercury [C]. Ernest Morial

Convention Center New Orleans, France: Corrosion, 2004.

[7] CASE R, MCINTYRE D R. Mercury liquid metal embrittlement of alloys for oil and gas production and processing [C]. San Antonio, Texas: Corrosion, 2010.

[8] BRAUN R. Slow strain rate testing for the evaluation of environmentally induced cracking: research and engineering applications [J]. Materials and Corrosion, 1994, 45 (10): 580-581.

[9] PAWEL S J, MANNESCHMIDT E T. Corrosion of type 6061-T6 aluminum in mercury and mercury vapor[J]. Journal of Nuclear Materials, 2003, 318 (3): 355-364.

[10] ZEROUALI D, DERRICHE Z, Azri M Y. Electrochemical study of Aluminium alloy AA 5083 corrosion induced by elemental mercury in LNG industries [J]. Journal of Applied Sciences, 2006, 6 (11): 2491-2495.

[11] WILHELM S M. Risk analysis for operation of aluminum heat exchangers contaminated by mercury [J]. Process Safety Progress, 2010, 28 (3): 259-266.

[12] WASSON A, ASHER S, RUSS P R. Mercury liquid metal embrittlement testing of various alloys for oil and gas production [C]. Orlando, Florida: Corrosion, 2013.

[13] 刘钧泉, 张绍举. 黄铜温度计套管汞裂破坏的观察[J]. 装备环境工程, 2007, 4 (5): 18-22.

[14] HIRAYAMA C, GUMINSKI C, GALUS Z. metals in Mercury [M]. Pergamon: Elsevier Science & Technology Books, 1986.

[15] WONGKASEMJIT S, WASANTAKORN A. Laboratory study of corrosion effect of dimethyl-mercury on natural gas processing equipment [J]. Journal of Corrosion Science & Engineering, 2000.

[16] BESSONE J B. The activation of aluminium by mercury ions in non-aggressive media [J]. Corrosion Science, 2006, 48 (12): 4243-4256.

[17] WILHELM S M, HILL D M. Galvanic corrosion of steel coupled to liquid elemental mercury in pipelines [J]. Journal of Corrosion Science and Engineering, 2008.

[18] NENGKODA A, AL-HINAI Z. Understanding of mercury corrosion attack on stainless steel material at gas wells: Case study[C]. Doha, Qatar: International Petroleum Technology Conference, 2009.

[19] DISTEFANO J R, MANNESCHMIDT E T, PAWEL S J. Corrosion of type 316L stainless steel in a mercury thermal convection loop [R]. U.S. Department of Energy office of Environment Management and office of Science and Technology, 1999.

[20] OEKON J R, SUYANTO. Operating history of arun liquefied natural gas plant [J]. Journal of Petroleum Tcchnology, 1985, 37(5): 863 867.

[21] DENA L. LUND. Wyoming operator solves mercury exposure problems [J]. Oil& Gas Journal, 1996, 94 (20): 70-75.

[22] 付秀勇, 吐依洪江, 吴昉. 轻烃装置冷箱的汞腐蚀机理与影响因素研究[J]. 石油与天然气化工, 2009, 38 (6): 478-482.

[23] 夏静森, 王遇冬, 王立超. 海南福山油田天然气脱汞技术[J]. 天然气工业, 2007, 27 (7): 127-128.

[24] ARAMAKI K. The inhibition effects of chromate-free, anion inhibitors on corrosion of zinc in aerated 0.5 M NaCl [J]. Corrosion Science, 2001, 43 (3): 591-604.

[25] WICKS C E, BLOCK F E. Thermodynamic properties of 65 elements: their Oxides, Halides, Carbides

and Nitrides [M].U.S：Government Printing Office，1963.

[26] MCINTYRE D，OLDFIELD J. Environmental attack of ethylene plant alloys by mercury [C]. Houston, Texas：Corrosion，1989.

[27] LYNCH S. METALLOGRAPHIC and FRACTOGRAPHIC Aspects of Liquid-Metal Embrittlement [J]. Environmental Degradation of Materials in Aggressive Environments，1981，5（10）：229-244.

[28] LYNCH S. Environmentally assisted cracking：overview of evidence for an adsorption-induced localised-slip process [J]. Acta Metallurgica，1988，36（10）：2639-2661.

[29] LYNCH S. Metal-induced embrittlement of materials [J]. Materials characterization，1992，28（3）：279-289.

[30] LU H，SU Y，WANG Y，et al. In situ TEM research of dislocation emission and microcrack nucleation for Ti after adsorption by Hg [J]. Corrosion Science，1999，41（4）：699-708.

[31] 刘晓敏，宿彦京．铝合金液体金属脆断过程的TEM原位观察[J]．金属学报，1998，34（10）：1021-1027.

[32] LIU X M，SU Y J，QIAO L J，et al. Transmission electron microscopic observations of embrittlement of an Aluminum alloy by liquid metal [J]. Corrosion Houston Texas，1999，55（9）：851-857.

[33] 周国辉，刘晓敏，赵滨，等．液体金属脆机理研究[J]．中国科学，1999，29（2）：97-102.

[34] FERNANDES P，CLEGG R，JONES D. Failure by liquid metal induced embrittlement [J]. Engineering Failure Analysis，1994，1（1）：51-63.

[35] KAMDAR M H. Embrittlement by liquid metals [J]. Progress in Materials science，1973，15（4）：289-374.

[36] CLEGG R，JONES D. Liquid metal embrittlement in failure analysis [J]. Materials Science，1992，27（5）：453-459.

[37] LYNCH S P. Failures of structures and components by metal-induced embrittlement [J]. Journal of Failure Analysis & Prevention，2008，8（3）：259-274.

[38] 孙智，江利，应鹏展．失效分析：基础与应用[M]．北京：机械工业出版社，2005.

[39] Krupowicz J J.Effect of heat treatment on liquid metal-induced cracking of austenitic alloys [C]. Pittsburgh，pa：symp on slow strain rate testing for the evaluation of environmentally induced cracking：research and engineering applications，1992.

[40] WASSON A，ASHER S，RUSS P R. Mercury liquid metal Embrittlement testing of Various Alloys for Oil and Gas Production [C]. Orlando，Florida：Corrosion，2013.

[41] MCINTYRE D R，CASE R P，Ballantyne T，et al. Environmentally assisted cracking of nickel steels in liquid mercury，hydrogen and methanol [C]. Orlando，Florida：Corrosion Conference & Expo.，2013.

[42] 胡信国，李桂芝．化学镀镍的现状与发展[J]．中国科技信息，1993，5（1）：59-65.

[43] FARES C，MERATI A，BELOUCHRANI M A，et al. Protection for natural gas installations against the corrosive effect of mercury by a chemical Nickel coating [M]. Springer Netherlands，2011：157-165.

[44] 唐绍裘．高性能陶瓷涂层——材料、技术及应用市场[J]．表面技术，2002，31（2）：24-26.

第三章 汞 检 测

石油与天然气中汞含量的控制越来越严格，汞检测是开展汞污染防治工作的关键技术，是保证天然气和石油产品质量的主要手段，也是评估汞污染环境的重要指标。现阶段国内外有多种汞检测方法，天然气、液烃、污水和固体废物中总汞含量的检测技术已逐步成熟，部分检测方法已经标准化。天然气已标准化的取样方法有金—铂合金汞齐化取样法和碘化学吸附取样法；液烃已标准化的检测方法有燃烧金汞齐—冷原子吸收光谱法；污水已标准化的检测方法有双硫腙分光光度法、冷原子吸收分光光度法和氢化物发生—原子荧光光度法；固体废物已标准化的检测方法有冷原子吸收分光光度法、微波消解/原子荧光法和热分解齐化原子吸收光度法。本章主要介绍了天然气、液烃、污水和固体废物已标准化的汞检测方法，分析了各种检测方法的工作原理、取样要求、注意事项、影响因素及适用范围。

第一节 概 述

一、汞检测技术现状

汞检测最理想的方法是对检测样品中待测元素进行"原位分析"，即尽量避免对样品进行任何形式的预处理，以保持其原始特性不变。烃类（尤其是芳香烃）对光谱法检测的影响很大，因此天然气及液烃中的汞很难直接采用光谱法测定。为提高灵敏度和准确性，天然气及液烃测定前需采取一定方法富集汞蒸气以便将烃类介质去除。

目前，国内外开发了多种汞检测方法，包括（冷）原子吸收光谱法、原子荧光光谱法、原子发射光谱法、电感耦合等离子体质谱或光谱法、中子活化法等。天然气、液烃、污水和固体废物汞检测主要以光谱法为主，其检测技术已经成熟并标准化。

天然气中汞检测方法主要有原子吸收光谱法和原子荧光光谱法。原子吸收光谱法具有检出限低、干扰少、分析速度快、灵敏度高的特点，但不能消除光源被动所引起的基线漂移，对测定的精密度和准确度有一定的影响。原子荧光光谱法具有灵敏度高、检出限低的特点，尤其适用于汞的痕量、超痕量分析。为减小天然气中芳香烃对汞分析结果的影响，检测前对天然气取样有一定要求。目前，天然气汞检测的取样方法主要有金—铂合金汞齐化取样法和碘化学吸附取样法，消除天然气中芳香烃的影响。

液烃中汞检测方法主要以燃烧金汞齐—冷原子吸收光谱法、蒸馏金汞齐—原子荧光光谱法和电感耦合等离子体质谱法为主，其中燃烧金汞齐—冷原子吸收光谱法已经标准化。我国原油、石脑油及进口凝析油中汞含量测定标准与 UOP 938 标准方法基本相同，其中原油汞检测在冷蒸气原子吸收法检测的基础上增加了塞曼背景校正技术，直接分析，无须对样品进行预处理。UOP 938 标准方法对仪器和试剂的要求较高，必须大量选用国外公司生产的仪器和试剂，操作成本较高且操作程序复杂。除冷原子吸收光谱法外，原子荧光光谱法和电感耦合等离子体质谱法在液烃汞检测领域应用较多。蒸馏金汞齐—原子荧光光谱法是英国 Shafawi 等提出的液烃类总汞检测方法，无须样品预处理，是一种检测工序简单、快速、抗基质干扰能力强、检出限低的方法[1]。电感耦合等离子体质谱法是 PerkinElmer 公司发明的测试分析方法，不需要将样品分解，但需要设定额外的样本直接注入雾化器，操作成本较高且存在较强的记忆效应。

污水中总汞的检测方法主要有原子光谱法和质谱法。美国环保总署（EPA）水质总汞的测定主要采用电感耦合等离子体原子发射光谱法和电感耦合等离子体质谱法。我国已经标准化的总汞检测方法冷有原子吸收分光光度法、氢化物发生—原子荧光光谱法和双硫腙分光光度法。冷原子吸收分光光度法是目前最常用的汞检测方法，该方法测定水体中痕量汞具有干扰因素少、灵敏度较高的特点，但具有其样品制备要求较高、所用时间长、对设备要求高的局限性。氢化物发生—原子荧光光谱法具有经济、谱线简单、灵敏度高、干扰少、检出限低等优点。双硫腙光度法是测定多种离子的通用方法，干扰离子较多，操作时需要掩蔽干扰离子和严格掌握反应条件。

含汞气田固废（含汞污泥、废弃脱汞剂等）的汞检测主要参照固体废物、土壤、污泥及沉积物的分析方法。固体废物总汞检测主要检测其浸出液中汞含量，而土壤、污泥和沉积物总汞检测则直接对其进行检测，不需要浸出。目前，含汞固废已经标准化的检测方法有冷原子吸收分光光度法、微波消解/原子荧光法和热分解齐化原子吸收光度法，其中冷原子吸收分光光度法检测含汞固废浸出液中汞含量，微波消解/原子荧光法和热分解齐化原子吸收光度法直接测其汞含量。

二、汞检测仪器

国内外公司开发了多种测汞仪，国外已有专业的汞检测公司。国内研发的汞检测仪主要为原子荧光光谱仪和原子吸收分光光度计，原子荧光光谱仪是我国具有自主知识产权的光谱分析仪器，生产厂家有北京瑞利分析仪器公司、北京海光仪器公司等。国外许多公司基于冷原子吸收法和原子荧光法原理开发了多种测汞仪，国外的汞检测仪器有日本仪器株式会社（NIC）的一系列汞分析仪、英国 PSA 公司的一系列测汞仪、俄罗斯 LUMEX 公司生产的 RA-915+ 汞分析仪、美国 MERCURY INSTRUMENTS 公司的一系列汞分析仪、意大利 Milestone 公司的 DMA-80 测汞仪、美国 Leeman Labs 公司 HydrazⅡAA 型全自动汞分析仪等。

日本仪器株式会社（NIC）是国际知名的汞分析仪厂家，推出了多种类型的汞分析仪，其检测原理均符合美国环保总署、美国材料试验协会认可的国际标准。在汞分析方面，该公司推出了 SP、MA、RA、WA、DM（CEM）、EM、PM、AM 和 TM 多个系列的测汞仪。其中，MA-2000 系列、SP-3D、RA-2000 系列、WA-4、CEM（MS-1A.DM-6B）测汞仪能检测石油、天然气、烟气和废水中汞，大多数无须任何前处理，灵敏度高，能连续在线检测。

英国 PSA 公司于 1988 年推出第一台原子荧光光谱仪以来，这期间一直向全世界范围内销售优质的实验室和在线原子荧光及形态分析仪。PSA 公司被认为是英国和世界汞分析的权威专家并被用作参比分析，为欧洲和国际标准委员会提供服务，是目前世界上唯一能做气体、液体和固体中各种汞形态分析的检测公司。该公司相继推出了 PSA10.025、PSA10.225、PSA10.515/525 和 PSA10.670 等测汞仪，能用于固体、液体和气体中总汞含量的测定和汞形态分析。

俄罗斯 LUMEX 公司成立于 1991 年，作为分析仪器行业的领导者，经过多年的发展，现已逐渐成长为全球化的分析仪器企业，产品遍布全球 80 多个国家，现已开发拥有 100 多种分析方法。目前，该公司生产的 RA-915+ 汞分析仪应用较多，RA-915+ 塞曼效应汞分析仪及其 PYRO-915+ 组件，可以在完全不需要样品预处理和汞吸附富集的情况下，对固体、液体、气体样品直接进行总汞测定。RA-915+ 汞分析仪采用原子吸收原理和赛曼效应高频调制偏振光技术，具有快速检测、精度高、操作方便等特点。

美国 MI（MERCURY INSTRUMENTS）公司一直致力于开发、生产和销售汞分析仪，对汞分析仪具有丰富的经验，提供适合用户要求的产品和技术支持。该公司利用原子吸收光谱法原理检测汞含量，分析性能好、检测准确，开发了 UT-3000、VM-3000、LabAnalyzer 254、AULA 254、PA-2 等一系列汞检测仪，可对固体、液体和气体样品进行检测。

美国 Brooks Rand Lab 一直致力于开发新型的分析技术和方法用以测定环境中超痕量汞和汞的形态分析。Brooks Rand Lab 在 2007 年推出了模块化全自动烷基汞/总汞二位一体分析仪器 MERX，被用于常规废水排放监测，主要应用于地表水中的甲基汞、污水中的烷基汞、水产品及其他生物样品中的甲基汞、土壤和沉积物中的甲基汞。

美国 Leeman 公司测汞仪的总销量占全球市场 80% 以上，在国家出入境、环保、研究机关、大学等众多的重要实验室已经有几百台成熟可靠的应用参考，生产了 Hydra II C 和 Hydra II AA 全自动测汞仪、QuickTrace M-7600 和 QuickTrace M-7600 测汞仪。

意大利 Milestone 公司生产了 DMA-80 直接测汞仪和 DMA-1 便携式直接测汞仪，这两种检测仪器都无须任何样品前处理，可对固体、液体和气体中的汞含量进行直接测定。

第二节　天然气汞检测

天然气汞检测方法以原子吸收光谱法和原子荧光光谱法为主。国际标准化组织（ISO）于 2003 年发布了两项天然气总汞检测的标准，我国等效采用这两项标准，分别于 2008 年和 2010 年制定了 GB/T 1678.1—2008《天然气汞含量的测定　第 1 部分：碘化学吸附取样法》和 GB/T 16781.2—2010《天然气汞含量的测定　第 2 部分：金—铂合金汞齐化取样法》标准。碘化学吸附取样法规定了碘浸渍硅胶化学吸附取样法测定天然气总汞的方法[2]，汞含量测定范围为 $0.1 \sim 5000 \mu g/m^3$。金—铂合金汞齐化取样法规定了金—铂合金汞齐化取样法测定天然气总汞的方法[3]，汞含量测定范围为 $0.01 \sim 100 \mu g/m^3$（常压）以及 $0.001 \sim 1 \mu g/m^3$（高压达 8MPa）。

一、碘化学吸附取样法

1. 工作原理

碘化学吸附取样法的工作原理是气体通过装有碘浸渍硅胶的玻璃管，气体中以单质汞或有机汞化合物（天然气中汞的存在形式有单质汞和二甲基汞）形式存在的汞被化学吸附。该方法所涉及的化学反应式为：

$$Hg + I_2 \longrightarrow HgI_2 \tag{3-1}$$

$$Hg(CH_3)_2 + I_2 \longrightarrow HgI_2 + 2CH_3I \tag{3-2}$$

在实验室用碘化铵/碘溶液（NH_4I/I_2）溶解生成的碘化汞（HgI_2），并用真空汽提除去烃凝析物。以水溶性络合物形式存在的汞被碱性锡盐（Ⅱ）溶液还原成单质汞。用惰性气体将汞从溶液中汽提出来，将汞蒸气转移到原子吸收光谱或原子荧光光谱测汞仪中，在波长253.7nm处测定汞含量。用基液与样品相匹配的汞标准溶液按同样方式对汞的最终测定进行校准。

碘化学吸附取样法取样压力最高达40MPa，适用于天然气中汞含量范围$0.1～5000μg/m^3$的分析测定。该方法要求所取天然气样品中硫化氢含量低于$20mg/m^3$，且在取样条件下液态烃总量低于$10g/m^3$。

2. 取样要求

碘化学吸附取样法在高压下进行取样，在其压力和温度不变的情况下，允许大量的气体短时间内通过取样管，同时还可防止烃类的反凝析。天然气样品取样压力不同，则取样设备不同，主要规定了两种取样设备。碘化学吸附取样法10MPa和40MPa取样设备分别如图3-1和图3-2所示，详细取样过程见GB/T 1678.1—2008《天然气汞含量的测定 第1部分：碘化学吸附取样法》。

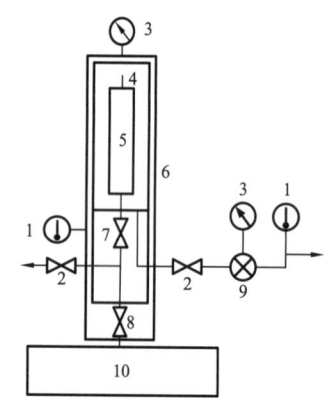

图3-1 碘化学吸附取样法10MPa取样设备
1—温度表；2—泄压阀；3—压力表；4—高压取样池；
5—取样管；6—绝热体；7—单元阀；8—取样阀；
9—气体流量计；10—管道

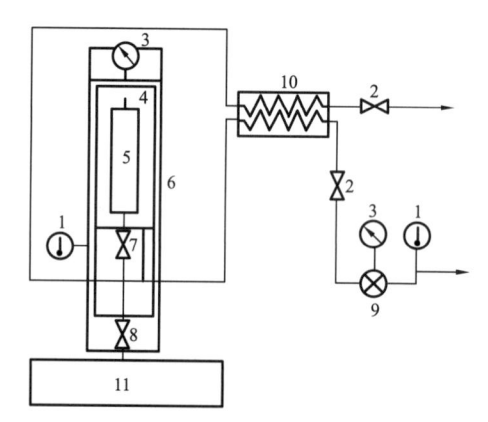

图3-2 碘化学吸附取样法40MPa取样设备
1—温度表；2—泄压阀；3—压力表；4—高压取样池；
5—取样管；6—绝热体；7—单元阀；8—取样阀；
9—气体流量计；10—热交换器；11—管道

为减小汞的吸附作用，对碘化学吸附取样法的取样设备要求如下：
（1）取样设备应使用石英玻璃、硅酸盐玻璃和不锈钢材质的设备；
（2）应根据管线的长度、使用的材质和流量对取样系统进行预处理；
（3）将汞蒸气转移至光谱仪的连接管路建议使用聚乙酸烯酯（PVA）导管，或者其他合适的塑料，如聚四氟乙烯（PTFE）或聚酰胺（PA）；
（4）只进行直接取样，强烈推荐快速回路绕过吸附管，这样可保证取样系统中气体高速流动，并使吸附现象降低到最小。

3. 注意事项

碘化学吸附取样法测定天然气汞含量时,应注意以下几点:

(1)应使用合适的、经过可接受的参比器具校准的测量设备将体积测量的不确定度降低到小于1%,因为体积测量(温度、气体压力、大气压力)的不确定度直接影响气体中汞含量测定的不确定度;

(2)汞标准溶液需保存在棕色试剂瓶中,有效期为一年;

(3)高压取样降压前需用热交换器加热气体以保证准确测量气体样品的体积。

4. 影响因素

碘化学吸附取样法测定气体中低浓度汞时,影响测定结果的主要因素如下:

(1)取样设备对汞的吸附作用,导致检测结果偏低;

(2)周围检测环境、设备和化学试剂中汞的本底污染,导致检测结果偏高;

(3)天然气中还含有含量较低的 Cu,Zn 和 As 等金属化合物,通过采样和汞一起被硅胶吸附,可能影响汞的分析测定;

(4)天然气中烃类(尤其是芳香烃)的存在会干扰原子吸收光谱法和原子荧光光谱法对汞的分析测定,这主要是因为苯的特征波长为256nm。

二、金—铂合金汞齐化取样法

1. 工作原理

金—铂合金汞齐化取样法的工作原理是气体通过两支串联的、充填一系列精细金—铂合金丝的石英玻璃取样管,汞在其上通过汞齐化作用而被收集;然后将每支取样管分别加热到700℃,使汞从取样管的汞齐上脱附,被释放的汞蒸气随空气流转移至充填金—铂合金丝的分析管(二次汞齐化);再将分析管加热到800℃,将汞蒸气转移至原子吸收光谱或原子荧光光谱测汞仪中,在波长253.7nm处测量。该方法所涉及的化学反应式为:

$$Hg + Au \longrightarrow HgAu \qquad (3-3)$$

$$Hg + Pt \longrightarrow HgPt \qquad (3-4)$$

该方法可用其他的吸附材料代替金—铂合金丝,如对天然气显示等效作用、高比表面积的金浸渍硅胶,这两种取样技术已通过室间试验证明在两个不同的浓度等级上具有可比性。

金—铂合金汞齐化取样法适用于不含凝析产物的粗天然气取样,适用于大气压下天然气汞含量 0.01~100μg/m³ 和高压下(最高达 8MPa)天然气汞含量 0.001~1μg/m³ 的分析测定。

2. 取样要求

天然气样品取样压力不同,该方法的取样设备则不同,主要规定了两种取样设备。金—铂合金汞齐化取样法常压取样设备和高压取样设备分别如图3-3和图3-4所示,详细取样过程见 GB/T 16781.2—2010《天然气汞含量的测定 第2部分:金—铂合金汞齐化取样法》。

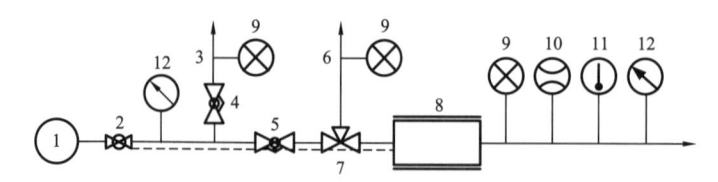

图 3-3　金—铂合金汞齐化取样法常压取样设备

1—管道；2—取样阀；3——级旁通；4—旁通阀；5—流量控制阀；6—二级旁通；
7—三通阀；8—加热铝块；9—流量计；10—气体流量计；11—温度表；12—压力表

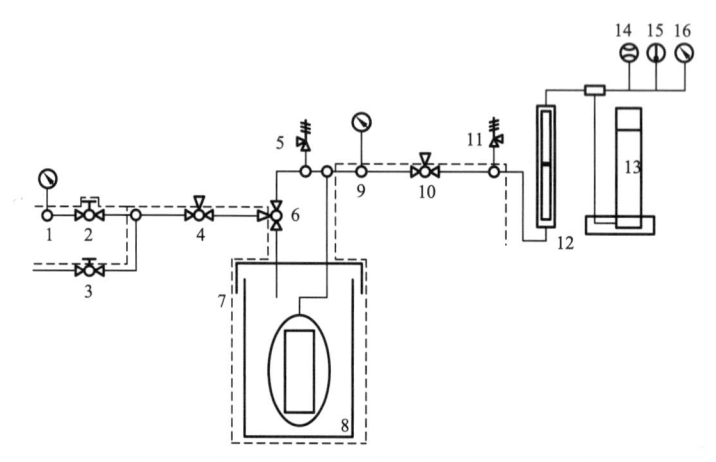

图 3-4　金—铂合金汞齐化取样法高压取样设备

1，9，16—压力表；2—阀；3—旁通阀；4，10—减压阀；5—设置为10MPa的安全阀；6—三通阀；
7—加热带；8—高压容器；11—设置为4MPa的安全阀；12—流量指示器；
13—设置为0.4m 水柱的水封；14—气体流量计；15—温度表

为减小汞的吸附作用，对碘化学吸附取样法的取样设备要求如下：
（1）取样设备应使用石英玻璃、硅酸盐玻璃和不锈钢材质的设备；
（2）应根据管线的长度、使用的材质和流量对取样系统进行预处理；
（3）将汞蒸气转移至光谱仪的连接管路建议使用聚乙酸烯酯（PVA）导管，或者其他合适的塑料，如聚四氟乙烯（PTFE）或聚酰胺（PA）；
（4）强烈推荐快速回路绕过吸附管，这样可保证取样系统中气体高速流动，并使吸附现象降低到最小，当取样压力降低以及取样方法只需要相对少量的气体时，使用快速回路尤为重要。

3. 注意事项

金—铂合金汞齐化取样法测定天然气汞含量时，应注意以下几点：
（1）取样应在温度高于天然气样品露点至少10℃的条件下进行；
（2）应使用合适的、经过可接受的参比器具校准的测量设备将体积测量的不确定度降低到小于1%，因为体积测量（温度、气体压力、大气压力）的不确定度直接影响气体中汞含量测定的不确定度；
（3）取样前，将石英玻璃取样管和分析管反复加热到800℃并保持几分钟，同时通入净化空气对其进行彻底清洁，然后将石英玻璃管连接到测汞仪上，检查管内的汞污染物，

若石英玻璃管内汞含量大于 0.1ng,则需重复清洁步骤直至汞含量符合要求;

（4）清洁和冷却石英管后,立即用塑料薄片或干净的橡皮塞盖紧石英管并存储在密闭容器中,建议至少使用一支石英管作为空白来检查存储过程中可能引起的污染,必须在取样后一周内测定收集的汞,这主要是为了避免汞从表面扩散到金—铂合金丝内部,从而降低在规定转移条件下的汞回收率。

4. 影响因素

金—铂合金汞齐化取样法测定气体中低浓度汞时,影响测定结果的主要因素如下:

（1）取样设备对汞的吸附,导致汞检测结果偏低;

（2）周围检测环境、设备和化学试剂中汞的本底污染,导致汞检测结果偏高;

（3）天然气中烃类（尤其是芳香烃）的存在会干扰光谱法对汞含量的分析测定,不能直接测定天然气中的汞,因为苯的特征波长为 256nm。

第三节　液烃汞检测

目前,液烃汞检测方法主要有燃烧金汞齐—冷原子吸收光谱法、蒸馏金汞齐—原子荧光光谱法和电感耦合等离子体质谱法[4],其中美国材料协会于 2010 年发布了燃烧金汞齐—冷原子吸收光谱法检测液烃中总汞的标准（UOP 938）[5]。同年,美国材料协会又公开了原油的总汞检测方法,分别为燃烧—直接冷蒸气塞曼背景校正原子吸收法和燃烧金汞齐—冷蒸气原子吸收法[6,7]。我国等效采用 UOP 938 标准,发布了商检行业石脑油、进口凝析油和原油中总汞含量的检测标准[8-10]。

一、燃烧金汞齐—冷原子吸收光谱法

1. 工作原理

燃烧金汞齐—冷原子吸收光谱法的工作原理是采用燃烧液烃的方式气化液烃,将液态汞转化为汞蒸气,然后将蒸气通入第一收集器中,汞蒸气与金转换为金汞齐形式,为了防止收集器吸附其他燃烧产物,应控制第一收集器的温度为 150℃;汞蒸气以金汞齐形式在第一收集器内被收集后,加热第一收集器,随后汞蒸气进入第二收集器进行二次汞齐化;经过两次汞齐化后,加热第二收集器至 700℃释放出汞蒸气[5]。在室温条件下通入空气或氮气,将释放的汞蒸气载入冷原子吸收测汞仪中,测汞仪中的高压汞灯发出波长为 253.7nm 的共振谱线,此光线穿过 10cm 左右长的吸收管,吸收池中的汞蒸气吸收此特征谱线,使 253.7nm 的共振谱线强度减弱,其减弱强度与汞蒸气的浓度成正比,由此可测定液烃样品中的汞含量。

通常,冷原子吸收光谱仪分为单道单光束型和单道双光束型两种。

单道单光束冷原子吸收光谱仪中的"单道"指仪器只有一个光源、单色器和显示系统,每次只能测一种元素;"单光束"指从光源中发出的光仅以单一光束的形式通过原子化器、单色器和检测系统。这类仪器结构简单、操作方便、体积小、价格低,能满足一般原子吸收分析的要求,但其不能消除光源波动造成的影响、基线漂移。

单道双光束冷原子吸收光谱仪中的"双光束"指从光源发出的光被切光器分成两束强度相等的光：一束为样品光束，通过原子化器被基态原子部分吸收；另一束只作为参比光束，不通过原子化器，其光强度不被减弱。两束光被原子化器后面的反射镜反射后，交替地进入同一单色器和检测器。检测器将接收到的脉冲信号进行光电转换，并由放大器放大，最后由读出装置显示。由于两光束来源于同一个光源，光源的漂移通过参比光束的作用而得到补偿，所以能获得一个稳定的输出信号。不过由于参比光束不通过火焰，火焰扰动和背景吸收影响无法消除。

燃烧金汞齐—冷原子吸收法分析仪系统组成及测量原理如图3-5所示，其测量仪器的操作条件见表3-1，详细测量过程见ASTM UOP 938—2010《Total Mercury and Mercury Species in Liquid Hydrocarbons》。该方法适用于原油、石脑油、天然气凝析油、重油、煤焦油中总汞含量检测，检出限为0.01ng，测定范围0.01~1000ng。

表3-1 UOP 938测量仪器的操作条件

项目	特性参数	项目	特性参数
样品加热炉温度，℃	950	载气介质	干燥净化空气或氮气
分解火炉单元温度，℃	850	载气压力，kPa	39
第一收集器预热温度，℃	150	燃烧系统流量，L/min	0.5
第二收集器温度，℃	700	测汞仪流量，L/min	0.5

2. 取样要求

燃烧金汞齐—冷原子吸收法测定液烃中汞含量时，取样要求如下：

（1）必须使用1∶1的硝酸、蒸馏水或去离子水、丙酮清洗所有玻璃仪器，再利用氮气或无油清洁空气吹扫干燥；

（2）禁止使用金属容器收集样品，避免金属设备对汞的吸附；

（3）收集样品后应尽快分析测定，样品需要制冷储存；

（4）若样品需运输到另外的地点进行分析，则需使用密封容器储存，快速运输；

（5）分析轻质油品时，一定将注完样品的瓷舟先置于进样口端预热后再用推杆将样品完全推入，主要是为了防止轻质油品在燃烧管内发生瞬间剧烈燃烧，然后易产生负压导致缓冲液倒吸，引起燃烧管破裂。

3. 影响因素

燃烧金汞齐—冷原子吸收光谱法是目前最常用的液烃汞检测方法，具有精密度高、准确度高、无汞损失等特点。同时，该方法不需要化学药品和添加剂，不需要复杂的消解过程，燃烧去除了样品中大量的碳化合物，汞检测下限较低。

燃烧金汞齐—冷原子吸收光谱法测定液烃中总汞，影响测定结果的主要因素如下：

（1）液烃中苯的存在会使测定结果偏高，因为苯的特征波长为256nm，因此收集汞蒸气时需二次加热富集汞来消除苯的影响；

（2）背景干扰，包括光散射和分子吸收，火焰原子吸收的背景吸收可采用归零的办法

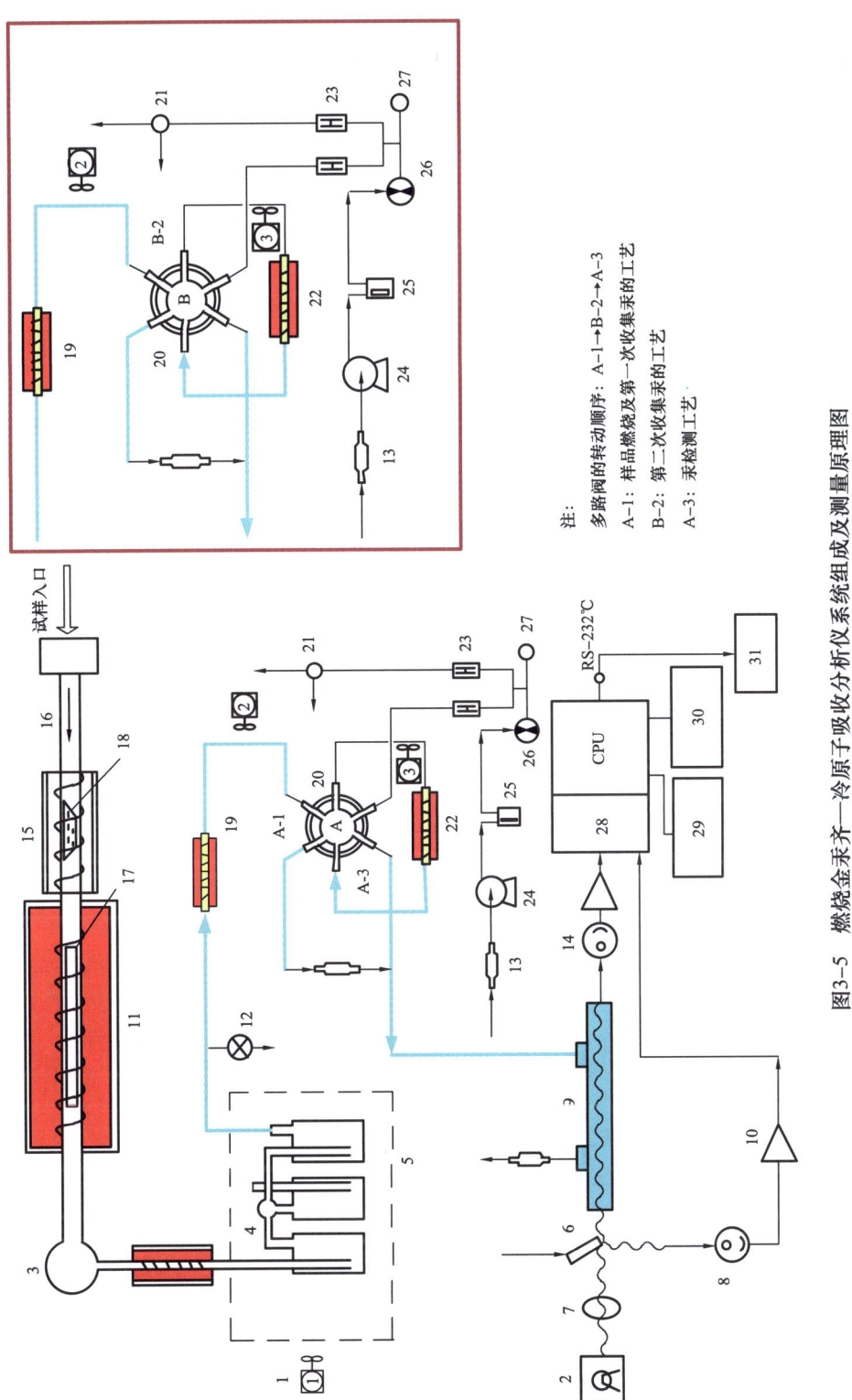

图3-5　燃烧金汞齐—冷原子吸收分析仪收集系统组成及测量原理图

1—冷却风扇；2—汞灯；3—玻璃帽；4, 21—三通阀；5—干燥器与除尘器；6—半透明反射镜；7—透镜；8, 14—光电管；9—吸收池；10—放大器；11—电炉；12—放气阀；13—过滤器；15—试样加热炉；16—燃烧管；17—催化剂；18—吸气池；19—试样船；20—多路阀；22—收集器；23—流量计；24—空气泵；25—除尘器；26—调压器；27—压力计；28—模—数转换器；29—液晶显示器；30—发光二极管；31—电脑

注：
多路阀的转动顺序：A-1→B-2→A-3
A-1：样品燃烧及第一次收集汞的工艺；
B-2：第二次收集汞的工艺；
A-3：汞检测工艺．

消除，石墨炉原子吸收的背景吸收可通过合理选择干燥灰化和原子化唯独及其升温方式、使用集体改进技术和石墨炉管改进技术加以消除；

（3）电离干扰，在高温原子化过程中，由于电离作用而使参与原子吸收的基态原子数目减少而产生的干扰，降低待测元素的吸光度，导致标准曲线弯曲，可加入过量的消电离剂抑制这种电离干扰。

二、蒸馏金汞齐—原子荧光光谱法

1. 工作原理

蒸馏金汞齐—原子荧光光谱法的工作原理是通过蒸馏方式气化液烃，利用气密性注射器精确量取一定量的样品，注入具有特殊机构的气化室，气化室温度为400℃；产生的蒸气加热至200℃后进入汞收集器内，汞蒸气与金形成金汞齐；惰性气体以300~400mL/min的速度连续吹扫汞收集器，样品基质将会以气相形式被氩气从汞收集器中带走，并直接进入废料收集器中；再加热汞收集器至900℃，则汞以汞蒸气的形式从汞齐中释放出来随惰性气流进入原子荧光测汞仪[11]。气化的汞原子蒸气受汞灯共振辐射后，吸收一定的能量而由基态跃迁至高能态（激发态），高能态原子返回到基态时，伴随着能量的释放，发射出与激发光束波长相同的共振原子荧光，此荧光经光点倍增管接收而转变成电信号后被测定。

蒸馏金汞齐—原子荧光光谱法分析仪系统组成及测量原理如图3-6所示。原子荧光分析仪由激发光源、原子化器、光学系统和检测器组成。它可分为非色散型原子荧光分析仪和色散型原子荧光分析仪，这两类仪器的结构基本相似，差别在于非色散器不用单色器。单色器是用来选择所需要的荧光谱线，排除其他光谱线的干扰。

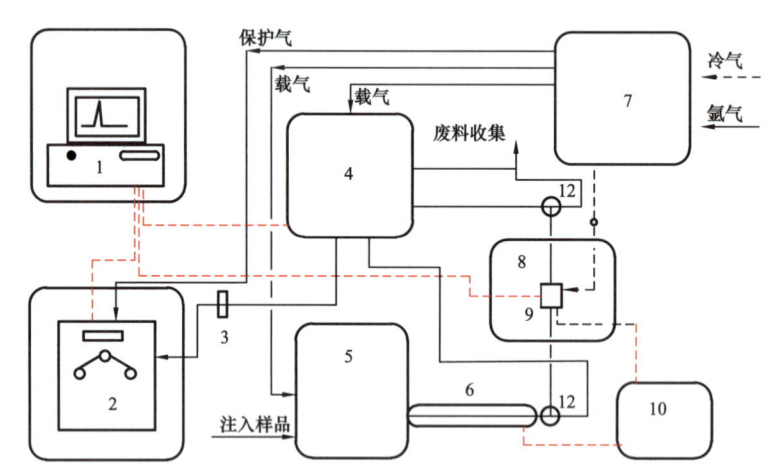

图3-6 蒸馏金汞齐—原子荧光法分析仪系统组成及测量原理图
1—计算机；2—原子荧光检测系统；3—过滤器；4—阀门转换系统；5—气化室；6—加热带；7—气体分配系统；8—烘箱；9—汞捕集器；10—加热电源

蒸馏金汞齐—原子荧光光谱法测定液烃总汞的检出限可达0.27ng。该方法测定液烃总汞必须保证液烃完全气化，则不同液烃样品的检测过程稍有差异。对于轻质油样品（石脑油、凝析油等），很容易满足要求；但对于重烃样品，需使用合适的溶剂先将样品稀释到要求的浓度范围，以确保样品完全汽化。

2. 取样要求

蒸馏金汞齐—原子荧光光谱法测定液烃中汞含量时，取样要求如下：

（1）必须使用1∶1的硝酸、蒸馏水或去离子水、丙酮清洗所有玻璃仪器，再利用氮气或无油清洁空气吹扫干燥；

（2）禁止使用金属容器收集样品，减小汞的吸附作用；

（3）收集样品后应尽快进行分析，样品储存时需要制冷；

（4）若样品需运输到另外的地点进行分析，需使用密封容器，快速运输。

3. 影响因素

蒸馏金汞齐—原子荧光光谱法是一种新型、简单的液烃总汞测定方法，具有检测工序简单、抗基质干扰能力强、灵敏度高、线性范围宽、精密度好（类似于原子吸收光谱，优于原子发射光谱）等特点。同时，较高的捕集温度（200℃）使得汞收集器没有历史记忆影响，提高了使用寿命。

蒸馏金汞齐—原子荧光光谱法测定液烃中汞含量时，影响测定结果的主要因素如下：

（1）湿度过大，会引起散射干扰，引起波动，还会造成荧光猝灭导致荧光信号降低；

（2）荧光猝灭干扰，由于样品基体等因素的影响会引起荧光猝灭，如共存组分、周围空气进入原子化区，猝灭作用的直接后果是使荧光效率下降；

（3）散射光干扰，这是因为荧光信号比发射和吸收信号更弱，更容易受到散射光的干扰，为保证光源的稳定性，汞灯必须得到充分预热；

（4）汞灯光强的稳定性直接影响着仪器测量结果的稳定性和准确性，汞灯随着环境温度变化其光强度变化很大，且为线性变化。

三、电感耦合等离子体质谱法

1. 工作原理

电感耦合等离子体质谱法的工作原理是液烃样品通过常规或超声喷雾器雾化后以气溶胶形式引入氩气流中，然后进入由射频能量激发的处于大气压下氩等离子体中心区；等离子的高温使样品中的汞电离形成一价正离子；部分等离子体经过不同的压力区进入真空系统，在真空系统内，正离子被拉出并按其质荷比分离；检测器将离子转化为电子脉冲，然后由积分测量线路计数；电子脉冲的大小与液烃样品中分析离子的浓度有关，通过与已知的标准或参比物质比较，实现样品的汞元素定量分析。

电感耦合等离子体质谱仪主要由样品引入系统、离子源、接口、离子聚焦系统、质量分析器和检测系统组成，支持系统包括真空、水冷、配电、仪器控制和数据处理的计算机系统。其中真空系统是所有质谱仪的核心部件，真空度越高，待测离子受到干扰越少，仪器灵敏度越高。这主要是因为质谱技术要求离子具有较长的平均自由程，以便离子在通过仪器的途径中与另外的离子、分子或原子碰撞的概率最低，真空度直接影响离子传输效率、质谱波形及检测器寿命。

2. 影响因素

电感耦合等离子体质谱法（ICP-MS）是于20世纪80年代发展起来的无机元素和同位素分析测试技术，它以独特的接口技术将电感耦合等离子体的高温电离特性与质谱仪的灵敏快速扫描的优点相结合，因而是一种高灵敏度的分析技术。与传统的电感耦合等离子体原子发射光谱法（ICP-AES）相比，ICP-MS得到的分析谱图非常简单，仅由各个元素的同位素峰组成。

电感耦合等离子体质谱法的在线和离线分析将成为一种研究的新趋势。该方法不需要将样品分解，使样品处理过程中的潜在误差最小化，具有以下特点：

（1）灵敏度高，检测下限能达0.5ng/g（2.5μL样品）；

（2）多元素和多同位素的处理能力以及大动态范围；

（3）分析速度快，可在几分钟内完成几十个元素的定量测定。

电感耦合等离子体质谱法测定液烃中汞含量时，测定结果的影响因素如下[11]：

（1）易挥发基质的存在会对等离子体的稳定性和装置的强度产生不利影响，因为碳会沉积在界面和离子透镜上；

（2）油品中大量的碳化合物进入等离子体时，会干扰汞的检测信号，同时会降低等离子体的激发能力，因此实际检出限较高，通常对油品进行无机化处理后测定可提高检出限；

（3）液烃样品无机化处理时间较长（一般需要几小时至十几小时），这种处理过程一方面会引起单质汞的损失，另一方面会产生相当量的有害废物污染环境。

由于富烃和易挥发基质容易影响电感耦合等离子体质谱法的检测结果，通过冷却喷雾室可以限制烃类化合物的量、使用薄膜或低温去溶剂系统、向等离子气体中加入氧促使样本氧化等手段可以解决这些问题。因此，有关学者提出了高通量流动注射—电感耦合等离子体质谱联用技术分析液烃中汞含量[12]，消除了富烃和易挥发基质的影响。在这种分析技术中，液烃样品被乙醇、浓硝酸等试剂稀释后直接进样，其检测极限可与原子吸收光谱法相媲美，且检测速度比原子吸收光谱法快10倍，不需要样品前处理过程，但需要准备额外的样本直接注入雾化器，操作成本较高且存在较强的记忆效应，需要碱性溶液清洗。该方法不需要汞捕集器，样品被乙醇、浓硝酸等试剂稀释后直接进样。该方法的样品需求量为30μL/min时，汞检测限为0.05ng/g。

第四节　污水汞检测

目前，污水汞检测方法主要有双硫腙分光光度法、冷原子吸收分光光度法和氢化物发生—原子荧光光谱法[13-15]，我国分别于1987年、2011年和2014年发布了这三种汞检测方法的相关标准。双硫腙分光光度法适用于生活污水、工业废水和受汞污染的地面水，汞含量测定范围2~40μg/L。冷原子吸收分光光度法适用于地表水、地下水、工业废水和生活污水。氢化物发生—原子荧光光谱法适用于地表水、地下水、生活污水和工业废水，汞检出限为0.04μg/L，测定下限为0.16μg/L。

一、双硫腙分光光度法

1. 工作原理

双硫腙分光光度法的工作原理是在95℃条件下，利用高锰酸钾和过硫酸钾将试样消解，将各种形态的汞全部转化为二价汞离子；再利用盐酸羟胺将过剩的氧化剂还原，在酸性条件下，二价汞离子与双硫腙反应生成橙色螯合物，用有机溶剂萃取，再用碱溶液洗去过剩的双硫腙（二苯硫代偕肼腙）。在485nm波长下，以氯仿（重蒸）作参比测其吸光度，最后分别以测定的各吸光度减去试剂空白（零浓度）的吸光度后，和相对应的汞含量绘制标准曲线[13]。

双硫腙分光光度法主要有消解、萃取和测定三个过程，其测量流程如图3-7所示，详细测量过程见GB 7469—1987《水质总汞的测定 高锰酸钾—过硫酸钾消解法双硫腙分光光度法》。

图3-7 双硫腙分光光度法测量流程

消解过程中，加入15mL高锰酸钾溶液后，试样若不能在15min内维持深紫色，则混合后再加15mL高锰酸钾溶液以使颜色能持久，然后加入8mL过硫酸钾溶液，水浴加热2h，温度控制在95℃，冷却至约40℃。若加入足量（30mL）的高锰酸钾溶液还不足以使颜色持久，则需要减小试样体积，或者改用其他消解方法，在这种情况下，则该方法就不再适用了。

萃取过程中，氯仿和四氯化碳均为萃取双硫腙汞的理想溶剂。由于铜离子对该检测方法的干扰性很大，而双硫腙铜在四氯化碳和氯仿中的提取常数前者较大，且四氯化碳对人体的毒性较大，因此采用氯仿作为萃取溶剂较好。氯仿在贮存过程中常会生成光气，它会使双硫腙生成氧化产物，不仅失去与汞螯合的功能，还溶于氯仿（不能被双硫腙洗脱液除去）显深黄颜色，用分光光度计测定时有一定吸光度。故所用氯仿应预重蒸馏精制，加乙醇作保护剂，充满经过处理并干燥的棕色试剂瓶中（少留空间），避光避热密闭保存。

双硫腙分光光度法适用于生活污水、工业废水和受汞污染的地面水。当取250mL水样测定时，该方法的最低汞检出浓度为2μg/L，测定上限为40μg/L。该方法所测得的总汞指未过滤的水样，经剧烈消解后测得的汞浓度，包括无机汞、有机汞、溶解态汞和所有的悬浮汞。

2. 取样要求

双硫腙分光光度法测定污水中汞含量时，取样要求如下：

（1）每采集1000mL水样立即加入约7mL硝酸，调节pH值，使之小于或等于1；

（2）取样后不能立即进行测定时，向每升样品中加入4mL高锰酸钾溶液，必要时可过量，使其呈现持久的淡红色；

（3）样品应贮存于硼硅玻璃瓶中。

3. 注意事项

双硫腙分光光度法测定污水中总汞时，应注意以下几点：

（1）制备高锰酸钾溶液时，应避免未溶解颗粒沉淀或悬浮于溶液中，必要时可加热助溶；

（2）所用玻璃器皿在两次操作之间不应让其干燥，而应充满硝酸溶液，临用前倾出硝酸溶液，再用去离子水冲洗干净；

（3）第一次使用的玻璃器皿应预先采用硝酸溶液、硫酸和高锰酸钾溶液的混合液、盐酸羟胺溶液和去离子水进行处理；

（4）盐酸羟胺还原过量的氧化剂时，注意所加盐酸羟胺勿过量，应立即继续以后的操作，切勿长时间放置，以防在还原状态下汞挥发损失；

（5）若待检测样品中汞或有机物含量较高，则试样体积可以适当地减小。

4. 影响因素

采用双硫腙分光光度法测定污水中总汞时，影响测定结果的主要因素如下：

（1）在酸性条件下，样品中铜离子的存在会影响汞含量测定结果，通常在双硫腙洗脱液中加入1%（m/V）EDTA二钠（乙二胺四乙酸二钠），至少可避免300μg铜离子的干扰；

（2）所用试剂本身含有汞，若采用的试剂导致空白试验值偏高，应改用级别更高的或经过提纯精制的试剂；

（3）用双硫腙氯仿溶液萃取汞时，试样的pH值对分析测定有一定影响，当pH值小于1时，干扰很小；

（4）盐酸羟胺加入量切勿过量，否则将导致汞含量测定结果偏低。

二、冷原子吸收分光光度法

1. 工作原理

冷原子吸收分光光度法的工作原理是在加热条件下，用高锰酸钾和过硫酸钾在硫酸—硝酸介质中消解样品；或用溴酸钾—溴化钾混合剂在硫酸介质中消解样品；或在硝酸—盐酸介质中用微波消解仪消解样品。消解后的样品中所含汞全部转化为二价汞，用盐酸羟胺将过剩的氧化剂还原，再用强还原剂（氯化亚锡）还原成单质汞。在室温条件下通入空气或氮气，将单质汞气化，载入冷原子吸收汞分析仪，汞灯发出的光被游离的汞原子吸收，于253.7nm波长处测定响应值，汞的含量与响应值成正比[14]。由于在室温条件下通入汞蒸气，因此称为冷原子吸收分光光度法。其中高锰酸钾和过硫酸钾消解法涉及的化学反应为：

$$2KMnO_4 + 3Hg + H_2O \longrightarrow 2KOH + 2MnO_2 + 3HgO \downarrow \quad (3-5)$$

$$MnO_2 + 2Hg \longrightarrow Hg_2MnO_2 \quad (3-6)$$

$$Hg_2MnO_2 + 2SnCl_2 \longrightarrow 2Hg + Sn_2MnO_2 + 2Cl_2 \uparrow \quad (3-7)$$

冷原子吸收分光光度法测量流程如图3-8所示，详细测量过程见HJ 597—2011《水质 总汞的测定 冷原子吸收分光光度法》。制备试样时，需根据样品特性选择合适的消解方法：高锰酸钾—过硫酸钾消解法—近沸保温法适用于地表水、地下水、工业废水和生活污水；高锰酸钾—过硫酸钾消解法—煮沸法适用于含有机物和悬浮物较多、组成复杂的工业废水和生活污水；溴酸钾—溴化钾消解法适用于地表水、地下水，也适用于含有机物（特别是洗净剂）较少的工业废水和生活污水；微波消解法适用于含有机物较多的工业废水和生活污水。

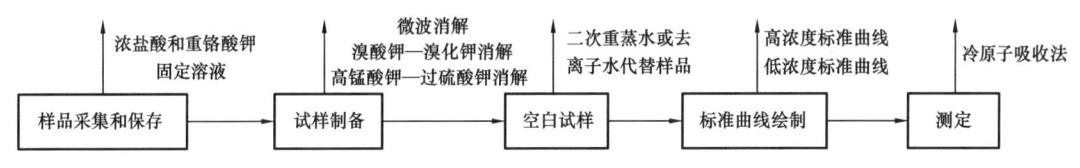

图 3-8 冷原子吸收分光光度法测量流程

测量过程密闭式反应装置如图 3-9 所示，其作用是利用氯化亚锡将离子汞还原成单质汞，并将单质汞气化后载入冷原子吸收汞分析仪。

冷原子吸收分光光度法适用于地表水、地下水、工业废水和生活污水中总汞的测定，若有机物含量较高，标准规定的消解试剂最大用量不足以氧化样品中有机物时，则该方法不适用。该方法所测定的总汞指未经过滤的样品经消解后测得的汞，包括无机汞和有机汞。采用高锰酸钾—过硫酸钾消解法和溴酸钾—溴化钾消解法时，当取样量为 100mL 时，检出限为 0.02μg/L，测定下限为 0.08μg/L；当取样量为 200mL 时，检出限为 0.01μg/L，测定下限为 0.04μg/L。采用微波消解法时，当取样量为 25mL 时，检出限为 0.06μg/L，测定下限为 0.24μg/L。

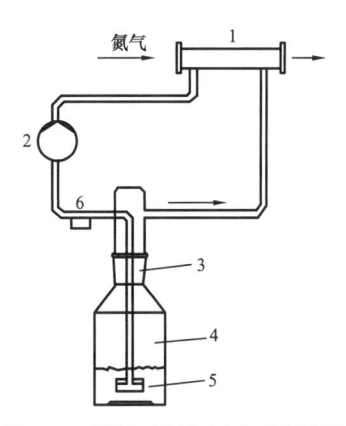

图 3-9 测量过程密闭式反应装置
1—吸收池；2—循环泵；3—玻璃磨口；4—反应瓶；5—多孔玻板；6—流量计

2. 取样要求

冷原子吸收分光光度法测定污水中汞含量时，取样要求如下：

（1）样品应尽量充满样品瓶，以减少器壁吸附，样品采集量应不少于 500mL；

（2）采样后应立即以每升水样中加入 10mL 浓盐酸的比例对水样进行固定，固定后水样的 pH 值应小于 1，否则应适当增加浓盐酸的加入量，再加入 0.5g 重铬酸钾，若橙色消失，应适当补加重铬酸钾，使水样呈持久的淡橙色，密塞，摇匀；

（3）汞的吸附或解吸反应易在反应容器和玻璃器皿内壁上发生，故每次测定前应采用仪器清洗液将反应容器和玻璃器皿浸泡过夜后，用去离子水洗干净。

3. 注意事项

冷原子吸收分光光度法测定污水中汞含量时，应注意以下几点：

（1）检测所用试剂（尤其是高锰酸钾）中的汞含量对空白试验测定值影响较大，试验中应尽可能选择汞含量低的试剂；

（2）在样品还原前，所有试剂和试样的温度应保持一致（低于25℃），当环境温度低于10℃时，灵敏度会明显降低；

（3）汞的测定易受到环境中的汞污染，在汞的测定过程中，应加强对环境中汞的控制，保持清洁、加强通风；

（4）每测定一个样品后，取出吹气头，弃去废液，用去离子水清洗反应装置两次，再用稀释液清洗一次，以氧化可能残留的二价锡；

（5）水蒸气对汞的测定有影响，会导致测定时响应值降低，应保持连接管路和汞吸收池干燥，可通过红外灯加热的方式去除汞吸收池中的水蒸气；

（6）吹气头与底部距离越近越好，采用抽气（或吹气）鼓泡法时，气相与液相体积比应为1∶1～5∶1，以2∶1～3∶1最佳，当采用闭气振摇操作时，气相与液相体积比应为3∶1～8∶1；

（7）当采用闭气振摇操作时，试样加入氯化亚锡后，先在闭气条件下用手或振荡器充分振荡30～60s，待完全达到气液平衡后才将汞蒸气抽入（或吹入）吸收池；

（8）反应装置的连接管宜采用硼硅玻璃、高密度聚乙烯、聚四氟乙烯、聚砜等材质，不宜采用硅胶管。

4. 影响因素

冷原子吸收分光光度法测定污水中汞含量时，影响测定结果的主要因素如下：

（1）高锰酸钾—过硫酸钾消解样品时，在0.5mol/L的盐酸介质中，样品中离子超过下列质量浓度时，即Cu^{2+} 500mg/L，Ni^{2+} 500mg/L，Ag^+ 1mg/L，Bi^{3+} 0.5mg/L，Sb^{3+} 0.5mg/L，Se^{4+} 0.05mg/L，As^{5+} 0.5mg/L，I^- 0.1mg/L，会对汞分析测定产生干扰，可通过去离子水或二次重蒸水适当稀释样品来消除这些离子的干扰；

（2）溴酸钾—溴化钾消解样品时，当洗净剂质量浓度不小于0.1mg/L时，汞回收率低；

（3）水蒸气对253.7mm特征谱线有吸收，会导致测定时响应值降低，使测定结果偏高；

（4）温度会影响汞蒸气在溶液中的挥发速度，不同温度下绘制的汞标准曲线斜率将有所不同，应注意室温不能低于10℃；

（5）当采用抽气或吹气鼓泡法进样时，若载气流量太大，将会稀释进入吸收池内汞蒸气的浓度，若流量过小则会减缓气化速度；

（6）实验室环境不良、使用器皿和试剂被沾污、仪器本身不稳定或干燥剂效果不好等问题均会导致空白值较高，汞检测下限居高不下。

三、氢化物发生—原子荧光光谱法

1. 工作原理

氢化物发生—原子荧光光谱法的工作原理是样品经酸加热消化后，在酸性介质中，试样溶液中的汞与硼氢化钾或硼氢化钠反应生成原子态汞蒸气，过量氢气、汞蒸气与氩气混合，进入原子化器，氢气和氩气在特制点火装置的作用下，形成氩氢火焰，使待测元素原子化。汞空心阴极灯发射的特征谱线通过聚焦，激发氩氢焰中汞原子，基态原子被激发至高能态，在由高能态回到基态时，发射出特征波长为253.7nm的汞原子荧光，其荧光强度与样品中汞浓度成正比[15]。该方法所涉及的化学反应见式（3-8）和式（3-9）。

$$KBH_4 + 3H_2O + H^+ = H_3BO_3 + K^+ + 8H(新生态氢) \quad (3-8)$$

$$8H + Hg^{2+} = Hg\uparrow + 3H_2\uparrow + 2H^+ \quad (3-9)$$

氢化物发生—原子荧光光谱法的详细测量过程见 HJ 694—2014《水质 汞、砷、硒、铋和锑的测定 原子荧光法》。该方法适用于地表水、地下水、生活污水和工业废水中汞的溶解态和总量的测定，检出限为 0.04μg/L，测定下限为 0.16μg/L。该方法所测定的溶解态汞指未经酸化的样品经 0.45μm 孔径滤膜过滤液后所测定的汞含量，总汞指未过滤的样品经消解后所测得的汞含量。

2. 取样要求

氢化物发生—原子荧光光谱法测定污水中汞含量时，取样要求如下：

（1）溶解态样品和总量样品分别采集，参照 HJ/T 91 和 HJ/T 164 相关规定执行；

（2）样品采集后尽快用 0.45μm 滤膜过滤，弃去初始滤液 50mL，用少量滤液清洗采样瓶，收集滤液于采样瓶中，若水样为中性，按每升水样中加入 5mL 盐酸的比例加入盐酸。

3. 注意事项

氢化物发生—原子荧光光谱法测定污水中汞含量时，应注意以下几点：

（1）硼氢化钾是强还原剂，极易与空气中的氧气和二氧化碳反应，在中性和酸性溶液中易分解产生氢气，因此配制硼氢化钾还原剂时，要将硼氢化钾溶解在氢氧化钾溶液中以保证溶液的稳定性，碱浓度一般为 0.5%～1.0%；同时由于 KBH_4（或 $NaBH_4$）溶液易见光分解从而影响其浓度，所用的溶液必须临用前现配，若置于冰箱中冷藏，两周内可用。

（2）在大批量水样测定过程中，每测定 10 个样品后，应使用标准溶液检查测汞仪灵敏度有无变化。

（3）在测定汞含量很高的样品后，要用标准空白液反复测定 2～3 次，以消除管道中残存的气体，待稳定后再继续进行样品的测定。

（4）试验所用的玻璃器皿均需用硝酸溶液浸泡 24h，或用热硝酸荡洗，清洗时依次用自来水、去离子水洗净。

（5）在制作工作曲线时，应按操作步骤与水样一样加入相应的试剂（如还原剂），以保证被测元素的价态与反应所要求的价态相一致，对 1μm/mL 或更稀的工作溶液必须现用现配，溶液中应维持一定的酸度，以增强溶液的稳定性（1% 的酸度），对汞标准液还可再加 0.05% 的 $K_2Cr_2O_7$ 溶液保护之。

4. 影响因素

氢化物发生—原子荧光光谱法具有灵敏度高、检出限低、线性范围宽（达 3 个数量级）、简便快速、干扰少、可多元素同时测定的特点，其中氢化物发生技术具有以下优点：分析元素可形成气态的氢化物与可能引起干扰的基体分离，消除光谱干扰；能够将待测元素充分预富集，原子化效率高，近乎 100%。

氢化物发生—原子荧光光谱法测定污水中汞含量时，影响测定结果的主要因素如下：

（1）氢化物发生反应的速度受温度影响，仪器室温宜在 15～30℃，且相对稳定。

（2）汞空心阴极灯发出的光束应汇聚在原子化器石英炉的火焰中心，以激发产生的原子荧光，原子化器的位置对仪器的灵敏度、稳定性影响很大。

（3）增大负高压和灯电流可使灵敏度提高，但同时会使稳定性下降，因此在灵敏度可以满足要求时，要尽可能地降低负高压和灯电流。

（4）进行氢化物反应时，溶液中某些细小金属沉淀会产生干扰，若酸度过低，则被还原的元素增多从而影响测量结果，因此应适当增加溶液酸度，不仅能加大微粒的溶解度，也能克服某些金属的干扰。

（5）过多的硼氢化钾对测汞仪灵敏度、准确度和稳定性影响很大，在相同仪器条件下，汞荧光强度随着硼氢化钾浓度逐渐降低而升高，同时，标准空白值的荧光强度也由高逐渐降低，这可能是过多的硼氢化钾产生的氢气稀释了汞蒸气的浓度，从而降低了汞的荧光强度，因此浓度适宜的硼氢化钾能够有效地提高仪器测量的灵敏度和稳定性。

（6）载流浓度（盐酸）对汞荧光强度的影响很大，应选择适宜的盐酸浓度作为载流浓度。

第五节　固体废物汞检测

含汞气田固体废物汞检测主要参照固体废物、土壤及沉积物的分析方法，则汞检测方法主要有冷原子吸收分光光度法、微波消解/原子荧光法和热分解齐化原子吸收光度法[16-18]。冷原子吸收分光光度法适用于固体废物浸出液中总汞的测定，最低检出浓度可达 0.05μg/L（200mL 试样），测定范围为 0.2～50μg/L。微波消解/原子荧光法适用于固体废物和固体废物浸出液中汞的测定，检出限为 0.002μg/g（0.5g 固体废物样品），检出限为 0.02μg/L（40mL 固体废物浸出液试样）。热分解齐化原子吸收光度法适用于分析土壤、沉积物、沉淀物及废水或地下水中软泥的总汞（有机汞和无机汞），仪器总汞检出限为 0.01ng，测定范围为 0.05～600ng。

一、冷原子吸收分光光度法

1. 工作原理

冷原子吸收分光光度法的工作原理是在硫酸—硝酸介质及加热条件下，推荐采用高锰酸钾和过硫酸钾等氧化剂消解处理试样，将试液内的各种汞化合物消解，使所含的汞全部转化为二价无机汞；用盐酸羟胺将过量的氧化剂还原，在酸性条件下，再用氯化亚锡将二价汞还原成金属汞；在室温下通入空气或氮气使金属汞气化，通入冷原子吸收测汞仪，在 253.7nm 波长处测定吸光度值[16]。

冷原子吸收分光光度法测量流程如图 3-10 所示，详细测量过程见 GB/T 15555.1—1995《固体废物　总汞的测定　冷原子吸收分光光度法》。制备试样时，推荐采用高锰酸钾—过硫酸钾消解处理试样，依次向试液中加入硫酸、高锰酸钾溶液、过硫酸钾溶液。临近测定时，边摇试样边滴加盐酸羟胺溶液，直至刚好使过剩的高锰酸钾褪色及生成的二氧化锰全部溶解为止。

双光束冷原子吸收测汞仪如图 3-11 所示。双光束冷原子吸收测汞仪精密度高，可克服电压波动、光源不稳定的影响，同时可克服环境条件等因素的影响。

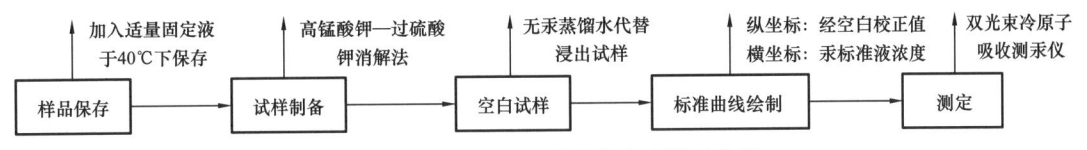

图 3-10 冷原子吸收分光光度法测量流程

冷原子吸收分光光度法适用于固体废物浸出液中总汞的测定。在最佳条件下（测汞仪灵敏度高、基线漂移及试剂空白值极小），当试样体积为 200mL 时，最低汞检出浓度可达 0.05μg/L。在一般情况下，测定范围为 0.2~50μg/L。若有机物含量较高，规定的消解试剂最大量不足以氧化样品中的有机物时，则该方法不再适用。

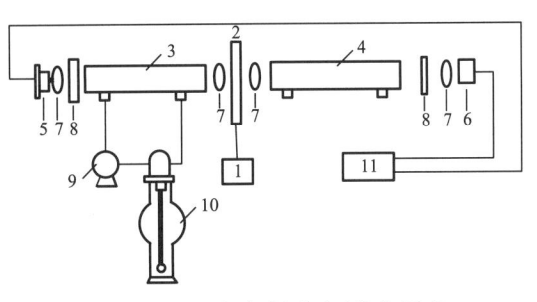

图 3-11 双光束冷原子吸收仪原理

1—汞灯电源；2—汞灯；3—工作吸收池；4—参比吸收池；5—工作光敏器件；6—参比光敏器件；7—透镜片；8—滤色片；9—循环泵；10—还原瓶；11—放大器及数显

2. 浸出方法

冷原子吸收分光光度法适用于固体废物浸出液中总汞的测定。固体废物浸出液的制备方法有硫酸硝酸法和醋酸缓冲溶液法两种。

1) 硫酸硝酸法[19]

硫酸硝酸法浸出毒性的原理是以硝酸/硫酸混合溶液为浸提剂，模拟废物在不规范填埋、堆存或经无害化处理后废物的土地利用时，其中的有害组分在酸性降水的影响下，从废物中浸出而进入环境的过程。硫酸硝酸法固废浸出液的制备过程如图 3-12 所示，分为含水率测定、样品破碎、加剂振荡、过滤并收集、消解过程。

图 3-12 硫酸硝酸法固废浸出液的制备过程

含水率测定过程中，若样品中含有初始液相，应将样品经过压力过滤器（真空或正压过滤器）和滤膜（玻纤滤膜或微孔滤膜）进行过滤，再测定滤渣的含水率，并计算干固体百分率。若干固体百分率不大于 9%，所得到的初始液相即为浸出液，直接进行分析；干固体百分率大于 9%，将滤渣按硫酸硝酸法浸出，初始液相与浸出液混合后进行分析。

加剂振荡过程中，根据样品的含水率，按液固比为 10:1（L/kg）计算出所需浸提剂的体积。测定样品中汞的浸提剂由质量比为 2:1 的浓硫酸和浓硝酸混合液加入试剂水（1L 水约 2 滴混合液）中制备而成，pH 值为 3.20±0.05。加剂后将样品固定在翻转式振荡装置上，于 23℃±2℃下振荡 18h±2h，振荡中有气体产生时，应定时在通风橱中打开提取瓶，释放过度的压力。

该方法适用于固体废物及其再利用产物以及土壤样品中有机物和无机物的浸出毒性鉴别。含有非水溶性液体的样品，不适用于该方法。

2）醋酸缓冲溶液法[20]

醋酸缓冲溶液法浸出毒性的原理是以醋酸缓冲溶液为浸提剂，模拟工业废物在进入卫生填埋场后，其中的有害组分在填埋场渗滤液的影响下，从废物中浸出的过程。醋酸缓冲溶液法固废浸出液的制备过程如图3-13所示，分为含水率测定、样品破碎、浸提剂确定、加剂振荡、过滤并收集、消解过程。

含水率测定 → 样品破碎 → 浸提剂确定 → 加剂振荡 → 过滤并收集 → 消解

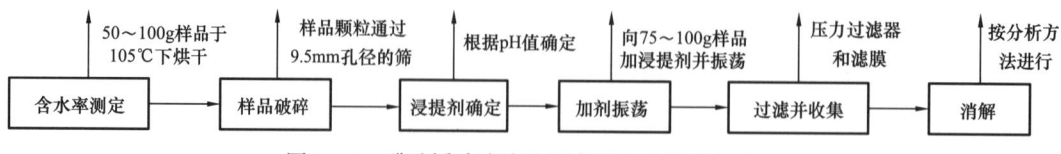

- 50～100g样品于105℃下烘干
- 样品颗粒通过9.5mm孔径的筛
- 根据pH值确定
- 向75～100g样品加浸提剂并振荡
- 压力过滤器和滤膜
- 按分析方法进行

图3-13 醋酸缓冲溶液法固废浸出液的制备过程

含水率测定过程中，若样品中含有初始液相，应将样品经过压力过滤器（真空或正压过滤器）和滤膜（玻纤滤膜或微孔滤膜）进行过滤，再测定滤渣的含水率，并计算干固体百分率。若干固体百分率不大于5%，所得到的初始液相即为浸出液，直接进行分析；干固体百分率大于5%，将滤渣按醋酸缓冲溶液法浸出，初始液相与浸出液混合后进行分析。

该方法有两种浸提剂，浸提剂1#：加5.7mL冰醋酸至500mL试剂水中，加64.3mL 1mol/L氢氧化钠，稀释至1L，配制后溶液的pH值应为4.93±0.05；浸提剂2#：用试剂水稀释17.25mL的冰醋酸至1L，配制后溶液的pH值应为2.64±0.05。浸提剂确定原则：取5.0g样品至烧杯中，加入96.5mL试剂水，用磁力搅拌器猛烈搅拌5min，测定pH值，若pH值<5.0，则用浸提剂1#。若pH值>5.0，加入3.5mL 1mol/L盐酸，加热至50℃，并在此温度下保持10min，将溶液冷却至室温，测定pH值，若pH值<5.0，则用浸提剂1#；若pH值>5.0，则用浸提剂2#。

加剂振荡过程中，根据样品的含水率，按液固比为20∶1（L/kg）计算出所需浸提剂的体积。加剂后将样品固定在翻转式振荡装置上，于23℃±2℃下振荡18h±2h，振荡中有气体产生时，应定时在通风橱中打开提取瓶，释放过度的压力。

该方法适用于固体废物及其再利用产物以及土壤样品中有机物和无机物的浸出毒性鉴别。含有非水溶性液体的样品，不适用于该方法。

3. 取样要求

冷原子吸收分光光度法测定固体废物中汞含量时，取样要求如下：

（1）汞易吸附在仪器内壁及导气管上，连接导管宜用塑料导管而不用橡皮管，所用器皿应充分洗涤，尤其反应瓶内壁及鼓气头上常沾有少量的$Sn(OH)_2$白色沉淀物，它极易吸附汞，在连续测定中会使测定值越来越低，每测定5～10个样，必须用热的稀硝酸冲洗。

（2）取样设备采用表面光洁的硬质玻璃容器，在接收浸出液的器皿中，应预先加入适量的重铬酸钾固定液。

（3）样品应在4℃下保存，保存日期最长不超过28天。

4. 注意事项

冷原子吸收分光光度法检测固体废物中总汞时，应注意以下几点：

（1）为了防止氯化亚锡溶液氧化成高价锡而失效，应在其溶液中加入锡粒。

（2）盐酸羟胺还原高锰酸钾时会产生氯气，样品必须放置数分钟使氯气逸散后再测定，以免干扰汞的测定结果。

（3）应预先通入净化空气或氮气除去试剂中的汞及在紫外区有吸收的挥发性杂质。

5. 影响因素

冷原子吸收分光光度法测定固体废物中汞含量时，影响测定结果的主要因素如下：

（1）碘离子浓度大于或等于3.8mg/L时，碘离子明显影响测定的精密度和汞回收率。

（2）易挥发的有机物和水蒸气会使测定结果偏高，有机物和水蒸气在253.7nm波长处有吸收，有机物在样品消解时可除去，水蒸气用无水氯化钙、过氯酸镁除去。

（3）当采用抽气或吹气法把汞蒸气带入吸收池时，载气流速太大，会稀释吸收池内汞蒸气浓度；载气流速太小，导致气化速度减慢，均会降低灵敏度，一般以0.7～1.2L/min为宜。

（4）温度对测定灵敏度有影响，当室温低于10℃时不利于汞的挥发，灵敏度较低，注意标准溶液及试样溶液温度的一致性。

（5）反应瓶体积和气液比对测定有影响，反应瓶体积大小应根据测定试样体积而定，用抽气或吹气鼓泡法进样时，气液比宜为2∶1～3∶1，经验表明气液比大时，灵敏度有增加的趋势。

二、微波消解/原子荧光法

1. 工作原理

微波消解/原子荧光法的工作原理是采用微波消解法消解固体废物和浸出液试样后，进入原子荧光仪，硼氢化钾（KBH$_4$）或硼氢化钠（NaBH$_4$）将样品中所含汞还原成原子态汞，由载气（氩气）导入原子化器中，这些气体在氩氢火焰中形成基态原子；在特制汞空心阴极灯照射下，基态汞原子被激发至高能态，在去活化回到基态时，发射出特征波长的荧光，其荧光强度与汞的含量成正比，与标准系列比较，求得样品中汞的含量[17]。

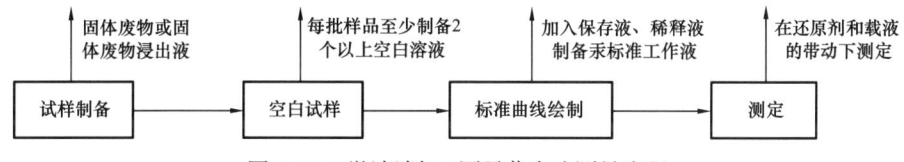

微波消解/原子荧光法测量流程如图3-14所示，详细测量过程见HJ 702—2014《固体废物 汞、砷、硒、铋、锑的测定 微波消解/原子荧光法》。该方法可按固体废物或固体废物浸出液进行汞含量测定，在不同的处理方式下，试样制备过程不同。

图3-14 微波消解/原子荧光法测量流程

固体废物：按照HJ/T 20—1998《工业固体废物采样制样技术规范》的相关规定进行固体废物样品的制备，对于固态废物或黏稠状的污泥样品，准确称取10g样品，自然风干或冷冻干燥，再次称重研磨，全部过100目筛备用。将试样置于溶样杯中，用少量蒸馏水润湿，依次加入盐酸、硝酸，使样品与消解液充分接触，然后放入微波消解仪中按升温程序进行微波消解。

固体废物浸出液：按照 HJ 557—2010《固体废物　浸出毒性浸出方法　水平振荡法》、HJ/T 299—2007《固体废物　浸出毒性浸出方法　硫酸硝酸法》或 HJ/T 300—2007《固体废物　浸出毒性浸出方法　醋酸缓冲溶液法》的相关规定进行浸出液的制备，依次向浸出液试样中加入盐酸、硝酸，反应结束后放入微波消解仪中按升温程序进行微波消解。

微波消解/原子荧光法适用于固体废物和固体废物浸出液中汞的测定，当固体废物取样量为 0.5g 时，汞检出限为 0.002μg/g；当固体废物浸出液取样体积为 40mL 时，汞检出限为 0.02μg/L。

2. 注意事项

微波消解/原子荧光法测定固体废物总汞时，应注意以下几点：

（1）操作中注意检查全程序的试剂空白，发现试剂或器皿玷污，应重新处理，严格筛选，并妥善保管，防止交叉污染；

（2）试验所用的玻璃器皿均需用硝酸溶液浸泡 24h 后，依次用自来水、蒸馏水洗净后方可使用；

（3）由于环境因素及仪器稳定性的限制，每批样品测定时须同时绘制校准曲线，若样品中汞含量太高，不能直接测量，应适当减少称样量，使试样含量保持在校准曲线直线范围内；

（4）样品消解完毕后，通常要加保存液并以稀释液定容，以防止汞的损失，样品试液宜尽早测定，一般情况下只允许保存 2～3 天。

3. 影响因素

微波消解/原子荧光法适用于固体废物和固体废物浸出液中汞的测定，具有灵敏度较高、准确性好、操作简单、分析快速的特点。微波消解/原子荧光法测定固体废物中汞含量时，影响测定结果的主要因素如下：

（1）汞灯电流与光点倍增管负高压的变化对测定灵敏度影响最明显，增大灯电流与增加负高压，均可增强测定灵敏度，但增加了噪声干扰，致使测定的荧光值大大增加甚至超限；

（2）硼氢化钠的浓度对汞的分析测定影响较大，浓度过高，产生的氢气过多会对汞的气态物起稀释作用，而导致荧光强度降低；

（3）生成原子态汞的反应中酸性介质可采用硫酸、盐酸或其他酸，这些酸类介质对荧光强度影响很大，应选择合适的酸浓度。

三、热分解齐化原子吸收光度法

1. 工作原理

热分解齐化原子吸收光度法的工作原理是在仪器的氧化分解炉内将固体样品中汞释放出来，样品在分解炉中被干燥及分解，分解产物通过氧气直接被输送到炉的还原部分，氧化物、卤素及氮硫氧化物在此被捕获，剩下的分解产物被带入汞齐化管，当所有的剩余气体及分解产物都通过齐化管后,汞齐化器被充分加热而释放汞蒸气。载气将汞蒸气带入单波长光程原子吸收分光光度计的吸收池中,在253.7nm波长处测量汞的吸收(峰高或峰面积)[18]。

美国环保署于2007年发布了热分解齐化原子吸收光度法测量固体及液体总汞的标准,详细测量过程见 EPA 7473《Mercury in solids and solutions by thermal decomposition, amalgamation, and atomic absorption spectrophotometry》。热分解齐化原子吸收光度法测量原理如图3-15所示。

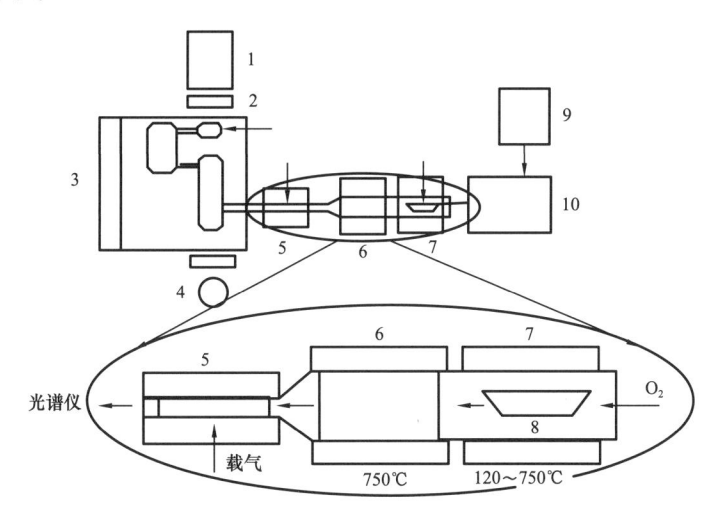

图3-15 热分解齐化原子吸收光度法测量原理
1—检测器;2—干扰过滤器;3—比色皿加热器;4—汞灯;5—汞释放器;6—催化器;7—干燥及分解器;
8—样品瓷舟;9—氧气流量控制器;10—加药器

热分解齐化原子吸收光度法适用于分析土壤、沉积物、沉淀物及废水或地下水中软泥的总汞(有机汞及无机汞),不需要进行化学的样品前处理。该方法指定用于实验室或野外环境下测量固体、液体及消解液中的汞,仪器检出限为0.01ng,测定范围为0.05~600ng。

2. 取样要求

热分解齐化原子吸收光度法测定固体废物中总汞时,取样要求如下:

(1)取样时,所有样品容器必须用清洁剂、酸及超纯水清洗;

(2)玻璃、塑料和聚四氟乙烯容器都是相匹配的,聚合物材料容器不能用于盛装汞样品。

3. 注意事项

热分解齐化原子吸收光度法测定固体废物中总汞时,应注意以下几点:

(1)单质汞、无机汞及有机汞都不稳定且易挥发,应尽快地分析样品中的总汞,若不能立刻分析,则必须冷藏保存;

(2)若每天分析的样品超过10个,必须准确校正工作曲线中间范围的一个点或每做10个样品做一个校正点,校正点数值必须在标准值的20%范围内。

4. 影响因素

该方法综合了热分解的样品处理方法和原子吸收检测方法，从而减少总的分析时间，不管在实验室内或野外环境下，大多数样品的分析时间少于 5min。热分解齐化原子吸收光度法测定固体废物中总汞时，影响测定结果的主要因素如下：

（1）汞残留污染会导致背景信号值偏高；

（2）记忆效应影响，为使记忆效应达到最小，建议将样品分批进行测量，先批量做低浓度样品，再做高浓度样品，如果批量做比较困难，可在做高浓度样品后做一个空白分析以减少记忆效应。

参 考 文 献

［1］SHAFAWI A, EBDON L, FOULKES M, et al. Determination of total mercury in hydrocarbons and natural gas condensate by atomic fluorescence spectrometry［J］. Analyst, 1999, 124（124）: 185-189.

［2］中国国家标准化管理委员会. 天然气汞含量的测定 第1部分：碘化学吸附取样法：GB/T 1678.1—2008［S］. 北京：中国标准出版社, 2008.

［3］中国国家标准化管理委员会. 天然气汞含量的测定 第2部分：金—铂合金汞齐化取样法：GB/T 16781.2—2010［S］. 北京：中国标准出版社, 2010.

［4］AZMAN B S. Mercury species in natural gas condensate［D］. England：University of Plymouth, 1999.

［5］American Society for Testing and Materials. Total Mercury and Mercury Species in Liquid Hydrocarbons：ASTM UOP938：2010［S/OL］.［2018-05-25］. https：//www.astm.org/Standards/UOP938.htm.

［6］American Society for Testing and Materials. Standard test method for total mercury in crude oil using combustion and direct cold vapor atomic absorption method with zeeman background correction：ASTM D7622：2010［S/OL］.［2018-05-25］. https：//www.astm.org/Standards/D7622.htm.

［7］American Society for Testing and Materials. Standard Test Method for Total Mercury in Crude Oil Using Combustion-Gold Amalgamation and Cold Vapor Atomic Absorption Method：ASTM D7623：2010［S/OL］.［2018-05-25］. https：//www.astm.org/Standards/D7623.htm.

［8］国家质量监督检验检疫总局. 石脑油中汞含量测定 冷原子吸收光谱法：SN/T 3016—2011［S］. 北京：中国商检行业标准出版社, 2011.

［9］国家质量监督检验检疫总局. 进口凝析油中汞含量的测定 直接进样法：SN/T 3912.3—2014［S］. 北京：中国商检行业标准出版社, 2014.

［10］国家质量监督检验检疫总局. 原油中总汞含量的测定 塞曼校正冷原子吸收光谱法：SN/T 4429.2—2016［S］. 北京：中国商检行业标准出版社, 2016.

［11］DIETZ C, MADRID Y, CAMARA C. Mercury speciation using the capillary cold trap coupled with microwave-induced plasma atomic emission spectroscopy［J］. Journal of Analytical Atomic Spectrometry, 2001, 16（12）: 1397.

［12］BOUYSSIERE B, ORDONEZ Y N, LIENEMANN C P, et al. Determination of mercury in organic solvents and gas condensates by μflow-injection — inductively coupled plasma mass spectrometry using a modified total consumption micronebulizer fitted with single pass spray chamber［J］. Spectrochimica Acta Part B Atomic Spectroscopy, 2006, 61（9）: 1063-1068.

[13] 国家环境保护局.水质总汞的测定高锰酸钾—过硫酸钾消解法双硫腙分光光度法:GB 7469—87[S].北京:中国环境科学出版社,1987:22-26.

[14] 环境保护部.水质总汞的测定 冷原子吸收分光光度法:HJ 597—2011[S].北京:中国环境科学出版社,2011.

[15] 环境保护部.水质 汞、砷、硒、铋和锑的测定 原子荧光法:HJ 694—2014[S].北京:中国环境科学出版社,2014.

[16] 国家环境保护局.固体废物总汞的测定 冷原子吸收分光光度法:GB/T 15555.1—1995[S].北京:中国环境科学出版社,1995:523-527.

[17] 环境保护部.固体废物汞、砷、硒、铋、锑的测定 微波消解/原子荧光法:HJ 702—2014[S].北京:中国环境科学出版社,2014.

[18] Ethernet for Plant Automation. Mercury in solids and solutions by thermal decomposition, amalgamation, and atomic absorption spectrophotometry: EPA 7473: 2007 [S/OL]. [2012-08-05]. http://www.doc88.com/p-183331109237.html.

[19] 国家环境保护总局.固体废物浸出毒性浸出方法 硫酸硝酸法:HJ 299—2007[S].北京:中国环境科学出版社,2007.

[20] 国家环境保护总局.固体废物浸出毒性浸出方法 醋酸缓冲溶液法:HJ 300—2007[S].北京:中国环境科学出版社,2007.

第四章 天然气脱汞

近年来，汞污染已经成为全球关注的热点问题。天然气处理过程中，汞会腐蚀设备及管线，危害环境及操作人员健康，降低天然气产品质量，因此天然气中汞的脱除对含汞气田安全生产具有现实意义。目前，国外开发了以化学吸附为主的天然气脱汞工艺。化学吸附工艺中使用的脱汞剂主要是载硫活性炭、负载型金属硫化物和载银分子筛在工业上应用较多。本章重点对天然气脱汞工艺、天然气脱汞剂类型及性能分析、天然气脱汞方案进行了论述。同时，结合近年来国外天然气脱汞的工程实例，分析了化学吸附工艺在天然气脱汞领域的应用情况及存在问题。

第一节 概 述

一、天然气脱汞的必要性

全球多个气田均发现含有汞，天然气中汞含量一般为 0.1～300μg/m³，而有些气田天然气中汞含量很高，甚至高达 4000μg/m³。天然气中极少量的汞都会对动植物及环境、下游处理工艺、设备及管线造成危害，具体表现在以下几个方面：

（1）天然气中汞可通过气田污水、固体废弃物、尾气排放和油气燃烧等多种渠道排放到周围环境中，对人类、动植物及环境造成威胁，极少量的汞就可以对环境造成严重的危害，汞在生物体内累积并沿着食物链富集；

（2）汞对设备及管线的危害主要表现在液态汞易与银、锌、铝等金属形成汞齐，处理系统中压力越高且温度越低的部位越容易形成液态汞，液态汞聚集在该处与这些金属形成汞齐，直接导致设备减薄甚至穿孔，对天然气液化、凝液回收及化工厂铝制换热器的损坏尤为严重，从而引起设备失效，造成重大安全事故；

（3）汞随工艺物流迁移至不同设备及管线中冷凝并聚集，检修人员在设备检修时暴露在汞蒸气环境中，吸入一定量汞会引起慢性中毒甚至急性中毒，这给检修人员带来了健康和安全风险，增加了设备维修难度；

（4）汞随天然气进入脱水单元、脱酸单元及再生单元等，污染各工艺物流，例如被汞污染过的分子筛难以处理及再生。

二、天然气汞限值指标

世界各国天然气质量标准都没有对商品天然气中汞含量做出明确规定，但是国外天然气公司通常以与用户之间达成天然气供应合同协议的方式规定天然气中的汞含量。

德国和荷兰相关机构研究表明：天然气中的汞含量低于 30μg/m³ 时，对操作人员的健康、设备的安全及环境均不会造成危害，即使在通风不良的室内燃烧含汞天然气（汞含量低于 30μg/m³）也是安全的[1]。含汞天然气管输时，避免汞在管输条件（8.4MPa，0℃）下冷凝富集在管道内，德国要求销售气中汞含量低于 28μg/m³，荷兰要求销售气中汞含量低于 20μg/m³ [2]。为了保护低温铝制换热器，天然气液化及凝液回收装置要求原料气中的汞浓度必须小于 0.01μg/m³。

近年来，无论是管输天然气还是液化天然气，国外大多数天然气公司均将天然气中汞含量控制在 0.01μg/m³ 以下并将成为一种趋势。从国际上关注的清洁能源机制来讲，国内天然气脱汞势在必行，但国内现阶段还没有关于天然气中汞含量限值的质量标准。随着环保要求越来越高，从环保、安全等角度考虑，国内推荐管输天然气中汞含量低于 28μg/m³，天然气液化及凝液回收装置原料气的汞浓度要求低于 0.01μg/m³。

三、天然气汞存在形态

天然气中的汞主要来源于烃源岩，在气源岩热演化成烃过程中，汞随天然气一起聚集在天然气气藏中。天然气中汞几乎完全以单质汞的形式存在，其在天然气中的浓度远远低于其饱和度，故大多数气藏中不存在液态汞。如果气藏中含有有机汞，气体加工过程中液烃分离采用自然冷却分离，则大部分的有机汞将分离到液相中，商品天然气中有机汞的含量将可能很少。

根据化石能源的自然丰度，美国环保署（EPA）研究了煤、天然气、天然气凝析油及原油中汞含量分布情况[3]。烃类物质中汞及其汞化物的自然丰度见表4-1。从表4-1可以看出，天然气中的汞主要以单质汞的形式存在（约占99%以上），二甲基汞的含量低于1%，几乎不含氯化汞、硫化汞、氧化汞等其他汞化物。

表 4-1 烃类物质中汞及汞化物的自然丰度

汞形态	煤	天然气	天然气凝析油	原油
Hg^0	T	D	D	D
$(CH_3)_2Hg$	?	T	T,（S?）	T,（S?）
$HgCl_2$	S?	N	S	S
HgS	D	N	悬浮态	悬浮态
HgO	T?	N	N	N
CH_3HgCl	?	N	T?	T?

注：D 表示其占总汞含量50%以上；S 表示含量在10%～50%；T 表示含量小于1%；N 表示几乎未检测到；? 表示没有数据。

四、天然气脱汞技术现状

随着石油天然气工业对汞危害的重视，国内外已在天然气中汞腐蚀机理和脱汞工艺方面做了相关研究，开发了多种天然气脱汞工艺并得到了商业化应用。

目前，天然气脱汞工艺主要有化学吸附、溶液吸收、低温分离、阴离子树脂和膜分离等。低温分离工艺是利用低温分离原理实现脱除，分离的汞将进入液烃、污水中，容易造成二次污染，现已逐渐被化学吸附工艺取代。溶液吸收工艺脱汞效果差，吸收溶液腐蚀性强，饱和吸收容量较低，脱除的汞进入吸收溶液中也将造成二次污染。膜分离脱汞及阴离子树脂脱汞工艺的使用范围较窄，工业化装置应用较少。化学吸附脱汞工艺在经济性、脱汞效果和环保等方面都优于其他脱汞工艺，在国内外天然气脱汞装置中得到广泛应用。

德国 RWE-DEA 公司 Zettlitzer 等[4, 5]在 1997 年研究了低温分离脱汞工艺在德国北部气田（汞含量高达 4000μg/m³ 以上）的应用效果。该工艺通过井口一级 J-T 阀节流降温和空冷降温后，分离部分游离水和汞，然后注乙二醇防止水合物并进行二级 J-T 阀节流降温，在低温分离器中实现净化气和含汞醇烃混合液分离。该工艺对原料气的脱汞效率高达 90%，能将天然气中汞浓度降低至 10μg/m³。该工艺的缺点是汞将进入天然气处理厂下游设备与多种天然气分离物中，增大了汞污染控制难度。

化学吸附脱汞工艺的优点是脱汞效果好，能够满足天然气液化厂和天然气凝液回收对原料气汞浓度的严格要求。该工艺中常采用载硫活性炭、负载型金属硫化物和载银分子筛脱汞剂，并且前两类脱汞剂已逐渐国产化。2005 年，埃及国际合资的 Khalda 石油公司旗下的 Salam 天然气处理厂设置了一套天然气脱汞装置，连续监测脱汞塔进出口天然气中汞含量，但出口汞含量仅能控制在 0.53～0.92μg/m³（设计脱汞深度 0.1μg/m³），相关人员调研分析了问题存在的原因。研究发现液相介质的存在会严重影响脱汞剂的吸附性能，必须严格控制进入脱汞塔气相中的液相含量。2004 年，泰国 PTT GSP-5 气田在轻烃回收单元上游设置了脱汞装置用于保护下游铝制换热器，采用负载型金属硫化物脱汞剂，脱汞效果好，能将天然气中汞含量从 50～200μg/m³ 降低至 0.01μg/m³ 以下。

五、脱汞剂开发现状

现阶段天然气脱汞装置中应用较多的脱汞剂是载硫活性炭、负载型金属硫化物/金属氧化物和载银分子筛，其中载银分子筛属于可再生脱汞剂，其余均属于不可再生脱汞剂。因此，可将天然气脱汞工艺分为不可再生脱汞工艺和可再生脱汞工艺。

全球最大的分子筛吸附剂制造商美国环球油品公司（Honeywell UOP）、全球最大的活性炭制造商美国卡尔冈炭素公司（Calgon Carbon Corporation）、国际知名催化剂制造商法国阿克森斯公司（Axens）、全球最大的化工催化剂制造商英国庄信万丰公司（Johnson Matthey Catalysts）等相继研发了不同性能的天然气脱汞剂，开发的脱汞剂主要以负载型金属硫化物为主，适用于湿气和干气脱汞，适用性强。将脱汞塔添加到天然气处理流程中实现天然气脱汞，含汞天然气流过脱汞塔，汞与脱汞剂表面的化学物质发生反应后附着在脱汞剂上，随着脱汞剂的卸载而脱除。经处理后的天然气，汞浓度均能降至 0.01μg/m³ 以下。

载硫活性炭基于硫与汞反应生成硫化汞从而达到脱汞的目的，由美国卡尔冈炭素公司和中国南京正森化工实业有限公司等生产。载硫活性炭的应用技术成熟，已有专业化的脱汞剂和吸附设备；相对于可再生脱汞剂，运行成本较低；对原料气的流量、温度等参数的适用范围宽。但其遇液相易发生毛细管冷凝现象，仅适用于干气脱汞；同时，其失效脱汞剂中含有单质汞和微量有机汞，这些物质难以处理回收。国产化的载硫活性炭用于海南福山油田生产的油田气（汞浓度为 100μg/m³）[6]和中国石化西北油田分公司雅克拉凝析气田气（汞浓度为 31μg/m³）[7]脱汞，能将天然气中汞含量降低至 0.01μg/m³。

负载型金属硫化物基于金属硫化物与汞反应生成硫化汞从而达到脱汞的目的，适用于处理含微量水烃类气相。法国 Axens 公司、美国 Honeywell UOP 公司、英国 Johnson Matthey Catalysts 公司可生产该类脱汞剂，其生产的脱汞剂颗粒强度高，可用于干气和湿气脱汞，属于不可再生脱汞剂，工业应用多，进口价格高。法国 Axens 公司生产的该类脱汞剂已在德国、日本、印度尼西亚、马来西亚、中国等多个国家的油气田进行应用，用于脱除天然气、凝析油、LPG 等物流中的汞。2008 年，埃及 Khalda 石油公司在埃及 Salam 天然气处理厂设置了天然气脱汞装置，其原料气中汞浓度为 75～175μg/m^3，原料气进入处理厂后先经入口分离器进行气液分离，分离出的气相经英国 Johnson Matthey Catalysts 公司的 PURASPEC1156 吸附剂进行脱汞处理之后，依次进行甘醇脱水、透平膨胀机制冷、干气再压缩及膜分离系统得到净化气，其汞浓度低于 0.1μg/m^3 [8]。国产化的负载型金属硫化物在某天然气处理厂上游脱汞装置得到了应用，可将天然气中汞含量脱除至 1μg/m^3 左右[9]。国内已有多个厂家开发了负载型金属硫化物脱汞剂，并在多个处理厂得到了成功应用。

载银分子筛基于银与汞反应生成汞齐达到脱汞的目的，一般在同一吸附塔中与普通分子筛联合使用，由美国 Honeywell UOP 公司等生产。该类型脱汞剂经再生气再生后可重复使用，脱汞效率高，再生能耗高，一般用于汞含量低的天然气。2007 年，美国 Meeker Ⅰ 和 Meeker Ⅱ 气田在凝液回收装置之前脱汞，在干燥容器中放置普通分子筛和 Honeywell UOP 公司生产的载银分子筛用来脱除天然气中的水和汞，将天然气中汞浓度从 0.8μg/m^3 降低至 0.01μg/m^3 以下[10]。

第二节 天然气脱汞工艺

天然气脱汞的主要目的是满足商品天然气外输要求，降低汞腐蚀事故发生概率。天然气脱汞主要采用化学吸附工艺，具有脱汞效率高、经济性好、适应性强的特点，脱汞深度能达 0.01μg/m^3，广泛应用于天然气脱汞领域。

一、天然气处理过程汞分布

天然气处理过程中，将通过多种形式的分离设备、脱硫设备、脱水设备等。由于各工艺物流温度、压力、组分不同，汞在各物流中的溶解度也不同（如汞极易被大分子量的吸收溶液流吸收），从而导致各天然气处理装置中的汞含量也不同。了解汞及其化合物在不同的天然气处理装置中的分布规律很有必要，对含汞气田的合理开发、防治汞污染及保护操作人员人身安全具有指导作用。

国内外关于天然气处理过程汞分布规律的研究尚不成熟，主要有软件模拟分析和汞浓度检测分析。VMG Sim（Virtual Materials Group）软件和 Aspen HYSYS 软件能对汞元素在工业流程中的分布情况进行预测。两种软件模拟没有考虑设备和粗糙管壁对汞的吸附作用，以及过滤器、捕雾器对汞的捕集、碰撞作用，软件模拟所得汞分布规律只是一种趋势。

英国 Johnson Matthey Catalysts 公司通过实验分析手段得到了天然气处理流程中的汞分布，天然气处理过程中汞分布如图 4-1 所示。含汞天然气进入三相分离器后，其中 2% 的汞进入污水处理装置，8% 进入凝析油稳定装置，大部分（90%）汞进入脱酸装置；脱酸处理后，65% 的汞进入酸气再生装置，25% 进入下游脱水装置；脱水处理后，5% 的汞进入甘醇再生装置；随后进入换热装置，1% 的汞会冷凝吸附在换热器上，19% 进入低温分离器中；4%汞进入外输气，15%进入NGL产品。若在脱水单元下游脱汞，即使脱汞效率非常好，也只能脱除原料气中20%的汞，大量的汞进入酸气再生单元，或排入大气污染环境或进入产品，影响产品质量。

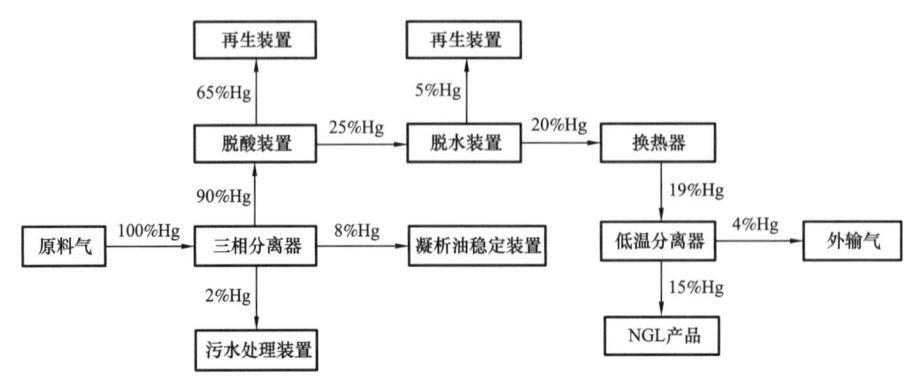

图4-1 天然气处理过程中汞分布

某气田天然气处理采用注乙二醇防止水合物、J-T阀节流制冷、低温分离脱水脱烃的工艺方案，包括天然气脱水脱烃单元、乙二醇再生单元、凝析油稳定单元及污水处理单元。原料气温度为34℃，压力为10.7MPa，汞含量为180μg/m³（20℃，101.325kPa）。利用俄罗斯Lumex公司的RA-915+塞曼效应汞分析仪及其组件对该处理厂的汞进行现场检测，某气田天然气处理过程汞分布如图4-2所示。含汞原料气经脱水脱烃装置后，1.03%的汞进入尾气，12.22%的汞进入外输干气，6.37%的汞进入未稳定凝析油，3.31%的汞进入MEG富液，其中高达77.07%的汞聚集在脱水脱烃设备及管线中。凝析油稳定后，0.03%的汞进入凝析油缓冲罐气相，1.26%的汞进入稳定凝析油，5.08%的汞聚集在凝析油稳定设备及管线中。乙二醇再生后，0.08%的汞进入MEG富液缓冲罐气相，0.09%的汞进入MEG再生塔尾气，0.02%的汞进入MEG再生塔污水，0.11%的汞进入MEG贫液，3.00%的汞聚集在乙二醇再生设备及管线中。

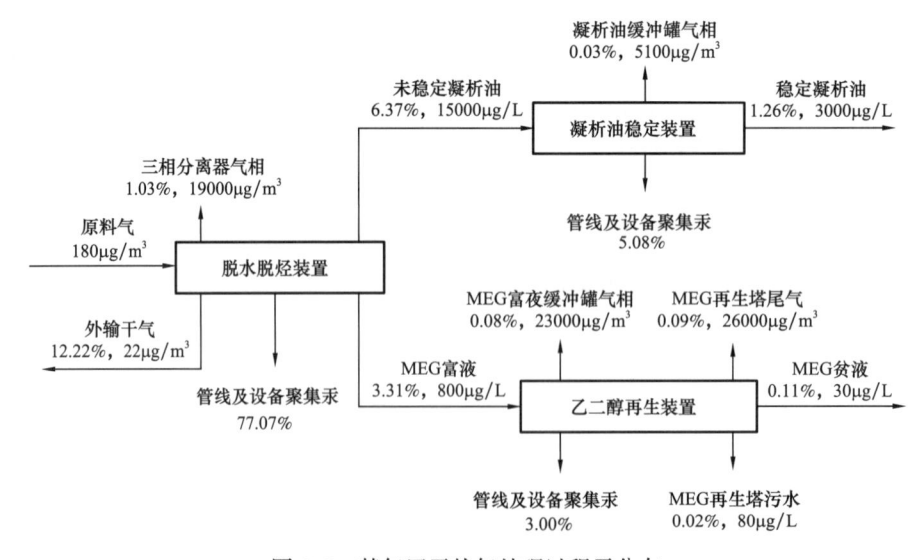

图4-2 某气田天然气处理过程汞分布

二、化学吸附工艺

1. 脱汞原理

化学吸附是吸附质分子与固体表面分子间发生电子转移、交换或共有形成化学键引起吸附达到脱汞的目的。与物理吸附（如活性炭吸附）不同，化学吸附由吸附剂与吸附质间的化学键作用力引起，需要一定的活化能，故具有很强的选择性，不易吸附和解吸，吸附速率较慢，达到吸附平衡需要时间长。化学吸附脱汞是含汞天然气流经脱汞剂装填的固体吸附床时，单质汞与脱汞剂中的活性物质发生化学反应或汞齐反应，生成汞化物或汞齐合金停留在脱汞剂微孔表面，从而将汞从天然气中分离出来。

化学吸附的关键是脱汞剂，脱汞剂实质上是一种多孔吸附剂。天然气脱汞剂由载体和活性成分组成，利用浸渍技术将活性物质负载于多孔隙载体上。通过在无机骨架上负载活性物质，不仅可以增加活性物质与汞的接触面积，也可以提高脱汞剂的机械强度。若单纯地使用活性物质进行脱汞，其主要缺点是活性物质颗粒在使用时缺乏一定的机械性能，容易破碎产生粉尘，同时仅表面的活性物质得到了利用。脱汞剂活性物质的分散形式如图4-3所示。负载后活性物质的脱汞效率明显高于未负载活性物质的脱汞效率，主要原因是载体具有丰富的比表面积和微孔结构，使活性组分能均匀地分散在载体上，汞可以充分地与活性物质接触，有效地提高了汞与活性组分的反应速率，提高脱汞效率。同时，由于载体具有一定的机械强度，负载型脱汞剂的机械强度和稳定性较普通未负载的脱汞剂更高。

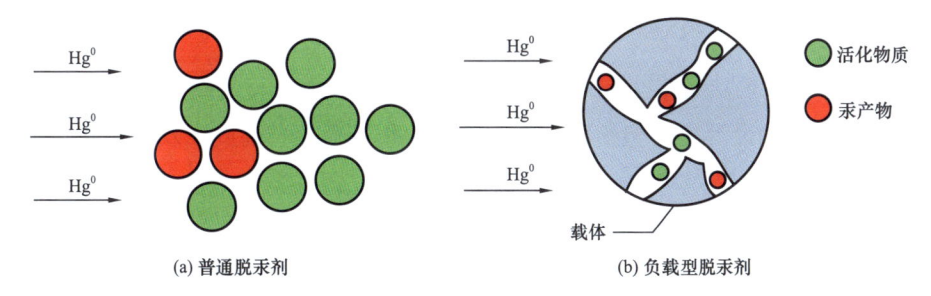

(a) 普通脱汞剂　　(b) 负载型脱汞剂

图 4-3 脱汞剂活性物质的分散形式

2. 影响因素

影响脱汞剂吸附性能的主要因素有脱汞剂的物化性质、操作温度、共存物（液烃、游离水及固体颗粒杂质）以及接触时间[11,12]，具体分析如下：

（1）脱汞剂的物化性质。

脱汞剂种类不同，脱汞效果也不一样。吸附过程主要由膜扩散、孔隙扩散和吸附反应组成。脱汞剂颗粒直径影响膜扩散速度，微孔结构、汞分子大小等参数影响孔隙扩散速度。因此，脱汞剂的比表面积、孔径、粒径、堆积密度和抗压强度等性能参数对脱汞效率均有一定的影响。由于吸附作用大多发生在脱汞剂微孔表面，因此脱汞剂比表面积越大，负载的活性物质越多，脱汞效果越好，汞饱和吸附容量越大，使用寿命越长。但比表面积越大，脱汞剂磨损率越高，抗压强度越低，脱汞剂易破碎成粉末。

（2）操作温度。

温度对脱汞剂性能的影响很复杂。汞分子与活性物质发生的化学反应是一个放热反应，故温度越高越不利于脱汞。但温度越高，一部分能量较低的汞分子获得能量变成活化分子，增加了活化分子的百分数，使得有效分子碰撞次数增多，故反应速率增大；同时，温度越高，分子运动速率加快，单位时间内反应物分子碰撞次数增多，反应速率也会增大。因此，在一定温度范围内，温度升高，脱汞效率升高；超过某一温度值后，温度升高，脱汞效率降低。

（3）共存物质。

天然气中的液烃、游离水和固体颗粒等共存物质对化学吸附影响很明显，这些大分子物质容易堵塞微孔，阻断汞分子与活性物质接触，污染脱汞剂，降低脱汞效率，从而降低有效汞吸附容量，缩短脱汞剂使用寿命。

（4）接触时间。

汞分子与活性物质之间只有保证了足够的接触时间，才能达到理想的吸附平衡。通常不同类型的脱汞剂，它们的最佳接触时间不同。

3. 工艺特点及应用条件

目前，全球已有近百套天然气脱汞装置采用化学吸附工艺，广泛分布于美国、中东、日本、欧洲等地区或国家。化学吸附脱汞工艺具有以下特点：

（1）脱汞效率高，脱汞深度能达 $0.01\mu g/m^3$；
（2）技术成熟，工艺流程简单，易于操作；
（3）经济性好、适应性强、适用范围广、无二次污染；
（4）易被颗粒杂质、液烃和游离水等物质污染，降低脱汞效率。

4. 脱汞塔设计

天然气脱汞塔的设计主要包括脱汞剂用量、脱汞塔直径和高度以及再生时热负荷及再生温度等参数，确定的方法如下。

1）脱汞剂用量

脱汞剂用量主要由脱汞前后天然气中的含汞量和脱汞剂的吸附容量及有效工作时间来确定。

$$G = (m_1 - m_2)QN \quad (4-1)$$

式中 G——需要脱除的汞含量，kg；
m_1——脱汞塔入口汞含量，$\mu g/m^3$（标况）；
m_2——脱汞塔出口汞含量，$\mu g/m^3$（标况）；
Q——含汞天然气流量，m^3/d（标况）；
N——有效工作时间，d。

$$M = \frac{G}{X} \quad (4-2)$$

式中 M——所需脱汞剂的质量，t；
X——脱汞剂的汞吸附容量，kg/t。

$$V = \frac{M}{\rho} \quad (4-3)$$

式中　V——吸附床层体积，m^3；
　　　ρ——脱汞剂的堆积密度，kg/m^3。

2）脱汞塔直径

脱汞塔的直径主要由空塔气速和气体流量来确定。

$$A = \frac{Q}{u} \tag{4-4}$$

$$D = \sqrt{\frac{4A}{\pi}} \tag{4-5}$$

式中　Q——工况下的气体流量，m^3/h；
　　　A——床层面积，m^2；
　　　u——空塔气速，m/s；
　　　D——床层直径，m。

空塔流速没有固定值，下限与塔径设计有关，比较合理的流速是控制物料在床层的停留时间在10s以上，保证足够的接触时间。若接触时间不够，应调整吸附床层体积来满足要求，即有一个最小的吸附床层高度。接触时间根据吸附床层体积和气体流量来确定：

$$T = \frac{V}{Q} \tag{4-6}$$

3）脱汞塔高度

$$H = \frac{V}{A} \tag{4-7}$$

设计天然气脱汞塔时，需要将高径比控制在合理的范围内，大约在1.5～2.5。在实际应用中，则应根据具体的处理情况来调整脱汞塔的高径比。

对于可再生脱汞剂，再生时脱汞塔的热负荷计算公式为：

$$Q = Q_1 + Q_2 + Q_3 + Q_4 \tag{4-8}$$

式中　Q——可再生脱汞塔的加热负荷，kJ；
　　　Q_1——加热载银分子筛的热量，kJ；
　　　Q_2——加热吸附器本身（钢材）的热量，kJ；
　　　Q_3——吸附水的热量，kJ；
　　　Q_4——加热铺垫的瓷球的热量，kJ。

三、低温分离工艺

1. 脱汞原理

低温分离脱汞工艺是基于低温条件下汞的饱和蒸气压降低易冷凝形成液态的原理，通过注醇防止水合物并经过J-T阀节流降温，在低温分离器中实现净化气和含汞烃混合液分离，从而达到从天然气中脱除汞的目的。天然气处理的分离工艺通常在低温下进行，若天然气中汞含量足够高，则汞很有可能由于低温冷凝作用从天然气中析出。低温分离脱汞工艺流程如图4-4所示。

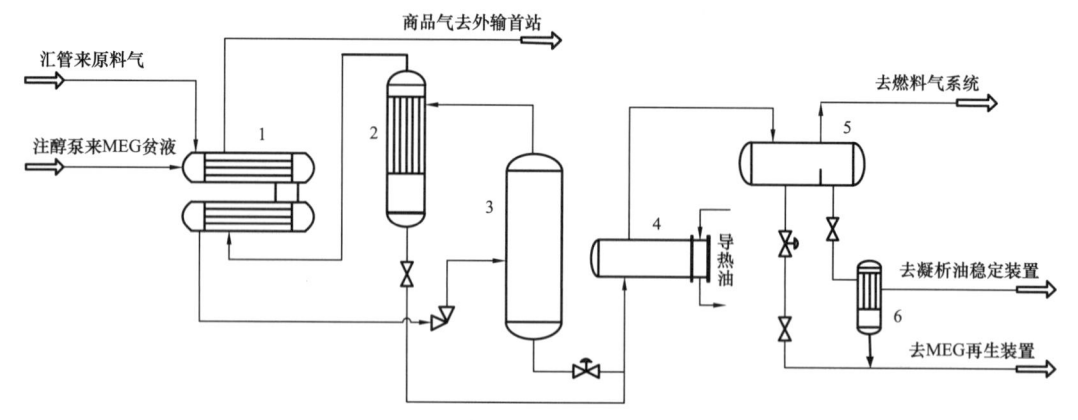

图 4-4 低温分离脱汞工艺流程

1—预冷器；2—过滤分离器；3—低温分离器；4—加热器；5—三相分离器；6—油水分离器

2. 影响因素

低温分离脱汞工艺对原料气的脱汞效率可达90%以上，能将天然气中汞浓度降低至10μg/m³[4, 5]。节流注醇低温分离工艺脱汞效率的影响因素主要有原料气的汞含量、节流点后的压力、温度以及乙二醇的注入量。通过VMG Sim软件能够模拟这些因素对低温分离脱水脱烃工艺流程脱汞效率的影响趋势。

模拟基础数据如下：

原料气温度为45℃；

原料气压力为10.9MPa（表压）；

处理规模为500×10⁴m³/d；

原料气中汞含量为180μg/m³；

乙二醇贫液质量分数为85%；

乙二醇贫液注入量为1400kg/h；

节流后压力为7.2MPa。

1）原料气汞含量

对于低温分离工艺，改变原料气中汞含量，其他参数不变，利用VMG Sim软件模拟原料气中不同汞含量对外输干气中汞含量的影响，其模拟结果见表4-2及图4-5。

表 4-2 原料气中汞含量与外输干气中汞含量的关系

原料气汞含量，μg/m³	原料气中汞流量，kg/h	外输干气汞含量，μg/m³	脱汞效率，%
180	0.0375	30.071	83.29
380	0.0792	63.509	83.28
580	0.1208	96.866	83.30
780	0.1625	130.301	83.29
980	0.2042	163.734	83.29

从表 4-2 和图 4-5 分析可知，原料气中汞含量由 180μg/m³ 逐渐增加至 980μg/m³，外输商品气中的汞含量呈线性增加，由 30.071μg/m³ 增加至 163.734μg/m³。这说明原料气中汞含量增加，外输干气中汞含量也增加，但脱汞效率基本保持不变。

2）节流后压力和温度

对于低温分离工艺，改变节流后的温度和压力，其他参数保持不变，利用 VMG Sim 模拟低温分离器压力和温度对外输干气中汞含量的影响，其模拟结果见表 4-3 和图 4-6。

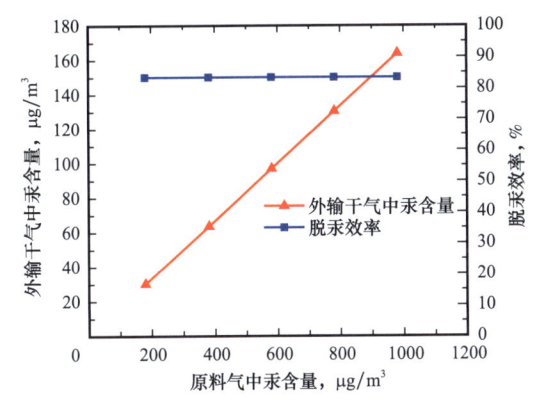

图 4-5　原料气与外输干气中汞含量关系曲线

图 4-6　低温分离器压力和温度与外输干气中汞含量的关系曲线

表 4-3　低温分离器温度和压力与外输干气中汞含量的关系

低温分离器压力，MPa	低温分离器温度，℃	外输干气汞含量，μg/m³	脱汞效率，%
8.5	−9.4	38.665	78.52
8.0	−11.6	34.726	80.71
7.5	−14.0	30.839	82.87
7.0	−16.5	27.047	84.97
6.5	−19.1	23.598	86.89

由表 4-3 和图 4-6 分析可知，改变低温分离器的分离压力和温度，会对低温分离脱汞过程产生一定影响，这主要是因为低温分离脱汞是利用低温条件下汞蒸气易冷凝形成液态汞，从而将汞从天然气中分离出来。升高低温分离器压力、温度，外输干气中汞含量升高，其脱汞效果变差，脱汞效率降低。

3）乙二醇注入量

低温分离脱水脱烃流程中，控制乙二醇贫液的注入量，确保节流后的温度比天然气水合物形成温度高 3～5℃，从而防止管道和设备发生冻堵事故。改变乙二醇贫液注入量，其他参数保持不变，利用 VMG Sim 软件模拟乙二醇注入量对外输干气中汞含量的影响，其模拟结果见表 4-4 及图 4-7。

表 4-4　乙二醇注入量与外输干气中汞含量的关系

注醇量，kg/h	外输干气汞含量，μg/m³	脱汞效率，%
1000	44.089	75.51
1100	39.598	78.00
1200	35.869	80.07
1300	32.734	81.81
1400	30.071	83.29
1500	27.787	84.56
1600	25.808	85.66
1700	24.082	86.62
1800	22.565	87.46
1900	21.221	88.21
2000	20.025	88.88

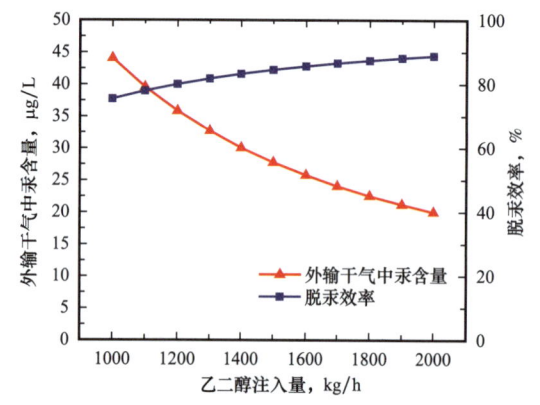

图 4-7　乙二醇注入量与外输干气中汞含量关系曲线

由表 4-4 及图 4-7 可知，乙二醇注入量由 1000kg/h 增加至 2000kg/h，外输干气中汞浓度逐渐降低，乙二醇富液中的汞含量却在不断增加，乙二醇对汞有一定的富集作用，可以吸收原料气中部分的汞。因此，低温分离工艺中，乙二醇注入量的增加有利于原料气中汞的脱除。但是随着注醇量的增大，乙二醇富液中汞含量增加，因此从经济性考虑，注醇量不宜过大。

3. 工艺特点及应用条件

低温分离脱汞流程中，气体中的汞蒸气以液态形式析出，容易进入富醇液或吸附聚集在工艺设备及管线中。汞随富醇液进入再生装置中，进入贫醇液、再生尾气、污水等物流中，容易造成二次污染。

通过对低温分离工艺的软件模拟及现场汞检测分析，该工艺具有以下特点：

（1）脱汞效率取决于节流后的温度和压力、物流组成及乙二醇贫液注入量。

（2）原料气中的汞将进入凝析油、气田污水、闪蒸气等物流中，容易造成二次污染。

（3）汞在设备和管线中大量聚集，造成汞清除困难；同时，汞与其他腐蚀介质共同作用，对设备造成腐蚀，影响作业人员安全。

1972 年，格罗宁根气田第一次利用低温分离工艺脱除天然气中的汞[4,5]，先预冷低温分离天然气中水，然后注入乙二醇贫液防止水合物生成，热交换后通过 J-T 阀膨胀制冷，将含有液态汞的乙二醇富液分离出来。通过检测发现，低温分离流程后，外输干气

中的汞含量为 $1\sim15\mu g/m^3$。现场应用情况表明，低温分离工艺脱汞效率较低，脱汞效率随低温分离温度降低而升高。天然气低温分离温度小于 $-40℃$ 时，外输干气中汞含量才低于 $10\mu g/m^3$。因此，低温分离脱汞既不经济也不实用，现已逐渐被化学吸附工艺所取代。

四、其他

除化学吸附和低温分离工艺外，天然气脱汞还有溶液吸收脱汞、阴离子树脂脱汞及膜分离脱汞等工艺。

1. 溶液吸收脱汞工艺

溶液吸收脱汞工艺是先将汞离子化，然后与复合剂作用生成易溶性汞复合物，再将宜溶性汞复合物溶于溶剂，从而完成整个脱汞过程[13]。溶液吸收剂由以下几部分组成：

（1）强氧化剂，如硝酸（浓度为 10% 硝酸最合适）可以氧化天然气中的游离态汞，形成汞阳离子；

（2）复合剂，将汞阳离子转化为易溶性汞复合物，一般从氧化物、硫化物、硫醇类、联硫碳酸、磷化物、氮化物或者它们的混合物中选取；

（3）有效溶剂，可以溶解汞复合物，而且汞复合物可以在该溶剂中稳定存在，这种溶剂可以从甲醇水合物、二苄醚、碳酸钾和四氯化奈和三联苯中选取。

溶液吸收脱汞工艺具有以下特点：

（1）脱汞深度能达 $0.25\mu g/m^3$，高于天然气中汞含量限值 $0.01\mu g/m^3$；

（2）处理范围较广，汞浓度为 $0.01\sim100\mu g/m^3$ 的天然气都能够处理；

（3）吸收溶液具有腐蚀性，汞饱和吸附容量较小；

（4）仅在化工领域得到工业应用，在天然气工业还没有应用的实例。

2. 阴离子树脂脱汞工艺

阴离子树脂脱汞工艺就是简单地将天然气与含有颗粒状或球状的特种树脂床层相接触而将汞脱除[14]。该工艺没有温度限制，可在室温下进行，但温度范围最好控制在 $10\sim93℃$。

脱汞专用阴离子树脂是通过多硫化物与强碱性的纯阴离子树脂相互反应而得到的，目前市场上出售的主要有 DowerR1，RohmHaasIRA-430 和 RohmHaasIRA-410 等几种脱汞专用阴离子树脂。

阴离子树脂脱汞工艺具有以下特点：

（1）脱汞深度仅能达 $0.25\mu g/m^3$，高于天然气中汞含量限值 $0.01\mu g/m^3$；

（2）处理能力有限，不能用于大规模天然气脱汞处理；

（3）该工艺技术还不成熟。

3. 膜分离脱汞工艺

膜分离脱汞工艺是吸附溶液通过薄膜中空纤维的管腔流动，薄膜两边的单质汞浓度趋于平衡，但吸附溶液能够氧化汞，使薄膜两边的单质汞浓度存在差异，这样天然气中单质汞就不断地通过薄膜孔隙进入溶液中，达到脱除汞的目的[15]。

膜分离脱汞工艺适用于低含汞天然气，操作温度一般控制在 $30℃$，操作压力不能太高，且原料天然气不能有液态物质存在。

膜分离脱汞工艺具有以下特点：

（1）脱汞深度仅为 $1\mu g/m^3$，高于天然气中汞含量限值 $0.01\mu g/m^3$；

（2）处理能力有限，不能用于大规模天然气脱汞处理；

（3）对于原料天然气的要求较高，不能有液态物质存在，操作压力不宜太高；

（4）在天然气工业中，膜脱汞工艺处于开发研究阶段。

综上所述，天然气脱汞主要以化学吸附和低温分离为主，选择合适的天然气脱汞工艺应遵循以下原则：

（1）能将天然气中汞含量降低至工业控制值以下；

（2）对天然气中汞的吸附能力强，产生的汞产物易于处理；

（3）脱汞基建费用和操作费用较低；

（4）脱汞工艺流程简单，易于操作。

低温分离工艺二次污染严重，现已逐渐被化学吸附工艺取代，本书推荐天然气脱汞采用化学吸附工艺。

第三节　脱汞剂类型及性能分析

目前，天然气脱汞剂主要有载硫活性炭、负载型金属硫化物和载银分子筛三大类。载硫活性炭仅能用于干气脱汞，负载型金属硫化物能用于湿气和干气脱汞，载银分子筛一般与普通分子筛联用更经济。

一、脱汞剂性能评价指标

评价脱汞剂性能的主要指标有微孔结构（孔容、孔径大小）、比表面积、颗粒直径、堆积密度、抗压强度、表面化学特性、磨损率等[16, 17]。

1. 孔容

孔容指脱汞剂微孔的容积，以单位质量脱汞剂的微孔容积表示。孔容越大，脱汞剂比表面积越大，所载活性物质越多，有效汞吸附容量越大。但孔容不宜过大，因为孔容越大，则脱汞剂抗压强度越小，脱汞剂易破碎成粉末。

2. 孔径大小

孔径大小指脱汞剂微孔的直径大小，脱汞剂的微孔结构分为粗孔（直径 >100Å）和细孔（直径 1～100Å）两种。细孔的主要作用是负载活性物质，为活性物质提供巨大的表面积，细孔越多，则孔容越大，比表面积越大，有利于汞的吸附。粗孔的主要作用是为汞分子提供到达脱汞剂反应活位点的通道，粗孔也应占有适当比例。

3. 比表面积

比表面积指单位质量脱汞剂所具有的表面积，脱汞剂的表面积主要为微孔孔壁表面。吸附作用主要发生在脱汞剂微孔表面上，比表面积越大，有效汞饱和吸附容量越大，脱汞塔体积也可以越小。

4. 颗粒直径

颗粒直径指脱汞剂颗粒的大小，通常球体颗粒用直径表示，柱状颗粒用直径和高度表示。由于孔隙扩散速度与颗粒直径的较高次方成反比，因此脱汞剂颗粒直径越小，孔隙扩散速度越快，有利于化学吸附过程。但颗粒直径过小，则脱汞塔压降增加；颗粒尺寸越大，则汞及其化合物在床层中停留时间短，导致汞来不及与活性物质反应，但为了达到脱汞效果，脱汞塔尺寸可能增大。

5. 堆积密度

堆积密度指单位体积内所填充的脱汞剂质量，此体积中还包括脱汞剂颗粒间的空隙。堆积密度是计算脱汞吸附床容积的重要参数。堆积密度越大，床层压降越大；但堆积密度越小，脱汞塔尺寸越大。

二、载硫活性炭

1. 脱汞机理及影响因素

载硫活性炭脱汞是以活性炭为载体，单质硫与汞分子发生化学反应形成硫化汞（HgS，不易挥发）沉积于活性炭孔隙中，达到脱汞的目的。由于天然气中有机汞含量很低，硫与有机汞的反应效率就显得不太关键，主要与单质汞反应。当天然气流经载硫活性炭装填的吸附床时，汞蒸气扩散进入比微孔大的过渡孔内，从而更容易、更有效地接触硫，迅速反应生成硫化汞并沉积到活性炭孔隙中。单质汞和单质硫的化学反应是一个氧化还原反应，单质汞被氧化，单质硫被还原，其反应机理见式（4-9）：

$$Hg + S \longrightarrow HgS\downarrow \tag{4-9}$$

载硫活性炭的脱汞性能除了与硫含量、脱汞剂的微孔结构、比表面积等自身参数有关外，还与游离水、液烃、反应温度及压力等外界条件有关。本节结合 Calgon Carbon 公司的 HGR® 载硫活性炭脱汞实验，随着吸附床层深度的增加，分析进料游离水含量、反应温度和压力对脱汞效果的影响。

1）游离水

载硫活性炭脱汞剂中使用的活性炭孔径较小，具有亲水性，在吸附过程中首先吸附水，会降低汞吸附能力。脱汞剂吸水之后，需要增加进料和脱汞剂的接触时间才能保证脱汞效果。活性炭发达的微孔结构虽然可以提高单位质量活性炭的脱汞效率，但在气体露点或接近露点的条件下容易引发毛细管冷凝现象，堵塞单质汞与硫的接触通道，增加反应区的长度。

Calgon Carbon 公司研究了含水量对脱汞效率的影响[18]，原料气含水量对脱汞效果的影响如图 4-8 所示。

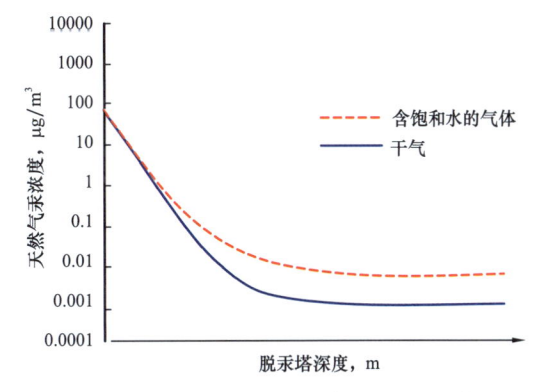

图 4-8 原料气含水量对脱汞效果的影响

从图 4-8 可知，载硫活性炭的脱汞效果随着天然气中含水量的增加而变差。当天然气含水量为饱和含水量的 50%～100%（质量分数）时，天然气的汞浓度为 0.01～0.1μg/m³；当天然气含水量低于饱和含水量的 50%（质量分数）时，天然气的汞浓度小于 0.01μg/m³。因此，降低原料气的含水量可以增强载硫活性炭的脱汞效果。

2）液烃

天然气中有液烃时，载硫活性炭的硫易溶于液烃，会导致硫从活性炭中析出，从而缩短脱汞剂床层的使用寿命，不仅降低了脱汞剂的脱汞能力，同时也会导致下游设备的结垢[19, 20]。液化天然气处理过程中，需要避免水汽的凝结和硫的升华，液化天然气处理厂通常将载硫活性炭固定床设置在下游分子筛干燥器后。硫元素能溶解在液态碳氢化合物中，并且当液烃中存在芳香族化合物时，这种情况特别严重。25℃条件下，硫在戊烷中的溶解度为 300mg/L，硫在庚烷中的溶解度为 500mg/L，硫在甲苯中的溶解度为 2500mg/L。

3）操作温度

操作温度指脱汞塔的床层温度。研究表明，载硫活性炭床层在 76.7℃下运行时，能达到最高的脱汞效率，但对原料气升温会大幅度增加脱汞装置的运行成本[21]。载硫活性炭床层如果在较低的反应温度下运行，虽然可以改善硫与汞反应的热力性质，但会缩短吸附剂的使用寿命。

Calgon Carbon 公司研究了脱汞过程中操作温度对脱汞效率的影响，操作温度对脱汞效果的影响如图 4-9 所示。

从图 4-9 可知，操作温度为 50～71℃时，天然气中汞浓度介于 0.001～0.01μg/m³；操作温度为 38～50℃时，天然气中汞浓度介于 0.01～0.1μg/m³。通常，脱汞塔的操作温度一般不超过 70℃，建议控制在 50℃以下。故一般情况下，载硫活性炭床层在常温下运行。

4）操作压力

操作压力指脱汞塔的床层压力。由于单质硫和汞的反应速度较快，气相进料中的大量汞会被载硫活性炭吸附，所以操作对于天然气汞浓度的影响不大。

Calgon Carbon 公司研究了脱汞过程中操作压力对脱汞效率的影响，操作压力对脱汞效果的影响如图 4-10 所示。

从图 4-10 可知，操作压力的变化对载硫活性炭脱汞效果的影响不大。

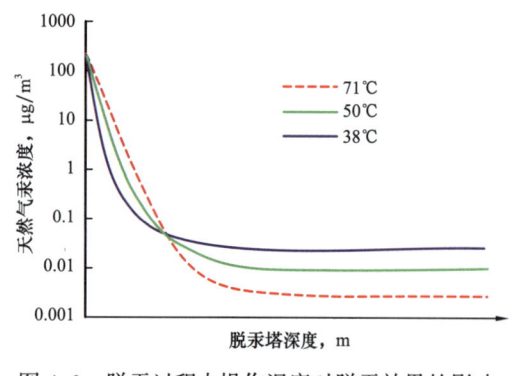

图 4-9 脱汞过程中操作温度对脱汞效果的影响

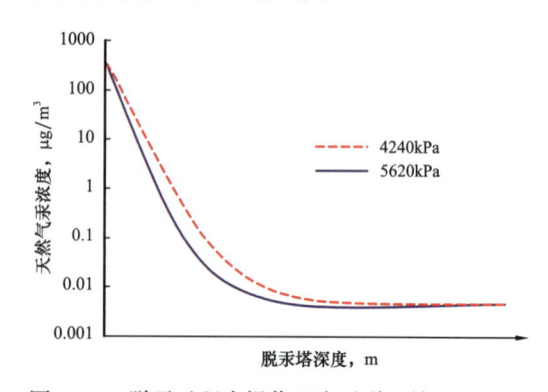

图 4-10 脱汞过程中操作压力对脱汞效果的影响

2. 工艺特点及适用条件

载硫活性炭用于天然气脱汞领域具有以下特点：

（1）技术成熟，已有专业化的脱汞剂和脱汞设备；
（2）价格便宜、一次投资省、长期运行成本较低；
（3）对原料气流量、温度等因素的适用范围宽；
（4）属不可再生脱汞剂，废弃脱汞剂须进一步处理；
（5）遇液相易发生毛细管冷凝现象，硫易溶于液烃中，仅能用于干气脱汞。

相对于负载型金属硫化物，载硫活性炭在天然气脱汞领域应用较少，主要原因有：

（1）载硫活性炭载体具有发达的微孔结构，吸附过程中会存在物理吸附和化学吸附两个过程，脱汞后的失效脱汞剂中含有硫化汞、单质汞以及微量的有机汞，增加了失效脱汞剂的处理难度；
（2）天然气中游离水和液烃的存在会引起活性炭毛细管冷凝现象，且活性组分硫易溶于液烃，仅能用于干气脱汞。

目前，国内外有多家公司可以提供载硫活性炭脱汞剂，主要有 Calgon Carbon 公司和南京正森化工实业有限公司等，载硫活性炭脱汞剂特性参数见表 4-5。

表 4-5 载硫活性炭脱汞剂特性参数

项目	特性参数	项目	特性参数
外形	颗粒状	硫含量，%（质量分数）	10～15
尺寸	4×10目	空塔气速，m/s	0.01～0.025
堆积密度，kg/m³	560	停留时间，s	2.67～5.33

三、负载型金属硫化物

1. 脱汞机理及影响因素

负载型金属硫化物脱汞是金属硫化物或金属氧化物与单质汞发生化学反应生成难挥发、稳定的硫化汞（HgS），从而达到从天然气中脱汞的目的[22]。硫化汞是汞在自然界中最稳定的存在形式，分解温度为 560℃，毒性小。

该类脱汞剂的活性物质可以为已硫化的金属硫化物或未硫化的金属氧化物。当天然气中不含 H_2S 时，活性物质选用金属硫化物，其反应机理见式（4-10）：

$$Hg + 2MS \longrightarrow HgS \downarrow + M_2S \qquad (4-10)$$

当天然气中含 H_2S 时，活性物质选用金属氧化物。其脱汞原理是金属氧化物先与天然气中 H_2S 反应活化成金属硫化物，金属硫化物再与单质汞反应生成 HgS，其反应机理见式（4-11）：

$$MO + H_2S \longrightarrow MS + H_2O \qquad (4-11)$$

负载型金属硫化物脱汞机理如图 4-11 所示。根据吸附动力学原理，该吸附过程基本分为颗粒外部扩散、孔隙扩散和吸附反应三个连续阶段。

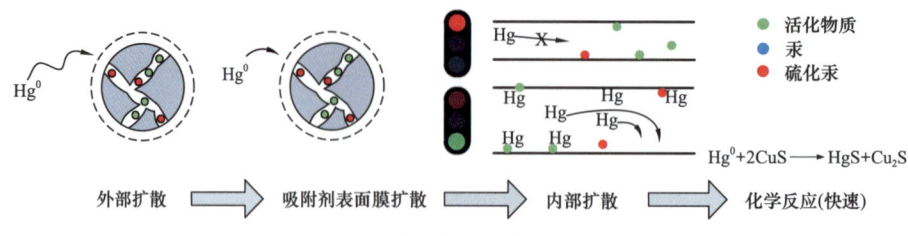

图 4-11 负载型金属硫化物脱汞机理

第一阶段为颗粒外部扩散阶段,汞分子扩散至脱汞剂表面;第二阶段为孔隙扩散阶段,汞分子在脱汞剂孔隙中继续向吸附点(载活性物质处)扩散;第三阶段为吸附反应阶段,汞分子与脱汞剂孔隙内表面上的活性物质反应,生成的汞产物附着于微孔表面。金属硫化物与汞的反应过程非常迅速,因此吸附过程主要由外部扩散和孔隙扩散阶段决定。通过协调脱汞剂的颗粒尺寸和形状可以提高汞的外部扩散。

负载型金属硫化物的载体一般选用对湿度、高分子化合物不太敏感的活性氧化铝,活性物质金属一般选用过渡金属,其中金属铜使用最为广泛。优化氧化铝载体的孔隙尺寸可以提高金属硫化物吸附汞的效率,防止发生毛细管冷凝现象,增加汞与活性物质的接触空间。因此,负载型金属硫化物脱汞剂能够用于天然气处理单元上游脱汞。

负载型金属硫化物或金属氧化物脱汞剂由于活性组分与载体的结合是化学键力,非常稳固。脱汞剂表面的硫化物以无机硫化物的形式存在,不会因为升华或溶解而损失硫。从脱汞塔中取出的失效脱汞剂在电子显微镜下进行观测,负载型金属硫化物失效脱汞剂微观结构如图 4-12 所示。图 4-12 中红色部分是活性反应相金属硫化物,浅蓝色部分是单质汞,深蓝色是脱汞剂载体氧化铝。汞与反应相紧密、牢固地结合在一起,达到了很好的脱汞效果,能够将气流中的汞含量脱除至 $0.01\mu g/m^3$。

负载型金属硫化物脱汞剂颗粒通常为球状,其直径在 0.9~4mm,球粒直径越小其脱汞效率越高,但压降也越大,反之亦然。由于脱汞剂具有 100Å 中等孔径,远远大于载硫活性炭的孔径(20Å),所以脱汞剂对烃类物质的附着力较小。

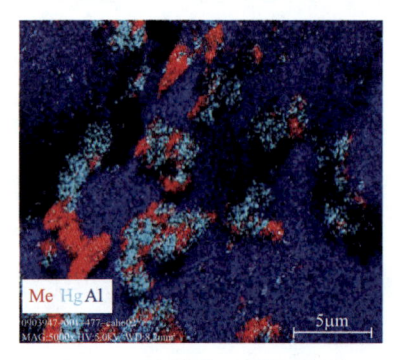

图 4-12 失效脱汞剂微观结构

2. 工艺特点及适用条件

负载型金属硫化物脱汞剂具有以下特点:
(1)技术成熟,已有专业化的脱汞剂和脱汞设备;
(2)脱汞效果好且稳定,脱汞深度能达 $0.01\mu g/m^3$;
(3)脱汞剂能够抵御偶尔的液体夹带,避免发生毛细管冷凝现象;
(4)正常操作下,脱汞剂不会发生板结、不会产生不良的副反应,板结会导致床层压降增大,随之形成沟流(传质效果差)从而导致脱汞效率降低。

目前,全球已有近百套天然气脱汞装置采用负载型金属硫化物脱汞剂,广泛分布于美国、日本、马来西亚、中东、欧洲等国家或地区。负载型金属硫化物适用于湿气和干气脱汞，脱汞效果好。

国外有多家公司可提供负载型金属硫化物或金属氧化物脱汞剂[23]，主要有 Axens 公司、UOP 公司和 Johnson Matthey Catalysts 公司等。负载型金属硫化物脱汞剂产品先经过硫化处理达到活化状态，再经过稳定化处理的脱汞催化剂，因此性能稳定、不起火、不自燃。这类脱汞剂将铜基活性材料均匀分布于具有高孔隙容积的氧化铝载体上，这种高孔隙容量使得脱汞剂具有超长的使用寿命。制作工艺不同，生产的脱汞剂特性参数不同。负载型金属硫化物脱汞剂特性参数见表 4-6。

表 4-6 负载型金属硫化物脱汞剂特性参数

生产厂家	Axens 公司	UOP 公司	Johnson Matthey Catalysts 公司
反应物/载体	硫化铜/氧化铝	硫化铜/氧化铝	硫化铜/氧化铝
载硫量，%（质量分数）	6	5.5	5.1
颗粒形状	球状	球状	三叶条状
颗粒直径，mm	2.4~4	2~4	1.6
有效孔隙容量，cm^3/g	0.7~0.80	—	0.71
抗压强度，MPa	1.0	1.55	1.5
堆积密度，kg/m^3	520	810	680
比表面积，m^2/g	—	—	240
适用场合	湿气、干气脱汞	湿气、干气脱汞	有低温设备的天然气脱汞

目前，国内有部分厂家开发了负载型金属硫化物或金属氧化物脱汞剂，西南石油大学根据金属硫化物能够脱除天然气中汞的原理，开发制备了一种用于湿气脱汞的金属硫化物脱汞剂 TG-1 型，现场试验脱汞效果好，脱汞效率能达 99%。TG-1 型天然气脱汞剂特性参数见表 4-7。

表 4-7 TG-1 型天然气脱汞剂特性参数

项目	特性参数	项目	特性参数
反应物/载体	硫化铜/氧化铝	硫含量，%（质量分数）	5.2
颗粒形状	锯齿状	抗压强度，MPa	≥1
颗粒直径，mm	2~3	堆积密度，kg/m^3	680

四、载银分子筛

1. 脱汞机理及影响因素

载银分子筛脱汞是单质汞与单质银生成银汞齐，其反应机理见式（4-12）：

$$Hg + Ag \longrightarrow HgAg \quad (4-12)$$

载银分子筛属于可再生脱汞剂，采用两台吸附塔，轮流进行脱水、脱汞过程和分子筛再生过程[24]。载银分子筛再生系统与普通分子筛再生系统相同，但再生系统的冷凝水中含有汞，再生气系统可用不可再生脱汞剂脱汞，或采用冷凝系统回收汞。

同一吸附塔内设置联合床层能够实现脱水、脱汞双重功能，联合床层指在吸附塔上部设置用于脱水的普通分子筛，吸附塔下部设置用于脱汞的载银分子筛。载银分子筛和普通分子筛工作分为脱水脱汞和再生两个过程：脱水过程和脱汞过程，含汞天然气从正在运行的吸附塔顶部流入，脱水、脱汞后从底部流出，得到干燥、汞含量较低的天然气；再生过程，再生气从过载的吸附塔底部流入，高温气体使载银分子筛中汞齐合金分解，产生的汞蒸气与再生气一起从塔顶排出，含汞再生气经冷却后进入气液分离器，单质汞和游离水从气相中冷凝下来并从分离器底部排出，随后进入装填不可再生脱汞剂的脱汞塔，脱汞后经压缩机增压后随原料气进入正在运行的吸附塔。载银分子筛脱汞及再生流程如图4-13所示。

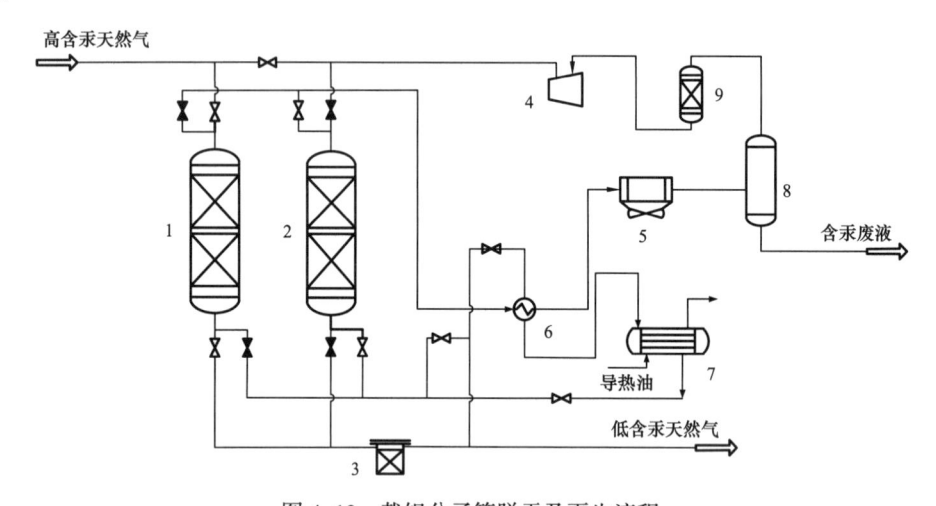

图 4-13　载银分子筛脱汞及再生流程

1—脱水脱汞塔；2—分子筛再生塔；3—粉尘过滤器；4—压缩机；5—再生气冷却器；6—换热器；7—导热油换热器；8—气液分离器；9—气相脱汞塔

2. 工艺特点及适用条件

载银分子筛若单独设置吸附塔和再生塔，则成本很高；同时，其采用金属银作为活性物质，价格昂贵。因此，载银分子筛通常与普通分子筛联合使用更为经济，能实现脱水、脱汞双重功能。

载银分子筛适用于下游汞含量较低的天然气及天然气凝液脱汞，主要用于LNG液化装置和凝液回收装置前，其原因主要如下：

（1）上游含汞天然气中的汞一部分以气相形式存在，另一部分以气溶胶态形式存在，分子筛对气相汞具有一定的吸附能力，但很难将气溶胶态形式的汞固定在分子筛中，分子筛吸收气溶胶态形式的汞时极易达到饱和，即解析率和吸附速率很快就会达到平衡，则适用于天然气处理单元下游脱汞；

（2）载银分子筛经化学改性后提高了脱汞能力，但其边缘分布仅有厚度为1mm的银颗粒，有效汞吸附容量不大，若用于高含汞天然气则成本较高。

现阶段载银分子筛生产商主要有 UOP 公司等，能将天然气中汞浓度降低至 0.01μg/m³，适用于天然气及天然气凝析液脱汞。载银分子筛脱汞剂特性参数见表 4-8。

表 4-8 载银分子筛脱汞剂特性参数

特性参数	HgSIV™ 1 型	HgSIV™ 3 型
颗粒直径，mm	1.5～2.0	1.9
堆积密度，kg/m³	688.73	736.78
水含量，%（质量分数）	< 5	< 5
再生温度，℃	204.44～315.56	204.44～232.22
脱汞深度，μg/m³	0.01	0.01
适用场合	不含硫化氢的天然气及天然气凝液	含硫化氢的天然气及天然气凝液

目前，全球已有超过 25 套天然气脱汞装置和 6 套天然气凝析液脱汞装置利用载银分子筛进行脱汞处理[25]。载银分子筛的特点如下：

（1）主要脱除单质汞，气相脱汞深度能达 0.01μg/m³，液相脱汞深度能达 1μg/L；
（2）不需设置额外的脱汞设备，能实现脱水脱汞双重功能；
（3）可再生利用，节约了脱汞剂更换成本；
（4）国外供应，成套装置能耗高、投资较大。

第四节 天然气脱汞方案

根据脱汞单元位置不同，天然气脱汞有湿气脱汞和干气脱汞两种方案[26]。湿气脱汞方案脱汞单元位于天然气处理单元上游，从源头上解决汞污染问题，适用于高含汞天然气。干气脱汞方案脱汞单元位于天然气处理单元下游，容易造成二次汞污染，适用于低含汞天然气。实际生产中，应根据天然气中汞含量、用户要求、环境保护、脱汞成本及维护成本等条件，综合比较两种脱汞方案，提出不同适用条件的脱汞方案。

一、湿气脱汞方案

湿气脱汞方案在处理厂上游进行天然气脱汞处理，即将脱汞单元设置在脱酸单元、脱水单元上游[25]。湿气脱汞工艺流程如图 4-14 所示，脱汞单元位于天然气处理厂入口位置，原料气分别经过过滤分离器和气液聚结器，除去大部分游离水和液烃，然后进入脱汞塔进行脱汞处理，随后进入脱酸和脱水单元，处理合格后的天然气外输或去下游处理单元。

该方案中进入脱汞塔的原料气含有水和液烃，这些物质对脱汞剂吸附性能影响很大，因此湿气脱汞方案中脱汞剂的选择非常重要。气体接近或位于水露点时，活性炭固有的微孔结构使载硫活性炭易发生毛细管冷凝现象；当遇到液相时，载硫活性炭易发生硫溶现象，将会危害下游设备及降低脱汞剂有效汞吸附容量，干燥后脱汞剂性能将不能恢复，永

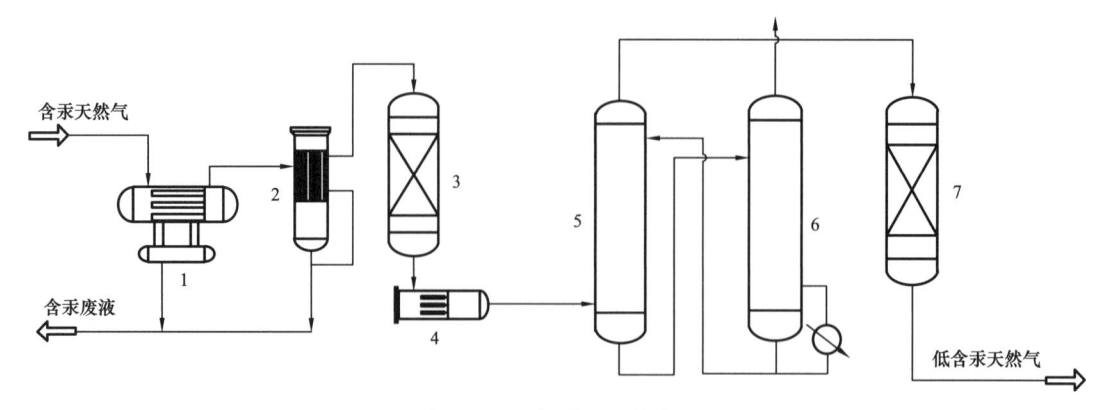

图 4-14 湿气脱汞工艺流程

1—过滤分离器；2—气液聚结器；3—脱汞塔；4—粉尘过滤器；5—脱酸吸收塔；6—脱酸再生塔；7—脱水塔

久失效[19,20]。载银分子筛利用金属银与汞生成银汞齐进行脱汞，若单独采用载银分子筛脱汞，则价格偏高，一般与普通分子筛脱水联合使用更经济[27]。负载型金属硫化物遇液相时，脱汞性能也将受到一定影响，但其干燥后脱汞性能恢复且价格相对较低[28]。因此，对于湿气脱汞方案，为了节约脱汞成本以及避免大量失效脱汞剂处理，脱汞剂推荐采用适应性强、经济、环境友好的负载型金属硫化物。

湿气脱汞方案的技术难点是如何脱除天然气中携带的水分和液烃，以保证负载型金属硫化物脱汞性能，其解决措施是在脱汞塔前设有过滤分离器和气液聚结器，其技术要求如下：

（1）对直径 0.3μm 以上液滴的脱除率达 99.9%；

（2）原料气中液相含量最大为 10μg/m^3，保证进入脱汞塔的天然气必须完全为气相；

（3）确保脱汞塔进料气的温度高于水露点 5℃以上。

湿气脱汞方案在处理厂上游设置脱汞单元，目的是防止汞迁移至气体处理厂下游其他处理设备，避免汞污染设备和已处理的天然气及其他物流，从根本上解决汞污染问题，降低了处理厂安全生产风险。然而，在处理厂上游脱汞非常困难：进入脱汞塔的原料气要求很高；脱汞剂选择要求高，只能选负载型金属硫化物；若脱汞装置非正常工作或清扫进气管线时，有液体吸附在脱汞剂表面，这将降低脱汞剂脱汞效率，脱汞塔出口汞含量可能达不到用户要求；若剧烈的干扰引起液体通过脱汞塔，则汞必然会溶解于液体中[9]。

根据天然气处理厂中汞分布，原料气中汞含量较高时，许多天然气处理装置将处于高含汞环境。因此，对于高含汞天然气，推荐采用湿气脱汞方案。由于设备及管线的清汞费用比湿气脱汞费用高，因此，最优的脱汞系统应尽量将脱汞单元设置在处理厂入口处，国外石油天然气公司大多推荐采用湿气脱汞方案（尤其针对高含汞天然气），避免二次污染。若天然气中汞含量非常高，则可考虑在处理厂入口安装脱汞装置，同时，在下游分子筛脱水塔中填装载银分子筛，载银分子筛的填装量可根据汞含量进行调整。

二、干气脱汞方案

干气脱汞方案即将脱汞单元设置在脱酸单元、脱水单元下游，凝液回收或天然气液化单元上游[11]。其工艺流程：原料气先后进入脱酸和脱水单元，干燥后的天然气进入脱汞塔进行脱汞处理，处理合格后的天然气进入下游处理单元或外输。

该方案中进入脱汞塔的天然气已经过脱水处理，不含游离水且水露点低（达管输要求），因此，脱汞剂选择范围广，可选择载硫活性炭、负载型金属硫化物或载银分子筛。进入脱汞塔的气体无液体夹带，则脱汞剂使用寿命长、脱汞性能好。

干气脱汞方案中，天然气中汞将进入分子筛再生气、酸性气体等物流中，二次污染问题严重。汞随天然气迁移至脱酸装置、脱水装置、再生装置和连接管线内，与部分金属形成汞齐合金，从气流中解吸从而吸附在管线和处理装置壁面，污染设备。处理厂多个装置处于含汞环境，增加了安全生产和设备维护的风险。因此，为避免处理厂中多个装置处于高含汞环境，干气脱汞方案适用于低含汞天然气。

根据脱汞剂是否再生，干气脱汞方案分为不可再生干气脱汞和可再生干气脱汞两种，现分别对其工艺特点和适用条件进行分析[26]。

1. 不可再生干气脱汞方案

在天然气处理装置下游设置脱汞单元，若脱汞剂采用载硫活性炭或负载型金属硫化物，属于不可再生脱汞剂，该方案为不可再生干气脱汞方案。不可再生干气脱汞工艺流程如图 4-15 所示，与可再生干气脱汞方案不同，该方案操作简单，不需再生设备和特殊阀门，但额外的脱汞设备会增加工艺物流压降。此外，由于脱汞剂除吸附汞外还吸附其他有害物质，如苯、其他烃类物质，甚至进料气中未检测到的微量有毒物质，这将增加废弃脱汞剂的处理费用。不可再生干气脱汞方案适用于天然气处理装置下游脱汞。

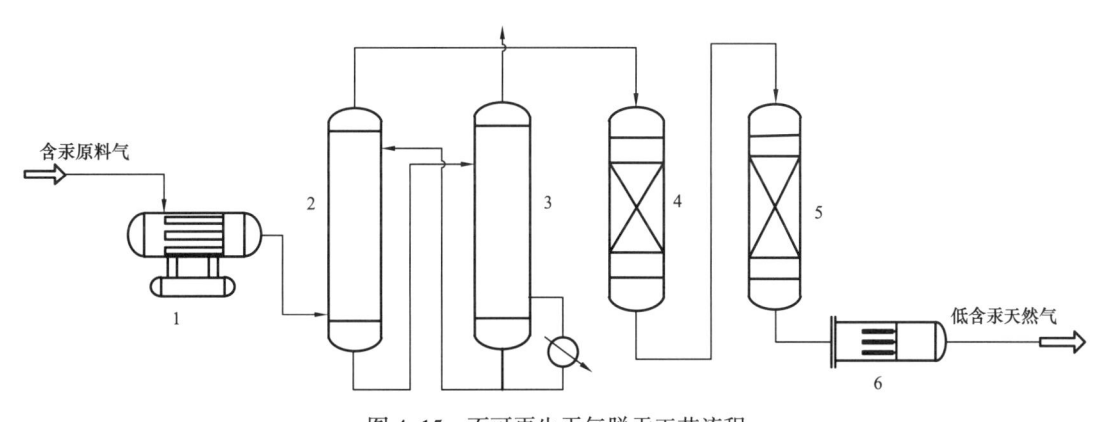

图 4-15 不可再生干气脱汞工艺流程

1—过滤分离器；2—脱酸吸收塔；3—脱酸再生塔；4—脱水塔；5—脱汞塔；6—粉尘过滤器

2. 可再生干气脱汞方案

在天然气处理装置下游设置脱汞单元，若脱汞剂采用载银分子筛，属于可再生脱汞剂，该方案为可再生干气脱汞方案。可再生干气脱汞工艺流程如图 4-16 所示。再生气冷凝后进入气液分离器初步分离汞，随后进入装有不可再生脱汞剂的脱汞塔深度脱汞。脱汞后的再生气经压缩机增压后进入分子筛吸附塔原料气管线，或者直接进入燃料气系统。若分子筛干燥单元的含汞再生气未脱汞直接进入原料气，则会增加原料气中汞含量，该方案无须在上游安装更大的脱汞塔，避免产生更多的脱汞费用。

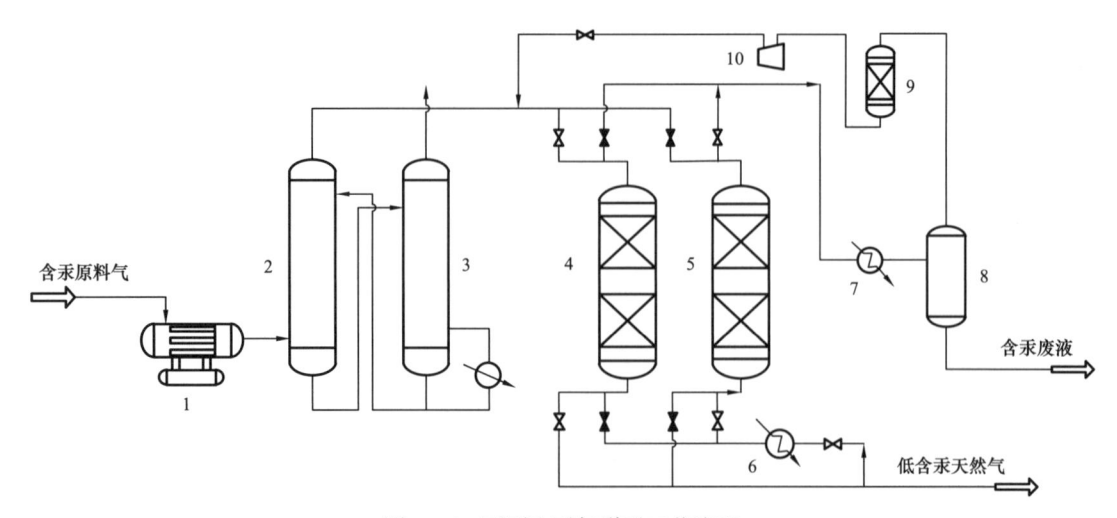

图 4-16 可再生干气脱汞工艺流程

1—过滤分离器；2—脱酸吸收塔；3—脱酸再生塔；4—分子筛脱水脱汞塔；5—分子筛再生塔；6—加热器；
7—冷却器；8—气液分离器；9—气相脱汞塔；10—压缩机

该方案不需设置额外的脱汞塔和管线，减少了脱汞设备投资，无额外压降产生。同时，载银分子筛可快速地装载或卸载，不会造成系统响应的压力降。由于再生气中汞含量低且流速低（相当于入口原料气流速的10%左右），因此装有不可再生脱汞剂脱汞塔的体积很小。但再生过程中，汞会进入冷却水和再生气中；载银分子筛的再生温度高，能耗高。可再生干气脱汞方案适用于天然气液化及凝液回收装置前脱汞。

第五节　工程实例分析

一、埃及 Salam 天然气处理厂

2005年，埃及西部地区 Salam 天然气处理厂建有两套并联运行的脱汞装置，用于保护下游铝制换热器以防止发生汞腐蚀[9]。该处理厂处理的天然气凝析油来自于 Salam 气田、Qasr 气田和 South Umbarka 气田以及一个油田处理厂的伴生气。Salam 天然气处理厂天然气生产能力为 $680×10^4 m^3/d$，原料气中汞含量为 $75\sim175\mu g/m^3$。要求外输气中 CO_2 含量最大为 3.0%，H_2S 含量最大为 $4mg/m^3$，汞含量不高于 $0.1\mu g/m^3$，高位热值超过 38740MJ/m^3，7.1MPa 下水露点不超过 0℃且烃露点不超过 5℃。同时，该处理厂凝析油生产能力为 $143m^3/d$，凝析油的最大雷诺蒸气压为 75.8kPa。

Salam 天然气处理厂工艺装置及流程如图 4-17 所示。

天然气处理采用两套并联装置，井场来气先进入三相分离器初步分离天然气、凝析油和污水，三相分离器后的天然气进入脱汞装置，凝析油去凝析油稳定装置，污水去污水处理装置。脱汞后的天然气进入三甘醇脱水装置，再低温分离控制商品天然气的烃露点，随后采用膜分离脱除 CO_2，最后经压缩机增压至 10MPa 后外输。烃露点控制装置后的液相去凝析油稳定装置，稳定后的凝析油去凝析油储存罐，经外输泵增压后外输。

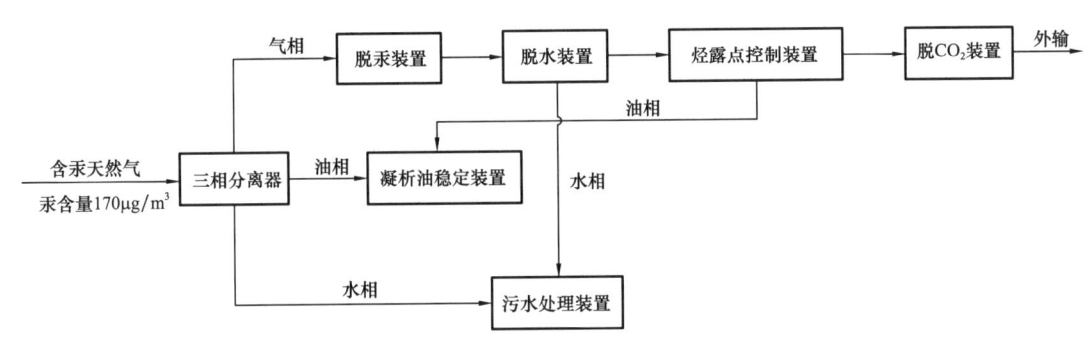

图 4-17 Salam 天然气处理厂工艺装置及流程

根据技术性和经济性评定，表明 PURASPEC^{JM}1156 是一种经济、有效的天然气脱汞剂，使用寿命长达 5 年，该处理厂决定采用 PURASPEC^{JM}1156 脱汞剂脱除上游原料气中的汞。脱汞塔设计尺寸如图 4-18 所示。

脱汞装置设计参数如下：

单套装置处理规模为 $340 \times 10^4 m^3/d$（标况）；

设计原料气初始汞含量为 $170\mu g/m^3$；

设计脱汞深度小于 $0.1\mu g/m^3$；

设计压力为 7MPa；

操作压力为 6.31MPa；

设计温度为 100℃；

操作温度为 61℃。

原料气组成见表 4-9。脱汞塔设计参数见表 4-10。

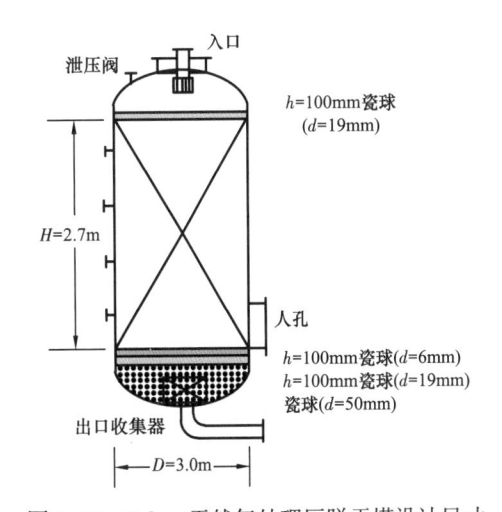

图 4-18 Salam 天然气处理厂脱汞塔设计尺寸

表 4-9 Salam 天然气处理厂原料气组成

组分	N_2	CO_2	C_1	C_2	C_3
摩尔分数，%	1.00	6.59	73.91	10.85	5.31
组分	iC_4	nC_4	iC_5	nC_5	C_{6+}
摩尔分数，%	0.73	0.97	0.25	0.15	0.24

表 4-10 Salam 天然气处理厂脱汞塔设计参数

项目	参数	项目	参数
处理规模，$10^4 m^3/d$	340	床层高度，m	2.7
床层体积，m^3	19.0	接触时间，s	30.8
床层直径，m	3.0	床层压降，kPa	<50

监测Salam天然气处理厂两套脱汞装置（装置Ⅰ和装置Ⅱ）进出口汞含量：装置Ⅰ原料气中汞含量为17~71μg/m³，出口汞含量为0.43~7.65μg/m³；装置Ⅱ原料气中汞含量为16~59μg/m³，出口汞含量为0.5~1.62μg/m³。表4-11为脱汞装置进出口汞含量分析对比。从表4-11可以看出，不论原料气中汞含量如何变化，脱汞装置出口汞含量都很低，均低于管输天然气汞含量要求。

表4-11　Salam天然气处理厂脱汞装置进出口汞含量分析对比

日期	装置	入口汞含量，μg/m³	出口汞含量，μg/m³
2005.6.6	Ⅰ	30.30	0.55
2005.7.16		71.00	0.76
2006.1.27		39.90	0.74
2006.3.20		17.11	0.54
2006.5.16		32.58	0.91
2005.7.16	Ⅱ	59.00	0.53
2006.1.27		37.10	0.57
2006.3.20		16.25	0.92
2006.5.16		33.11	0.78

从表4-11可以看出，脱汞装置Ⅰ和装置Ⅱ出口汞含量平均为0.6μg/m³，但这两套天然气脱汞装置设定的脱汞深度为0.1μg/m³。研究人员对误差来源进行分析，得出如下结论：

（1）未达到设定脱汞深度可能是因为脱汞塔上游的过滤分离器或气液聚结器失效导致液相脱除不完全从而降低脱汞剂性能，也可能是因为反凝析现象（天然气处于或接近烃露点和水露点）。正常操作条件下，脱汞塔进出口压差为50kPa，但脱汞塔实际压差大于200kPa。对脱汞装置进行液/气测试，分析了进口天然气中的含液量及液体类型，结果表明液相物质是水，其含量达1.98m³/d，液相的存在降低了脱汞剂的脱汞效率并增加了吸附床层压降。

（2）脱汞装置进口天然气含有游离水的原因是气液聚结器的温度变化造成的，将其操作温度与设计温度进行对比。设计者认为循环气和三相分离器出口的气体在进入气液聚结器之前的温度相同（约60℃），而实际操作中，三相分离器出口的气体和循环气的温度分别为45℃和62℃，混合后温度只有48℃，温度降低导致水蒸气冷凝。因此，为保证脱汞剂的脱汞性能，在气液聚结器上游两种气体混合后的气体温度必须达到60℃。

二、泰国PTT GSP-5气田

泰国PTT GSP-5气田处理厂于2004年投产运行，气体总体处理规模为1500×10⁴m³/d，包含脱汞单元、酸气脱除单元、脱水单元、凝液回收单元[26]。原料气中汞含量为50~200μg/m³，在脱酸、脱水单元上游设置脱汞单元以保护凝液回收单元的铝制换热器。

图 4-19 为 PTT GSP-5 气田湿气脱汞工艺流程，表 4-12 为 PTT GSP-5 气田脱汞装置操作条件。

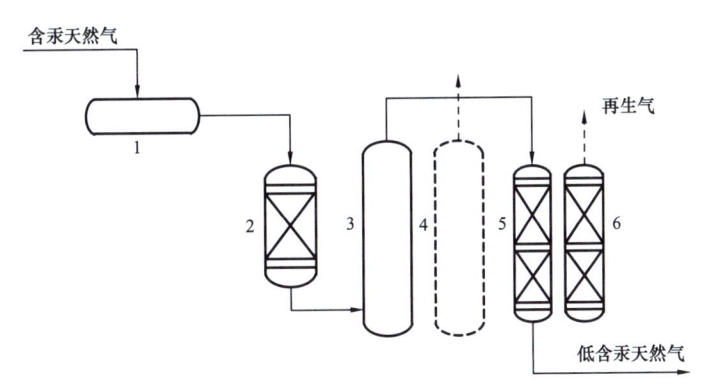

图 4-19　PTT GSP-5 气田湿气脱汞工艺流程

1—原料气分离器；2—脱汞塔；3—脱碳吸收塔；4—脱碳再生塔；5—分子筛脱水塔；6—分子筛再生塔

表 4-12　PTT GSP-5 气田脱汞装置操作条件

项目	参数值	项目	参数值
处理介质	天然气	操作温度，℃	18
处理规模，$10^4 m^3/d$	750	入口汞含量，$\mu g/m^3$	50～200
操作压力，MPa	4.8	出口含汞量，$\mu g/m^3$	<0.01

该气田脱汞单元共设有两套脱汞装置，最初脱汞剂选用载硫活性炭，设计寿命为 4 年。由于进入脱汞塔的原料气中含有部分液烃及三甘醇，致使载硫活性炭脱汞剂的脱汞性能下降，运行两年后采用负载型金属硫化物替换。替换脱汞剂后，脱汞装置出口汞含量持续低于设定值，并保持初始的压力降，尽管原料气中含有液烃和游离水，但脱汞效果良好，图 4-20 所示为脱汞装置进出口汞含量变化。

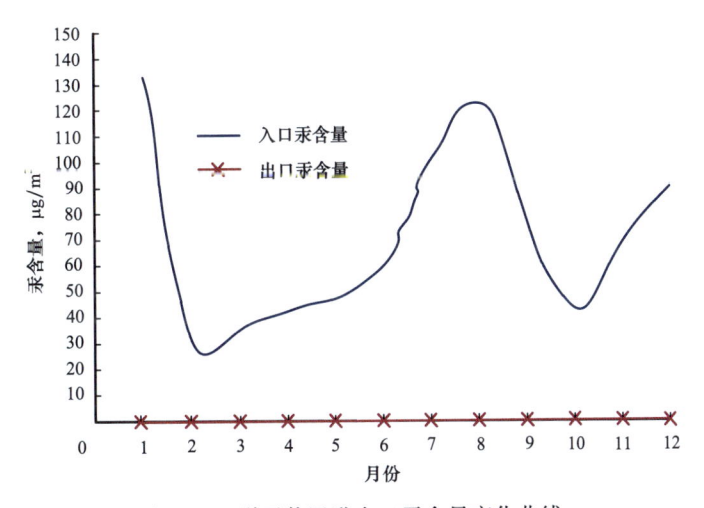

图 4-20　脱汞装置进出口汞含量变化曲线

三、美国 Meeker Ⅰ 气田

美国 Meeker 气田的 Meeker Ⅰ 气田位于科罗拉多州 Piceance 盆地，于 2007 年投产运行，最初的气体处理规模为 $212\times10^5 m^3/d$ [26]；Meeker Ⅱ 气田于 2008 年投产运行，气体处理规模增大至 $424\times10^5 m^3/d$。

Meeker Ⅰ 气田和 Meeker Ⅱ 气田包括脱碳单元、脱水单元和脱汞单元，在脱碳和脱水单元下游设置脱汞单元用于保护下游制冷设备，其脱汞工艺流程如图 4-21 所示。脱汞剂采用载银分子筛，在同一吸附塔内与普通分子筛联合使用；分子筛再生系统中，采用负载型金属硫化物脱汞剂脱除再生气中汞。表 4-13 为 Meeker Ⅰ 气田脱汞装置操作条件。

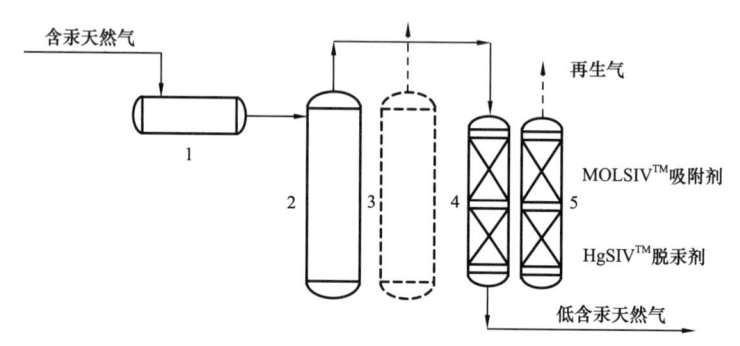

图 4-21 Meeker 气田脱汞工艺流程

1—原料气分离器；2—脱碳吸收塔；3—脱碳再生塔；4—脱水脱汞塔；5—分子筛再生塔

表 4-13 Meeker Ⅰ 气田脱汞装置操作条件

项目	参数值	项目	参数值
处理规模，m^3/d	212×10^5	原料气汞含量，$\mu g/m^3$	0.8
操作温度，℃	30~40	再生气汞含量，$\mu g/m^3$	2.0
操作压力，MPa	7.0	脱汞后汞含量，$\mu g/m^3$	<0.01

参 考 文 献

[1] ALY M, MAHGOUB I, NABAWI M, et al. Mercury monitoring and removal at gas processing facilities [C]. Society of Petroleum Engineers, 2007.

[2] MUSSIG S, ROTHMANN B. Mercury in natural gas - problems and technical solutions for its removal [C]. Kuala Lumpur, Malaysia: SPE Asia Pacific Oil &Gas Conf, 1997.

[3] WILHELM S M, KIRCHGESSNER D A. Mercury in petroleum and natural gas--estimation of emissions from production, processing, and combustion [R]. United States Environmental Protection Agency, 2001: 24-27.

[4] ZETTLITZER M, SCHOLER H F, EIDEN R, et al. Determination of elemental, inorganic and organic mercury in north German gas condensates and formation brines [R]. SPE international symposium on oilfield chemistry, 1997: 509-516.

［5］MISRA A LAUKART, LUOCHE T. Mercury removal and hydrocarbon dewpoint control in Sohlingen gas field［J］. Dehydration, 1993, 2（109）: 67-72.

［6］夏静森, 王遇冬, 王立超. 海南福山油田天然气脱汞技术［J］. 天然气工业, 2007, 27（7）: 127-128.

［7］王智. 雅克拉集气处理站天然气脱汞工艺研究［J］. 石油工程建设, 2011, 37（3）: 39-40.

［8］ELA E, NABAWI M, AHMED M. Behavior of the mercury removal absorbents at Egyptian gas plant［C］. Society of Petroleum Engineers, 2008.

［9］吴志虎, 刘海燕, 张勇. 固定床吸附脱汞工艺在克拉2第二天然气处理厂的应用［J］. 山东化工, 2014, 43（6）: 113-115.

［10］ECKERSLEY N. Advanced mercury removal technologies［J］. Hydrocarbon Processing, 2010, 89（1）: 29-50.

［11］Camargo M, De N S, De A G, et al. Investigation of adsorption-enhanced reaction process of mercury removal from simulated natural gas by mathematical modeling［J］. Fuel, 2014, 129: 129-137.

［12］PONGSIRI N. Initiatives on mercury［J］. SPE Production & Facilities, 1999, 14（1）: 17-20.

［13］LEPPIN D, PALLA N. Mercury removal from gaseous process streams: US6475451B1［P］. 2002-11-05.

［14］WILHELM S M. Design mercury removal systems for liquid hydrocarbons［J］. Hydrocarbon Processing, 1999, 78（4）: 10-18.

［15］VAART R V D, AKKERHUIS J, FERON P, et al. Removal of mercury from gas streams by oxidative membrane gas absorption［J］. Journal of Membrane Science, 2001, 187（1）: 151-157.

［16］HSI H C, ROOD M J, ROSTAM A M, et al. Effects of sulfur impregnation temperature on the properties and mercury adsorption capacities of activated carbon fibers（ACFs）［J］. Environmental Science & Technology, 2001, 35（13）: 2785-2791.

［17］KORPIEL J A, VIDIC R D. Effect of sulfur impregnation method on activated carbon uptake of gas-phase mercury［J］. Environmental Science and Technology, 1997, 31（8）: 2319-2325.

［18］MENDELSOHN J, MARSHALL H. Method for the removal of elemental mercury from a gas stream［C］. Office of Scientific & Technical Information Technical Reports, 1997.

［19］SINHA R K, JRP L W. Removal of mercury by sulfurized carbons［J］. Carbon, 1972, 10（6）: 754-756.

［20］MCNAMARA J D, WAGNER N J. Process effects on activated carbon performance and analytical methods used for low level mercury removal in natural gas applications［J］. Gas Separation & Purification, 1996, 10（2）: 137-140.

［21］丁峰. 矿物吸附剂对燃煤烟气中汞的脱除机制的研究［D］. 武汉: 华中科技大学, 2012.

［22］CARNELL P H, FOSTER A, Gregory J. Mercury matters［J］. Hydrocarbon Engineering, 2005, 10（12）: 37-38.

［23］ABBAS T, ABDUL M I, AZMI B M. Developments in mercury removal from natural gas - a short review［J］. Applied Mechanics & Materials, 2014, 625: 223-228.

［24］SPIRIC Z. Innovative approach to the mercury control during natural gas processing［C］. Houston: Engineering Technology Conference on Energy, 2001.

[25] CORVINI G, STILTNER J, CLARK K. Mercury removal from natural gas and liquid streams [R]. Houston: UOP L.L.C, 2002.

[26] ECKERSLEY N. Advanced mercury removal technologies: New technologies can cost-effectively treat "wet" and "dry" natural gas while protecting cryogenic equipment [J]. Hydrocarbon Processing, 2010, 89 (1): 29-35.

[27] MARKOVS J. Purification of fluid streams containing mercury [J]. Zeolites, 1989, 11: 90.

[28] COUSINS M J. Mercury removal: US8177983 [P]. 2012-05-15.

第五章　凝析油脱汞

汞含量是全球实施污染物排放总量控制的指标之一。凝析油中汞会危害操作人员身体健康、污染环境以及降低凝析油产品质量，致使凝析油加工过程中催化剂中毒，因此有必要脱除凝析油中的汞及其化合物。目前，国外开发了多种凝析油脱汞工艺，工业上多以化学吸附工艺为主。本章内容主要包括凝析油脱汞工艺、凝析油脱汞剂类型及性能分析、凝析油脱汞方案。同时，结合近年来国外液烃脱汞的工程实例，分别分析了化学吸附、化学沉淀工艺在天然气凝析油、原油脱汞领域的应用情况及应用中存在的问题。

第一节　概　　述

一、凝析油脱汞的必要性

1. 危害环境及人体健康

汞是具有持久性、生物累积性和生物扩大作用的有毒污染物，能在生态系统中迁移转化，对人体健康和生态环境有很大的负面影响。凝析油加工、储存、运输过程中，汞随挥发油气进入大气环境，大气中的汞进一步转化从而危害环境。含汞凝析油脱水处理后，凝析油中汞会进入污水，若对这些含汞污水不进行脱汞处理而直接外排进入河流中，将对周围环境中的生物体构成严重威胁。

2. 催化剂中毒

汞易与金、银、铂等金属形成汞齐，使加氢精制催化剂或其他精制催化剂中毒。含汞凝析油用作芳烃重整料或乙烯裂解料时，汞容易使贵金属催化剂（如铂、钯）中毒，导致催化剂失去活性，以1∶1的比例形成PtHg或PdHg合金，这些合金在氢化过程的低温条件下仍能保持稳定，从而影响下游装置正常生产。根据资料显示，在载0.05%钯的乙炔氢化催化剂表面的汞含量高达2000mg/kg，研究表明虽然在150~200℃条件下可以驱除催化剂上的汞，但这会加速催化剂的烧结过程从而加剧活性表面积损失[1]。

重整原料中汞含量的要求，通常与所使用催化剂的类型和操作参数密切相关。不同类型的催化剂对汞的耐受能力依次为：非铂催化剂＞单铂催化剂＞双（多）金属催化剂。铂含量不同的同类催化剂对汞的耐受能力依次为：高铂催化剂＞低铂催化剂。不同的操作条件，允许的汞含量要求稍微不同，如铂催化剂的反应压力较高时，允许的汞含量稍高，对于双金属催化剂和其反应压力较低时，对汞含量的限制更加严格。

3. 腐蚀设备及管线

汞是常温常压下唯一呈液态的金属，易冷凝和吸附在管壁或设备内表面。含汞气田原料气中的汞浓度随天然气、凝析油在管道和设备中流动逐渐减少，主要由管壁粗糙度、表面黏附力、汞在管线凝液和化学处理试剂中的溶解等因素引起。

汞能与铝、锌、金和银等金属形成汞齐，引起严重的汞腐蚀、应力裂纹、金属脆化，造成工艺设备腐蚀引起的安全事故。凝析油中较低浓度的汞都能引起汞腐蚀，汞腐蚀是汞齐化的积累作用。

4. 降低油品品质

随着环保要求越来越严格，对石油及天然气凝液产品中汞含量要求越来越低。目前，国外有许多从原油、凝析油、石脑油等油品中脱汞的鼓励措施，普遍做法是针对高含汞油品必须进行脱汞处理，否则炼油公司将对高含汞油品实行价格折扣。

通过调研油价与油品中汞含量的关系，发现国外炼油公司通常不愿接收汞含量高于100μg/L的原油[2]。将总汞含量超过100μg/L的销售原油和总汞含量低于100μg/L的销售原油的折扣程度（低于正常售价的差值）进行比较，1995—2005年含汞原油销售价格平均折扣如图5-1所示。从图5-1中可以看出，原油中汞污染引起的环境和安全问题在市场上对原油油价有一定的影响，折扣程度越大，环境中汞污染潜在的威胁越大。随着年份增加，汞含量低于100μg/L原油与汞含量高于100μg/L原油之间的折扣差异越来越大。

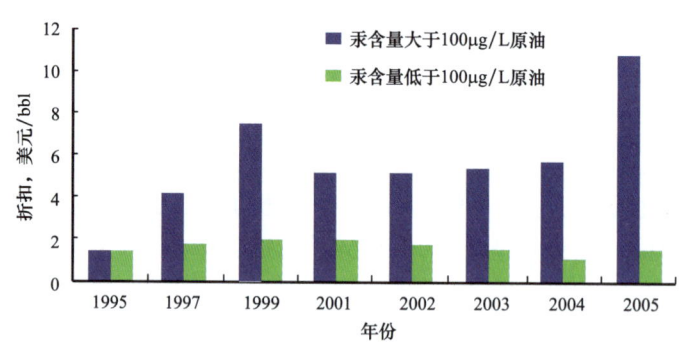

图5-1　含汞原油销售价格平均折扣

世界500强乙烯裂解装置中有一半以上使用石脑油原料，为避免破坏金属催化剂活性，通常对进料石脑油设定汞含量限值指标。而具体的汞限值主要由操作人员设定，主要控制在1~5μg/L间，汞含量高于此值的石脑油价格则降低5~10美元/t[1]。

二、凝析油汞限值指标

目前，国内外商品凝析油质量标准未对汞含量这一项作明确规定。国外有许多鼓励凝析油脱汞的措施，普遍做法是对高含汞凝析油实施价格折扣。通常凝析油用途不同，下游用户要求的凝析油中汞含量值也不同。凝析油一般可分为石蜡基类型、中间基类型和环烷基类型，用作化工原料时，石蜡基凝析油可作为乙烯裂解原料，中间基、环烷基凝析油可作为芳烃重整原料；另外，凝析油还可直接作为燃料使用以及炼油厂原料[3]。针对凝析油不同的用途，提出不同的汞含量限值指标。

1. 作燃料的凝析油汞含量指标

凝析油可直接用作燃料，凝析油产品中的汞燃烧后排入大气中，汞在环境中循环，给人类和环境造成威胁。汞服务公司Wilhelm公司认为在不出现重大安全问题的前提下，液烃燃料产品中汞的最佳含量为 1μg/L[4]。为减小汞的危害，Axens 公司认为天然气凝析油、液化石油气和石脑油中的汞含量应低于 1μg/L[5]。

因此，为了避免过量的汞直接排入周围环境中，建议用作燃料的凝析油汞含量应控制在 1μg/L。

2. 作化工原料的凝析油汞含量指标

凝析油可用作下游化工厂乙烯裂解装置和芳烃重整装置原料，凝析油原料中的汞会损坏低温铝制换热器，使催化剂中毒，影响化工产品质量（乙烷、乙烯、丙烷、丙烯、丁烷和丁烯等化工产品质量要求汞含量低至 0.01μg/L）[4]。通常化工厂入口处设有液烃脱汞装置，若接收凝析油原料中汞含量较高，则会增加化工厂脱汞装置的运行成本，因此下游化工厂通常不愿接收汞含量较高的凝析油。

为提高油品价格及避免催化剂中毒，英国 Johnson Matthey Catalysts 公司认为用作化工原料的凝析油和石脑油中汞含量应脱除至 5μg/L[1]。为减小汞的危害，挪威国家石油公司（STATOIL）认为石油产品质量要求总汞含量应低于 5μg/L[6]。因此，国外普遍将用作化工原料的凝析油汞含量控制在 5μg/L。

中海壳牌—南海石化建设了一套以进口凝析油和石脑油为原料的乙烯裂解装置，年生产能力 300×10^4t，生产过程中控制接收的凝析油原料汞含量不高于 10μg/L[3]。

我国目前并没有制定凝析油汞含量的限值标准，建议用作化工原料的凝析油汞含量控制在 5μg/L。

3. 作炼油原料的凝析油汞含量指标

凝析油可用作炼油厂原料，炼油过程中凝析油中的汞会进入不同馏分，危害工艺设备及操作人员健康。有研究表明，作炼油原料时，汞含量低于 100μg/L 油品与高于 100μg/L 油品之间的价格折扣程度随着年份增加越来越大。目前，国内外没有用作炼油原料的凝析油汞含量限值指标，建议用作炼油原料的凝析油汞含量控制在 100μg/L。

三、凝析油中汞存在形态

汞以污染物的形式存在石油中，其中天然气凝析油中汞含量一般为 10~3000μg/L，原油中汞含量一般为 10~30000μg/L[7]。原油及凝析油中的总汞含量、汞存在形态主要取决于原料来源、加工阶段和时间期限。美国环保署（EPA）对全球地区石油中的汞形态进行分析，认为凝析油及原油中的汞主要以单质汞、无机汞和有机汞形式存在[7]。

（1）单质汞：化学式 Hg^0。单质汞不仅能以金属态溶解于凝析油和原油中（含量能达毫克每升数量级），也能吸附在固体颗粒物上以悬浮态存在。由于单质汞易与不稳定金属形成汞齐，因此其可能与管线及设备中的铁反应转换为其他形式。单质汞的含量随着与井口距离增加而减少。

（2）无机汞：化学式 $Hg^{2+}X$ 或 $Hg^{2+}X_2$（X 表示无机离子）、HgS 和 HgSe。大部分无机汞在石油中一般呈溶解态，如 $HgCl_2$（在液烃中的溶解度很大，约为单质汞的 10 倍），其在油水分离过程中易转移至污水中。少数无机汞吸附在固体颗粒物上以悬浮态存在。其中 HgS 和 HgSe 均不溶于水和油，以极小的固体颗粒形式悬浮于油和水中。

（3）有机汞：化学式 RHgR 或 RHgX（R 可以为 CH_3 和 C_2H_5，X 可以为 Cl^- 或其他无

机离子)、HgK 或 HgK$_2$（K 为一种配位基，如有机酸、卟啉或硫醇)。这类汞化物不仅能以溶解态存在，也能吸附在固体颗粒物上以悬浮态存在。其中 HgK 或 HgK$_2$ 对油品质量影响很大，决定烃类流体特定的化学性质。

普利茅斯大学环境科学系 Shafawi 等[8]认为凝析油中可能存在单质汞和有机汞，但单质汞含量仅占 10% 左右，有机汞含量占 80% 以上。Tao 等用气相色谱—电感耦合等离子体质谱（GC-ICP MS）方法研究了凝析油、石脑油和原油中各种形式汞的含量[9]，不同类型样品中各种形式汞的含量见表 5-1 和图 5-2。从表 5-1 和图 5-2 可知，凝析油中汞主要以无机汞和单质汞的形式存在，二甲基汞的含量小于 10%，一甲基汞含量更少。石脑油中汞主要以有机汞形式存在，含有少量无机汞，不存在单质汞。原油中汞主要以有机汞的形式存在，无机汞相对较少。

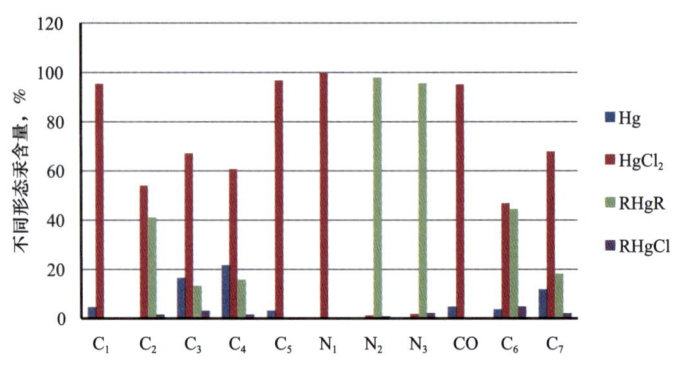

图 5-2 不同类型样品中各种形式汞的含量
C—凝析油；N—石脑油；CO—原油

表 5-1 不同类型样品中各种形式汞的含量[9]

样品		Hg^0	HgCl$_2$	DMeHg	MeEtHg	DEtHg	MeHgCl	EtHgCl	总汞
凝析油 1	含量，μg/L	1500	30900	<	<	<	<	<	32400
	百分比，%	4.6	95.4	0.0	0.0	0.0	0.0	0.0	
凝析油 2	含量，μg/L	500	8100	2000	3200	900	200	50	15000
	百分比，%	3.3	54.0	13.3	21.3	6.0	1.3	0.3	
凝析油 3	含量，μg/L	28800	116000	9300	14000	5100	300	0	173000
	百分比，%	16.6	67.1	5.4	8.1	2.9	0.2	0	
凝析油 4	含量，μg/L	2660	7400	900	1000	100	100		12200
	百分比，%	21.8	60.7	7.4	8.2	0.8	0.8		
凝析油 5	含量，μg/L	900	26800	<	<	<	<	<	27700
	百分比，%	3.2	96.8	0.0	0.0	0.0	0.0	0.0	
石脑油 1	含量，μg/L	<	48400	<	<	<	<	<	48400
	百分比，%	0.0	100.0	0.0	0.0	0.0	0.0	0.0	

续表

样品		Hg⁰	HgCl₂	DMeHg	MeEtHg	DEtHg	MeHgCl	EtHgCl	总汞
石脑油2	含量，μg/L	<	680	22400	28900	6100	500	<	58500
	百分比，%	0.0	1.2	38.3	49.4	10.4	0.9	0.0	
石脑油3	含量，μg/L	30	140	3900	3100	200	100	70	7580
	百分比，%	0.4	1.8	51.5	40.9	2.6	1.3	0.9	
原油1	含量，μg/L	30	600	<	<	<	<	<	630
	百分比，%	4.8	95.2	0.0	0.0	0.0	0.0	0.0	
凝析油6	含量，μg/L	300	3800	2600	—	1000	300	100	8100
	百分比，%	3.7	46.9	32.1	—	12.3	3.7	1.2	
凝析油7	含量，μg/L	1700	9800	2300	—	300	200	100	14400
	百分比，%	11.8	67.8	16.1	—	2.1	1.4	0.7	

注：（1）所测样品的来源未知。
（2）"<"表示含量没有达到检测下限。
（3）Hg⁰—单质汞，HgCl₂—氯化汞，DMeHg—二甲基汞，MeEtHg—甲基乙基汞，DEtHg—二乙基汞，MeHgCl—氯化甲基汞，EtHgCl—氯化乙基汞。
（4）总汞 = Hg⁰ + HgCl₂ + DMeHg + MeEtHg + DEtHg + MeHgCl + EtHgCl。
（5）"百分比"表示各种形式的汞占样品总汞量的质量分数。

Zettlitzer 等于 1997 年在 SPE 国际油田化学研讨会上公开了一种高效液相色谱法测定液相中各种汞形态的含量[10]，利用该方法测定了德国北部凝析油中总汞、单质汞、无机汞和有机汞的含量，其检测结果见表 5-2。

表 5-2 德国北部凝析油中汞形态的含量

单位：μg/L

汞形态	总汞	Hg⁰	Hg²⁺	CH₃Hg⁺	R-Hg-R	Hg²⁺/R-Hg⁺/R-Hg-R	HgS
样本1	3500	250	400	5.6	<1000	1300	1950
样本2	5500	2000	400	102	<1000	5100	<100
样本3	4300	200	200	493	<1000	1700	2400
样本4	<100	<100	<100	9300	<100	<100	<100

注：（1）样本1为单井低温分离器的天然气凝液；
（2）样本2为天然气凝液罐的天然气凝液；
（3）样本3为低温分离装置和一部分烃水露点控制装置的天然气凝液；
（4）样本4为天然气脱汞处理后烃水露点控制装置的天然气凝液。

从表 5-2 可以看出，德国北部未加工凝析油样品中的汞主要以单质汞、离子汞、甲基汞、烷基汞和硫化汞等形式存在。其中总汞含量为 5500μg/L，单质汞含量为 2000μg/L，接近烃类液体中单质汞的饱和度；无机汞含量为 400μg/L，并不是主要存在形式；有机汞含量较多（2100μg/L）。

通过分析知，由于各地区不同，凝析油中汞形态可能不同，主要以单质汞、无机汞和有机汞形式存在。凝析油预处理过程中，凝析油中非溶解态汞经分离器分离后，无机汞容易进入污水中形成含汞污水，而最终进入生产装置的凝析油主要含单质汞和有机汞（二甲基汞、二乙基汞、单甲基汞卤化物等）。

四、凝析油脱汞技术现状

国际上越来越重视石油与天然气中汞的脱除。目前，国外开发了多种凝析油脱汞工艺，包括化学吸附、气提脱汞、化学沉淀、膜分离、纳米吸附材料等工艺，以化学吸附为主。

化学吸附工艺利用汞与脱汞剂中活性物质发生化学反应，从而达到脱汞的目的，具有脱汞效率高、工艺成熟、操作简单、无二次污染的特点，在凝析油脱汞领域应用较多。现阶段生产凝析油脱汞剂的公司有法国 Axens 公司、美国 Honeywell UOP 公司、英国 Johnson Matthey Catalysts 公司等，其生产的脱汞剂的脱汞深度能达到 5μg/L。

法国 Axens 公司率先开发应用了一种两阶段脱汞工艺，即有机汞氢解—吸附单质汞，适用于有机汞含量较高的凝析油。第一阶段是在有氢气存在的条件下，有机汞在 AxTrap841 吸附剂上发生加氢催化分解反应，转化为单质汞并分散到凝析油中；第二阶段是在环境温度下，使用 AxTrap273 脱汞剂吸附凝析油中大量溶解态单质汞。对于汞含量为 50～1200μg/L 的凝析油进料，脱汞效率在 95%～99%[11]。

2004 年，BP 荷兰能源公司（BPNE）在荷兰北海地区天然气生产平台 P/15-D 建立了两套天然气凝液脱汞装置，采用 Johnson Matthey Catalysts 公司 PURASPEC^{JM} 液相脱汞剂。在一年运行期间内，PURASPEC^{JM} 脱汞剂表现出良好的脱汞效果，无论脱汞装置进口天然气凝液中汞含量如何变化，出口天然气凝液中汞含量均低于 5μg/L[12]。2005 年，马来西亚 PCSB 石油公司在 Duyong 和 Resak 油气田建立了两套凝析油脱汞装置——RDS 和 JDS，运行期间内，它们均能将凝析油中汞含量从 300μg/L 降低至 5μg/L，脱汞效率均能达 95%以上[13, 14]。

气提脱汞利用高温条件下单质汞易从液烃中挥发这一原理达到液烃脱汞的目的，再对气相介质进行脱汞[15, 16]。这种工艺充分利用了气体脱汞的优势，避免了液烃脱汞的缺点（液烃中重组分、其他未知组分以及液相介质对脱汞效率的影响），但其仅能脱除单质汞，高温条件下液烃中轻质组分易挥发至气体介质中。

化学沉淀利用多硫化物（硫化烯烃、硫醇、噻吩、硫酚、硫化钠等）与单质汞、离子汞和有机汞反应生成硫化汞沉淀，再物理分离汞悬浮物达到脱汞目的[17, 18]。这种工艺虽然能够脱除各种形式的汞，但工艺复杂、初期投资及运行成本高，同时，硫化物投加量不易控制，易引入新的杂质硫甚至可能引起恶臭污染，工业上多用于上游原油脱汞。2006 年，Petrobras Argentina 公司利用化学沉淀工艺对阿根廷南部原油进行脱汞处理，硫化物采用硫醇，最终将原油中汞含量从 2000μg/L 降低至 80μg/L。同时，采用相同的方法对其他地区不同性质的原油进行脱汞试验，能将一个地区原油中汞含量从 800μg/L 降低至 680μg/L，能将另一个地区原油中汞含量从 1500μg/L 降低至 340μg/L。这些现场试验表明，原油的类型和原油中的汞形态对脱汞效率影响很大[2]。

据报道，西北太平洋国家实验室研究人员开发了一种新的多孔介质吸附剂纳米材料

Thiol-SAMMS，能够脱除含汞污水和天然气凝析油中各种形式的汞，能将稠污油中的汞含量从 50000μg/L 降低至 200μg/L，应用前景良好[19,20]。近年来，国外出现了膜材料、纳米材料等新兴技术用于凝析油脱汞，目前仅处于实验研究阶段。

第二节 凝析油脱汞工艺

凝析油脱汞的主要目的是降低凝析油加工和运输过程中的安全风险，提高产品质量。国内关于凝析油脱汞技术的研究很少，主要集中在国外。目前，凝析油脱汞工艺主要有化学吸附、化学沉淀和气提等工艺，工业上凝析油脱汞以流程简单、脱汞效率高的化学吸附工艺为主。

一、化学吸附工艺

1. 基本原理

化学吸附是脱汞剂与吸附质间发生化学反应，生成了化学键引起的吸附。由于生成化学键，所以化学吸附具有选择性，不易吸附和解吸，达到平衡时间长。化学吸附脱汞过程将脱汞剂装载成固体吸附床，含汞凝析油流经吸附床时，汞及其汞化物与脱汞剂中活性物质反应生成汞化物，随即停留在脱汞剂微孔表面，从而达到凝析油脱汞的目的。

化学吸附工艺的关键是脱汞剂，脱汞剂是无机骨架和金属化合物或金属单质的结合体，无机骨架通常为氧化铝、活性炭、硅胶等载体。利用浸渍技术将活性物质附着于载体上，增加了活性物质的利用率以及与汞分子的接触面积。

2. 影响因素

根据化学吸附脱汞机理，化学吸附工艺的关键是脱汞剂、吸附质与操作条件，则其脱汞效率的影响因素主要有脱汞剂的物化性质、汞及汞化物的物化性质、操作温度、共存物（固体颗粒、游离水、重烃、气相）以及脱汞剂与凝析油的接触时间，具体分析如下。

（1）脱汞剂的物化性质。

脱汞剂的种类不同，脱汞效果也不一样。评价脱汞剂吸附能力的主要指标有颗粒大小、堆积密度、抗压强度、比表面积、微孔结构、表面化学特性、磨损率等。脱汞剂表面化学特性与脱汞剂微孔表面的活性物质关联很大。

（2）汞及汞化物的物化性质。

汞及汞化物在凝析油中的存在形态对脱汞剂吸附能力有很大的影响。凝析油中汞主要以单质汞、离子汞和有机汞形式存在。凝析油进入脱汞塔前需脱除掉颗粒杂质（包括以单质汞、离子汞和有机汞形式吸附在颗粒上的汞悬浮物），避免堵塞脱汞剂微孔，降低脱汞能力。

（3）操作温度。

凝析油中汞与脱汞剂中活性物质发生的化学反应是一个放热反应，因此温度越低对凝析油脱汞越有利。但在凝析油脱汞处理过程中，一般温度变化不大，故温度对吸附过程影响很小。工业上通常在常温条件下进行脱汞处理。

（4）共存物质。

凝析油中游离水、固体颗粒和其他未知成分等共存物质对脱汞剂的吸附性能起到严重的干扰作用，这些物质将降低脱汞剂吸附性能，缩短脱汞剂使用寿命。

（5）接触时间。

脱汞剂与汞要有足够的接触时间，才能达到吸附平衡。吸附平衡所需时间取决于吸附速度，吸附速度越快，达到平衡所需时间越短。

3. 工艺特点及适用条件

化学吸附脱汞工艺具有以下特点：

（1）脱汞效率高、工艺成熟、操作简单，在凝析油脱汞领域应用广泛。

（2）浸渍技术提高了活性物质利用率，适合大规模工业应用。

（3）不会引入其他杂质，无二次污染。

（4）脱汞剂国外供应、价格高、易被其他物质（固体颗粒、游离水）饱和。

（5）适用于总汞含量不高的轻质烃类，如 LNG、LPG、烯烃、丙烷、丁烷、石脑油、重烃含量较少的凝析油等，处理汞含量高的凝析油将增加脱汞运行成本。有资料表明，原油总汞含量高于 300~400μg/L 时，化学吸附用于原油脱汞的经济性较差[21]。

化学吸附用于凝析油脱汞起源于 20 世纪 80 年代，是现阶段工业上应用最多的凝析油脱汞工艺，广泛分布于中东、欧洲、美国、日本、中国等国家或地区，能将凝析油中汞浓度降低至 5μg/L。

4. 脱汞塔设计

凝析油脱汞塔尺寸设计主要考虑出入口凝析油汞含量、脱汞剂类型和性能、使用年限等因素。脱汞塔的工作原理与吸附塔类似，其尺寸设计可按吸附塔计算，而吸附塔的尺寸设计方法有韦伯的穿透曲线法、弗华特—哈金斯的数学图解法以及经验法等。然而，工业上脱汞塔设计多采用经验法，主要思想是根据脱汞经验或脱汞剂试验资料进行设计，根据空塔速度和最佳接触时间设计确定脱汞塔。经验法设计脱汞塔的具体过程如下：

（1）首先，根据具体工况、脱汞深度要求、使用年限确定需要的脱汞剂数量。

（2）根据空塔速度拟确定脱汞塔内径，通常脱汞剂不同，空塔速度不同。

（3）根据需要的脱汞剂数量、体积和脱汞塔内径计算床层高度。

（4）最后，核算床层高度，保证足够的接触时间以确保物料中的汞进入脱汞剂活性中心，若接触时间不足，则需调整吸附床层体积重新计算塔内径，重复步骤（2）。

凝析油脱汞塔的设计思路与天然气脱汞塔相同，具体见第四章中脱汞塔设计。

二、气提脱汞工艺

1. 脱汞原理

气提脱汞是一个物理过程，其原理是利用一种气体介质破坏原气—液两相平衡而建立一种新的气—液平衡状态。含汞凝析油从气提塔上部进入，用作分离的气体介质从气提塔下部进入，凝析油与气体介质在气提塔中逆向接触，凝析油中汞转移至气体中，再利用气体脱汞技术脱除气体介质中汞。

气提过程一般采用填料塔，目的是增加凝析油与气体介质接触面积。气体介质可选用天然气和氮气。由于天然气在处理厂容易获得且容易吸收单质汞，实际生产中多采用天然气作为气体介质，脱汞后可作燃料气或商品气[16]。

本书提出了一种将凝析油稳定与气提相结合的新工艺，该工艺适用于凝析油初步脱汞。通过 Aspen Plus 软件模拟知，这种工艺不仅能脱除单质汞，也能脱除一定量的有机汞，脱汞效果明显。这种工艺将稳定过程和气提过程相结合，简化了凝析油处理工艺，保证了脱汞效果，减少了气提气使用量。

2. 影响因素

影响气提脱汞工艺脱汞效率的因素主要有气提气及凝析油进料温度、气提塔操作压力、气提气流量及汞含量、气提塔理论塔板数。HYSYS10.0 能够模拟单质汞在凝析油处理过程中各物流的含量，本节采用该分析软件模拟气提脱汞效率的影响因素，以某气田凝析油为例进行说明研究，模拟基础数据如下：

凝析油处理规模为 2m³/h；

凝析油密度为 727kg/m³；

凝析油动力黏度为 0.9cP；

稳定后凝析油汞含量为 1500μg/L；

稳定后凝析油温度为 50℃；

稳定后凝析油蒸气压小于 65kPa（雷德法）；

气提气为低含汞天然气。

1）气提气及凝析油进料温度

利用 HYSYS 软件模拟气提气进料温度和凝析油进料温度对气提脱汞的影响，分别控制凝析油进料温度 50℃、气提气进料温度 30℃不变，改变气提气和凝析油温度，其模拟结果见表 5-3，凝析油进料温度对脱汞效果的影响见图 5-3。

表 5-3　气提气及凝析油进料温度对脱汞效果的影响

影响因素		凝析油出口汞含量，μg/L	脱汞效率，%	烃损失率，%
气提气进料温度	20℃	95.51	93.63	7.98
	25℃	95.23	93.65	7.98
	30℃	94.95	93.67	7.98
	35℃	94.67	93.69	7.99
	40℃	94.38	93.71	7.99
凝析油进料温度	40℃	202.2	86.52	6.43
	45℃	140.8	90.61	7.16
	50℃	94.95	93.67	7.98
	55℃	62.34	95.84	8.91
	60℃	40.10	97.33	9.95

注：（1）气提塔操作压力 140kPa，气提塔理论塔板数 5 块，气提气流量 4kmol/h（96m³/h 标况，不含汞）。

（2）"烃损失率"指气提塔进出口凝析油质量流量之差与气提塔进口凝析油质量流量之比。

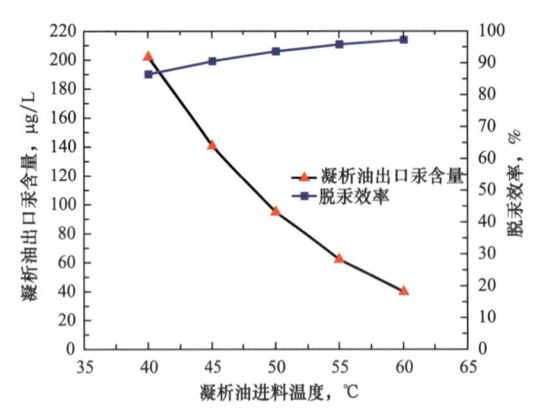

图 5-3 凝析油进料温度对脱汞效果的影响

从表 5-3 可以看出,凝析油出口汞含量随气提气进料温度升高而降低,脱汞效率越来越高,但变化趋势不明显。由此可知,气提气温度对气提过程的脱汞效率影响很小,烃损失率基本保持不变。

从表 5-3 和图 5-3 可以看出,凝析油出口汞含量随凝析油进料温度升高而降低,脱汞效率越来越高,变化趋势明显。当进料凝析油温度为 50℃ 时,能将凝析油中汞浓度从 1500μg/L 降低至 94.95μg/L,脱汞效率能达 93.67%。随着凝析油进料温度升高,凝析油烃损失率增大。因此,必须合理控制凝析油进料温度,才能减小烃损失率,同时能达到理想的脱汞效果。

2)气提塔操作压力

控制凝析油进料温度 50℃、气提气进料温度为 30℃ 不变,利用 HYSYS 软件模拟气提塔操作压力对气提过程脱汞效率的影响情况,其模拟结果见表 5-4 和图 5-4。

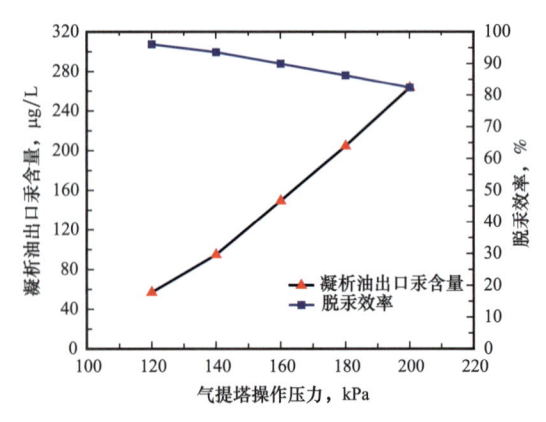

表 5-4 气提塔操作压力对脱汞效果的影响

影响因素		凝析油出口汞含量,μg/L	脱汞效率,%	烃损失率,%
气提塔操作压力,kPa	120	57.09	96.19	8.71
	140	94.95	93.67	7.98
	160	149.5	90.04	7.28
	180	204.7	86.35	6.80
	200	263.6	82.43	6.39

注:(1)气提塔理论塔板数 5 块,气提气流量 4kmol/h(96m³/h 标况,不含汞)。
(2)"烃损失率"指气提塔进出口凝析油质量流量之差与气提塔进口凝析油质量流量之比。

气提脱汞是利用单质汞饱和蒸气压改变达到脱汞的目的,则气提塔操作压力对脱汞效率的影响非常明显。从表 5-4 和图 5-4 可以看出,凝析油出口汞含量随气提塔操作压力降低而降低,脱汞效率越来越高,基本呈线性变化。当气提塔操作压力为 140kPa 时,脱汞效率能达 93.67%。但随着气提塔操作压力降低,凝析油烃损失率增大。

3)气提气流量及汞含量

保持气提气进料温度 30℃、凝析油进料

图 5-4 气提塔操作压力对脱汞效果的影响

温度50℃不变，利用HYSYS软件分别模拟气提气流量及汞含量对气提过程脱汞效率的影响，其模拟结果见表5-5，气提气流量对脱汞效果的影响如图5-5所示。

从表5-5可以看出，凝析油出口汞含量随气提气中汞含量增加而增加，脱汞效率降低，但变化趋势不明显。由此看出，气提气中汞含量对气提过程的脱汞效率影响很小。

从表5-5和图5-5可以看出，凝析油出口汞含量随气提气流量升高而降低，脱汞效率越来越高。当气提气流量为100m³/h（标况）时，能将凝析油中汞浓度从1500μg/L降低至94.56μg/L，脱汞效率能达93.70%。但气提气流量过大，会增加气提塔及气相脱汞塔的尺寸，增大设备占地面积和脱汞运行成本，同时会增大烃损失率。

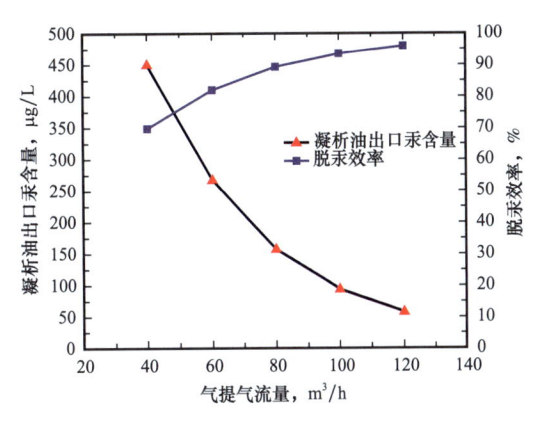

图5-5 气提气流量对脱汞效果的影响

表5-5 气提气流量及汞含量对脱汞效果的影响

影响因素		凝析油出口汞含量，μg/L	脱汞效率，%	烃损失率，%
气提气流量 m³/h（标况）	40	450.4	69.97	5.66
	60	267.8	82.15	6.56
	80	157.8	89.48	7.30
	100	94.56	93.70	7.94
	120	58.48	96.10	8.51
气提气中汞含量 μg/m³	0	94.95	93.67	7.86
	20	95.68	93.62	7.98
	40	96.41	93.57	7.86
	60	97.13	93.52	7.98
	80	97.86	93.48	7.86
	100	98.59	93.43	7.98

注：（1）气提塔操作压力140kPa，气提塔理论塔板数5块，气提气流量4kmol/h（96m³/h 标况，不含汞）。
（2）"烃损失率"指气提塔进出口凝析油质量流量之差与气提塔进口凝析油质量流量之比。

4）气提塔理论塔板数

保持气提气进料温度30℃、凝析油进料温度50℃条件不变，利用HYSYS软件模拟气提塔理论塔板数对气提过程脱汞效率的影响，其模拟结果见表5-6和图5-6。

从表 5-6 和图 5-6 可以看出，凝析油出口汞含量随气提塔理论塔板数升高而降低，脱汞效率越来越高，烃损失率增大。当气提塔理论塔板数为 5 块时，能将凝析油中汞浓度从 1500μg/L 降低至 94.95μg/L，脱汞效率能达 93.67%，脱汞效果明显。

通过分析可知，气提过程的脱汞效率随凝析油进料温度、气提气进料温度、气提气流量和气提塔理论塔板数增加而升高，随气提塔操作压力和气提气中汞含量增加而降低，而凝析油进料温度、气提气流量、气提塔理论塔板数和气提塔操作压力的影响效果明显。因此，实际应用中为保证高的脱汞效率及低的运行成本，需充分考虑凝析油进料温度、气提塔操作压力、气提塔理论塔板数和气提气流量的影响。

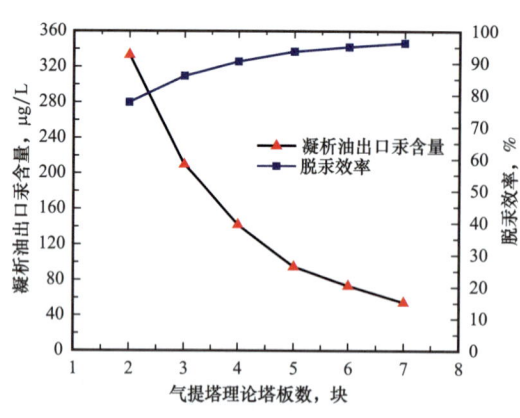

图 5-6　气提塔理论塔板数对脱汞效果的影响

表 5-6　气提塔理论塔板数对脱汞效果的影响

影响因素		凝析油出口汞含量，μg/L	脱汞效率，%	烃损失率，%
气提塔理论塔板数，块	2	333.3	77.78	7.07
	3	209.9	86.00	7.53
	4	142.1	90.53	7.74
	5	94.95	93.67	7.98
	6	73.55	95.10	7.93
	7	54.97	96.34	7.97

注：（1）气提塔操作压力 140kPa，气提气流量 4kmol/h（96m³/h 标况，不含汞）。
　　（2）"烃损失率"指气提塔进出口凝析油质量流量之差与气提塔进口凝析油质量流量之比。

3. 工艺特点及适用条件

气提脱汞工艺具有以下特点：

（1）充分利用了气体脱汞的优势，避免了液烃脱汞的缺点；
（2）脱汞效率与气提温度、压力、气体介质流量有关，脱汞效率能达 90% 以上；
（3）仅能脱除液烃中单质汞，高温条件下凝析油中轻质组分易进入气体介质；
（4）设置气体脱汞装置，有时甚至需与化学吸附工艺结合使用，工艺流程复杂。

液烃中重组分、不同汞形态以及液相介质状态增加了液烃脱汞的难度，从理论上讲，气提脱汞工艺将液相脱汞转换成气相脱汞，避免了所有液烃脱汞的缺点。通常将气提脱汞工艺与其他液烃脱汞工艺结合使用。

三、化学沉淀工艺

1. 脱汞原理

化学沉淀脱汞是向液烃中加入反应剂，将凝析油或原油中溶解的汞及汞化物转换成不溶于液烃或水的汞悬浮物，再利用过滤分离技术（如旋流离心分离器、硅藻岩筒式过滤器）或物理吸附技术（如活性炭、硅藻岩）脱除汞悬浮物，从而达到从液烃中脱汞的目的。

目前研究最多的汞沉淀剂是多硫化物，其与汞及汞化物反应生成硫化汞（不溶于水及液烃）。多硫化物与单质汞、有机汞、离子汞的化学反应见式（5-1）至式（5-3）：

$$Hg + S_x^{2-} \longrightarrow S_{x-1}^{2-} + HgS \tag{5-1}$$

$$R-Hg-R' + S_x^{2-} \longrightarrow HgS + S_{x-1}^{2-} + R-R' \tag{5-2}$$

$$HgCl_2 + S_x^{2-} \longrightarrow HgS + S_{x-1}^{2-} + 2Cl^- \tag{5-3}$$

上述反应中的多硫化物主要以溶液形式或固体颗粒形式加入。若为固体颗粒，则颗粒直径通常在 3~60μm（优选 10~50μm），多硫化物由固体颗粒（如硅藻岩）支撑，活性物质元素硫的相对含量为整个固体颗粒的 1%~20%。

多硫化物采用有机硫化物或无机硫化物。有机硫化物可以为二硫代氨基甲酸酯（如乙基二硫代氨基甲酸酯、二甲基二硫代氨基甲酸酯）、硫化烯烃、硫醇等，它们均能有效脱除有机汞、离子汞。二硫代氨基甲酸酯和硫化烯烃作为有机汞沉淀剂非常有效，其分子结构式如图 5-7 所示。二硫代氨基甲酸酯聚合物相较于液烃更易溶于水，同时能够脱除单质汞、氯化汞和硫化汞等汞化物。二硫代氨基甲酸酯中的 R_1 和 R_2 可相同也可不同，是氢原子或烃基基团（取代或未取代，基团含有 1~20 个碳原子，多为 1~4 个碳原子）；而 R_3 选自氢原子、碱金属或碱土金属（如 Na_2CS_3）。

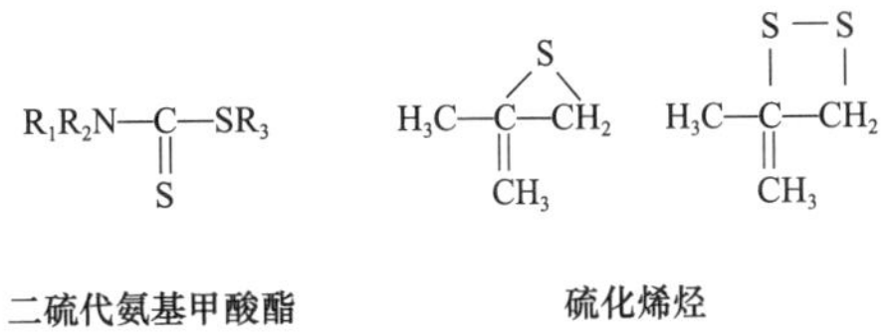

图 5-7 有机硫化物分子结构式

无机硫化物采用硫化钠、硫氢化钠或硫化亚铁等，其原理是利用弱碱性条件下 S^{2-} 与 Hg^{2+} 之间的强亲和力，生成溶解度极小的硫化汞沉淀（溶度积为 4×10^{-53}），再从液烃中除去。通常硫化物的加入量要比理论计算量至少高 10%，但过量的硫化物会与汞生成溶于水的络合离子，降低脱汞效果，还会导致硫的二次污染。相对而言，工业上选择有机硫化物作为汞沉淀剂更好。

2. 影响因素

影响化学沉淀工艺脱汞效果的因素主要包括温度、pH 值、汞沉淀剂的性质和结构、汞沉淀剂投加量、水力条件等，具体分析如下：

（1）温度。脱汞效果随操作温度的升高而提高，但反应温度过高将会导致石油中轻质组分挥发出来，同时，单质汞也会从凝析油中挥发出来，增加石油加工过程中安全风险。

对于低温条件，必须增加汞沉淀剂使用量或延长反应时间以提高脱汞效果。通常来讲，操作温度宜控制在 40~60℃。

（2）pH 值。当多硫化物为溶液形式参与反应时，每种汞沉淀剂都有它适合的 pH 值范围，超出它的范围就会影响脱汞效果，因此，脱汞时需对每种汞沉淀剂的 pH 值适应范围进行实验研究。

（3）汞沉淀剂的性质和结构。不同种类的汞沉淀剂与汞反应的条件不同，有机硫化物均能够有效脱除石油中离子汞和有机汞，其中硫代氨基甲酸酯和硫化烯烃的脱汞效果最好。而无机硫化物较有机硫化物的脱汞效果差，反应速度慢。

（4）汞沉淀剂投加量。汞沉淀剂投加量不易控制，由于液烃中的汞与硫化物反应速度较慢且不易充分混合，所以汞沉淀剂实际投加量往往高于理论计算值，而富裕投加量不易确定。若用量不足，则不能完全脱除汞化物；而过量则会生成易溶于水的络合离子，降低脱汞效果。针对不同种类汞沉淀剂，在使用前需小试以确定其最佳加剂量。

（5）水力条件。为了使活性物质与液烃充分接触，有必要进行机械搅拌，而搅拌的速度和时间必须适当。若搅拌时间太短，则汞及汞化物与硫化物接触不充分，不能够完全脱除汞；若搅拌速度太快，时间太长，会使已经聚结成团的汞悬浮物被打碎，增加分离设备的处理能力，同时易形成乳状液。

3. 工艺特点及适用条件

化学沉淀脱汞工艺具有以下特点[22, 23]：

（1）能同时脱除单质汞、有机汞和离子汞，但脱汞深度有限。

（2）能处理汞含量高的凝析油，汞含量适应范围广（40~5000μg/L）。

（3）多硫化物的投加量不易控制，易引入新的杂质，容易造成二次污染。

（4）为混合充分需搅拌混合溶液，当凝析油中重烃含量较多时，易形成乳状液。

（5）整个工艺流程复杂，需设置过滤设备、混合设备、废液脱汞设备、化学吸附设备（为满足用户要求汞含量）等，使用设备较多，占地面积大。

（6）初期投资成本及废液处理成本较高，且多个设备处于含汞环境，增加了设备清汞和维护费用。

根据化学沉淀工艺室内实验和现场试验的脱汞效果，化学沉淀工艺最理想的脱汞深度也仅达 25~50μg/L[2]。因此，化学沉淀工艺的脱汞深度往往达不到工业需求，一般只能用作凝析油初步脱汞，通常与化学吸附技术相结合使用。由于该工艺脱汞深度不够，且易引入新的杂质，工业上凝析油脱汞很少采用此工艺，一般用于原油脱汞。

综上所述，凝析油脱汞主要有化学吸附、气提脱汞和化学沉淀工艺，需根据凝析油中汞形态和脱汞深度要求，选择合适的脱汞工艺。

第三节　脱汞剂类型及性能分析

凝析油脱汞剂主要有负载型金属硫化物、负载型金属卤化物和载银分子筛等。其中载银分子筛凝析油脱汞剂的脱汞原理、影响因素及工艺特点与天然气的相同，则此处不再赘述，具体见第四章第三节。

一、负载型金属硫化物

1. 脱汞机理及影响因素

负载型金属硫化物凝析油脱汞剂的脱汞原理与天然气的相同,具体见第四章第三节。该类凝析油脱汞剂多采用氧化铝作为载体,硫化铜作为活性成分,并添加一定的活性辅助成分。

凝析油脱汞剂的影响因素与天然气脱汞剂不同,凝析油中重烃、有机汞、离子汞以及液相介质状态的存在增加了凝析油脱汞的难度,分析如下:

(1)其氧化铝载体具有大量的微孔结构,这些微孔结构对大分子物质(如重烃、有机汞以及其他的未知组分)有一定的吸附能力,这将堵塞汞到达化学反应活位点之间的接触通道,降低脱汞效率,从而降低脱汞剂有效汞吸附容量;

(2)氧化铝载体对游离水有一定的亲和力,易使负载型金属硫化物脱汞剂饱和失效,从而导致脱汞塔出口凝析油中汞含量不能满足用户要求;

(3)若凝析油中有气相介质存在,这些气相介质滞留于微孔会堵塞脱汞剂微孔孔道,这将导致脱汞剂失效、塔内凝析油断流、吸附床压降增加;

(4)据调查,负载型金属硫化物脱汞剂对有机汞、离子汞的脱除率仅有30%左右,而对单质汞的脱除率能达90%以上[24],因此其对有机汞、离子汞的吸附能力较单质汞弱,而凝析油中存在一定量的有机汞和离子汞,其用于有机汞含量多的凝析油的脱汞效果较天然气差。

综上所述,虽然天然气脱汞剂和凝析油脱汞剂的脱汞原理相同,但它们脱汞效率的影响因素不同,从而导致这两种脱汞剂的堆积密度、微孔结构、耐磨损率、颗粒直径等性能参数不同。为保证凝析油脱汞剂的吸附性能,必须在脱汞塔前设置过滤分离器和液液聚结器对凝析油进行预处理,严格控制凝析油进料要求。

2. 工艺特点及适用条件

负载型金属硫化物凝析油脱汞剂具有以下特点:

(1)在液烃中性质稳定,不会溶解,不会发生板结;

(2)反应相(金属硫化物)高度分散且稳定,脱汞效率高,脱汞深度能达 5μg/L;

(3)凝析油中的游离水和其他未知组分易使脱汞剂饱和失效,降低有效汞吸附容量。

负载型金属硫化物脱汞剂主要脱除凝析油中单质汞,适用于总汞含量较高、以单质汞为主的凝析油。负载型金属硫化物在石脑油和凝析油等脱汞领域得到了广泛应用。

目前,国外有多家公司可以提供负载型金属硫化物/金属氧化物凝析油脱汞剂,主要有 Axens 公司、Honeywell UOP 公司和 Johnson Matthey Catalysts 公司等,其产品脱汞深度均能达 5μg/L。它们生产的凝析油脱汞剂已经做过钝化处理,能在空气中装填,安全简便。由于制作工艺不同,生产的负载型金属硫化物脱汞剂的特性参数不完全相同。负载型金属硫化物脱汞剂特性参数见表 5-7。基于金属硫化物与汞反应生成硫化汞的原理,本书作者开发制备了负载型金属硫化物凝析油脱汞剂,并对其进行了吸附评价实验,脱汞效率能达 95% 以上。

表 5-7　负载型金属硫化物脱汞剂特性参数

公司	Axens 公司	Honeywell UOP 公司	Johnson Matthey Catalysts 公司
反应物/载体	硫化铜/氧化铝	硫化铜（氧化铜）/氧化铝	硫化铜（氧化铜）/氧化铝
载硫量，%（质量分数）	5	5.5	5~6.2
颗粒形状	球形	球形	球形
颗粒直径，mm	1.4~2.8	7×14 目	2.0~3.35
抗压强度，MPa	1.0	2.0	1.5
堆积密度，kg/m³	600	850	1000

二、负载型金属卤化物

1. 脱汞机理及影响因素

负载型金属硫化物的脱汞原理是汞及汞化物在活性炭的催化作用下，与卤素离子反应生成卤化汞[25]。通常采用腐蚀性小、毒性小、价格便宜的碘化钾浸渍活性炭，碘在活性炭在催化作用下与离子汞、有机汞和单质汞形成强化学键，其与单质汞的反应机理复杂，与有机汞和离子汞的反应机理见式（5-4）和式（5-5）。

$$XHgX + 2I^- \longrightarrow HgI_2 + 2X^- \quad (5-4)$$

$$HgCl_2 + 2KI \longrightarrow HgI_2 + 2KCl \quad (5-5)$$

负载型金属卤化物载体是一种浸渍颗粒状活性炭[26]，采用活性炭（拥有巨大的内表面积，增大了催化工艺的速度和产量）作为载体能够为有机汞的脱除提供较大的吸附容量，碘化钾能与单质汞、无机汞和有机汞反应。石炭基底提供了最佳的孔隙结构来支撑浸渍剂、吸收的汞和汞产物。粉末状的石炭采用相适应的黏合剂黏合，创造了进入反应位置和吸附表面最优化的孔径分布，提高了化学转化过程和吸附速率。采用浸渍工艺提高浸渍剂量，以获得高的有效汞吸附容量，对于汞及其化合物，需要保持连通孔隙结构以获得高的吸附容量和快速地输送汞到达反应活性点。

活性炭吸附系统的设计要考虑吸附类型、流量、脱汞深度和液烃的化学组成。设计较好的处理系统需保证至少 15min 的空塔接触时间，脱汞塔的表面流速宜为 2.41~11.88m/h，而最小的脱汞塔尺寸需根据原料中汞含量、要求的脱汞深度和使用寿命来决定。

2. 工艺特点及适用条件

负载型金属卤化物用于凝析油脱汞具有以下特点：

（1）能同时脱除单质汞、离子汞和有机汞，脱汞深度达 5μg/L；

（2）活性物质利用率不高，有效汞吸附容量小；

（3）对微量游离水的适应性差，碘化钾易溶于水，凝析油中微量的游离水也会带走碘化钾，破坏脱汞剂结构，同时，给下游处理工艺带来危害，如使脱硫过程中的催化剂中毒。

负载型金属卤化物使用前必须完全脱除游离水,以保证脱汞剂的使用寿命和脱汞效果,对预处理设备要求很高(凝析油中的微量水脱除非常困难),这一技术要求在很大程度上限制了其在凝析油脱汞领域的应用。目前,全球已有部分液烃脱汞装置采用负载型金属卤化物脱汞剂。

目前,国外提供负载型金属卤化物凝析油脱汞剂的公司主要有美国 Calgon Carbon 公司和日本 JGC 公司等,脱汞深度均能达 5μg/L。国外负载型金属卤化物脱汞剂特性参数见表 5–8。

表 5–8 国外负载型金属卤化物脱汞剂特性参数

项目	特性参数	项目	特性参数
碘化钾含量,%(质量分数)	11～13	颗粒直径,mm	8 筛眼(<15%)/30 筛眼(<5%)
碘值,mg/g	>1050	含水量,%(质量分数)	2
耐磨损率,%	>75	堆积密度,kg/m³	560

西南石油大学根据碘化钾能脱除液烃中单质汞、有机汞和离子汞的原理,优选活性炭载体,研发了负载型金属卤化物脱汞剂 LH–1 型,脱汞效率能达 97%,能将凝析油中汞含量从 1600μg/L 降低至 20μg/L。LH–1 型脱汞剂添加了少量辅助活性成分,提高了活性物质碘化钾利用率,克服了国外同类脱汞剂不能用于高含汞凝析油的缺点。LH–1 型凝析油脱汞剂特性参数见表 5–9。

表 5–9 LH–1 型凝析油脱汞剂特性参数

项目	特性参数	项目	特性参数
反应物/载体	碘化钾/椰壳活性炭	抗压强度,MPa	>1.5
颗粒形状	破碎状	耐磨损率,%	96
碘含量,%(质量分数)	7.0	堆积密度,kg/m³	490

第四节 凝析油脱汞方案

由于凝析油来源不同,世界各地区凝析油的组分、总汞含量以及汞形态均不相同,目前没有一种脱汞工艺能适用于所有地区的凝析油。针对凝析油中总汞含量及汞形态不同,提出了 4 种凝析油脱汞方案,为含汞气田凝析油脱汞方案设计提供依据[27]。

一、直接吸附方案

针对总汞含量不高的凝析油,可采用凝析油直接吸附方案,即仅采用化学吸附脱汞,该方案工艺流程简单。

1. 脱汞剂选择

直接吸附方案可供选择的凝析油脱汞剂有负载型金属硫化物、负载型金属卤化物和载银分子筛三类。根据凝析油组分、汞形态、汞含量及用户要求等条件，选择合适的脱汞剂。凝析油脱汞剂性能对比见表 5-10。

表 5-10 凝析油脱汞剂性能对比

脱汞剂类型	技术特点	适用条件
负载型金属硫化物	主要脱除单质汞，对有机汞和离子汞的吸附能力明显弱于单质汞；适应性强；活性物质利用率高，汞吸附容量大；工业应用较多	适用于总汞含量不高、主要含单质汞的凝析油
负载型金属卤化物	能脱除有机汞、离子汞和单质汞；对水的适应性差，微量的游离水会带走活性物质（碘化钾）；活性物质利用率低，汞吸附容量较小	适用于总汞含量不高、含有机汞和离子汞的凝析油
载银分子筛	主要脱除单质汞；与普通分子筛联用，能实现脱水脱汞双重功能；可再生利用；价格昂贵，再生能耗高；工业上多用于轻质烃类脱汞	适用于总汞含量不高、重烃含量少、主要含单质汞的凝析油

2. 流程描述

图 5-8 为直接吸附脱汞工艺流程，脱汞单元包括预处理装置、脱汞装置和后续处理装置。预处理过程中，含汞凝析油先后经过过滤分离器和液液聚结器，主要用于脱除凝析油中固体颗粒和游离水，以延长脱汞剂使用寿命。随后进入脱汞塔，凝析油在脱汞塔中的停留时间通常为 1~60min[28]，与所选择的脱汞剂类型有关。最后进入粉尘过滤器脱除从脱汞塔带出的粉尘和固体颗粒。

为保证凝析油脱汞剂吸附效果和使用寿命，预处理过程技术要求如下：
（1）对直径 10μm 以上的固体颗粒，脱除效率达 99.9%；
（2）凝析油中游离水含量最大为 10mg/L；
（3）脱汞单元位于稳定单元后，确保进料凝析油完全为液相，不能含有任何气体。

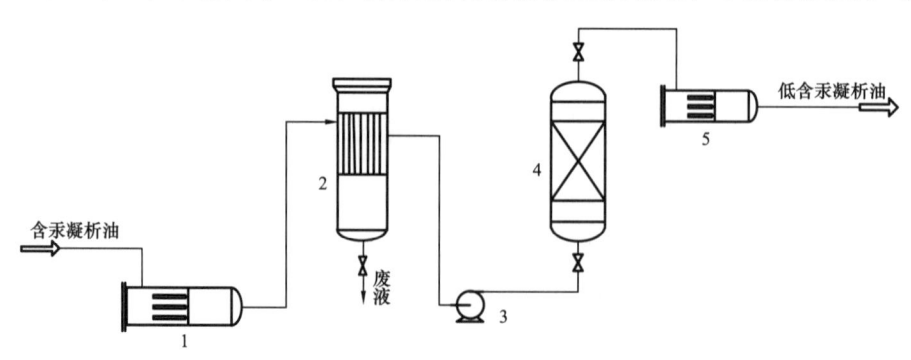

图 5-8 直接吸附脱汞工艺流程
1—过滤分离器；2—液液聚结器；3—增压泵；4—脱汞塔；5—粉尘过滤器

3. 工艺特点及适用条件

直接吸附方案具有以下特点：

（1）工艺流程简单、技术成熟；

（2）脱汞效率高，脱汞深度能达 5μg/L；

（3）脱汞效果受游离水和其他未知成分影响很大，预处理单元的优化设计显得尤为重要。

直接吸附方案适用于总汞含量不高的凝析油脱汞，经济性、实用性好。该方案广泛应用于凝析油脱汞工业领域，全球目前已有几十套凝析油脱汞装置采用此方案。

二、分解—吸附方案

针对总汞含量高、有机汞含量较多的凝析油，可采用分解—吸附方案，即先在高温条件下将有机汞转换为单质汞，再化学吸附单质汞，该方案主要采用高温催化氢解—IFP（法国石油研究院）两阶段脱汞工艺。该方案能有效脱除单质汞、有机汞和离子汞，但工艺流程较复杂。

1. 脱汞机理

IFP工艺第一阶段：有机汞、离子汞转化为单质汞，其中有机汞转化原理是在氢气存在的条件下，以及在氢解催化剂（载铂/钯）的催化作用下，在160～200℃温度下氢原子加成到每个有机汞分子碎片上，致使Hg—C键断裂生成单质汞。有机汞转化反应见式（5-6）。

$$HgX_2 + H_2 \longrightarrow Hg + 2HX \tag{5-6}$$

而离子汞转化原理是单质汞与离子汞间存在以下平衡状态[29]，反应式见式（5-7）：

$$Hg^0 \rightleftharpoons Hg^{2+} + 2e^- \tag{5-7}$$

当温度低于100℃时，单质汞向氧化状态（$Hg^{2+}+2e^-$）方向进行；当温度高于100℃时，氧化状态汞向还原状态（Hg^0）方向进行。转化塔内温度高于100℃，离子汞转化为单质汞。

IFP工艺第二阶段：单质汞化学吸附，单质汞与活性物质硫化铜反应生成化学键，化学反应式见式（5-8）。

$$Hg + M_xS_y \rightleftharpoons M_xS_{y-1} + HgS \tag{5-8}$$

分解—吸附方案的脱汞效率与有机汞分解和化学吸附两个过程有关，有机汞分解的关键在于如何将凝析油中有机汞和离子汞完全转化为单质汞。根据汞化物转化反应动力学，离子汞与单质汞间的转化速率与温度之间的关系可用Arrhenius方程表示[25]，计算公式见式（5-9）和式（5-10）。

$$[Hg^{2+}]_t = [Hg^{2+}]_i e^{-kt} \tag{5-9}$$

$$k = A e^{-E_a/RT} \tag{5-10}$$

式中　　k——表观一阶速率常数；

　　　　t——时间；

　　　　$[Hg^{2+}]_i$——初始时刻离子汞浓度；

　　　　$[Hg^{2+}]_t$——t 时刻离子汞浓度；

　　　　$Ae^{-E_a/RT}$——Arrhenius 方程，描述温度与反应速率系数间定量关系，其中，A 为频率因子，E_a 为表观活化能，R 为摩尔气体常数，T 为热力学温度。

由此可见，温度越高，Hg^{2+} 转化为单质汞的速率越快。但温度不宜太高，否则凝析油中部分烃类会裂解，分子量大的组分易形成积炭。在保证汞转化速率和防止烃类裂解的条件下，最佳分解温度为 160～200℃。

2. 流程描述

IFP 两阶段脱汞工艺流程如图 5-9 所示，流程简述如下[11]：

第一阶段有机汞转化过程，将一定量（氢气与凝析油比例为 1～3m³/m³）氢气通入凝析油中，含汞凝析油和氢气与有机汞转化塔釜液换热后，进入加热器加热至一定温度（160～200℃），以保证有机汞、离子汞完全转化为单质汞。然后进入装有催化剂 AxTrap841 的有机汞转化塔，发生加氢催化分解反应，有机汞转化成单质汞后进入脱汞塔。

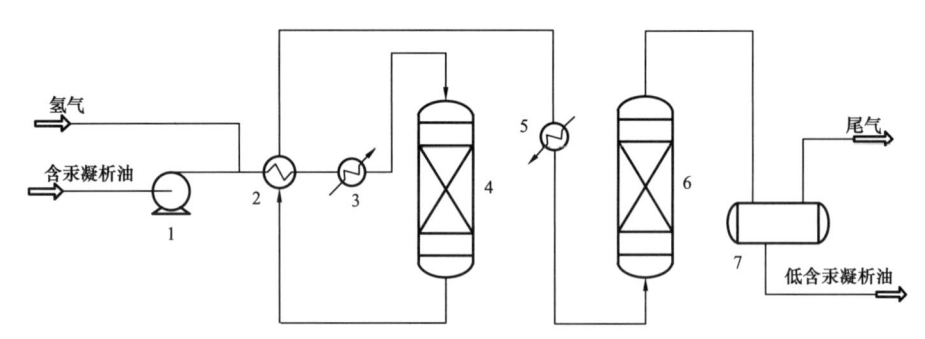

图 5-9　IFP 两阶段脱汞工艺流程

1—增压泵；2—换热器；3—加热器；4—有机汞转化塔；5—冷却器；6—脱汞塔；7—分离器

第二阶段吸附过程是在常温下进行，有机汞转化塔出口的凝析油进脱汞塔前需冷却至环境温度，然后进入脱汞塔，脱汞剂推荐选用适应性强的负载型金属硫化物，最后进入两相分离器实现凝析油和尾气的分离，尾气燃烧排放，脱汞后的凝析油去储存装置。

3. 工艺特点及适用条件

分解—吸附方案具有以下特点：

（1）能同时脱除单质汞、有机汞和离子汞，脱汞效率达 99%，脱汞深度达 1μg/L；

（2）汞含量适用范围宽（达 10～1800μg/L）、适应性强；

（3）需要大量的高纯度氢气，且需要贵金属催化剂（钯），运行成本高；

（4）工艺流程较复杂，有机汞转化塔操作温度较高，能耗较高。

分解—吸附方案适用于总汞含量高且有机汞含量占比大的凝析油，该方案在凝析油中有机汞的脱除领域应用很广，全球已有数十套凝析油脱汞装置采用此方案。含汞凝析油处理量较小时，为减少运行成本，没有必要采取这种方案，推荐采用直接吸附方案。

三、气提—吸附方案

针对总汞含量高的凝析油，可采用气提—吸附方案，即先气提初步脱除凝析油中单质汞，再化学吸附深度脱汞，该方案工艺流程较简单。

1. 流程描述

气提—吸附脱汞工艺流程如图 5-10 所示，流程简述如下：

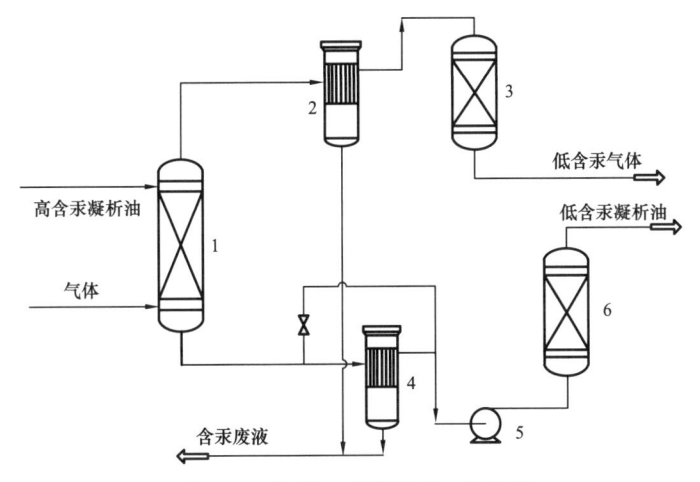

图 5-10 气提—吸附脱汞工艺流程

1—气提塔；2—气液聚结器；3—气相脱汞塔；4—液液聚结器；5—增压泵；6—液相脱汞塔

高含汞凝析油从气提塔上部进入，气体从气提塔下部进入，凝析油中的汞转移至天然气后，气体去气体脱汞单元，凝析油去液相脱汞单元。含汞气体经气液聚结器脱除轻烃后去气相脱汞塔，凝析油经液液聚结器脱除游离水后去液相脱汞塔。

该方案液液聚结器的预处理技术要求及脱汞剂的选择原则与直接吸附方案相同。气提过程温度、压力和气体需求量根据现场工艺条件和脱汞效率确定。气体脱汞剂推荐采用负载型金属硫化物，为保证脱汞效果，预处理要求如下：

（1）气体温度应高于其水露点 5℃以上，对工艺设备和管线采取保温措施；

（2）气体中液相含量最大为 $10\mu g/m^3$；

（3）对直径 0.3μm 以上液滴的脱除率达 99.9%。

2. 工艺特点及适用条件

气提—吸附方案具有以下特点：

（1）气提过程初步脱除部分单质汞，吸附过程应用效果好；

（2）延长了脱汞剂的使用寿命，降低吸附过程脱汞成本；

（3）脱汞深度能达 1μg/L，保证了凝析油脱汞单元出口汞含量要求。

气提—吸附方案适用于总汞含量高的凝析油，将液相脱汞转化为气相脱汞，利用了气体脱汞的优势，保证了液相脱汞塔中脱汞剂的吸附效果，但工艺流程较复杂。

四、分解—气提—吸附方案

针对汞含量高且有机汞含量相对高的凝析油，可采用分解—气提—吸附方案。即先在高温条件下将有机汞转换为单质汞，再利用气提工艺脱除凝析油中部分单质汞，最后再化学吸附单质汞。该方案能处理汞含量非常高的凝析油，能有效脱除单质汞、有机汞和离子汞，但整个工艺流程复杂。

1. 流程描述

分解—气提—吸附脱汞工艺流程如图 5-11 所示，流程简述如下：

高含汞凝析油和氢气混合物先与有机汞转化塔釜液换热，再加热后进入有机汞转化塔将有机汞、离子汞转化为单质汞，然后进入气提塔脱除部分单质汞。气提过程用作分离的气体将凝析油中单质汞转移入气体后，含汞气体去气相脱汞单元，凝析油去液相脱汞单元深度脱汞。含汞气体经冷却器冷却至一定温度后，进入气液聚结器脱除从凝析油中带出的轻烃，随后进入气相脱汞塔。凝析油经液液聚结器脱除游离水后，泵送至脱汞塔深度脱汞，低含汞凝析油去储存装置。

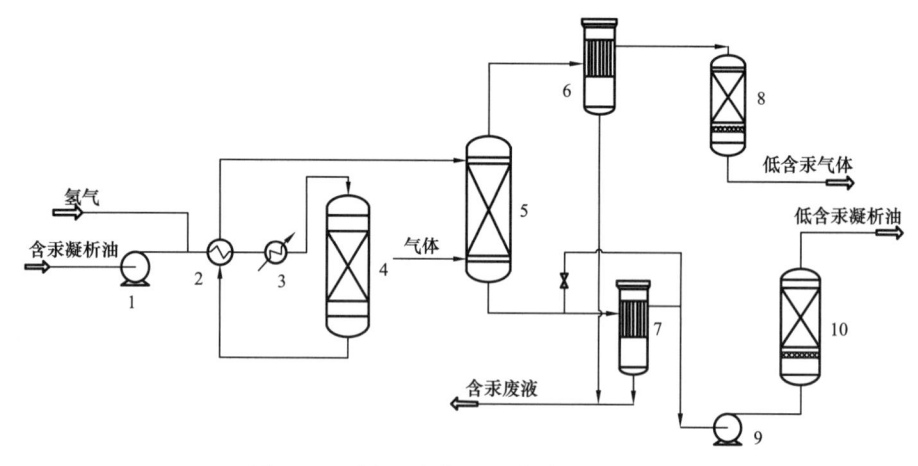

图 5-11 分解—气提—吸附脱汞工艺流程

1, 9—增压泵；2—换热器；3—加热器；4—有机汞转化塔；5—气提塔；6—气液聚结器；
7—液液聚结器；8—气相脱汞塔；10—液相脱汞塔

该方案凝析油中有机汞转化过程的操作条件及催化剂选择、化学吸附脱汞过程预处理技术要求及脱汞剂的选择原则与上述前两种方案相同。气提温度、压力和气体需求量根据现场工艺条件和要求脱汞深度确定。气体脱汞剂推荐采用负载型金属硫化物，气液聚结器的技术要求与气提—吸附方案相同。

2. 工艺特点及适用条件

分解—气提—吸附方案具有以下特点：

（1）分解过程有机汞转化效率高，气提过程初步脱除单质汞，吸附过程脱汞效果好；
（2）气提过程初步脱汞利用了气体脱汞的优势，避免了所有液烃脱汞的缺点；
（3）延长吸附过程脱汞剂使用寿命，降低吸附过程脱汞成本；

（4）脱汞深度能达 1μg/L，保证了凝析油脱汞单元出口汞含量要求；

（5）整个方案工艺流程复杂、设备多、能耗高、投资及运营成本高。

第五节　工程实例分析

一、马来西亚 Duyong 油田和 Resak 油田

马来西亚石油公司 Carigali Sdn Bhd（简称 PCSB 公司）经营的油田有 Duyong 油田、Resak 油田和 Angsi 油田，前两个油田开采出的油田伴生气经 JDS 和 RSD 管道系统输送至陆上终端。2001—2005 年期间，PCSB 公司监测了天然气凝析油中汞含量，正常条件下未经处理的凝析油中汞含量为 3~9kg/d。

2005 年，PCSB 公司针对未处理的凝析油开展了脱汞项目研究[10, 11]，评估了现有的凝析油脱汞工艺，最后选择化学吸附工艺，并决定在陆上终端设置两套脱汞装置——RDS 和 JDS，于 2006 年 3 月投产运行。

RDS 和 JDS 两套脱汞装置包括预处理设备、脱汞设备和后处理设备。后处理设备包括粉尘过滤器，以脱除从脱汞床层中带出的固体颗粒物。预处理设备包括过滤分离器和液液聚结器，其技术要求如下：

（1）对凝析油中直径 10μm 以上颗粒物的脱除率达 99.98%；

（2）将凝析油中游离水含量从 20000mg/L 降低至 10mg/L 以下。

用户要求将凝析油中汞含量控制在 5μg/L 以下以保护下游工艺及设备，因此，脱汞装置需将凝析油中汞含量从 300μg/L 降低至 5μg/L。监测两套脱汞装置的脱汞效率，图 5-12 和图 5-13 分别为 JDS 脱汞装置和 RSD 脱汞装置的脱汞效率。从图 5-12 和图 5-13 看出，两套脱汞装置的脱汞效率均达 95%，将脱汞装置出口凝析油中汞含量控制在 5μg/L 以下。

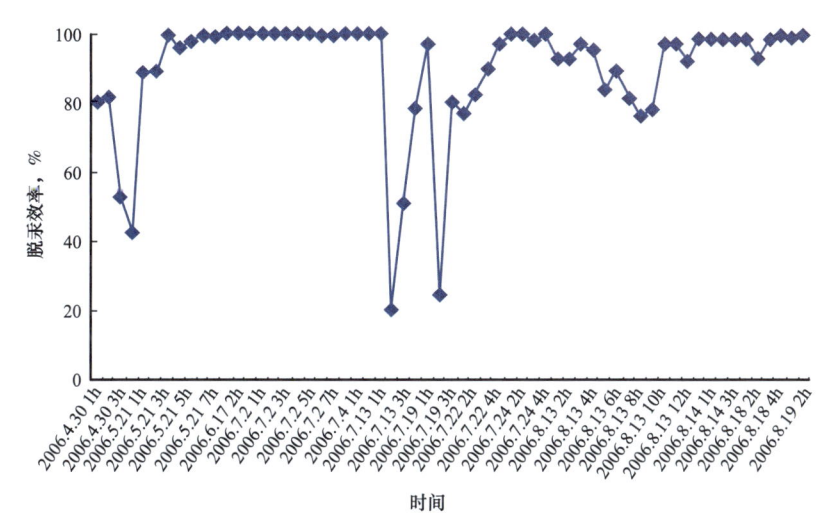

图 5-12　JDS 脱汞装置脱汞效率

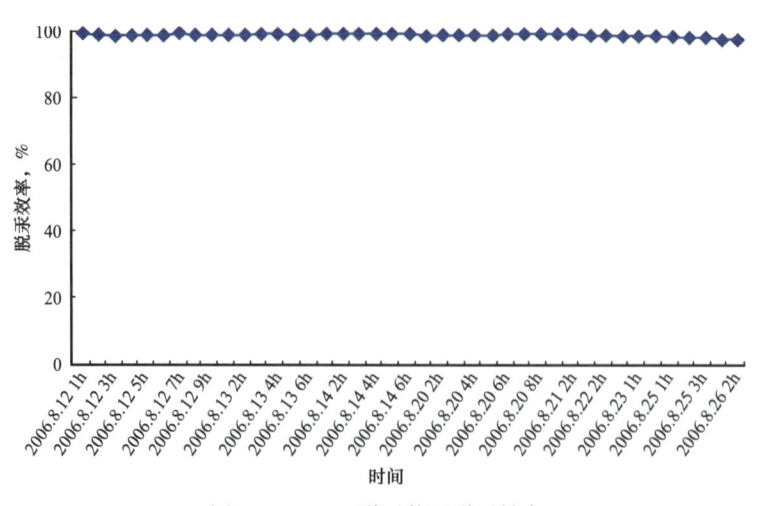

图 5-13　RDS 脱汞装置脱汞效率

该项目在实施过程中出现了一系列问题：观测到预处理设备压差高，脱汞床层底部积聚过多游离水，而游离水积聚过多引起脱汞床层压降增加，脱汞剂活性物质减少，脱汞剂使用寿命缩短。分析预处理设备出现高压差的原因，发现过滤分离器和液液聚结器完全损坏，其中堵满了半固态的黑色"焦油"物质。损坏的过滤分离器及液液聚结器如图 5-14 所示。

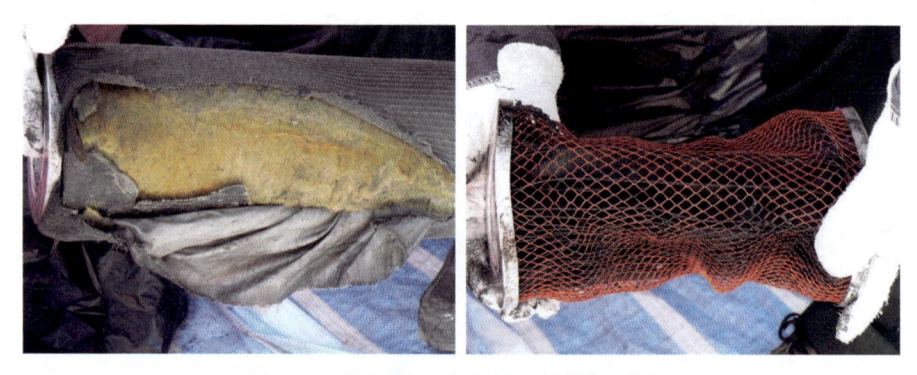

图 5-14　损坏的过滤分离器和液液聚结器

通过烧失量（LOI）、扫描电子显微镜-X 射线能量色散分析（SEM-EDAX）、X 射线衍射（XRD）、气相色谱（GC）、傅里叶变换红外光谱（FTIR）、颗粒分析等手段对黑色"焦油"物质进行分析，得出如下结论：

（1）LOI 分析结果表明，黑色物质中有机物质组成大于 75%，其余全部是无机物质；

（2）SEM-EDAX 分析结果表明，无机物质的主要元素是硅、铁和氧，其中铁含量为 53.46%，可能有腐蚀物质进入系统中；

（3）XRD 分析结果进一步表明，无机物质是二氧化硅和磁铁矿，磁铁矿的存在表明上游可能发生了腐蚀；

（4）GC 分析结果表明，碳分布情况为 C_{11}—C_{17}，而预处理设备的过滤精度为 5μm 和 10μm，因此液烃未对预处理设备造成损坏；

（5）FTIR 分析表明，半固态黑色"焦油"物质中含有的芳香族化合物来源于表面活性剂，这些表面活性剂可能来自上游化学剂注入系统，如缓蚀剂、钻井液和微生物活动；

（6）颗粒分析显示物质大小在 1.5~2.5μm 范围内，其大小分布小于预处理技术要求，但黑色物质是半固态，这些小物质可聚成块状形成更大的颗粒。

通过分析可知，凝析油中表面活性剂的存在致使稳定乳状液的形成，水与凝析油之间形成更低的表面张力，使凝析油中游离水难以分离。除非使用分离精度更高的液液聚结器，否则很难分离游离水。由于存在半固态"焦油"物质和游离水，为延长脱汞装置的使用寿命，需重新设计预处理设备。经优化改进后，预处理设备技术要求：闸阀过滤器和过滤分离器均脱除直径 10μm 以上颗粒，液液聚结器脱除直径 1μm 以上颗粒。

二、荷兰北海地区油气田

BP 荷兰能源公司（BPNE）管理荷兰北海地区天然气生产平台 P/15-D，天然气及天然气凝液脱水处理后管输至陆上储存装置[27]。北海地区油气田中汞含量逐年增加，该公司决定于 2004 年建设脱汞装置以满足用户对天然气及天然气凝液中汞含量要求。该公司于 1998 年联系英国庄信万丰催化剂公司进行 PURASPEC^{JM} 系列脱汞剂室内评价实验，该室内评价实验主要有如下两个要求：

（1）准备含汞天然气凝液样品，该样品性质见表 5-11，总汞含量为 250μg/L，其中单质汞含量占 50%，二甲基汞含量占 15%，二乙基汞含量占 15%，离子汞含量占 20%；

（2）证明 PURASPEC^{JM} 脱汞剂能将天然气凝液中汞浓度控制在 5μg/L 以下。

表 5-11　含汞天然气凝液样品性质

项目	特性参数	项目	特性参数
组成	C_5—C_{10}	沸点大于 200℃组成，%	20
终沸点，℃	280	密度，kg/m^3	760

该次室内评价实验测试时间为 250h，定期检测天然气凝液脱汞装置进出口汞含量，其检测结果如图 5-15 所示。从图 5-15 可以看出，测试时间范围内，脱汞装置出口天然气凝液中汞含量均低于 5μg/L。实验结果表明，PURASPEC^{JM} 脱汞剂不仅能脱除天然气凝液中的单质汞，也能脱除离子汞和有机汞。由于室内实验时间较短，该项实验结果不能说明 PURASPEC^{JM} 脱汞剂对有机汞和离子汞具有稳定的吸附性能。

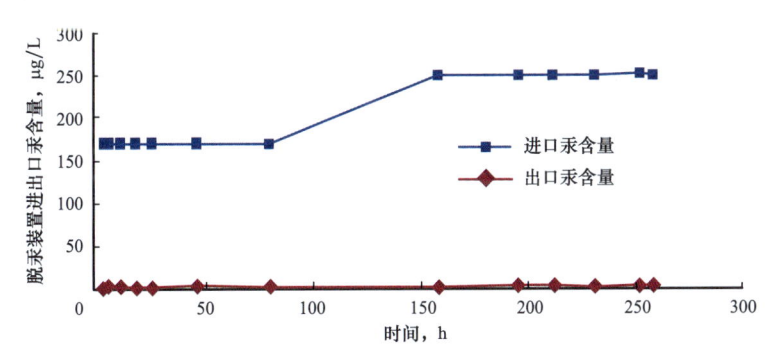

图 5-15　天然气凝液室内脱汞装置进出口汞含量

实验结束时，以每次仅移除 10% 吸附床层的速度卸载脱汞装置中的脱汞剂，测量失效脱汞剂吸附的汞含量，其测量结果如图 5-16 所示。分析可知，脱汞剂吸附的汞含量测定值与基于脱汞装置进出口汞含量计算的理论脱汞总量相等。

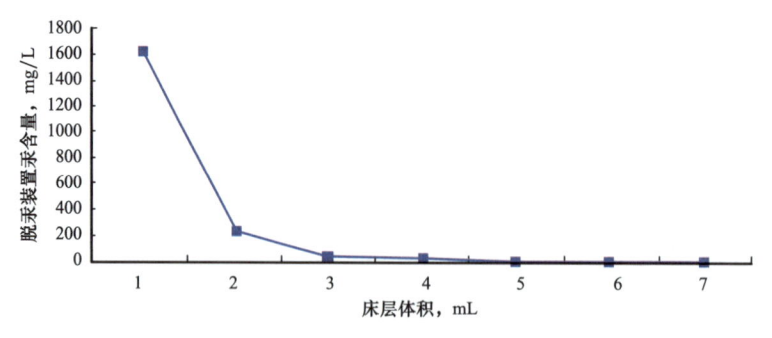

图 5-16　失效脱汞剂吸附的汞含量

PURASPEC^{JM} 脱汞剂在室内实验中表现出良好的脱汞效果，BP 荷兰能源公司决定于 2004 年在 P/15-D 生产平台陆上端安装两套天然气凝液脱汞装置，采用 PURASPEC^{JM} 脱汞剂，天然气凝液处理工艺流程如图 5-17 所示。

图 5-17　天然气凝液处理工艺流程

图 5-18 为天然气凝液脱汞装置进出口汞含量。从图 5-18 可以看出，脱汞装置运行期间内，PURASPEC^{JM} 脱汞剂表现出良好的脱汞效果。无论脱汞装置进口天然气凝液中汞含量如何变化，出口天然气凝液中汞含量均低于限值指标 5μg/L。

通过分析可知，化学吸附工艺（采用负载型金属硫化物脱汞剂）在天然气凝液脱汞领域表现出良好的脱汞效果，能将天然气凝液中汞浓度降低至 5μg/L，脱汞剂使用寿命长达 1 年。

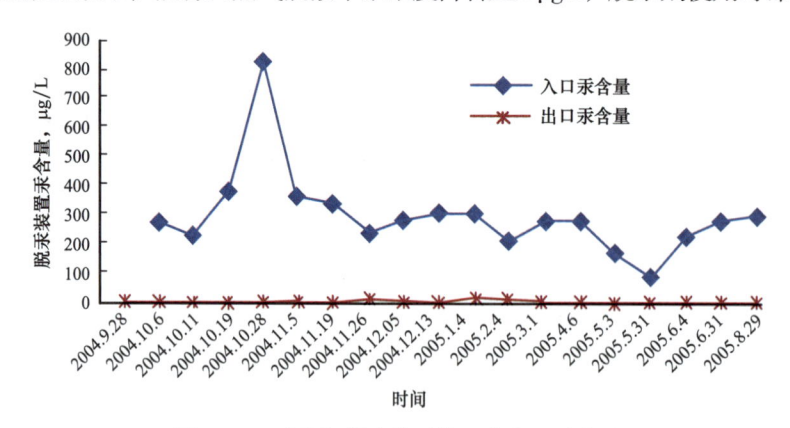

图 5-18　天然气凝液脱汞装置进出口汞含量

三、阿根廷南部油田

南美洲南部部分油气田中发现有汞及其化合物的存在，其中阿根廷南部原油平均汞含量为 3300μg/L。汞腐蚀可能引起设备损坏导致不必要的经济损失，因此下游炼油公司通常不愿接收汞含量高于100μg/L的原油。大部分液烃脱汞技术都针对下游炼油产品，仅几种脱汞技术用于上游液烃。为解决这一问题，Petrobras Argentina公司于2006年针对阿根廷南部原油启动了一个上游原油脱汞项目，旨在将原油中汞含量降低至下游用户要求的100μg/L以下[2]。

该项目脱汞厂接收来自不同产油区已经过脱水处理的原料油（黑油与凝析油的混合物），脱汞处理后输送至储罐。该原料油脱汞厂的处理规模1033m³/d，原料油平均汞含量为3300μg/L，原料油样品性质见表5-12。

表5-12 原料油样品性质

项目	特性参数	项目	特性参数
原油类型	黑油与凝析油的混合物	水含量，%	<0.1
黏度，cP	1.501	总悬浮物（TSS），mg/L	100~200
密度，kg/m³	780	总汞含量，μg/L	3300

该套脱汞装置设计思路采用Unocal公司公开的专利方法，即先采用多硫化物汞沉淀剂将汞及其化合物转化为硫化汞，再物理分离硫化汞沉淀，最后再化学吸附深度脱汞。试验装置的操作流量控制在0.45~1.2m³/h，具体工艺流程如下：

来自终端储罐的原油电加热至50℃以防止蜡沉积，然后进入直径2.54cm的除砂旋流器去除汞液滴和汞悬浮物后，与多硫化物（硫醇）混合后进入搅拌器中并搅拌15~30min，多硫化物与汞及其化合物反应生成硫化汞沉淀，再进入预先涂有硅藻土的过滤器过滤硫化汞，最后进入装有双金属硫化物脱汞剂的脱汞塔，进一步降低原油汞浓度。化学沉淀工艺脱汞流程如图5-19所示。

图5-19 化学沉淀工艺脱汞流程

试验结果表明，当原料油汞含量为2000μg/L时，脱汞后原料油平均汞含量为80μg/L，脱汞效率可达96%。该套脱汞装置对不同类型及不同汞含量的原料油进行了脱汞试验，以检验该套装置是否具备良好的适应能力。阿根廷南部原油脱汞装置操作参数见表5-13，脱汞装置进出口汞含量如图5-20所示。从图5-20可以看出，无论原料油中汞含量如何变化，脱汞装置出口原油中平均汞浓度为50μg/L，平均脱汞效率可达98%。

表5-13 阿根廷南部原油脱汞装置操作参数

项目	特性参数	项目	特性参数
原油损失率，%	0.2~0.3	月停工时间，h	15~20
气体消耗，m³/m³（气/油）	7.0~10	出口汞含量，μg/L	<100
月总汞脱除量，kg	50	脱汞效率，%	97~98

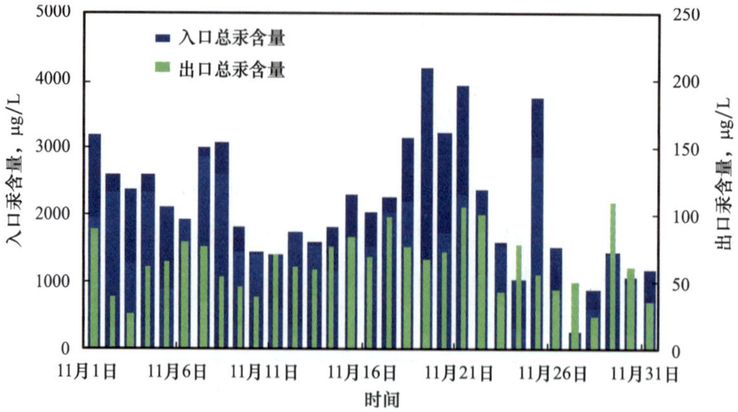

图 5-20　阿根廷南部原油脱汞装置进出口汞含量

针对该项脱汞技术，其他油气田进行了脱汞试验，能将原料油中汞含量从 800μg/L 降低至 680μg/L，其最好的脱汞情况是将原料油中汞含量从 1500μg/L 降低至 340μg/L，脱汞效率达 77%。这些试验结果表明，原料油类型及汞形态对该项脱汞技术的脱汞效率影响很大。

参 考 文 献

[1] CATCHPOLE S. Mercury removal in hydrocarbon streams [J]. Petroleum Technology Quarterly, 2009, 14（2）: 39-45.

[2] SALVA C A, GALLUP D L. Mercury removal process is applied to crude oil of Southern Argentina [C]. Society of Petroleum Engineers, 2010.

[3] 王阳, 田利男. 凝析油脱汞工艺 [J]. 天然气与石油, 2012, 30（2）: 32-35.

[4] WILHELM S M. Design mercury removal systems for liquid hydrocarbons [J]. Hydrocarbon Processing, 1999, 78（4）: 10-18.

[5] Axens. Mercury removal-Condensates treat [EB/OL]. (2013-01-21) [2018-05-20]. https://www.axens.net/our-offer/by-market/gases/condensates-treatment.html.

[6] GANGSTAD A, BERG S. Mercury in extraction and refining process of crude oil and natural gas [EB/OL]. (2013-05-20) [2016-06-01]. http://www.docin.com/p-1612916419.html.

[7] WILHELM S M, KIRCHGESSNER D A. Mercury in petroleum and natural gas-estimation of emissions from production, processing, and combustion [R]. United States Environmental Protection Agency, 2001: 24-27.

[8] SHAFAWI A, EBDON L, FOULKES M. Preliminary evaluation of adsorbent-based mercury removal systems for gas condensate [J]. Analytica Chimica Acta, 2000, 415（1）: 21-32.

[9] TAO H, MURAKAMI T, TOMINAGA M, et al. Mercury speciation in natural gas condensate by gas chromatography-inductively coupled plasma mass spectrometry [J]. Journal of Analytical Atomic Spectrometry, 1998, 13（10）: 1085-1093.

[10] ZETTLITZER M, SCHOLER H F, EIDEN R, et al. Determination of elemental, inorganic and organic mercury in North German gas condensates and formation brines [J]. Gas Field, 1997.

[11] Axens. Mercury und arsenic removal in the natural gas, refining, and petrochemical industries [EB/OL]. (2013-01-21) [2018-05-20]. https://www.axens.com.

[12] JANSEN M, FOSTER I A. Mercury removal from hydrocarbon liquids [R]. Johnson Matthey Catalysts, 2004.

[13] SAINAL M, SHAFAWI A, MOHAMED A J H. Mercury removal system for upstream application: experience in treating mercury from raw condensate [C]. E&P Environmental and Safety Conference, 2007.

[14] SAINAL M, MAT T M U T, SHAFAWI A, et al. Mercury removal project: issues and challenges in managing and executing a technology project [C]. E&P Environmental and Safety Conference, 2007.

[15] YAN T Y. Process for removing mercury from water or hydrocarbon condensate: US4962276 [P]. 1990-10-09.

[16] YAMAGUCHI Y, KAKU S, CHAKI K. Mercury-removal process in distillation tower: US7563360 [P]. 2009-07-21.

[17] YAN T Y. Mercury removal from oils [J]. Chemical Engineering Communications, 2000, 177 (1): 15-29.

[18] FRANKIEWICZ T C, GERLACH J. Process for removing mercury from liquid hydrocarbons using a sulfur-containing organic compound: US6685824 [P]. 2004-02-03.

[19] HAN P Y, Duffull S B, Kirkpatrick C M J, et al. Dosing in obesity: A simple solution to a big problem [J]. Clinical Pharmacology & Therapeutics, 2007, 82 (5): 505-508.

[20] Pacific Northwest National Laboratory. Novel nanoporous sorbents for removal of mercury [J]. Fuel chem, 2004, 49 (1): 288.

[21] BRADEN M L, LORDO S A. Removal of mercury and mercuric compounds from crude oil streams: US8524074 [P]. 2013-09-03.

[22] DEGNAN T F, LECOURS S M. Mercury removal in petroleum crude using H_2S/C: US6350372 [P]. 2002-02-26.

[23] SHAFAWI A. Mercury species in natural gas condensate [D]. England: University of Plymouth, 1999.

[24] SHAFAWI A, EBDON L, Foulkes M. Preliminary evaluation of adsorbent-based mercury removal systems for gas condensate [J]. Analytica Chimica Acta, 2000, 415 (1): 21-32.

[25] MCNAMARA J D. Product/ process/ application for removal of mercury from liquid hydrocarbon: US5202301 [P]. 1993 04 13.

[26] Calgon Carbon Corporation. HGR®-LH impregnated activated [EB/OL]. (2006-08-25) [2013-05-06]. https://www.calgoncarbon.com/respirators/.

[27] JGC. Mercury removal process [EB/OL]. (2003-08-23) [2018-05-15]. http://www.jgc.com.

[28] SUGIER A, VILLA L A. Process for removing mercury from a gas or a liquid by absorption on a copper sulfide containing solid mass: US4094777 [P]. 1978-06-13.

[29] CHARLES L J, LAMBERTSSON L T, BJORN E L, et al. Removing mercury from crude oil: US9574140 [P]. 2017-09-20.

第六章 含汞污水处理

含汞气田开发过程中会产生大量污水，污水中汞浓度远高于允许排放汞浓度限值规定的 0.05mg/L，直接外排会造成严重的环境危害。为落实国家安全环保政策，满足含汞气田安全高效开发需求，对含汞污水处理技术进行研究，解决含汞气田开发过程中面临的污水处理难题。本章主要包括污水脱汞工艺、脱汞方案设计、水处理剂开发、关键设备选用、工程应用实例等内容。

第一节 概 述

一、含汞污水脱汞的必要性

汞及其化合物具有较高的毒性、腐蚀性、挥发性及迁移性，可在常温常压下挥发至空气中，在排放源附近随降尘、雨水沉降到地面和海洋，或随着大气循环在全球范围内流动，造成严重的环境污染、破坏生态环境、危害人员健康。气田含汞污水具有 Ca^{2+}，Mg^{2+}，Cl^- 和 HCO_3^- 浓度高，机械杂质、乳化油含量大，pH 值较低等特点，污水中汞的存在形态复杂，各工艺流程处汞浓度差别较大。随着含汞气田的持续开发，气田水产出量日益增大，必须关注气田含汞污水引起的环境污染问题。

气田含汞污水中含有大量汞离子（Hg^{2+}），易通过水生动植物进入食物链，并在环境或动植物体内富集，危害人类的身体健康和生命安全。如我国松花发生的含汞废水污染事件，鱼体内汞含量平均为 0.74mg/kg，最高者含汞 3.24mg/kg，超过我国鱼类允许汞含量标准 10 倍；世界上严重的水污染区域如美国伊利湖水系，鱼体汞含量达 5mg/kg；加拿大圣克莱湖鱼体汞含量为 7mg/kg；日本水俣地区鱼体汞含量高达 20～60mg/kg，导致了轰动世界的"水俣病"事件。

二、气田污水汞存在形态

含汞气田污水中汞以单质汞、无机汞、有机汞等形态存在[1,2]，无机汞以离子态汞（Hg^{2+}）为主要形态，单质汞（Hg^0）、悬浮态汞化合物（HgS）、有机汞在污水中含量较低，单质汞及其化合物在水中的溶解度见表 6-1。

水中单质汞以溶解态和吸附态存在，溶解度较低，为 60～80μg/L（25℃），常附着于油、悬浮物等污染物上，分散漂浮于污水中。单质汞在某些条件下可发生氧化反应，转化为 Hg_2Cl_2 和 $HgCl_2$ 等无机汞化合物，使污水中离子汞含量进一步升高。

水中无机汞包括氯化汞、氯化亚汞、硫化汞、氧化汞及汞配位化合物等，氯化汞（$HgCl_2$）和氯化亚汞（Hg_2Cl_2）多以分子或离子形态存在，在气田污水总汞中占有较大比例。离子汞（Hg^{2+}）具有较高的化学活性和水溶性，易发生多种形态的转化，使得污水中汞形态具有多变性及不稳定性，是各种汞形态转化的枢纽，构成了气田污水复杂的汞形态体系。硫化汞和氧化汞主要呈悬浮态，在水中溶解度较低，多以物理吸附的方式附着于悬浮物、油污等污染物上。

表 6-1 单质汞及其化合物在水中的溶解度

汞形态	名称	溶解度（20℃），μg/L	汞形态	名称	溶解度（20℃），μg/L
Hg^0	单质汞	60～80	HgO	氧化汞	50000
$HgCl_2$	氯化汞	70000000	Hg_2O	氧化亚汞	极低
Hg_2Cl_2	氯化亚汞	2000	HgS	硫化汞	<10
$HgBr_2$	溴化汞	6205000	$(CH_3)_2Hg$	二甲基汞	<1000
HgI_2	碘化汞	58060	$(C_2H_5)_2Hg$	二乙基汞	<1000
$HgSO_4$	硫酸汞	30000			

水中有机汞包括二甲基汞（$CH_3)_2Hg$、二乙基汞$(C_2H_5)_2Hg$ 等。单质汞可通过甲基化反应转化为甲基汞阳离子（CH_3Hg^+），其阴离子通常为氯离子。离子汞（Hg^{2+}）可与污水中有机酸（水溶性）结合，发生烷基化反应，生成烷基汞化合物，呈以下两种有机汞形态[3-5]：（1）R—Hg—X 结构，具有水溶性和脂溶性，在含汞污水中能长期滞留；（2）R—Hg—R 结构，为非极性有机汞化合物，难溶于水，但有极大的脂溶性和挥发性，易通过气化过程转移到大气中，造成严重的环境危害。

各种形态汞在水中稳定范围如图 6-1 所示，含汞气田污水中汞的形态受 pH 值和氧化还原电位影响，可发生各形态间的转化。单质汞和无机汞化合物受 pH 值和电位影响较小，性质相对稳定；污水呈还原性电位时，HgS 性质可保持稳定，而 HgS_2^{2-} 和 $Hg(HS)_2$ 在不同 pH 值条件下易相互转化；污水呈氧化性电位时，汞在酸性条件下以 Hg^{2+} 和 Hg_2^{2+} 等形态存在，碱性条件下则转化为 $Hg(OH)_2$。

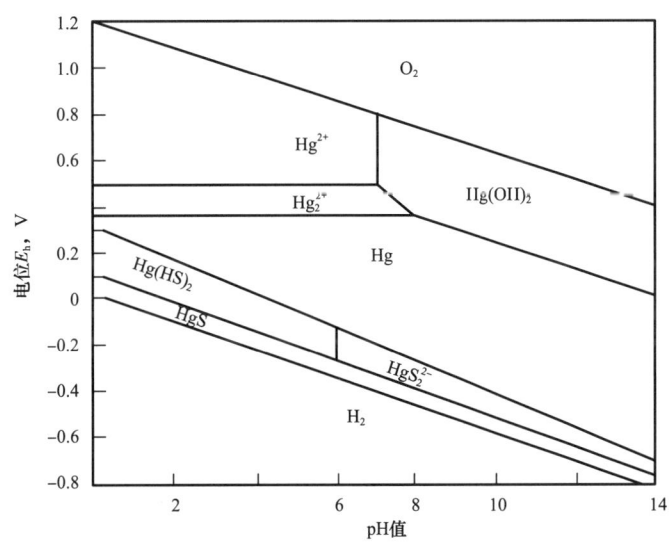

图 6-1 各种形态汞在水中稳定范围

三、含汞污水处理技术进展

含汞污水处理方法主要包括絮凝沉淀法、吸附法、离子交换法、膜分离法、生物处理法等[6],其中絮凝沉降法常作为污水预处理工艺,去除污水中大量汞及悬浮物,大幅降低污水中汞浓度,后续采用吸附法、离子交换法或膜分离法等工艺进行深度处理。此外还包括生物处理、气体气提、植物修复技术等新兴脱汞技术,还处于实验阶段,尚未得到实际应用[7]。实际工程应用中常将几种脱汞方法组合使用,对不同形态汞进行脱除,脱汞深度可以达到1μg/L。含汞污水的处理应与除油、除悬浮物等技术相结合,形成综合处理工艺,处理后污水方可达到油气田污水回注或回用标准。

1. 絮凝沉淀法

絮凝沉降法具有操作简便、去除效率高、一次性投资少等优点[8],其处理效果的关键在于水处理剂的选取,絮凝剂的研究和发展方向逐渐由无机化向有机化、低分子向高分子化、单一型向复合型、合成型向天然微生物型转变,絮凝剂产品也逐渐多样化、环保化。无机絮凝剂与有机高分子絮凝剂复配使用是常用的污水处理方法[9-11]。

美国 CETCO 公司的研发有 RM-10® 絮凝剂,主要成分为钠基膨润土、矿物、聚合物、pH 值调节剂等物质,可去除污水中的乳化油、有机物、重金属离子、悬浮物等污染物。Matlock 等[12]合成 1,3-苯二酰氨基乙硫醇(BDETH2)来处理含汞污水,除汞率在99%以上;Henke 等[13]研究表明 2,4,6-三硫醇基钠硫代三嗪(TMT-55)可与汞离子反应生成稳定化合物。美国纳尔科(NALCO)公司研发的 NALMET®1689 金属离子处理剂可以捕集污水中的汞离子,在泰国湾 Arthit 气田得到应用,处理后污水汞含量低于 5μg/L[14]。泰国湾某平台使用巯基螯合剂处理天然气生产中的含汞污水,污水中汞浓度从 9600μg/L 降至 0.035μg/L。

絮凝沉降工艺常与其他处理工艺结合使用,奥林公司在阿拉巴马州华盛顿郡的麦景图工厂采用了絮凝沉降、活性炭吸附和 pH 值调节相结合的工艺处理含汞地下水,污水中汞浓度从 44μg/L 降至 0.3μg/L;某污水处理厂利用初级沉降、固液分离、次级沉降和过滤的组合工艺将污水中的汞含量从 102.57μg/L 降至 1.67μg/L;加拿大汞治理工程使用絮凝法处理汞污染污水,添加聚合氯化铁后,汞浓度从 15μg/L 降至 1μg/L。

综上所述,絮凝沉淀法作为含汞污水的初级处理工艺,在处理高浓度含汞污水时效果较好。国内外已研发出较多用于含汞污水处理的高效水处理剂,该法与其他脱汞工艺组合使用,脱汞效果更佳。

2. 吸附法

吸附法除汞技术利用多孔性固体物质对污水中汞的选择吸附性,使其富集在吸附剂表面,将汞从混合物中分离[15]。含汞污水处理常用的吸附剂包括载硫活性炭、载银活性炭、活性炭纤维、Thiol-SAMMS 型吸附剂及硅质材料等,其中使用最多的水处理吸附剂为载硫/载银活性炭。

高效载硫/载银活性炭产品包括 MERSORB® LW 型、GAC 型、Thiol-SAMMS 型等,其中美国 NUCON 公司 MERSORB® LW 型活性炭可将 1000μg/L 含汞污水降低至 1μg/L[16]。德国 SIEMENS 公司的颗粒活性炭(GAC)可将水中汞含量降低至 EPA 要求的 12ng/L。美国

PECOFacet 公司生产开发有 Thiol-SAMMS 新型纳米材料，脱除深度可达 1μg/L，汞容量最高可达 635g（Hg）/kg，具有运行成本低、脱汞彻底、废料稳定、无二次污染等特点[17-19]。吸附法广泛应用于含汞污水处理工程，日本电解厂采用絮凝沉降法配合粒状活性炭吸附法，处理后污水含汞量由 10mg/L 降至 0.01mg/L。某水银温度计厂采用活性炭吸附法处理含汞污水，汞去除率达 97% 以上，1kg 活性炭可以吸附汞 2g[20-24]。

吸附法作为含汞污水的深度处理工艺，可脱除污水中的单质汞、无机汞和有机汞。该工艺技术可对经絮凝—沉淀法初级处理后的低含汞污水进行深度处理，不会向水体中引入新的污染物，但处理成本较高[25]。

3. 离子交换法

离子交换法是利用可交换基团与溶液中各种离子间的交换能力不同而实现汞分离的一种方法[26]，其实质是不溶性离子交换剂上的可交换基团与溶液中的其他同性离子发生的交换反应，通常是可逆吸附。该工艺技术对离子汞的脱除效率较高，出水汞含量可低于 5μg/L，适用于处理汞含量低而排放量大的含汞污水。

用于含汞污水处理的高效除汞树脂包括 Tulsion® CH-95 树脂，Tulsion® CH-97 树脂，D405 汞选择性树脂、德国朗盛拜耳 Lewatit® TP214 除汞树脂、美国陶氏 AMBERSEP™ GT74 树脂等。Tulsion® CH-95 树脂曾用于处理聚氯乙烯（PVC）生产中产生的含汞污水，处理后污水汞含量从 1000μg/L 降至 5μg/L。GT-73 离子交换树脂的吸附容量很大，汞吸附能力随 pH 值的增加而降低[27]。某离子交换处理工艺[28]中，使用大孔径、弱酸性的聚苯乙烯—二乙烯苯阳离子树脂将污水汞浓度从 0.2~70mg/L 降至 1~5μg/L。叶一芳[29]用离子交换法脱汞作为絮凝沉淀法的二级处理系统，实现了封闭循环、连续稳定运行，节省了处理费用且具有脱色作用。

4. 膜分离法

膜分离法是物质透过或被截留于膜的过程，近似于筛分过程，主要用于对低含汞污水的深度处理，可去除含汞污水中单质汞、含汞悬浮物等。膜分离法处理工业污水具有效率高、工艺流程简单、操作灵活、易实现自动化等特点，其研究和应用逐渐成为水处理领域的热点。

高效膜分离技术包括陶瓷微滤膜、中空纤维支撑液膜等，Lothongkum 等[30]利用中空纤维支撑液膜（HFSLM）去除泰国湾上游石油污水中的砷和汞，处理后污水汞含量低于 5μg/L，砷低于 250μg/L。美国 Aloca 公司在墨西哥采油平台进行陶瓷微滤膜试验，膜面流速 2~3m/s，进口含油量 28~583mg/L，处理后含油量可降低至检测限以下，悬浮物含量从 73~350mg/L 降至 1mg/L。Chen 等[31]使用 0.2~0.8μm 陶瓷膜将油田污水的油含量由 27~58.3mg/L 降到 5mg/L 以下，悬浮物含量由 73~350mg/L 降到 1mg/L 以下。陈兰等[32]用聚合物超滤膜处理加拿大西部稠油污水，悬浮物含量由 150~2290mg/L 降到 1mg/L，油含量由 125~1640mg/L 降到 20mg/L。李娟等[33]用液膜法将含汞污水中 Hg^{2+} 浓度从 280mg/L 降至 2mg/L；钟丽云等[34]采用絮凝—有机管式膜组合工艺处理氯碱行业污水，污水汞含量可由 1500mg/L 降低至 5μg/L。

膜分离法具有去除效率高、无相变、节能环保等特点，但其一次性投资及运行成本高，易产生大量残留物，造成膜污染，清洗困难。另外，该工艺对污水性质和所含污染物的种类很敏感，悬浮物、有机复合物、胶质和其他污染物可能导致膜结垢，气田污水中含盐量过高也会导致膜阻塞，降低膜分离效率。

5. 生物法

生物处理法利用微生物的新陈代谢作用，吸收或积累污水中的汞，使其转化为稳定的无害化物质，从而脱除污水中的汞。生物处理技术是近些年来新兴并不断发展的工艺技术，与传统的物理化学方法相比，具有吸附率高、择性强、需处理的生物污泥量少、对极低浓度的重金属离子去除效果好、适用pH值及温度范围广、运行费用低等优点。

抗汞性细菌将汞离子（Hg^{2+}）还原成单质汞（Hg^0）的方法在国内外已有较多研究。Irene Wagner-Dobler 等将 7 种耐汞假单胞菌菌株的纯培养物固定于 700L 填充床，放置在生物反应器内的载体材料上，将汞浓度为 3~10mg/L 的中和氯碱电解污水连续通入生物反应器（0.7~1.2m³/h）10h，可将 97% 以上的汞被吸附在生物反应器中，处理后污水汞浓度可低于 50μg/L，满足工业污水的排放限值，若搭配活性炭过滤器，生物反应器的外排液汞浓度可低于 10μg/L。

生物处理技术处理汞含量为 1~100mg/L 的污水时效果较好，以其新颖、独特的优势受到越来越多的重视，但该技术复杂、管理难度大，处理时间较长[35]。

四、水处理后限值指标

气田含汞污水经处理后可通过回注、外排等方式进行处置，根据不同处理方式，其水质要求各不相同。回注法需要对污水中含汞量、悬浮物、颗粒含量等指标进行控制，对污水处理要求较低；外排法则对悬浮物、氯离子、BOD 等多个指标要求更加严格，处理难度更大。

1. 气田水回注

气田水回注是处理气田水最常用的一种方法，工艺流程简单、水质要求较低，需对悬浮物、颗粒、淤泥等指标进行控制，以避免污染地层及堵塞回注井。SY/T 6596—2016《气田水注入技术要求》规定了气田水回注井和回注层的评选要求、推荐水质指标、达标回注水水质检测分析方法及水质处理工艺方法，气田水回注技术要求水质指标见表 6-2。回注水水质指标中无汞含量要求，回注水中汞含量应满足不污染地层水的原则，可参照 GB 8978—1996《污水综合排放标准》执行。

表 6-2 气田水注入技术要求水质指标

指标	参数	
	$K>0.2D$	$K\leqslant 0.2D$
悬浮固体含量，mg/L	<25	≤15
悬浮物颗粒直径中值，μm	<10	≤8
含油，mg/L	<30	
pH 值	6~9	

注：K—渗透率。

2. 气田水外排

随着油气田含水率的增大，污水产出量不断增加，开采后期污水量常高于回注负荷，污水无法全部回注，须经过处理后进行外排，处理后污水水质需满足 GB 8978—1996《污水综合排放标准》要求。第一类污染物最高允许排放浓度见表 6-3，第二类污染物最高允许排放浓度见表 6-4。

表 6-3 第一类污染物最高允许排放浓度

污染物	最高允许排放浓度
总汞，mg/L	0.05
烷基汞，mg/L	不得检出
总砷，mg/L	0.05

表 6-4 第二类污染物最高允许排放浓度

污染物	一级标准	二级标准	三级标准
pH 值	6~9	6~9	6~9
悬浮物，mg/L	70	150	400
石油类，mg/L	5	10	20
化学需氧量（COD），mg/L	60	120	500
五日生化需氧量（BOD），mg/L	20	30	300

第二节 含汞污水脱汞工艺

常用的含汞污水处理方法包括絮凝沉降法、吸附法、离子交换法、膜分离法、生物处理法等。各方法的处理效果取决于汞在污水中的存在形态、浓度、共存离子等水质特点[36]。常将多种污水脱汞工艺组合应用，可同时满足脱除单质汞、离子汞、有机汞的要求，经处理后污水汞浓度可低至 1μg/L。

一、絮凝沉淀法

絮凝沉降法通过加入高效絮凝剂、控制加剂量，可大量去除含汞气田污水中的汞、油类、含汞悬浮物及不同种类的汞盐，大幅降低污水中汞浓度，对于高含汞污水处理效果极佳，具有经济、简便、高效等特点，常用作含汞污水处理的初级工艺。

1. 工艺原理及流程

絮凝沉淀是指使胶体或微小悬浮物脱稳并聚集成大的絮凝体，在水中聚结后沉淀的一种水处理方法。絮凝沉淀法的机理涉及电中和作用、网捕—卷扫作用及吸附架桥作用，其中电中和作用又可分为压缩双电层作用和吸附电中和作用。

1）压缩双电层作用

当污水中加入高价态反离子电解质后,高价态反离子通过静电引力进入胶体颗粒表面,置换出胶体自身吸附的低价反离子,使双电层中的反离子数量减少、双电层厚度变薄,即产生压缩双电层作用。该作用会使 ζ 电位降低,当 ζ 电位降至 0 时（等电状态）,此时排斥势能完全消失,胶体颗粒失去稳定性,产生凝聚作用。但该机理存在局限性,无法解释絮凝剂过量所导致的絮凝效果反而下降现象,及投加相同电荷的聚合物所产生的絮凝效果。

吸附电中和作用通过中和胶体颗粒所带的部分电荷,减少胶体颗粒间的静电斥力,可使胶体颗粒沉降,吸附作用驱动力包括静电引力、氢键、配位键、范德华引力等。当絮凝剂投加量过多时,吸附驱动力使胶粒吸附过多异电离子,导致胶粒所带电荷电性反转,即胶体发生再稳现象。压缩双电层作用和吸附电中和作用如图 6-2 所示。

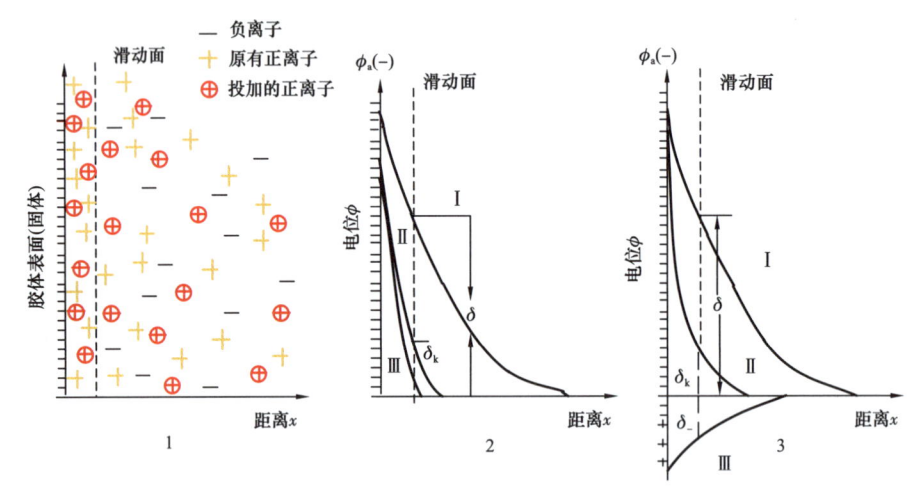

图 6-2 压缩双电层作用和吸附电中和作用

2）网捕—卷扫作用

当污水中投加过量的金属离子（如 Al^{3+}、Fe^{3+}）,水解形成大量三维立体结构的水合金属氢氧化物沉淀,呈网状结构,对污水中的胶粒进行网捕及卷扫,使污水中的胶体颗粒和悬浮浊质颗粒通过重力沉降,形成沉淀。

3）吸附架桥作用

分散体系中的胶体颗粒通过吸附有机或无机高分子物质架桥连接,凝集为大的聚集体而脱稳沉聚,称为吸附架桥作用。投加高分子絮凝剂时,应避免出现以下两个现象:投加量过少,不足以形成吸附架桥;投量过多,出现"胶体保护"现象,两者均会造成吸附架桥作用减弱,无法达到预期处理效果。架桥模型和"胶体保护"现象如图 6-3 所示。

絮凝沉淀工艺可在脱除污水中油和悬浮物的同时,吸附水中的单质汞和含汞悬浮物,与活性炭吸附法结合使用,可将水中汞含量降低到 1μg/L[37, 38]。絮凝沉淀法处理气田含汞污水的工艺流程框图如图 6-4 所示。

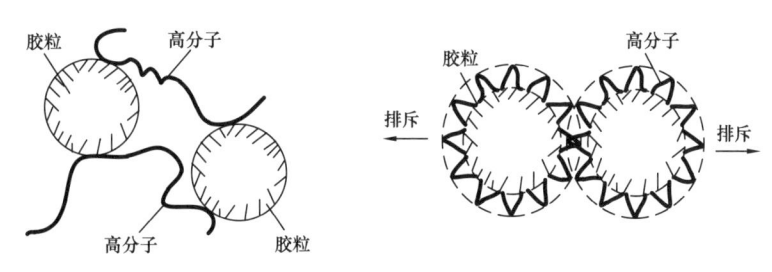

图 6-3　架桥模型和胶体保护现象

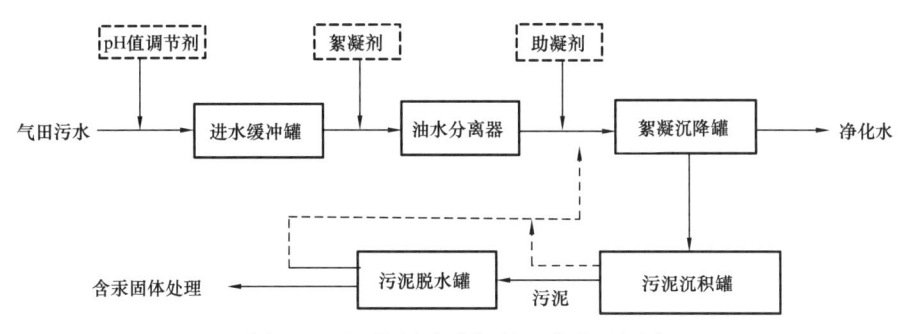

图 6-4　含汞污水絮凝沉淀工艺流程框图

首先根据气田水实际情况，加入适量 pH 值调节剂调节 pH 值，再经缓冲罐缓冲，投加絮凝剂，进入油水分离器脱除大部分油、悬浮物及部分含汞颗粒。在油水分离器的下游加入适量助凝剂，在絮凝沉降罐中反应后脱除残余的油、悬浮物及汞，沉降后的净化水送至下游处理单元。含汞污泥进入污泥沉积罐后脱水，产生的含汞固体进行集中处理，污泥沉积罐及污泥脱水罐产生的污水返回絮凝沉降罐重新处理。

用于污水处理的絮凝剂主要分为无机高分子絮凝剂、有机高分子絮凝剂、复合絮凝剂及重金属捕集剂，其中无机高分子絮凝剂包括聚合氯化铝（PAC）、聚合氯化铁（PFC）、聚合硫酸铁（PFS）、聚氯硫酸铁（PFCS）及聚合氯化铝铁（PAFC）等；有机高分子絮凝剂包括阳离子型聚丙烯酸胺、阴离子型聚丙烯酰胺、两性离子型聚丙烯酰胺、非离子型聚丙烯酰胺等；复合絮凝剂及重金属捕集剂包括 DTC 类（二硫代氨基甲酸盐类）、黄原酸类、TMT 类（三硫三嗪三钠盐类）、STC 类（三硫代碳酸钠类）等。

含汞污水处理的传统方法还包括硫化物沉淀法，通过投加硫化氢或碱金属硫盐，在弱碱性条件下电离出的 S^{2-}，与气田水中的 Hg^{2+} 之间产生强亲和力，生成溶度积极小的硫化汞沉淀（溶度积为 4×10^{-53}），从而去除污水中 Hg^{2+}，对于初始汞含量超过 10mg/L 的污水，经硫化物沉淀处理后汞脱除率可达 99.9%，经过滤等辅助处理，污水中汞含量可以降低至 10~100μg/L。但硫化物沉淀法极易导致污水的二次污染，且过量硫化物会与汞反应产生可溶于水的汞络合离子，无法生成硫化汞沉淀，降低处理效果，油气田含汞污水处理工艺一般不推荐采用硫化物沉淀法。

絮凝沉淀法在含汞气田污水处理中应用非常广泛，具有以下特点：

（1）常用于含汞污水的初级处理单元，与吸附法或离子交换树脂法等工艺联合使用，可达到良好的处理效果。

（2）可大幅降低污水中的汞含量，去除污水中呈胶体及微小悬浮物状态的有机和无机污染物的同时，还可去除污水中砷、汞等大量溶解性物质。

（3）设备简单、基建费用低、易于实施、处理效果好，但产生污泥量较大。

2. 影响因素

絮凝剂效果的影响因素主要包括污水的温度、pH 值、絮凝剂的性质和结构、絮凝剂投加量和水力条件等。

（1）温度：絮凝效果会随水温升高而提高，但水温过高会使部分高分子絮凝剂老化，导致絮凝体细小，污泥含水率增大，难以处理；对于低温条件，必须增加絮凝剂用量以提高絮凝效果，故水温过高或过低对絮凝反应均不利。

（2）污水的 pH 值：每种絮凝剂都有它适合的 pH 值范围，超出它的范围就会影响絮凝效果，因此，水处理时需对每种絮凝剂的 pH 值适应范围进行实验研究。

（3）絮凝剂的性质和结构：对于高分子絮凝剂来说，其结构和性质对絮凝作用影响很大。无机高分子絮凝剂的聚合度越大，其电中和能力和吸附架桥能力越强。而对于脱汞助凝剂来说，除了聚合度的影响外，线性结构的絮凝剂絮凝作用较好，而环状或支链结构的有机高分子絮凝剂絮凝效果较差。

（4）絮凝剂投加量：各种絮凝剂都有在相应条件下的最佳投加量，用量不足时，絮凝不彻底；过量则会造成胶体的再稳定，降低絮凝效果。针对不同种类絮凝剂，在使用前需小试以确定其最佳加剂量。

（5）水力条件：为了使絮凝剂与水体充分接触，增加颗粒碰撞速率，往往要进行机械搅拌，而搅拌的速度和时间必须适当。搅拌时间太短，则絮凝不充分；搅拌速度太快，时间太长，会使已经形成的絮凝被打碎，降低高分子链的架桥吸附能力。具体操作应根据水质和絮凝剂产品的使用说明确定。

使用絮凝剂处理污水时，应根据原水水质，先选用性能较好的絮凝剂进行小试实验，取性能较优的水处理剂，确定其最佳投药量和使用条件，创造适宜的化学和水力学条件，以获得最好的处理效果。

二、吸附法

吸附法将高效多孔的吸附剂填充形成滤床，当污水通过滤床时，汞及其他污染物通过吸附等方式被去除，常采用载硫/载银活性炭吸附剂，对汞污染物进行选择性吸附，提高脱汞效率。该法可与絮凝沉淀工艺组合使用，深度处理含汞污水。其吸附性能的影响因素主要包括污水水质、结垢程度、吸附流速、污水 pH 值、温度等。

1. 工艺原理及流程

吸附法是利用多孔固体物质（吸附剂）对污水中某些组分（吸附质）的选择吸附能力，使其富集在吸附剂表面，从混合物中分离的一种污水处理方法。吸附剂内部分子所受分子间作用力是对称的，但其表面分子受力不对称，因而存在表面张力及表面吉布斯函数，固体表面的分子几乎无法移动，只有通过从表面的外部空间吸引分子，以降低固体表面分子受力不对称程度，达到去除污水中污染物的目的，吸附原理见式（6-1）：

$$A+B \rightleftharpoons A \cdot B \qquad (6-1)$$

式中　　A——被吸附污染物；

　　　　B——吸附剂；

　　　　$A \cdot B$——吸附产物。

污水处理的吸附法可分为物理吸附法和化学吸附法，其中物理吸附法即吸附剂与吸附质之间通过分子间引力（范德华力）产生的吸附；化学吸附法即吸附剂与吸附质之间发生化学作用，生成化学键所引起的吸附。

含汞气田污水处理常用的汞吸附剂包括载硫活性炭、载银活性炭、活性炭纤维、Thiol-SAMMS、硅质材料及相关改性吸附剂等，其中载银活性炭吸附原理如图6-5所示。

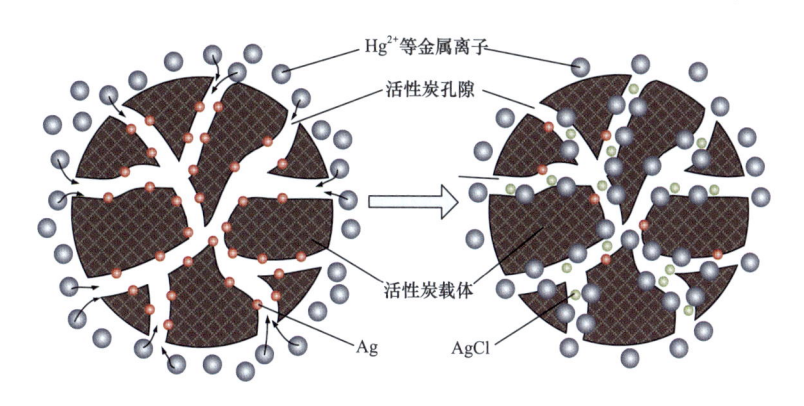

图6-5　载银活性炭吸附原理

为了提高脱汞效率，吸附法常与絮凝沉淀法、膜分离法等工艺共同使用，可有效脱除污水中的单质汞、离子汞和有机汞，吸附法具有以下特点：

（1）吸附剂品种多样，技术成熟。

（2）二次污染小，不会向水体中引入新污染物。

（3）可通过载硫/载银等方式提高对汞的选择吸附性。

（4）投资低、操作简单，适用于低含汞污水处理，常用于絮凝沉淀法后的深度处理。

2. 影响因素

吸附性能的影响因素主要包括吸附剂的物理化学性质、吸附质的物理化学性质、污水pH值、温度、污染物浓度、共存物、接触时间、流速、结垢等。

（1）吸附剂物理化学性质：吸附剂种类不同，吸附效果也不一样，吸附剂的颗粒大小、孔隙构造和分布情况，以及表面化学特性等，对吸附也有很大的影响。

（2）吸附质物理化学性质：吸附质在污水中的溶解度对吸附的影响较大。吸附质溶解度越低，越容易被吸附。吸附质的浓度增加，吸附量也随之增加；但浓度增加到一定程度后，吸附速率逐渐下降。若吸附质是有机物，则分子尺寸越小，吸附反应进行得越快。

（3）污水pH值：pH值对不同的吸附质影响不同。当吸附质是阳离子型时，其吸附量随着pH值的升高而增加；当吸附质是阴离子型时，其吸附量随着pH值的降低而增加。同时，pH值也影响活性炭表面含氧官能团对物质的吸附。

（4）温度：吸附反应通常是放热反应，因此，温度越低对吸附越有利。污水处理通常在常温下进行吸附操作，因而温度对吸附过程影响较小。

（5）共存物：每种溶质都以某种方式与其他溶质争相吸附，当多种吸附质共存时，吸附剂对某一种吸附质的吸附能力要比只含单一吸附质时的吸附能力低。如悬浮物会阻塞吸附剂的孔隙、油类物质会浓集于吸附剂的表面形成油膜，均会对吸附效果有很大影响，在吸附操作之前必须将此类污染物除去。

（6）接触时间：吸附质与吸附剂要有足够的接触时间，才能达到吸附平衡。平衡时间取决于吸附速度，吸附速度越快，达到平衡所需时间越短。

（7）流速：流速过快会导致污染物吸附不完全，腐蚀吸附床层。在吸附操作过程中，应保证吸附剂与污水有足够的接触时间，一般为 0.5～1h，并按照此值确定流速。

（8）结垢：污水中的悬浮固体、有机物和固体易导致吸附单元结垢，降低吸附性能。

3. 汞吸附剂

含汞污水处理汞吸附剂包括载硫活性炭、载银活性炭、活性炭纤维、Thiol-SAMMS、硅质材料等，吸附法对污水水质很敏感，根据污水水质选择合适的吸附剂很关键，常用吸附剂原理及其特点见表 6-5。

表 6-5 含汞污水处理汞吸附剂原理及特点

吸附剂	吸附原理	特性	除汞类型
载硫/载银活性炭	物理、化学吸附	易与水分离、可再生、具有选择吸附性	单质汞 离子汞 有机汞 含汞悬浮物
活性炭纤维	物理吸附	微孔结构发达、表面积巨大、吸附性能强、原料要求高、制作工艺过程严格	
Thiol-SAMMS	物理、化学吸附	高选择性、亲和力和适应性、无二次污染物、金属负荷高、能再生、操作成本低	
硅质材料	物理吸附	性能受硅醇基浓度等多因素影响、需保改性过程中所采用有机溶剂无水	

1）载硫/载银活性炭

活性炭产品包括粉末活性炭、颗粒活性炭等。粉末状的活性炭容易制备、吸附能力强、价格低廉但不能重复使用；颗粒状的活性炭再生后可重复使用，是污水处理中普遍采用的吸附剂。对颗粒活性炭表面进行载硫/载银处理后可得到更好的吸附效果，通过表面上负载的功能基团（单质硫及卤族元素等）对汞进行选择性吸附。自主研发的载硫/载银脱汞剂脱汞率均可高达 99%，载硫/载银活性炭的具体特性参数见表 6-6。

表 6-6 载硫/载银活性炭特性参数

产品名称	载硫脱汞剂	载银脱汞剂
碘值，mg/g	≥1100	≥1000
水含量，%（质量分数）	≤3.0	≤5.0
强度，%	≥95	≥95
装填密度，g/L	430～500	450～550
比表面积，m^2/g	≥1000	≥900
活性物质含量，%（质量分数）	≥12.0（S）	≥0.3（Ag）
脱汞率，%	≥99	≥99

（1）载硫活性炭。

载硫活性炭脱汞剂原理是单质硫与汞发生化学反应形成HgS，并沉积在活性炭孔隙中，从而脱除单质汞，其吸附性能优于普通活性炭。在脱汞过程中，载硫活性炭发生物理吸附的同时也发生了化学吸附，随着温度升高，物理吸附减少而化学吸附增加。但吸附温度不能过高，温度过高易导致物理吸附效果下降及S—Hg键结合力减弱，降低脱汞效果。

在使用载硫活性炭脱汞过程中，当污水通过活性炭床时，污水中单质汞迅速与硫反应生成硫化汞，沉积到活性炭孔隙中，其化学反应式为：

$$Hg + S \longrightarrow HgS\downarrow \qquad (6-2)$$

（2）载银活性炭。

载银活性炭脱汞剂利用金属银与汞的强亲合力生成汞齐合金，将汞从污水中去除。吸附过程中汞只吸附在含银活性点上，形状不规则的银粒子与汞结合后变成形状较规则的银汞齐颗粒，分布于活性炭纤维微晶的晶棱交界处。随着吸附温度的降低，汞吸附效率逐渐增加。载银活性炭具有可再生性，汞齐合金是一种物理结合物，在一定条件下能完全相互分离，汞以汞蒸气的形式从活性炭表面分离并排出，使载银活性炭再生。载银活性炭脱汞剂吸附量较大，载银过程中纤维表面的含氧官能团增多，产生的Ag—O—C配位键增强了银粒子与纤维基体的相互作用，增高了纤维对汞的吸附势能，从而提高了吸附容量。

对含汞污水水样开展载硫/载银活性炭脱汞实验，选用载银活性炭和载硫活性炭测试两种汞吸附剂脱汞效果，并对脱汞性能进行评价，其实验结果如表6-7和图6-6所示。相比于载银活性炭，载硫活性炭对不同进水汞含量的适应性较差，脱汞率约92%，载银活性炭的脱汞率可高于97%，适应性更强，性能优于载硫活性炭。

表6-7 载硫/载银活性炭的处理效果对比

项目	原水汞含量，μg/L	进入离子交换柱的汞含量，μg/L	净化水汞含量，μg/L	除汞率，%
载银活性炭	265	16.5	0.22	98.68
	122	30	0.77	97.43
	142	66.3	1.2	98.19
	151	89.4	1.3	98.54
	174	120	0.186	99.84
载硫活性炭	97	16	0.8	95.00
	240	20.7	0.61	97.05
	203	42	2.66	93.67
	66	54	4.25	92.13
	135	81.3	6.34	92.20

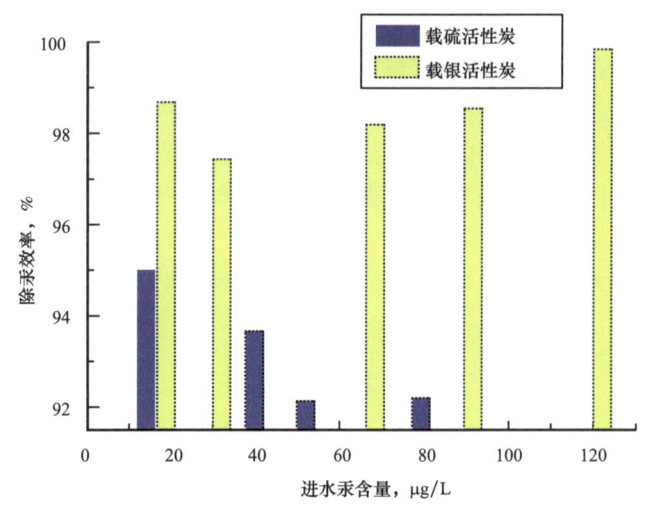

图 6-6 载硫/载银活性炭汞吸附效率

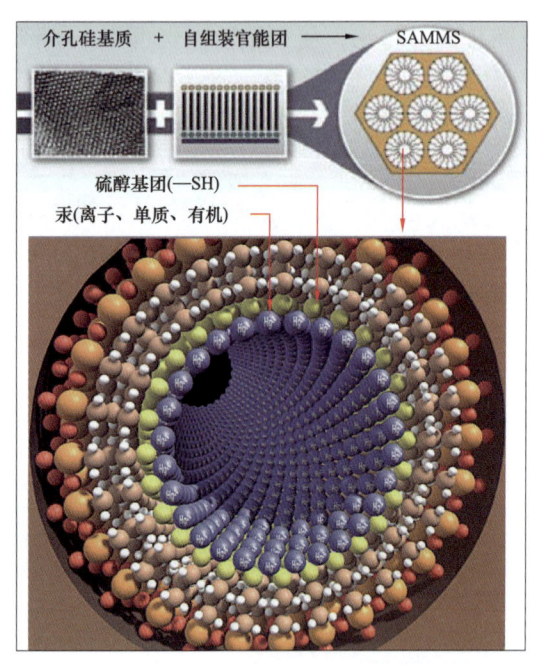

图 6-7 Thiol-SAMMS 结构与吸附原理

2) Thiol-SAMMS

美国 Steward 材料公司开发有载硫醇基团 Thiol-SAMMS（基于介孔硅的硫醇自组装单层系统）吸附剂，其载体官能团为 Thiol（硫醇），作为有机单分子层终端被引入介孔硅的孔隙表面，烃单链在载体基质上聚集并形成紧密的阵列。硅氧烷基团水解后，与基质形成共价键，相互之间交叉连接，得到的新材料即 Thiol-SAMMS。脱汞对象主要为油气田含汞污水和凝析油，其汞容量最高可达 635g（Hg）/kg，平均粒径 40μm，堆密度 300kg/m^3，脱汞率高达 99%，成本只有同类产品的一半。Thiol-SAMMS 结构及吸附原理如图 6-7 所示，Thiol-SAMMS 对汞及其化合物具有极强的选择吸附性，能与多种形态汞成键，如单质汞、离子汞、有机汞等。Thiol-SAMMS 对不同形态汞的吸附容量曲线如图 6-8 所示[39]。

采用 Thiol-SAMMS 材料处理含汞污水，需将污水先送入预过滤器或聚结器，除去含汞固体杂质和部分单质汞，含少量单质汞的滤出液进入装有 Thiol-SAMMS 的汞吸附过滤器，与 SAMMS 充分接触，处理后汞浓度可从 20000～30000μg/L 降低至 5μg/L 以下，操作简单，弹性范围大，可应用于石油和天然气行业的含汞污水处理。

Thiol-SAMMS 吸附材料具有以下特点：

（1）金属容量高，介孔氧化物比表面积（>1000m^2/g）大，对 RCRA 金属（《资源保护和回收法》中所列金属）负载能力强；

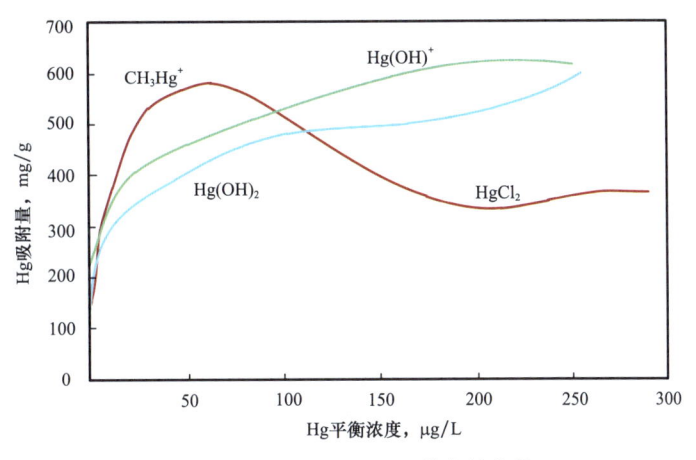

图 6-8 Thiol-SAMMS 吸附容量曲线

（2）官能团对 RCRA 金属，如汞、银、铅、铬等具有很强的选择吸附性，不受污水中其他阳离子和阴离子影响；

（3）反应速度快，可与不同形式的汞快速成键，在 pH 值 4～10 时均可保持稳定，适应性强；

（4）废料体积小、性质稳定，为永久性废料，无须二次处理；

（5）吸附后 Thiol-SAMMS 材料可使用浓盐酸再生，节约成本。

3）活性炭纤维、硅质材料

活性炭纤维也称纤维状活性炭（ACF），其性能优于颗粒活性炭，是继粉末活性炭和粒状活性炭之后的第三代高效活性吸附材料和环保工程材料。活性炭纤维主要成分由碳原子组成，我国生产的活性炭纤维主要有黏胶基活性炭纤维和聚丙烯腈基活性炭纤维两种。活性炭纤维具有发达的比表面积和丰富的微孔径，比表面积可达 1000～1600m^2/g，吸脱速度快，为粒状活性炭的 10～100 倍，吸附容量大，为粒状活性炭的 1.5～10 倍，再生脱附方便，且对金属离子具有很好的吸附性能，可吸附水中的银、铂、铁、汞等多种离子并能将其还原，其氧化还原反应可以促进对汞离子的吸附，已广泛应用于含汞污水、废气的处理。

硅质材料具有良好的热稳定性和机械强度，被广泛用作巯基改性的载体，并逐渐应用到巯基改性及水中汞吸附治理中[40-42]。与传统吸附剂和载体相比，有序硅质介孔材料具有非常规整、有序的介孔孔道，不仅可以保证嫁接巯基基团时不易堵塞孔道，还可加快污染物质在孔道中的传质速率，使之很快达到吸附平衡，保证尽可能多的活性位点，增强对汞的吸附能力。

三、离子交换树脂法

离子交换树脂法主要通过脱汞树脂上的可交换基团，与污水中汞离子发生离子交换，从而降低污水中汞浓度，其处理效果的影响因素主要包括离子交换树脂种类、污水水质（pH 值、温度、悬浮物、有机胶体等）、汞含量、污水流速等。适用于汞含量较低、排放量较大的含汞污水，处理后出水汞含量可低于 5μg/L，常用作絮凝沉降后的深度处理工艺。

1. 工艺原理及流程

离子交换树脂法利用离子交换剂可交换基团溶液中各离子间交换能力不同的特点，对污水中的汞进行分离，其实质是不溶性离子交换剂上的可交换基团与溶液中其他同性离子的交换反应，是一种特殊的吸附过程，通常是可逆吸附，使用离子交换树脂处理含汞污水时，通常要求进入离子交换柱的污水总汞含量小于1mg/L，含油量小于10mg/L，悬浮物含量小于15mg/L。同时，需对所选树脂进行适当的预处理，并进行污水处理的小试实验，确定最佳去除效率时污水的pH值和流速等工作参数。离子交换树脂法原理如图6-9所示。

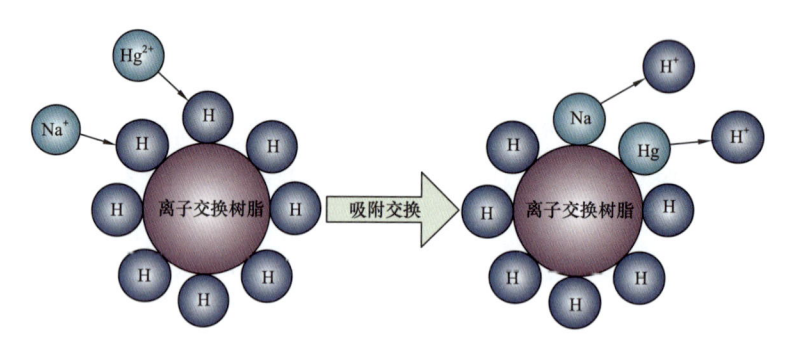

图6-9 离子交换树脂法原理

整个离子交换过程包括膜扩散和颗粒扩散两个步骤，溶液中离子自由扩散至树脂颗粒表面，从液膜经颗粒表面扩散至颗粒内部交换基团处，与基团负载离子发生交换反应，被交换下来的离子通过颗粒表面扩散至溶液中。离子交换树脂多为交联聚合物结构的高分子材料，由碳、氢、氧、氮、硫等元素组成，负载有离子交换基团，功能基和可交换离子通过高聚物骨架连接。不溶于酸、碱溶液及各种有机溶剂，物理、化学性质稳定，属既不溶解、也不熔融的多孔性固体高分子物质。其高聚物骨架为立体式多维网状结构，高分子链之间相互联结，接有多种带电荷功能基，可结合相反电荷离子（反离子），可与外界带同种电荷的离子进行交换。反离子与功能基之间的连结类似于电解质内部连结或极性分子与电解质之间的连接，在一定条件下可发生解离或解吸，这一结构决定了离子交换树脂的性能。不同交换基团的离子交换树脂分类见表6-8。

表6-8 离子交换树脂分类

树脂名称	交换基团 名称	交换基团 化学式	符号
强酸性阳离子交换树脂	磺酸基	—SO$_3$H	RH
弱酸性阳离子交换树脂	羧酸基　磷酸基	—COOH　—CHPO（OH）$_2$	R$_弱$H
强碱性阴离子交换树脂	季铵基	—CH$_2$N（CH$_2$）$_3$OH —CH$_2$N（CH$_2$）$_3$（C$_2$H$_4$OH）OH	ROH
弱碱性阴离子交换树脂	叔胺基　仲胺基　伯胺基	—CH$_2$NH$_2$　—CH$_2$NHR　—CH$_2$NR$_2$	R$_弱$OH

离子交换树脂可分为阳离子交换树脂、阴离子交换树脂、螯合树脂和腐殖酸离子交换树脂等，高效脱汞树脂包括 Tulsion® CH-95 树脂、Tulsion® CH-97 树脂、D405 树脂、德国朗盛拜耳 Lewatit® TP214 除汞树脂、美国陶氏 AMBERSEP™ GT74 树脂等。其中大孔巯基离子交换剂树脂上的巯基对汞离子具有极强的吸附能力，反应原理见式（6-3）、式（6-4）、式（6-5）：

$$2RSH + Hg^{2+} \longrightarrow (RS)_2Hg + 2H^+ \tag{6-3}$$

$$RSH + HgCl^+ \longrightarrow RSHgCl + H^+ \tag{6-4}$$

$$RSH + CH_3Hg^+ \longrightarrow RSHgCH_3 + H^+ \tag{6-5}$$

离子交换设备多采用固定床离子交换柱[43-45]，为圆柱型设备，高径比为 2~5，柱体内填充有离子交换树脂。含汞污水自上而下，与固定床内的离子交换树脂充分接触，完成离子交换过程，树脂达到饱和状态后可再生重复使用。具有设计简单、便于生产、树脂磨损少等优点，在工业上获得了广泛应用。固定床离子交换设备处理含汞污水的脱汞工艺流程如图 6-10 所示[46]。

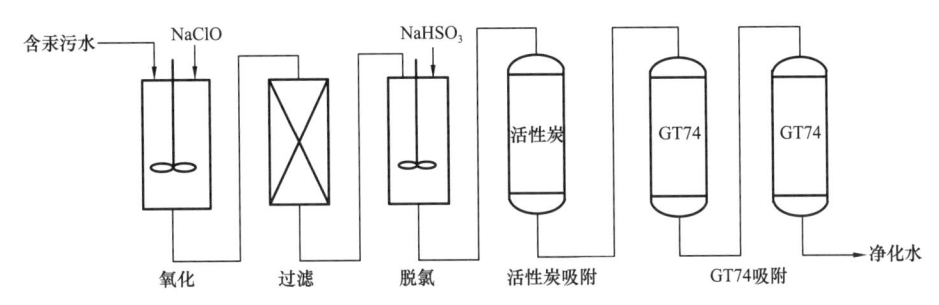

图 6-10 Ambersep™ GT74 树脂脱汞工艺

对于汞含量较高的污水，需先加入次氯酸钠（NaClO）将单质汞氧化为离子汞，再经活性炭过滤器除去部分汞、油、悬浮物及各类杂质，最后经装有除汞树脂的离子交换器吸附处理离子汞及有机汞，处理后的净化水达标排放。离子交换器通常采用双柱串联的方式，待第二柱达到汞饱和（检测到汞泄漏）时，将第一柱中树脂用新树脂置换，作为第二柱，原第二柱改为第一柱，循环运行。经拆卸的饱和树脂同含汞固体废料运送至含汞废料处理填埋场集中处理。

离子交换树脂法具有以下特点：

（1）离子交换树脂法多用于含汞污水的二级处理，出水汞含量可低于 5μg/L，流程可封闭循环、连续稳定运行。

（2）离子交换树脂法可对污水起到脱色作用，处理后污水清晰透明，操作简单、工艺条件成熟。树脂可再生，但再生废液量较大，不易处理。

（3）离子交换法处理前需增设过滤装置，防止溶解性固体及有机物对脱汞树脂造成污染。

（4）对阳离子（Ca^{2+}，Mg^{2+}，Na^+，K^+ 等）具有吸附作用，易造成树脂吸附饱和。

（5）主要吸附离子态汞，对污水中电中性汞吸附效果较差。

2. 影响因素

离子交换树脂法处理含汞污水的影响因素包括：

（1）树脂类型。处理含汞污水时，应采用选择性强、离子交换容量大、抗氧化性、抗有机污染能力强的高效离子交换树脂。

（2）悬浮物和有机胶体物。树脂孔隙易堵塞，造成树脂工作交换容量的降低，离子交换柱前需设置预过滤器去除此类杂质。

（3）污水 pH 值。pH 值会影响污水中离子的存在形态，同时控制着树脂活性基团的解离，为污水中络合离子或胶体的形成创造条件，影响离子交换过程的正常运行。

（4）污水汞离子浓度。汞离子浓度是影响离子交换过程的主要因素，若污水中汞离子浓度过高，可先采用絮凝沉淀法进行预处理，采用离子交换树脂进行二级处理。

（5）污水温度。温度过高可加速离子交换的扩散反应，但可能引起树脂的分解，破坏树脂交换能力，实际应用过程需控制污水温度在适宜范围内。

（6）污水流速。流速过大，接触时间减小，导致树脂的吸附量降低；吸附流速过小，会导致吸附时间增加，应综合考虑以确定最佳吸附流速。

3. 脱汞树脂

含汞污水处理常用的脱汞树脂包括 Tulsion® CH-95 树脂、Tulsion® CH-97 树脂、D405 汞选择性树脂、德国朗盛拜耳的除汞树脂 Lewatit® TP214、美国陶氏 AMBERSEP™ GT74 树脂等，主要离子交换树脂的特性参数见表 6-9。

表 6-9 主要离子交换树脂特性参数

树脂类型 特性	Tulsion® CH-95	Tulsion® CH-97	Lewatit® TP214	AMBERSEP™ GT74	D405
功能基团	异硫脲	甲基硫醇	巯基	巯基	巯基
交换容量，g/L	150	150	110	≥130	≥160
粒径，mm	0.3～1.2	0.3～1.2	0.55	0.3～1.2	0.4～0.7
热稳定性，℃	80	60	80	60	80
pH 值适用范围	0～7	0～14	0～14	0～14	≤7
含水量，%	47～53	37～43	43～48	48～55	45～50
密度，g/L	760～800	670～720	700	785	720～780
价格，元/L	150	150	260	400	75

Tulsion® CH-97 树脂是一种附着有甲基硫醇聚苯乙烯共聚物架构的耐用大孔型树脂，通过形成稳定的硫醇盐，选择性去除汞，此树脂在很大的 pH 值（0～14）范围内保持效果稳定，且汞的离子形态几乎不影响树脂的吸附能力。这种树脂对汞有很高的吸附容量（约 150g/L），可将水中的汞含量脱除到 5μg/L 以下。

Tulsion® CH-95 树脂是一款为了从工业污水中去除回收汞和重金属而专门开发的螯合

树脂，拥有聚乙烯异硫脲官能基的大孔树脂，对汞有极高的选择性。Tulsion® CH-95 可以脱除含汞污水中的离子态汞，水中含盐量不会影响此类树脂的性能，可将水中的汞脱除到 5μg/L 以下。

D405 汞选择性树脂可以吸附各种形态的有机汞和无机汞。吸附力强、吸附量大，适用于含汞污水的深度处理，经 D405 处理过的水中汞含量可低于检测精度。

德国朗盛拜耳研发的 Lewatit® TP214 树脂，是一种带有硫脲基团的单分散球粒的大孔螯合树脂，可用于含汞污水的处理。此类树脂具有较高的机械和渗透稳定性，良好的动力学性能，低漏出量和较高的交换容量，但该树脂价格较高，不能用普通的再生溶液再生，用过的树脂需交至相关厂商进行集中处理。

AMBERSEP™ GT74 由美国陶氏树脂开发，通过功能基团与污水中的汞离子交换吸附，达到脱汞的目的，常用于氯碱工业含汞污水、油田生产水的处理。此类树脂十分稳定，含有硫醇基团（巯基），对汞的选择性极强，吸附容量大，约 60g/L，且汞泄漏量很低。可以有效地再生，再生耗能低，但价格很高。陶氏 AMBERSEP™ GT74 树脂除汞机理如图 6-11 所示。

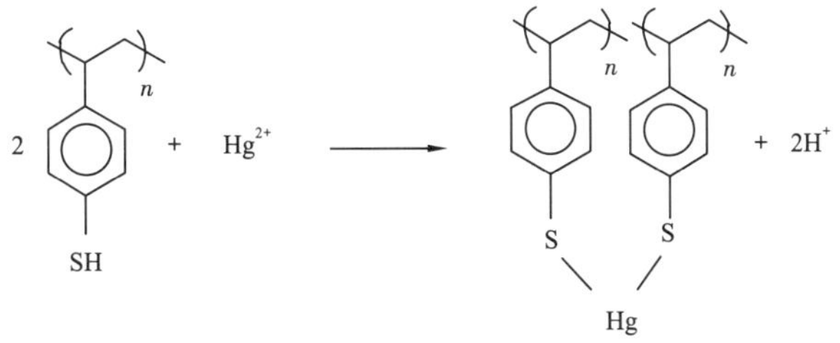

图 6-11　AMBERSEP™ GT74 树脂脱汞机理

对 Tulsion® CH-95 和 D405 两种离子交换树脂进行含汞污水脱汞实验，实验结果见表 6-10 和图 6-12。

表 6-10　Tulsion® CH-95 除汞树脂和 D405 除汞树脂处理效果对比

项目	原水汞含量，μg/L	离子交换柱前汞含量，μg/L	净化水汞含量，μg/L	除汞率，%
Tulsion® CH-95 除汞树脂	156	30	0.273	99.09
	171	44	0.104	99.76
	133	63.7	1.59	97.5
	170	81.7	3.76	95.40
	153	114	3.71	96.55
D405 除汞树脂	37	29.7	0.107	99.64
	95	45.4	0.143	99.68
	340	66.3	0.180	99.73
	150	78.2	0.183	99.77
	142	96.3	0.057	99.94

对于不同浓度含汞污水，D405 除汞树脂的除汞效率更高，均在 99% 以上，适应性更强，且 D405 除汞树脂价格更低，更适用于油气田含汞污水处理。

四、膜分离法

膜分离法利用一种具有选择性分离功能的特殊半透膜，不同粒径分子的混合物在通过半透膜时，物质透过或被截留于膜而实现选择性分离，该法可在不改变溶液中各物质化学形态的基础上，利用外界压力将溶剂和溶质进行分离或浓缩。膜分离法处理含汞污水的影响因素主要包括进水水质、水温、驱动压力、膜面流速、膜材质的亲水性、孔径大小及分布、孔隙度、膜的清洗条件等。

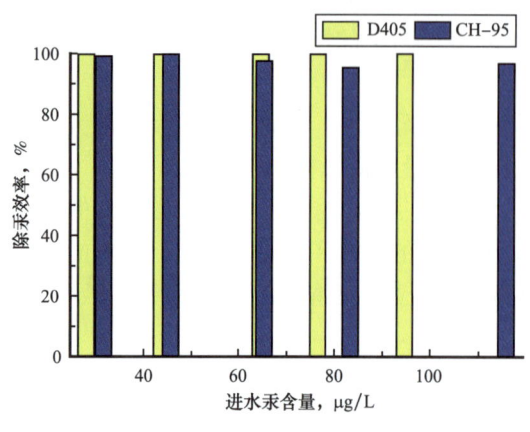

图 6-12 两种离子交换树脂除汞效果

1. 工艺原理及流程

膜分离法以选择性透过膜为分离介质，通过在膜两侧施加推动力（浓度差、压力差、电位差等），使混合物中某些组分选择性地透过膜，使混合物得以分离，达到浓缩、提纯等目的，膜分离过程的实质是物质透过或被截留于膜的过程，近似于筛分过程。

含汞污水处理多采用无机陶瓷膜，以氧化铝、氧化钛、氧化锆等经高温烧结而成，具有多孔结构，多孔支撑层、过渡层及微孔膜层呈非对称分布结构，过滤精度涵盖微滤、超滤及纳滤，可根据微粒直径脱除需求选择微滤膜、超滤膜或纳滤膜。陶瓷膜过滤是一种"错流过滤"形流体分离过程，含汞污水在膜管内高速流动，在压力驱动下含小分子组分的澄清渗透液沿垂直方向向外透过膜，大分子组分混浊浓缩液被膜截留于内部，使含汞污水达到分离、浓缩、纯化的目的，可深度降低污水含汞量，无机陶瓷膜分离原理如图 6-13 所示。

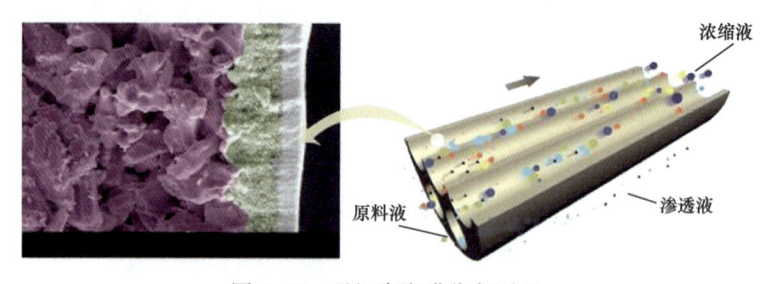

图 6-13 无机陶瓷膜分离原理

污水处理工程中常用的膜分离技术包括扩散渗透（D）、电渗析（ED）、反渗透（RO）、超滤（UF）、微滤（MF）、纳滤（NF）、渗透气化（PV）和液膜（LM）等，反渗透膜能截留离子汞，但孔径较小，油、悬浮物等污染物易造成膜堵塞，对进水水质要求较高，一般不予采用。膜分离技术特点及适用性见表 6-11[47, 48]。

表 6-11 膜分离技术特点及适用性

膜分离类型	过滤精度，μm	截留物相对分子质量	脱除目标
微滤	0.1～10	>100000	悬浮颗粒、细菌、大颗粒胶体
超滤	0.002～0.1	10000～100000	胶体、微生物、大分子有机物
纳滤	0.001～0.003	200～1000	多价离子、部分一价离子、相对分子质量 200～1000 的有机物
反渗透	0.0004～0.0006	>100	溶解性盐、相对分子质量大于 100 的有机物

膜分离法易产生膜降解和膜堵塞现象，须对污水中悬浮固体、尖锐颗粒、微溶盐、微生物、氧化剂、有机物、油脂等污染物进行预处理。控制指标包括浊度（≤1NTU）、含油量、余氯含量（≤0.1mg/L）、淤泥密度指数（SDI≤3）等，以防止胶体和颗粒污染物堵塞膜组件。对于纳滤、反渗透系统，氯含量过高易导致膜化学氧化损伤，可采用活性炭吸附或添加还原剂（亚硫酸氢钠等）去除余氯或其他氧化剂，控制余氯含量低于 0.1mg/L；对于微滤、超滤系统，膜分离前需安装细格栅及盘式过滤器，内压式膜系统采用的盘式过滤器过滤精度需高于 100μm，外压式膜系统采用的盘式过滤器过滤精度需高于 300μm。若污水中含有铁、铝等腐蚀物形成的胶体、黏泥、颗粒，可采用无烟煤、石英砂填充的双介质过滤器进行去除，硫酸盐结垢可通过投加阻垢剂或采用强酸阳离子树脂进行软化。

含汞污水经膜分离系统处理后，杂质由系统底部排出，水质监测合格后外排。若水质无法达到标准要求，则进行循环处理。膜分离法可有效脱除含汞污水中的油、含汞悬浮物等污染物，在小规模含汞污水处理中有所应用，结合絮凝沉淀工艺，可将污水中汞浓度降至 5μg/L 以下，膜分离法工艺流程如图 6-14 所示。

选用无机陶瓷微滤膜和超滤膜对不同汞含量的污水进行实验，测试两种水处理膜在不同条件下的脱汞效果，并对两种水处理膜脱汞性能进行评价，其实验结果见表 6-12。无机陶瓷微滤膜与超滤膜除汞效果对比如图 6-15 所示，对不同汞含量污水，微滤膜除汞率在 88% 以上，超滤膜的除汞率在 91% 以上，超滤膜的适应性更强，除汞率更高。

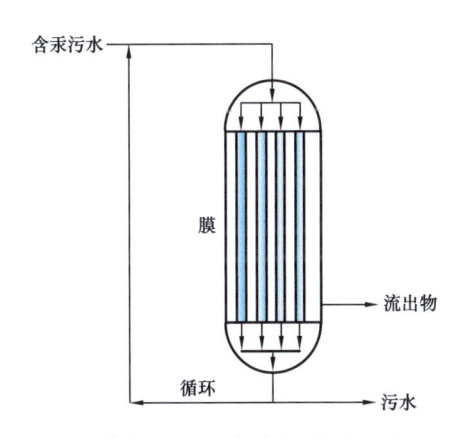

图 6-14 膜分离法工艺流程

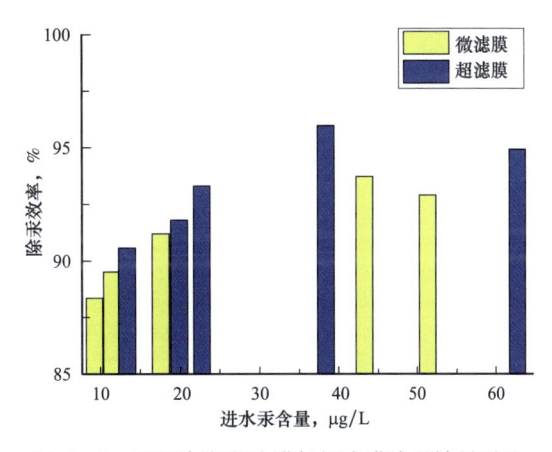

图 6-15 无机陶瓷微滤膜与超滤膜除汞效果对比

表 6-12 超滤膜和微滤膜处理含汞污水效果

项目	进入膜组件的汞含量，μg/L	净化水汞含量，μg/L	除汞率，%
无机陶瓷微滤膜	10.3	1.2	88.35
	12.5	1.31	89.52
	18.6	1.64	91.2
	52.4	3.72	92.90
	44.3	2.78	93.72
超滤膜	12.3	1.09	91.14
	18.8	1.54	91.81
	21.67	1.45	93.31
	37.33	1.50	95.98
	61.78	3.14	94.92

注：陶瓷膜元件（微滤）：孔径 200nm，通道长度 1016mm；材质：$\alpha\text{-}Al_2O_3/ZrO_2$；陶瓷膜元件（超滤）：孔径 50nm，通道长度 1016mm；材质：$\alpha\text{-}Al_2O_3/ZrO_2$；工作压力：0.1～0.4MPa；工作温度：5～95℃；流通量范围：50～150L/（m²·h）；进水流速范围：3～5m/s；进水 pH 值范围 0～10；进水固体颗粒：≤1mm；产水流量范围：50～100L/h。

含汞污水液膜分离技术多采用中空纤维支撑液膜（HFSLM）系统，HFSLM 由含有金属离子污水和反萃取溶液组成。通过在支撑液相膜中加入一种或两种有机萃取剂混合物，加强外相和内相的分离，金属离子在液膜内表面与萃取剂反应形成多种化合物。化合物扩散穿过液膜（有机相液膜）后与反萃取相膜周围的反萃取液发生反应，被反萃取到反萃取相中，金属离子可一次性完成萃取和反萃取过程，金属离子的输送速率由进料和反萃取相之间的浓度梯度驱动。中空纤维支撑液膜系统原理如图 6-16 所示，中空纤维组件规格及纤维材料性能参数见表 6-13。

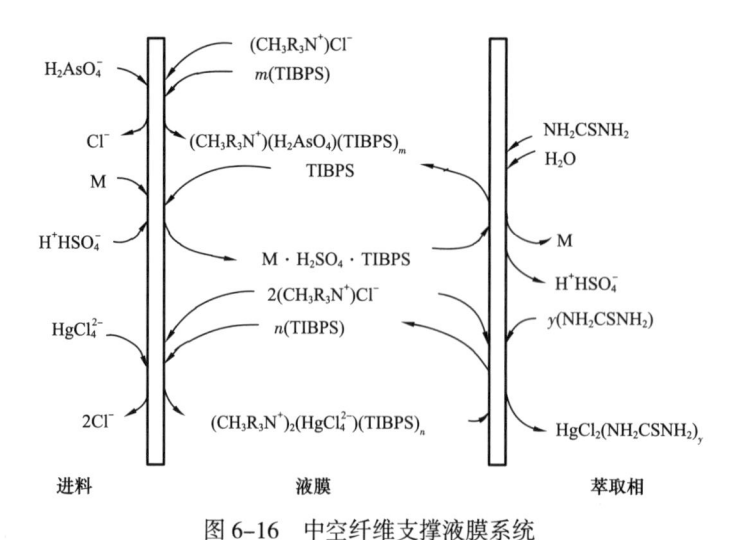

图 6-16 中空纤维支撑液膜系统

表 6-13　中空纤维组件规格及纤维材料性能参数

项目	参数	项目	参数
材质	聚丙烯	孔隙率，%	30
纤维数	1000	孔大小，mm	0.05
组件长度，mm	203	接触面积，m^2	1.4
组件直径，mm	63	有效面积，m^2/m^3	2930
纤维管外径，μm	300	纤维管内径，μm	240

中空纤维支撑液膜技术可处理污水中痕量金属离子，对金属离子同时进行萃取和剥离，具有传质效率较高、相间无泄漏、无二次污染、传质比表面积大、传质速率快、稳定性高、操作简单等特点[49-52]。膜支撑材料的选择对膜分离效率影响较大，膜相溶液是依据表面张力和毛细管作用吸附于支撑体微孔之中，使用过程中液膜会发生流失而使得支撑液膜的功能逐渐下降。中空纤维支撑液膜分离技术在泰国湾油气田得到了实际应用，可同时处理污水中的汞和砷[53]。泰国湾油气田污水水质见表 6-14。

表 6-14　泰国湾油气田污水水质

项目	浓度，mg/L	项目	浓度，mg/L
As	3.984	Fe	0.169
Hg	0.279	Mg	2.014
Ca	15.167	Na	1821.5

泰国湾油气田的污水中含有未解离态砷（H_3AsO_3，H_3AsO_4）和解离态砷（$H_2AsO_4^-$），主要形态为 $H_2AsO_4^-$，预处理后还残留有部分 $HgCl_2$。$H_2AsO_4^-$ 易转化为 H_3AsO_4，在氯离子浓度价高条件下，$HgCl_2$ 易转化为 $HgCl_4^{2-}$[54-56]。根据危险废物管理条例规定，必须同时处理污水中的 H_3AsO_4 和 $HgCl_4^{2-}$，可通过添加萃取剂进行综合处理。强碱性萃取剂如 Aliquat 336，主要成分为三辛基甲基氯化铵（$CH_3R_3N^+Cl^-$），可在碱性条件下萃取游离态金属化合物；中性萃取剂如 Cyanex 471，主要成分为三异丁基硫化膦（TIBPS），软硬酸碱理论[57, 58]中 TIBPS 被划分为软碱，可与未解离态金属化合物反应，两者混合后协同萃取可显著提高萃取效果。碱性条件下可适当加入酸溶液，提高萃取剂对未解离形式金属化合物的萃取率[59-63]。

膜分离法适用范围广、分离效率高、装置简单、便于操作和维修、运行费用低、占地面积小、浓缩和纯化可一步完成。使用膜处理含汞污水时，由于难溶性汞粒径较小，无法有效脱除，通常先通过絮凝沉淀工艺，将离子态汞转变为悬浮态汞，再采用膜分离技术，可达到较好的处理效果。膜分离法具有以下特点：

（1）无相变，能量转换效率高，设备运行费用低，可常温下操作，无热能消耗。

（2）无须投加化学药剂，节省原材料和化学药品，减少投资。

（3）分离和浓缩可同时进行，对有价值物质进行回收。

（4）占地面积小，适用范围广，分离效率高，装置简单，便于操作、控制及维修。

2. 影响因素

膜分离性能的影响因素主要包括膜通量、截留率、截留分子量、孔道特征等，其中影响膜通量的因素包含进水水质、水温、驱动压力、膜面流速、膜材质的亲水性、孔径大小及分布、孔隙度、膜的清洗条件等。

（1）进水水质：进水悬浮物含量高、浊度大，易导致膜系统发生严重堵塞，影响膜系统产水量和产水水质。

（2）温度：温度升高使水分子活性增强、黏滞性减小、产水量增加、扩散系数增大、膜通量增大，反之则产水量减少，应在不影响料液和膜稳定性的范围内，选择尽可能高的温度。

（3）膜面流速：增大流速有利于减小凝胶极化的影响，使凝胶层变薄，阻力降低，提高膜通量；但流速过高，会导致操作压差不均匀，料液在膜分离器内停留时间过短，通量降低。另外，流速增大，剪切力增大，造成油滴变形而被挤入膜孔，可能引起通量降低。

（4）运行时间：随运行时间延长，膜表面受到污染，出现浓缩溶液层或胶体层，膜通量会逐渐下降，为保持较高的膜通量，必须定期对膜进行清洗。

五、其他脱汞工艺

气体气提、生物处理、植物修复等脱汞工艺对含汞污水处理同样具有较好的效果，但仍处于试验阶段，尚未大规模应用。

1. 气提处理法

气体气提法通过在含汞污水中投加大量氯化亚锡，将污水中 Hg^{2+} 和 $HgCl_2$ 通过氧化还原反应还原为单质 Hg，而单质汞易挥发，通过气提（气体量与污水量 1∶1）及喷射气浮的方式从水中除去[64]。此方法将氧化还原反应和气提相结合，可处理污水中痕量汞，并在实验室及现场工程中得到证实。

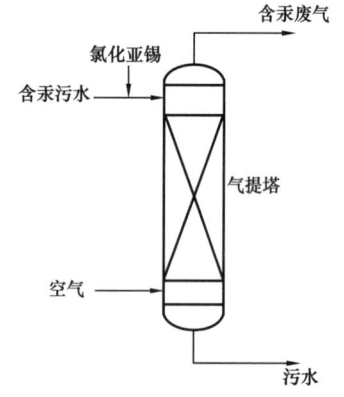

图 6-17 气提法工艺原理

反应原理如式（6-6）和式（6-7）所示，气提处理法工艺原理如图 6-17 所示。

$$Sn^{2+} + Hg^{2+} =\!=\!= Hg + Sn^{4+} \tag{6-6}$$

$$Sn^{2+} + HgCl_2 =\!=\!= Hg + Sn^{4+} + 2Cl^{-} \tag{6-7}$$

实验中含汞污水汞含量为 138ng/L，控制氯化亚锡浓度大于 0.05mol/L 后进行气提，净化水中汞浓度低于 10ng/L，汞去除率可达 94%。该方法将化学还原和气体气提组合，不会造成任何二次污染，资金投入、维护、运营成本较低，其成本远远低于离子交换等传统含汞污水处理技术，即便气提后产生的废弃物不达标，也可通过 MERSORB 或低温等离子体技术处理，具有一定开发前景，经处理后总汞浓度可降低至 1~10ng/L。

2. 生物处理法

生物处理法与传统的物理化学方法相比，具有运行费用低，污泥量少、深度处理效果强、pH 值及温度范围弹性大（pH 值为 3~9，温度为 4~900℃）、吸附率高、选择性高等优点，对汞浓度为 11~100mg/L 的污水处理效果尤其显著，以其新颖、独特的优势受到越来越广泛的重视。

纯菌种的分离提取法在一定条件下对汞进行吸附，其吸附能力可在 pH 值为 7.0、温度为 25℃时达到最大值，菌体对不同形态汞的吸附能力次序为 CH_3HgCl，C_2H_5HgCl 和 $HgCl_2$，吸附量分别为 79mg/g，67mg/g 和 61mg/g。随着工业的发展，污水成分日益复杂，尤其当污水中含有有毒、难降解的有机污染物时，传统生物处理技术已无法满足污水处理要求，需投加具有特定功能的微生物或某些基质，增强对特定污染物的降解能力，从而改善整个污水处理体系的处理效果，称为生物强化技术，常用的生物强化技术包括细胞固定化及投菌活性污泥法。

（1）细胞固定化。

固定化微生物技术克服了生物细胞太小、难与水溶液分离、易造成二次污染的缺点，具有效率高、稳定性强、能纯化和保持菌种高效的优点。如蓝绿色假单胞杆菌的死细胞经固定化处理，并且通过磷酸钠浸泡，每克干细胞最大汞吸附量可达 400mg。褐藻酸钙包裹的蓝绿色假单胞杆菌在 pH 值为 5.0~6.0，温度 35℃时，汞处理量可达最大值，固定化死菌体吸附 Hg^{2+} 能力次序最强，死菌体周围更易于形成胞外多聚物，吸附能力强于其他菌体，其次为固定化活菌体及褐藻。

（2）投菌活性污泥法。

微生物对汞具有抗性及降解性，主要是因为细胞中染色体外的遗传物质——质粒或转座子上的抗性基因，由抗性基因编码的金属解毒酶催化高毒性金属转化成为低毒形态。细菌中有机汞裂解酶和汞还原酶对甲基汞具有降解和还原作用。有机汞裂解酶能裂解 C–Hg，通过汞还原酶把 Hg^{2+} 转化为单质汞。有机汞化合物首先被有机汞裂解酶降解成为 Hg^{2+} 和相应的有机基团，随后，NAD（P）H 作为电子供体，使二价汞还原成单质 Hg^0，单质汞再以沉淀方式回收，细菌、放线菌及某些真菌中的汞还原细菌、放线菌及某些真菌中的汞还原酶催化反应见式（6-8）：

$$Hg^{2+} \xrightarrow{NAD(P)H \rightarrow NAD(P)} Hg^0 \quad (6-8)$$

式中　NAD——辅酶，酰胺腺嘌呤二核苷酸。

3. 植物修复法

植物修复法是一种利用植物去除、转移、稳定水中汞的技术。可以通过基因工程增强植物的脱汞能力，如开发转基因水稻从沉积物中脱除汞，或向植物中注入一种能产生酶的基因，这种酶能将离子汞还原为单质汞，并使其从沉积物中挥发出来。植物修复法除汞理论上可行，但该方法的实现还需考虑被污染植物的处理及汞挥发对其他生态系统的影响等问题，还有待进一步研究。

第三节 水处理剂

水处理剂是影响絮凝沉降法处理效果的关键，常用水处理剂可分为絮凝剂和金属离子捕集剂，其中絮凝剂可分为无机高分子絮凝剂、有机高分子絮凝剂两大类，常用的水处理剂类型见表6-15。

表6-15 水处理剂类型

水处理剂类型	种类
无机高分子絮凝剂	聚合氯化铝（PAC）、聚合氯化铁（PFC）、聚合硫酸铁（PFS）、聚氯硫酸铁（PFCS）、聚合氯化铝铁（PAFC）
有机高分子絮凝剂	聚丙烯酰胺（PAM）（包括阳离子型、阴离子型、非离子型、两性离子型）
重金属捕集剂	NALMET® 1689金属离子处理剂、国产重金属捕集剂
复合絮凝剂	RM-10® 絮凝剂、W-26专用水处理剂

一、絮凝剂

絮凝剂根据种类可分为无机高分子絮凝剂和有机高分子絮凝剂，其中无机高分子絮凝剂可分为聚合型絮凝剂和复合型脱汞絮凝剂；有机高分子絮凝剂主要为聚丙烯酰胺类，按照离子类型可分为阳离子性、阴离子型、非离子型、两性型。有机高分子絮凝剂相比于无机高分子絮凝剂用量少、絮凝速度快、受盐类和pH值及环境温度影响小、生成污泥量少且易于处理，但处理成本较高，常将无机絮凝剂与有机高分子絮凝剂进行复配，有机絮凝剂作为助凝剂使用，加剂量约2mg/L。

1. 无机高分子絮凝剂

无机高分子絮凝剂通过水解形成胶状氢氧化物，与水中悬浮粒子吸附碰撞，形成絮凝团，从而加速沉降过程，电性中和作用对絮凝沉降速率也有一定影响，其加剂量通常约70mg/L。常用无机高分子絮凝剂包括聚合氯化铝（PAC）、聚合氯化铁（PFC）、聚合硫酸铁（PFS）、聚氯硫酸铁（PFCS）、聚合氯化铝铁（PAFC）等，无机絮凝剂种类及特点见表6-16[65]。

（1）聚合氯化铝（PAC）。

聚合氯化铝化学式为$[Al_2(OH)_nCl_{6-n}]_m$，其中m为聚合度，通常$n=1\sim5$，$m\leqslant10$，分子量约1000，为黄色、淡黄色、深褐色或深灰色树脂状固体。聚合氯化铝作为最常用的无机高分子絮凝剂，其表面—OH或—O基团在污水中发生水解，在高浓度、高pH值条件下生成表面沉淀（氢氧化铝），由最初的凝聚作用转化为絮凝作用，电中和作用转化为黏附卷扫作用，有效去除汞污染物。该药剂pH值适用范围5~9，对管道设备无腐蚀性，净水效果明显，能有效去除水中悬浮物、COD、BOD及砷和汞等重金属离子，具有用量少、成本低、沉速快等特点，可适应多种含汞污水水质，应用范围广，但稳定性较差。

表 6-16　无机絮凝剂种类及特点

絮凝剂		水解产物	特点
铝盐	硫酸铝 $Al_2(SO_4)_3 \cdot 18H_2O$	Al^{3+}、$[Al(OH)_2]^+$ $[Al_2(OH)_n]^{(6-n)+}$	适用于 pH 值较高、碱度大、水温 20~40℃的污水
	明矾 $KAl(SO_4)_2 \cdot 12H_2O$	Al^{3+}、$[Al(OH)_2]^+$ $[Al_2(OH)_n]^{(6-n)+}$	
铁盐	三氯化铁 $FeCl_3 \cdot 6H_2O$	$Fe(H_2O)_6^{3+}$ $[Fe_2(OH)_n]^{(6-n)+}$	适用于 pH 值为 7~8.5 的污水，絮体形成快、性质稳定、沉淀时间短
	硫酸亚铁 $FeSO_4 \cdot 7H_2O$	$Fe(H_2O)_6^{3+}$ $[Fe_2(OH)_n]^{(6-n)+}$	
聚合盐类	聚合氯化铝 $[Al_2(OH)_nCl_{6-n}]_m$	$[Al_2(OH)_n]^{(6-n)+}$	适用于 pH 值 6~9 的污水，受 pH 值和温度影响小、无须投加碱剂、效果稳定
	聚合硫酸铁 $[Fe_2(OH)_n(SO_4)_{6-n}]_m$	$[Fe_2(OH)_n]^{(6-n)+}$	

（2）聚合氯化铁（PFC）。

聚合氯化铁（PFC）分子式为 $[Fe_2(OH)_nCl_{6-n}]_m$，通常 $0 \leq n < 2$，固态呈棕褐色、红褐色粉末，水解速度快，溶解后呈褐色或黑褐色溶液。聚合氯化铁是一种新型高效无机高分子絮凝剂，在水中电离产生单羟基铁离子 $Fe(OH)^{2+}$ 和 $Fe(OH)_2^+$，形成 $Fe_2(OH)_2^{4+}$ 和 $Fe_3(OH)_4^{5+}$ 等不同形态的铁络合离子，在水中通过电中和、吸附架桥作用使胶体脱稳，在相互碰撞过程中形成沉淀。该剂适用 pH 值范围 3.5~5.0，形成矾花密实、沉降速度快、用药量少、处理效果好。其酸性低于氯化铁溶液，腐蚀性相对较弱，是一种较理想的絮凝剂。

2. 有机高分子絮凝剂

聚丙烯酰胺（PAM）为一类线性高分子聚合物[66]，通常是丙烯酰胺（AM）及其衍生物的均聚物和共聚物的总称。在工业领域中含不低于 50% 的丙烯酰胺单体高分子聚合物也泛称为聚丙烯酰胺，其分子结构式为 $[—CH_2—CH(CONH_2)—]_n$，n 为聚合度，可高达 20000~90000，分子量高达 150 万~600 万。

聚丙烯酰胺按制备方法可分为反相乳液聚合丙烯酰胺、反相悬浮聚合丙烯酰胺、分散聚合丙烯酰胺、胶束聚合丙烯酰胺、辐射聚合丙烯酰胺等；按聚合物分子侧链所带电荷类型可分为阳离子型聚丙烯酸胺、阴离子型聚丙烯酰胺、两性离子型聚丙烯酰胺、非离子型聚丙烯酰胺。聚丙烯酰胺类絮凝剂分类与应用见表 6-17。

（1）阳离子型（CPAM）。

阳离子型聚丙烯酰胺（CPAM）分子式 $[CH_2CH(CONH_2)]_m[CH_2CH(COONa)]_n$，为水溶性线型高分子化合物，外观为白色固体颗粒或乳液状，市场上应用最广泛的为固体颗粒状。其分子链上带有可电离的正电荷基团，可在水中电离成聚阳离子基团，既可通过电荷中和使胶体颗粒絮凝，也可与带负电荷的溶解物质进行反应，生成不溶性盐。该剂处理后产生的污泥量小、毒性低，添加少量阳离子聚丙烯酰胺产品，即可产生很好的絮凝效果，可与无机絮凝剂搭配使用，提高絮凝效果。

表 6-17 聚丙烯酰胺类絮凝剂分类与应用

离子类型	官能团	适用范围	应用领域
阳离子型	—NR₃ 季胺 —PR₃ 季磷 —SR₂ 叔硫	有机物（阴离子型或带负电荷胶体颗粒）；强酸性至中性	生活污水、含油污水、食品工业污水等
阴离子型	—COOH 羧酸 —SO₃H 磺酸 —PO₃H 磷酸	重金属盐类及其水合氧化物；中性至碱性	生活污水、洗煤、选矿、纸浆污水等
非离子型	—CONH 肽键	无机质颗粒或无机有机质混合体系；酸性至碱性	选矿等
两性型	阴、阳两种离子官能团	无机质颗粒或有机物；弱酸性至弱碱性	选矿、污泥脱水、生活污水等

（2）阴离子型（HPAM）。

阴离子聚丙烯酰胺（HPAM）为水溶性高分子聚合物，外观为白色粉粒，分子式为 $[CH_2CH(CONH_2)]_m[(CH_2CH)COO—CH_2CH_2N^+(CH_3)_3Cl]_n$。其分子链中含有一定数量极性基团，可通过吸附水中悬浮固体粒子使粒子间架桥，或通过电荷中和使粒子凝聚，形成较大絮凝物，加速悬浮液中粒子沉降，沉降速度快，处理后溶液清澈透明。该剂 pH 值有效范围为 7~14，在中性或碱性条件下可呈现出高聚合物电解质特性，与盐类电解质接触敏感，可与高价金属离子交联，形成难溶性凝胶体[67, 68]。

（3）非离子型。

非离子型聚丙烯酰胺分子式 $[CH_2CHCONH_2]_n$，为高分子量的低离子度线性聚合物，在水溶液中不易电离，可通过质子化作用在水中产生暂时性电荷，其分子链上无可电离基团（羟基、氨基、酰胺基等），主要通过与弱氢键结合的方式，起到絮凝、增稠、黏结、成膜、凝胶、稳定胶体的作用，形成的絮体较小、稳定性较差，易遭受破坏。非离子型聚丙烯酰胺 pH 值有效范围较广，酸性条件下污水处理效果优于阴离子型聚丙烯酰胺，但中性、碱性条件下处理效果较弱，水处理中多用作辅助絮凝剂。

聚丙烯酰胺类絮凝剂具有以下特点：

（1）聚丙烯酰胺上的酰胺基之间存在氢键作用，致使 PAM 的线性分子发生卷曲不能充分伸展，架桥作用减弱，但在碱性条件下会发生部分水解，使一部分酰胺基水解成羧基，生成 HPAM（阴离子型 PAM），促进架桥作用，需保证溶液 pH 值大于 10；

（2）高分子桥连作用、相对分子量大、官能团多；

（3）吸附性能强，可以克服脱汞絮凝剂分子链短，卷扫小颗粒不充分的缺点，可对悬浮于水质中的粒子产生吸附作用，使离子间产生交联，增强絮凝沉降效果。

对三组污水水样进行实验分析，污水 pH 值为 5.7~5.9，呈弱酸性，总汞含量为 232~764μg/L，变化幅度较大，汞含量较高；悬浮物含量为 142~193mg/L，含油量为 237~259.1mg/L，污水水质分析结果见表 6-18。

表 6-18　污水水质分析结果

项目	A 水样	B 水样	C 水样
pH 值	5.9	5.7	5.7
含油量，mg/L	245.8	259.1	237
悬浮物，mg/L	142	193	180
COD，mg/L	2414	2273	2527
TDS，mg/L	33200	63000	67700
氨氮，mg/L	63.25	60.78	68.24
总磷，mg/L	0.934	0.912	0.897
硫化物，mg/L	0.474	0.389	0.426
Cl⁻，mg/L	39310	50300	50700
总汞，μg/L	232	325	764

对以上三种水样分别添加无机高分子絮凝剂（聚合氯化铝铁、聚合氯化铁、聚合氯化铝），在相同加剂量条件下，聚合氯化铁处理后净化水浊度更小、汞含量更低，且价格便宜、处理成本较低。另外，原水中含有部分 Fe^{3+}，选用聚合氯化铁可避免引进其他离子，降低对原水水质的影响。经无机絮凝剂处理后的污水汞含量为 230～278μg/L，汞浓度依然较高，无法满足处理要求，需添加有机高分子絮凝剂进行处理。取污水水样，加入 90mg/L 的聚合氯化铁溶液，再分别添加有机高分子絮凝剂（阳离子聚丙烯酰胺、阴离子聚丙烯酰胺），同样加剂量的情况下，阴离子聚丙烯酰胺（DBH 1800）处理后污水絮体沉降时间更短、沉降速度更快、悬浮絮体更少、汞含量最低，且价格更便宜，处理成本更低。无机絮凝剂与有机絮凝剂处理结果见表 6-19。

表 6-19　无机絮凝剂与有机絮凝剂处理结果

项目	温度 ℃	pH 值	加剂量 mg/L	原水汞含量 μg/L	净化水汞含量 μg/L	净化水浊度
聚合氯化铝铁（PAFC）	30	5	100	382	267	12.4
聚合氯化铁（PFC）	30	5	100	382	230	12.4
聚合氯化铝（PAC）	30	5	100	382	278	12.4
阳离子聚丙烯酰胺（DBC 2815）	30	5	100	382	87	—
	30	5	100	382	64	
阴离子聚丙烯酰胺（DBH 1600）	30	5	100	382	56	
阴离子聚丙烯酰胺（DBH 1800）	30	5	100	382	77	

二、金属离子捕集剂

重金属捕集剂分子结构中含有配位原子，如 N，O，S 和 P 等，可与污水中重金属离子以配位键的型式连接，生成稳定的螯合物，其中以含有 S 原子的重金属捕集剂去除污水重金属离子效果最好。含有 S 原子的官能团通常具有软碱特征，而大多数有毒重金属都属于软酸或交界酸，它们之间很容易发生反应，生成稳定的螯合物沉淀进而有效去除污水中的重金属。

有机硫类重金属捕集剂按其螯合的有效官能团种类可分为 DTC 类（二硫代氨基甲酸盐类）、黄原酸类、TMT 类（三硫三嗪三钠类）和 STC 类（三硫代碳酸钠类）。其中 DTC 类重金属捕集剂适用范围最广，分子式为 $[—C_4H_6N_2S_4R—]_n$，DTC 基团中的配位原子（如 S）具有半径较大、电负性小、易失去电子、易极化变形产生负电场等特点，能与杂化方式为 dsp^2 型和 d^2sp 型的金属离子螯合，形成平面正方形结构，与杂化方式为 sp^3 型金属离子螯合形成正四面体结构。从结构上看，DTC 与杂化方式不同的金属离子形成的螯合物空间构型张力较小，具有化学性质稳定、难溶于水、溶出率低、二次污染风险小等特点。主要重金属捕集剂类型及特点见表 6-20。

表 6-20 主要重金属捕集剂类型及特点

捕集剂类型	结构式	合成方法	特点
二硫代氨基甲酸盐类（DTC 类）	R—NH—C(=S)—CH	多胺或乙烯二胺与二硫化碳在强碱中反应	硫原子半径比较大、带负电，能捕捉阳离子，生成难溶性氨基二硫代甲酸盐（DTC 盐）沉淀，化学性质稳定，无二次污染
黄原酸类	R—O—C(=S)—SH	醇和二硫化碳在碱性环境中合成	有机天然高分子改性黄原酸酯在使用过程中没有残余硫化物的存在，应用更广泛
三硫三嗪三钠类（TMT 类）	三嗪环结构（S⁻ 三取代）	三聚氯氰和 NaHS 或 Na_2S 在 NaOH 溶液中合成	可捕集大多数单价、二价金属、某些状态下的络合态重金属；但与某些重金属结合的沉淀物不稳定，在水体中会二次溶出
三硫代碳酸钠类（STC 类）	SH—C(=S)—SH	二硫化碳和氢氧化钠反应	STC 与其他的重金属捕集剂有显著的协同作用；在使用的过程中产生二硫化碳气体，容易产生二次污染

高效重金属离子捕集剂包括美国纳尔科 NALMET® 1689 金属离子处理剂、美国 Degussa 公司 TMT-55 金属离子捕集剂、国内 TMT-15 系列和 TMT-18 系列重金属捕集剂等。

NALMET® 1689 金属离子处理剂由聚合物构成，常温下呈液态，对重金属离子（铜、镍、锌、铅、镉、银、汞等）具有很强的亲和力，可与金属离子反应形成难溶复合物，并不断反应形成体积更大、更易沉降的物质，处理后金属离子浓度可低至微克每升级，形成的沉淀物可通过过滤去除，降低污水中的汞排放值。NALMET® 1689金属离子处理剂处理金属厂污水工艺流程如图6-18所示。

首先加入NaOH调节污水pH值至弱碱性，加入适量NALMET® 1689金属离子处理剂，充分反应后进入絮凝沉降罐，加入适量絮凝剂以提高处理效果，处理后污水在沉淀池沉淀，经砂滤器过滤后外排，沉淀池中污泥经压滤器处理后集中处理。NALMET® 1689金属离子处理剂加剂量通常为5～6mg/L。为提高金属离子处理效果，可添加阴离子型絮凝剂，如NALCLEAR® 7768水处理剂，加剂量为0.2～2mg/L[69]。NALMET® 1689可直接进料或稀释后进料。直接进料时应采用容积式泵，进料器须位于系统内搅拌迅速、充分的位置。若金属离子浓度较低，须采用大功率搅拌器，同时，延长药剂在系统内的停留时间。

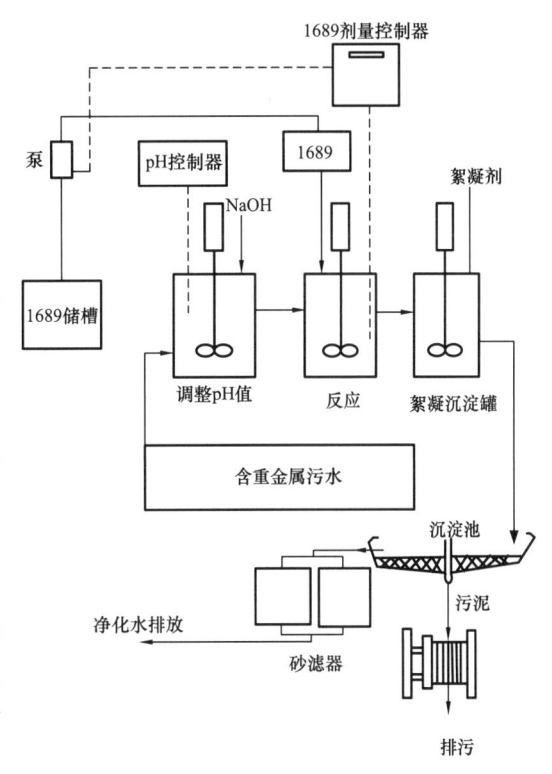

图6-18 NALMET® 1689金属离子处理剂处理金属厂污水工艺流程

气田污水多呈酸性，为提高重金属捕集剂对污水中汞的去除效果，需对污水进行pH值调节。多数DTC重金属捕集剂在弱酸性、中性或弱碱性条件下可发挥最佳捕集效果，在酸性条件下H_3O^+离子浓度较高，可与M（Ⅱ）竞争重金属捕集剂上的螯合活性位点，强酸性条件（pH值<3）可能会失去捕集有效性。重金属捕集剂具有以下特点：

（1）可与金属离子同时发生沉淀和絮凝反应，无须添加助凝剂；
（2）可同时处理螯合金属离子和混合金属离子；
（3）处理方法简单、无须新建设备、可自动加药、污泥量小、毒性低，净化后污水重金属离子浓度可达标排放；
（4）重金属捕集剂多为有机物合成，净化后污水残留物可能造成水体二次污染；
（5）适用于低浓度、偏碱性含汞污水处理，药剂价格较高。

第四节　含汞污水处理关键设备

含汞污水处理的主要目标为汞、油类及悬浮物等污染物，需将除油除悬浮物技术与污水脱汞技术相结合，形成综合处理工艺，其中高效设备的选用直接影响到含汞污水处理效果，多选用油水分离器、气浮装置等高效设备，各类型设备可分离最小粒径见表6-21[70]。

表 6-21　各类型设备最小液滴脱除直径

设备类型	可分离最小粒径，μm	设备类型	可分离最小粒径，μm
API 重力分离器	150	丝网聚结器	5
波纹板分离器	40	介质过滤器	5
诱导气浮装置（无絮凝剂）	25	离心分离器	2
诱导气浮装置（加絮凝剂）	3～5	膜分离器	0.01
旋流分离器	10～15		

一、高效油水分离器

常用的油水分离技术包括重力分离法和聚结分离法。由于气田污水成分复杂，单一的油水分离技术往往无法达到水质标准要求，实际应用中通常将重力分离技术与聚结技术相结合，以提高除油效率。高效油水分离设备主要包括 EPS 型、波纹板聚集型等油水分离器。

1.EPS 油水分离器

EPS 油水分离器采用板式除油和粗粒化聚结技术，集污水的预处理、油水分离、二次沉淀和油的回收于一体，克服了斜板除油器出水油含量较高，对高密度油去除效果差的缺点，是立式除油罐、斜板除油装置的更新替代产品。利用油水混合液不同成分的浮力差、浮力引起的流动（斯托克斯定律）及粗粒化聚结等原理进行油水分离。EPS 填料工作原理如图 6-19 所示。

EPS 油水分离器核心部分为 EPS 填料，由蛋托式盘片按一定的间隙上下整齐排列而成，凹处打有漏渣孔，蛋托状上打出油孔，使得油脂与渣滓产生一定流速，油类因浮力上浮、渣滓因重力下沉。集结于蛋托形盘片凸处油沟槽的油类通过油孔浮于水面，而集结于凹处的渣滓则落入下部的沉降区域。根据斯托克斯定律，油粒上浮速度与油粒粒径的平方成正比。如果在污水沉降之前使油珠粒径增大，则可大大增加油粒的上浮速度，使污水向下流速增大，提高油水分离效率。首端和末端的蛋托形盘片间距通常较大，两者之间的蛋托形盘片间距较小，缩短后分离时间仅为正常所需时间的数百分之一，大幅缩短上浮时间。EPS 填料工作原理如图 6-20 所示，EPS 填料外形如图 6-21 所示。

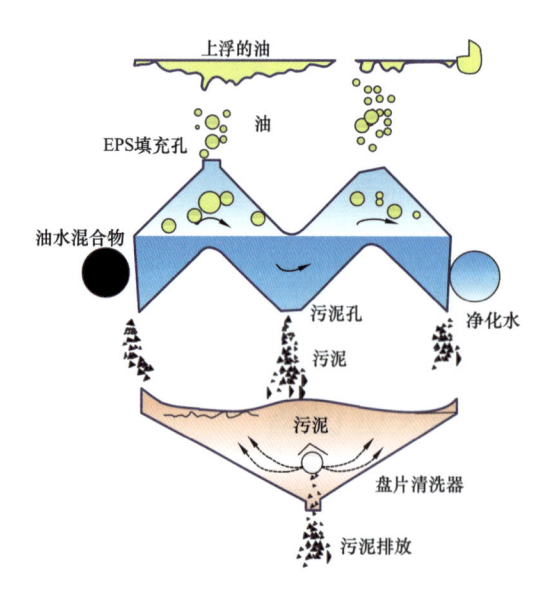

图 6-19　EPS 填料工作原理

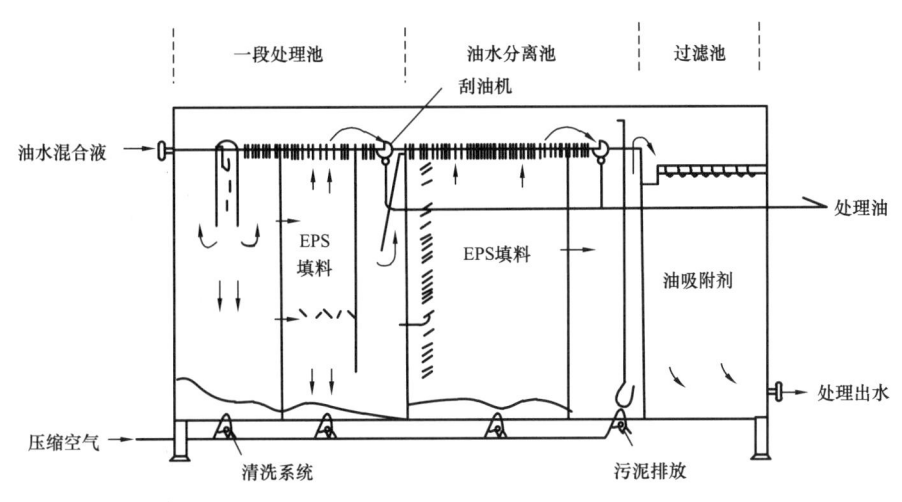

图 6-20　EPS 填料工作原理图

大庆采油六厂采用 EPS 油水分离器处理采油污水，进行了 1000m³/d 的中试试验，EPS 油水分离器入口的平均含油量为 1671.8mg/L，出水含油量为 56.2mg/L，处理效率为 97%，远远优于传统除油罐的除油效率。EPS 油水分离器具有以下特点：

（1）EPS 填料所用的蛋托形盘片，其独特的蛋形结构，强化了粗粒化效果，可大幅缩短油类和渣滓上浮和下沉的时间，分离效率高。

图 6-21　EPS 填料外形图

（2）适用范围广，不同的 EPS 填料可以处理含有各种性质油类的污水，均具有良好的处理效果。

（3）安装有油的再分离池，分离出来的低含水原油可再次利用，节省污水处理费用，便于运行维护、占地面积小、基建费用低。

（4）EPS 油水分离器的填料和反应器部分结构固定，另一部分结构可活动，在实际应用中，分离器可以半固定地使用，操作方式比较灵活，使用方便。

（5）各处理单元相对独立，故在运行中可以独立使用。蛋形盘片污泥结垢率低，一般只需进行维护运行性质的操作。清洗只需对盘片进行冲洗即可，无需将盘片取出，易清理。

2. 聚结型油水分离器

聚结型油水分离器将重力分离与聚结技术相结合，高效型设备包括 PPI 型油水分离器（平行板式隔油装置）、CPI 型油水分离器（波纹斜板式隔油装置）、CPS 聚结板分离器、Performax 板式聚结器等，其中聚结材料的表面性质是影响油水分离效率的重要因素。

CPI 型波纹板聚结型油水分离器将"聚结技术"和"浅池原理"有效结合，油水混合物在分离器内流动过程中，根据油、水密度差异，油滴在设备内上浮，水相则由于重力作用在设备内下沉，同时油珠浮集在板的波峰处分离去除。波纹板聚结型油水分离器采用密闭式结构，可保证运行安全、防止二次污染，具有能耗低、分离效率高、设备简单、结构紧凑等优点，CPI 波纹板聚结型油水分离器结构如图 6-22 所示。

波纹板间进水方式根据水流方向可分为纵向流进水和横向流进水，CPI波纹板聚结型油水分离器采用横向高效波纹板元件。倾斜放置的油水分离器采用纵向流进水时，只能增加板的分离面积，无法产生正弦波型水流；横向流进水方式不仅增大了聚结面积，波纹板的曲折通道迫使水流形成特殊流态，根据Hazen浅池沉淀原理，过水断面不断变化，水流呈扩散、收缩状态交替流动，产生脉动水流，增大油珠间碰撞概率，促使较小油珠聚结变大，加快油珠的上浮速度，相比于纵向流进水方式除油效率更高，可去除直径40μm以上的油滴[71]。横向流进水和纵向流进水两种进水方式如图6-23所示。

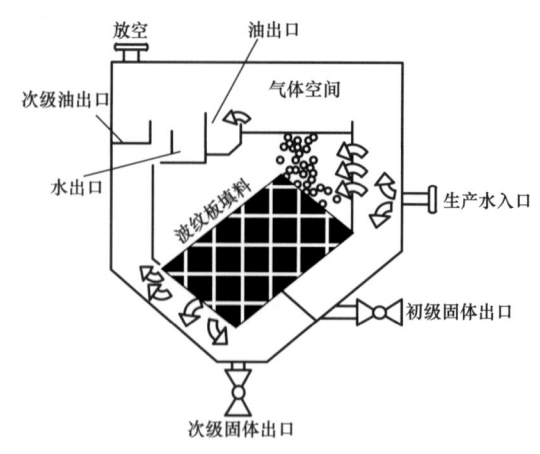

图6-22 CPI波纹板聚结型油水分离器

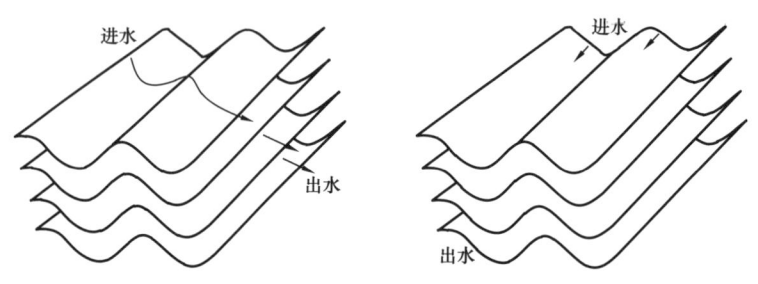

图6-23 横向流和纵向流进水

波纹板材料的选择直接影响到除油效率，多采用亲油疏水型聚结材料。当污水通过波纹板时，多层波纹板组表面可形成一层油膜，随油膜逐渐加厚，油的表面张力使油膜形成油珠，受重力及水流冲力作用使油珠脱落，随水流经波峰处浮油孔上浮，增强除油效果。CPI型波纹板油水分离器具有以下特点：

（1）波纹板采用正反交错方式置入设备内，内部无须固定支撑，可缩短板距，减小板组当量直径，在不同处理量和停留时间下均可保持层流状态，提高脱油效率；

（2）进水端加装垂直波纹板，有利于液流均匀分布；

（3）采用横向进水方式，液流在波纹板组通道内呈"之"字形流动，流向和流动截面不断变化，为油滴在波纹板表面的黏附聚结和油滴之间的碰撞聚结提供了更多机会，可高效去除粒径5μm以上油珠；

（4）适用于浮油和分散相油的处理，对溶解性油和乳化油分离效果较差，污水中颗粒、悬浮物等杂质易造成聚结材料堵塞。

3. 旋流分离器

旋流分离器利用两相或多相流间密度不同，通过离心力实现油水分离，相比于重力分离效率更高。含油污水自切向入口进入，在旋流腔内高速旋转，呈强涡流状运动，不断进入的含油污水可推动腔内流体向底流口做旋转运动，其运动轨迹呈螺旋状。含油污水自上而下运动至锥段，内径逐渐缩小，流体旋转速度逐渐加快，由于油水两相介质密度存在差异，所受离心力大小各不相同，轻质油相向中心轴线附近低压区迁移，大量聚集后以旋转形式自下而上从溢流口排出；重质水相沿边壁向下运动，通过底流口排出，实现油水分离。水力旋流器的分离原理如图 6-24 所示[72]。

水力旋流分离器可分为静态水力旋流分离器、动态水力旋流分离器、单管式水力旋流分离器、多管式水力旋流分离器，静态水力旋流分离器可分为单锥型、双锥型两类结构形式，无运动部件。单锥型水力旋流分离器多用于固液分离。双锥型水力旋流分离器在小锥段和圆柱段之间设置有大锥段，较单锥型分离停留时间更长、分离空间更大，可降低旋流器压降、避免流体因为过大的剪切力使得大油滴破碎成小油滴[73]。

NATCO Group 公司[74]开发有 VORTOIL® 型高效多管旋流分离器，内部由若干单体旋流管并联组成水力旋流器机组，机组箱体可制成容器式结构，内部设有管板部件，可将单体旋流管架起，连接处配有减振材料，以增加设备使用寿命。多管式旋流分离器能分离的最小微粒直径为 10~15μm，对分散油的脱除效率高达 98%。具有流量大、抗腐蚀性强、占地面积小、重量小、易于拆卸安装等优点，在英国和挪威等油气田得到了实际应用。多管式旋流分离器结构如图 6-25 所示。

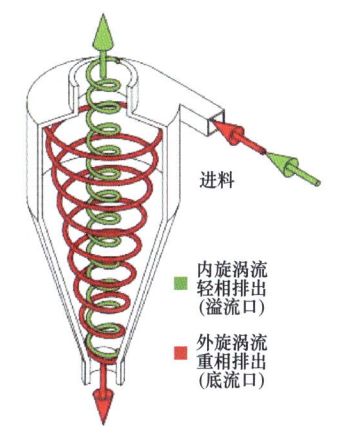

图 6-24　水力旋流器分离原理图 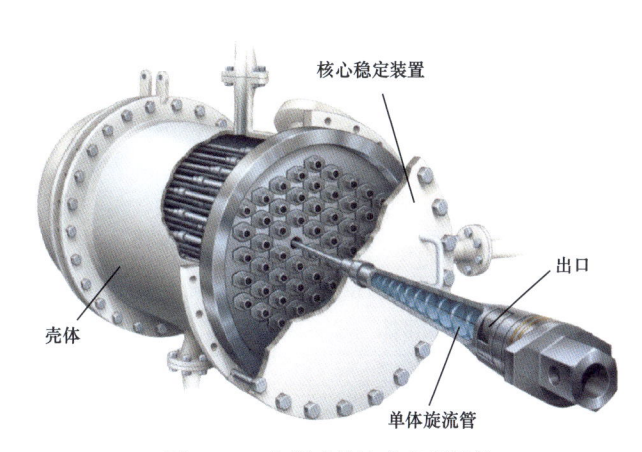　　　　图 6-25　多管式旋流分离器结构

VORTOIL® 型多管旋流分离器具有以下特点：
（1）采用斜坡式结构设计，框架稳定，无须旋流管稳定装置；
（2）单体旋流管采用独特的弯曲壁面，可增大液滴离心力、减小液滴湍流剪切应力；
（3）旋流管入口端采用无螺纹抗腐蚀合金，提高油水分离效率；
（4）分离器内壁采用耐磨材料（如碳化钨），降低杂质对内壁的磨损，延长使用寿命；
（5）尺寸小、重量轻、容量大、设备全密闭，对环境无污染。

二、高效气浮分离装置

气浮法是一种固—液分离或液—液分离技术，可分为压力溶气气浮（DGF）和诱导气浮（IGF）两大类。通过产生大量的微细气泡，与污水中固体或液体污染物微粒黏附，形成密度小于水的气浮体，在浮力作用下上浮至水面形成浮渣，通过刮板剥离实现固—液或液—液分离。油气田污水处理中多采用密闭加压溶气气浮，高效设备如 GEM 气浮等。

GEM 气浮技术对污水加压溶气，化学药剂直接投加至溶气水中，所形成絮体在高压下为固、液、气三态混合物，压力降低后，絮体中溶气体积增大，将絮体中水分挤出，大幅降低絮体含水率，减轻相对密度，可在无外力条件下自行快速上浮，GEM气浮装置结构如图6-26所示。

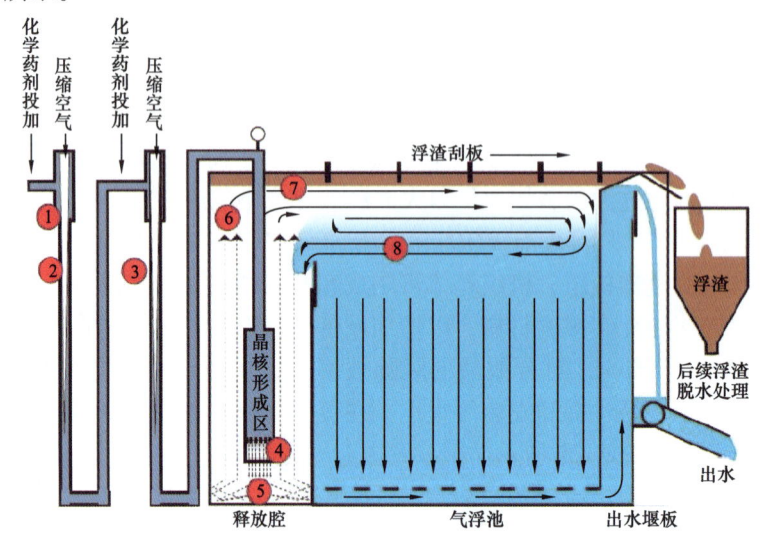

图6-26 GEM气浮装置结构图

1—高压溶气；2—伸展药剂；3—充分搅拌；4—晶核形成；
5—气泡凝聚；6—絮体合并；7—浮渣调质；8—循环絮凝

GEM气浮核心技术为涡流三相混合技术，集溶气、差速搅拌、絮体加气、颗粒附着、溶气晶核生成、气泡释放等功能于一体。通过高压进水泵将污水从调节池输送至涡流三相混合器形成涡流，再将高压空气直接溶解至污水中，向溶气液中直接投加化学药剂，完成药剂与污染物颗粒（固体）、水、气三相混合，涡流三相混合器如图6-27所示，药剂分子絮凝形态变化如图6-28所示。

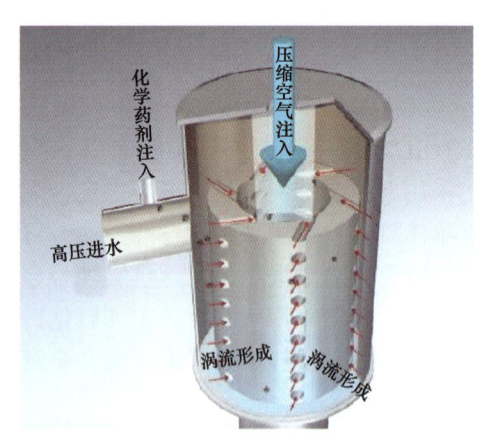

图6-27 涡流三相混合器

传统溶气气浮存在多种问题，如絮凝剂、絮凝剂的无效絮体桥接、絮体含水率高、搅拌不充分、压力降低使气泡膨胀导致的脱附现象、颗粒污染物捕获率较低等。GEM气浮技术对以上问题进行了改进，GEM气浮与传统气浮性絮体形成过程如图6-29所示，其处理性能对比见表6-22。

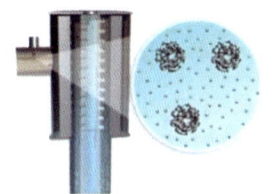

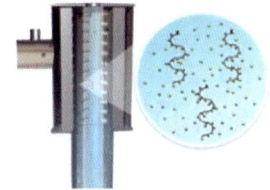

药剂分子初始为盘绕状　　　　涡流将药剂分子拉伸提效　　　充分搅拌，污染物被捕
　　　　　　　　　　　　　　　　　　　　　　　　　　　　　　　补集，絮体形成

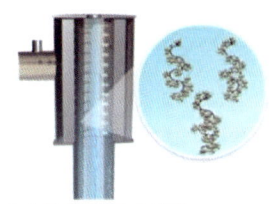

图 6-28　药剂分子絮凝形态变化图

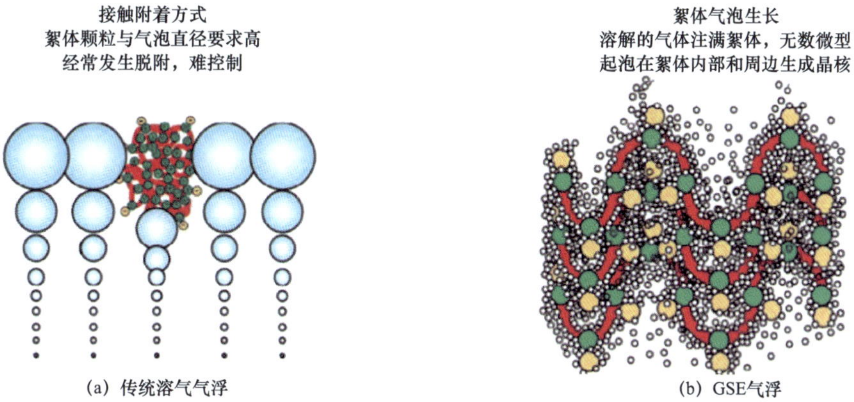

接触附着方式　　　　　　　　　　　　　　　　　絮体气泡生长
絮体颗粒与气泡直径要求高　　　　　　　　　溶解的气体注满絮体，无数微型
经常发生脱附，难控制　　　　　　　　　　　起泡在絮体内部和周边生成晶核

(a) 传统溶气气浮　　　　　　　　　　　　　　　(b) GSE气浮

图 6-29　传统溶气气浮和 GEM 气浮絮体形成过程对比

表 6-22　GEM 与传统气浮性能对比

项目	COD, mg/L		TSS, mg/L		浮渣含固率 %	药剂投加量, mg/L			药剂投加总量 mg/L
	进水	出水	进水	出水		絮凝剂	阳离子絮凝剂	阴离子絮凝剂	
DAF	12350	2300	1700	125	0.5~2	994	115	0	1109
	11390	3710	1500	200	0.5~2	1336	140	0	1476
GEM（高效型）	8740	660	1700	11	20~30	0	50	15	65
	7950	940	1250	17	20~30	0	45	15	60
GEM（经济型）	12450	1250	1800	130	10~20	0	10	0	10
	10950	1110	1500	90	10~20	0	8	0	8

注：出水要求化学需氧量 COD<2000mg/L，总悬浮物含量 TSS<200mg/L。

GEM 气浮相比于传统气浮装置具有以下特点：
（1）污染物处理负荷高，可充分利用所投加化学药剂；
（2）浮渣上浮率高，产生浮渣含水率低、污泥量少，可减少污泥处理费用；
（3）污染物不会流入后续处理流程，保障后续设备运行安全；
（4）可产生大量微型气泡，注满整个絮体，提高气浮效率；
（5）体积小，便于安装拆卸。

第五节 水处理方案及工程应用

油气生产过程中不可避免地会产生来自地层及气田处理厂的含汞污水，需对其进行有效处理，避免影响环境安全，保证正常生产。含汞污水处理后多选择回注或外排的方式进行处理。本节对含汞气田污水回注及外排实例进行列举，结合理论对气田污水处理进行分析。

一、含汞污水处理现场试验

某气田于2014年开展了含汞污水现场试验，对各处理工艺、水处理剂、污水处理设备、工艺流程等进行了对比分析，建成了一套气田含汞污水试验装置。含汞污水处理试验装置建于某气田水回灌转输装置附近，位于两个污水沉降罐旁，从污水沉降罐进水管分出一部分污水作为含汞污水处理现场试验装置原水。现场试验效果较好，处理后污水汞浓度远低于50μg/L。

1. 处理规模及原水水质指标

水处理量：5m³/h（最大处理量6m³/h）；
总汞含量：60～7500μg/L；
含油量：小于500mg/L；
悬浮物：小于500mg/L。

气田水中汞含量检测结果见表6-23，油及悬浮物含量检测结果见表6-24。

表6-23 气田水汞含量检测结果

取样点位置	样品编号	温度，℃	检测结果，μg/L	检测时间
气田水（液液分离器）	1	40	364	2014.5.21
	2		651	2014.5.22
	3		280	2014.5.23
	4		164	2014.5.24
	5		52	2014.5.26
	6		179	2014.5.27
	7		334	2014.5.28
	8		445	2014.8.1
	9		398	2014.8.2
	10		306	2014.8.3
	11		286	2014.8.4

表 6-24 气田污水水质分析结果

检测项目 \ 样品编号	1	2	3	4	5	6
含油量，mg/L	122.6	94	110.4	174.8	180.3	177.6
悬浮物含量 SS，mg/L	260	130	99	263.2	254.8	223.6

由表 6-23 和表 6-24 可知，该气田中央处理厂液液分离器处的气田水汞含量变化幅度较大，汞含量在 52～651μg/L；水中含油量高且变化幅度较大，在 94～180.3mg/L；水中悬浮物含量较高，为 99～263.2mg/L。气田水中油、悬浮物及汞含量均超标，必须进行相应处理。处理后污水中汞含量需低于 50μg/L。

2. 含汞污水试验装置工艺流程

综合分析现场条件及含汞污水水质特点，将高效除油技术和脱汞工艺相结合，提出絮凝沉降、高效分离、气浮及吸附的综合处理工艺。按照模块化、橇装化的设计思想，对含汞污水处理试验装置进行开发和设计，对高效油气分离和气浮装置进行开发，以提高含汞污水处理的适应性，降低水处理成本。该流程主要由进水缓冲罐、油水汞分离器、气浮缓冲罐、气浮除汞装置、汞吸附过滤装置、气体脱汞装置、净水罐等设备组成，含汞污水现场试验装置工艺流程如图 6-30 所示，试验装置外形如图 6-31 所示。

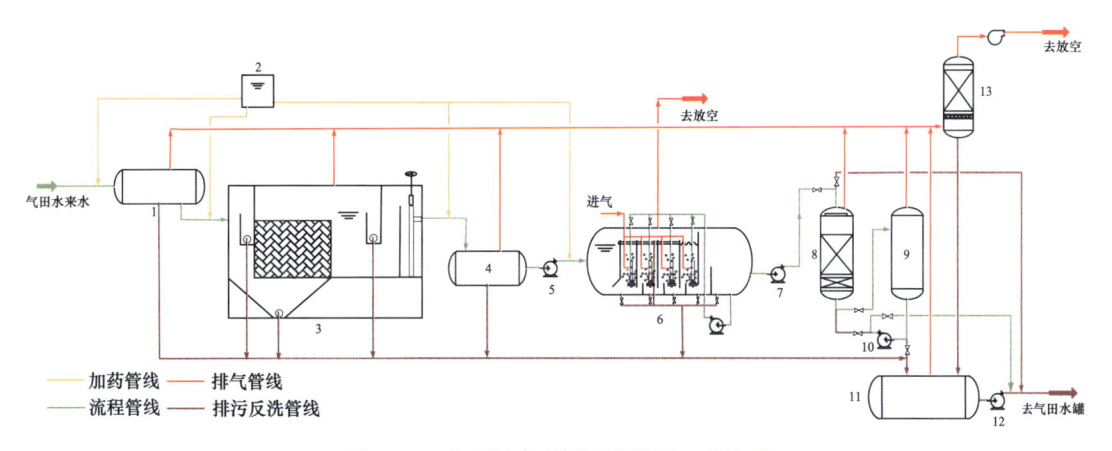

图 6-30 含汞污水现场试验装置工艺流程

1—进水缓冲罐；2—加药装置；3—油水汞分离器；4—气浮缓冲罐；5—气浮增压泵；6—气浮除汞装置；7—吸附增压泵；8—汞吸附装置；9—净水罐；10—反洗泵；11—渣储罐；12—出水泵；13—气体脱汞装置

该流程分别在进水缓冲罐、油水汞分离器、气浮缓冲罐以及气浮除汞装置前设置了 4 个加药点，可根据需要加入脱汞絮凝剂及脱汞助凝剂，使含汞污水中悬浮物及单质汞絮凝沉降下来，提高了装置的适应性。其中在进水缓冲罐及气浮缓冲罐上游加 SP-10 型高效脱汞絮凝剂，总加剂量为 80～120mg/L；在气浮装置前加 PM-10 型脱汞助凝剂，加剂量为 3～4.5mg/L，加剂量可根据现场气田水质变化和处理后水中总汞含量做出适当调整。

进水缓冲罐上游加入少量脱汞絮凝剂可延长含汞污水絮凝沉降时间，在油水汞分离器中完成初步絮凝沉降分离，以提高整个装置对不同水质变化的适应性。在气浮除汞装置前先后加入主要的脱汞絮凝剂和脱汞助凝剂，可最大化利用气浮装置高效除油及悬浮物的优势，减少脱汞絮凝剂及脱汞助凝剂的投加量，减少药剂使用成本。

图 6-31　含汞污水处理试验装置

3. 装置运行效果

该气田原水汞含量在 243~2670μg/L，通过以上加剂方案，主要的絮凝沉降集中在气浮除汞装置中，高效利用了气浮装置的除油、除悬浮物能力，气浮装置出水汞含量相比于原水明显降低，减轻了后续吸附装置的处理压力；另外，前端加入少量脱汞絮凝剂可有效地提高装置对进水水质变化的适应能力。原水与处理后净化水对比如图 6-32 所示，不同时期试验装置处理后汞含量检测值及加剂量见表 6-25。根据不同时间处理装置检测结果，含汞污水处理装置关键设备处理效果见表 6-26。

图 6-32　原水与处理后净化水对比

该气田现场含汞污水试验装置试运行结果表明：原水中总汞含量为 104~26200μg/L，脱汞絮凝剂加剂量为 62~240mg/L，脱汞助凝剂加剂量为 1.1~4.5mg/L，处理后水中的总汞含量为 0.14~3.7μg/L，远低于要求的总汞含量 50μg/L。试验装置除汞效果好，适应性强，处理成本低。试运行期间该装置处理 1m³ 污水的药剂成本约为 1.0~1.2 元。

表 6-25 不同时期试验装置处理结果

检测时间	7月24日	7月28日	7月30日	8月6日	8月10日	8月12日	8月14日
原水汞含量，$\mu g/L$	2670	1200	1041	1070	877.5	268	243
气浮出水汞含量，$\mu g/L$	55	53	51	23	17	40	43
净化水汞含量，$\mu g/L$	0.455	0.307	0.571	0.257	0.243	0.317	0.267
SP-10 加剂量，mg/L	90	90	90	90	90	90	90
PM-10 加剂量，mg/L	4	4	4	4	4	4	4

表 6-26 含汞污水处理装置关键设备处理效果

项目	总汞，$\mu g/L$	汞脱除率，%	悬浮物，mg/L	含油量，mg/L
进水	104～26200	—	180～451.4	151.5～2985.8
分离器出水	55～816	40	20～345	49.4～70.6
气浮装置出水	21～55	55	7～56	40.2～60.5
汞吸附装置出水	0.26～5.0	5	6～20	5～30

二、含汞污水回注工程实例

某气田根据含汞污水处理装置现场试验成果及技术经验，结合气田水质特点，建设了一套处理规模 20m³/h 的含汞污水处理装置对气田含汞污水进行处理，在气田含汞污水实际工程中取得到了较好的处理效果，处理后污水可满足气田水回注指标中各项指标的要求，其中总汞含量要求低于 50μg/L，含汞污水处理方案如图 6-33 所示。

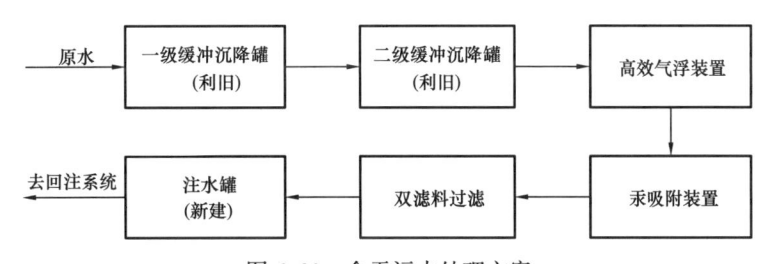

图 6-33 含汞污水处理方案

1. 处理规模及原水水质指标

根据气田污水生产趋势，装置设计规模 20m³/h 一套，装置运行适应范围 5～25m³/h，设计年操作时间为 8000 小时，原水水质指标如下：

水处理量为 20m³/h；
总汞含量小于 5000μg/L；
含油量小于 300mg/L；
悬浮物小于 500mg/L；
pH 值为 5～9。

该气田含汞污水溶解有大量酸性气体（H_2S，CO_2 等）组分而显酸性，含大量成垢离子、悬浮物、机械性杂质、凝析油、缓蚀剂、甲醇等杂质。具有"四高一低"的特点：矿化度高；Ca^{2+}、Mg^{2+} 和 Hg^{2+} 等高价金属阳离子含量高；水中游离 Cl^- 和 HCO_3^- 含量高；机械杂质、乳化油含量高；pH 值较低。根据气田污水生产趋势，装置设计规模 $20m^3/h$ 一套，装置运行适应范围 $5\sim25m^3/h$，设计年操作时间为 8000 小时。处理前污水水质通过油气田水分析方法（SY/T 5523—2006）进行取样及检测，其检测结果见表 6-27 至表 6-29。

表 6-27　重力沉降罐水样检测结果

项目	重力沉降罐出口 A	重力沉降罐出口 B
pH 值	6.62	6.43
悬浮物，mg/L	224	232
溶解性总固体，mg/L	6.26×10^4	5.40×10^4
化学需氧量（COD_{Cr}），mg/L	1.41×10^4	1.30×10^4
五日生化需氧量（BOD_5），mg/L	6.20×10^3	7.44×10^3
氯化物，mg/L	3.78×10^4	3.20×10^4
石油类，mg/L	45.2	41.6
钙，mg/L	2.69×10^3	2.79×10^3
镁，mg/L	174	187
总有机碳，mg/L	1.42×10^3	1.22×10^3
矿化度，mg/L	7.18×10^4	6.62×10^4
苯，mg/L	3.72	15.3
甲苯，mg/L	0.33	1.66
乙苯，mg/L	0.41	0.64
总汞，mg/L	0.297	0.659

表 6-28　凝析油缓冲罐及气田水沉降罐水样检测结果

项目	凝析油缓冲罐 A	凝析油缓冲罐 B	气田水沉降罐 A	气田水沉降罐 B
pH 值	5.77	5.93	6.40	6.21
悬浮物，mg/L	199	194	70	72
溶解性总固体，mg/L	5.80×10^4	5.82×10^4	3.78×10^3	3.85×10^3
氯化物，mg/L	2.06×10^4	2.30×10^4	2.15×10^3	5.32×10^3
石油类，mg/L	2.43	7.56	10.6	4.16
汞，mg/L	0.12959	0.11508	0.28772	0.26770
铁，mg/L	30.83	36.45	8.78	9.27

表 6-29　生产分离器水样检测结果

项目	生产分离器 A	生产分离器 B	生产分离器 C
pH 值	7.04	7.02	7.28
悬浮物，mg/L	46	41	54
溶解性总固体，mg/L	818	879	811
氯化物，mg/L	108	106	111
硫酸盐，mg/L	115	108	150
石油类，mg/L	4.97	4.44	1.67
汞，μg/L	38.8	35.4	55.8
铁，mg/L	8.08	8.96	7.51
甲基汞，mg/L	<10	<10	<10
乙基汞，mg/L	<20	<20	<20

2. 方案适应性分析

（1）该方案去掉油水泥分离器，原因为现场试验所采用的油水泥分离器主要用于去除污水中的油及部分单质汞。该气田污水处理工程水质检测分析结果表明：污油含量低于 100mg/L。目前国内外气浮装置的效果调研表明：国内气浮装置的除油效率约 90%，而国外气浮装置的除油效率大于 93%。设计中即使处理厂污水油含量为 300mg/L，改进后的工艺也能达到出水油含量低于 30mg/L 处理要求。另外，进水条件发生改变，现场试验中原水来自大罐进水管（原水未经过大罐沉降），而该气田水处理工程中的原水经两个大罐（1000m³）沉降，大罐的作用包括缓冲、调节、油水分离，同时具有降低汞浓度的作用，原水水质较现场试验时更好。

（2）气田污水絮凝沉降实验及水质检测结果表明：原水汞含量低于 1000mg/L，并且经优化后的化学沉降工艺可使污水中汞浓度低至 10μg/L，但考虑水处理效果的波动，因此设置汞吸附装置进行深度脱汞处理，但污水矿化度较高，易引起载银活性炭表层结垢，堵塞活性炭吸附孔隙，降低污水处理效果。另外，使用时间较长后活性炭容易粉末化，从而导致污水中悬浮物含量增加，因此在方案中加入过滤装置。

3. 含汞污水处理工艺流程

依据该气田天然气处理厂污水水质分析结果，吸收含汞污水现场试验成果，确定"絮凝沉淀+气浮+吸附+过滤"组合流程为该气田水处理方案，按照模块化、橇装化的设计思想，完成含汞污水处理回注装置的建设。该方案具有投资省、占地少、净化效率高、系统运行稳定、工艺成熟可靠、操作维护方便等特点。气田含汞污水处理工程流程如图 6-34 所示。

含汞污水投加絮凝剂后进入缓冲沉降罐（原装置为立式罐，推荐采用卧式罐，利于汞的清除），出水投加捕捉剂，经泵增压输送至缓冲沉降罐。缓冲沉降罐对水质和水量进行调节的同时，对油、悬浮物、汞及汞化合物进行初步去除，油从顶部收油槽排入卧式污油罐，缓冲沉降罐出水投加助凝剂，经泵增压输送至高效气浮装置，利用微气泡将分离出的油、悬浮物、汞及汞化合物上浮至液面后形成浮渣排出，气浮装置可分离 0.25μm 以上油珠。浮渣送入污泥回收池，气体进入脱汞装置脱汞后送至放空单元。高效气浮装置停留时间约 35min，气浮单元出水投加阻垢剂，进入汞吸附装置，以保障出水汞含量满足标准，再经双滤料过滤器过滤，保障悬浮物和粒径中值满足指标要求，处理后合格污水输送至回注水罐。

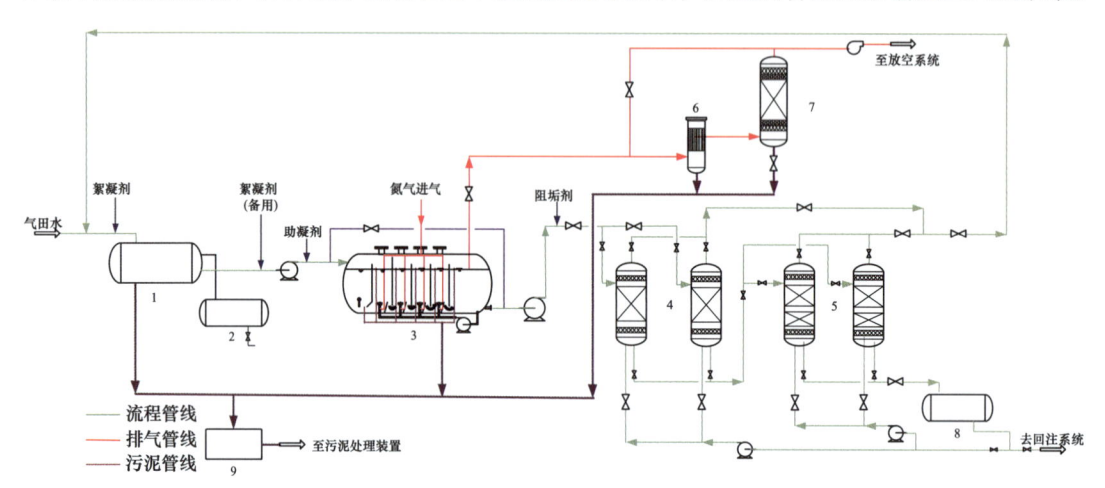

图 6-34 气田含汞污水处理工程流程图

1—缓冲沉降罐；2—收油罐；3—气浮除汞装置；4—活性炭吸附装置；5—双滤料过滤器；
6—气液聚集器；7—气体脱汞装置；8—污泥回收池

该处理方案具有以下特点：

（1）将油气田污水高效除油、除悬浮物工艺与除汞技术相结合，处理技术成熟，操作方便，装置对水质条件及处理规模适应性强；

（2）简化流程，去除油水泥分离器，降低工程投资；

（3）汞脱除效率高，投加药剂量小、能耗及运行成本低；

（4）装置封闭运行，减少汞污染；

（5）设备、管道配有防腐控制措施，适应地区环境条件及水质条件；

（6）橇装化、模块化设计，工厂化组装，采用高效节能设备和自动化控制技术。

4. 关键设备

该污水处理工程主要设备包括气浮装置、汞吸附装置、双滤料过滤器、气体脱汞装置等，各设备参数运行如下：

（1）气浮装置。

气浮装置采用喷射气浮装置，设计处理量 20m³/h（最大处理量 25m³/h）；罐体直径 1200mm，长度 6300mm；设备数量 1 座；气液比 1:9；溶气量（氮气）1.67m³/h；回流比 20%。高效喷射气浮装置参数见表 6-30。

（2）汞吸附装置。

汞吸附装置填料采用载银活性炭，可去除污水中的残存的、汞、有机物、悬浮物的等杂质。由于生成汞齐合金的时间较短，只需满足吸附层流速，设计流速可按 6~15m/h 计算，设备直径 1600mm，吸附剂填装高度 1.2m。汞吸附装置技术参数见表 6-31。

表6-30 气浮装置技术参数

项目	参数	项目	参数
设计压力，MPa	0.6	设计温度，℃	≤70
运行压力，MPa	常压	回流比，%	10（每级）
进水含油量，mg/L	≤300	出水含油量，mg/L	≤30
进水总悬浮物含量，mg/L	≤150	出水总悬浮物含量，mg/L	≤30
进水汞含量，μg/L	≤100	出水汞含量，μg/L	≤50
设备材质	Q235B	内防腐	重防腐蚀涂料
除油除悬浮物效率，%	>90%		

表6-31 汞吸附装置技术参数

项目	参数	项目	参数
工作压力，MPa	≤0.6	设计温度，℃	80
过滤阻力损失，MPa	≤0.1	滤速，m/h	20～25
反洗强度，L/(m²·s)	4～12	反洗时间，min	10～15
进水固体悬浮物含量，mg/L	≤30	出水固体悬浮物含量，mg/L	≤30
进水汞含量，μg/L	≤50	出水汞含量，μg/L	≤20
设备材质	Q235B	内防腐	重防腐蚀涂料

（3）双滤料过滤器。

双滤料过滤器采用金刚砂和天然石英砂为过滤介质，按不同工况选择合理搭配，最大限度地发挥不同相对密度、不同材质、不同粒径下滤层的截污能力及对水中固体粒径的控制能力。双滤料过滤器技术参数见表6-32。

表6-32 双滤料过滤器技术参数

项目	参数	项目	参数
设计压力，MPa	0.6	设计温度，℃	80
工作压力，MPa	0.3	滤速，m/h	15
反洗水量比，%	1～3	反洗周期，h	8～24
阻力损力，MPa	≤0.1	反洗强度，L/(m²·s)	12（水）、10（气）
进水含油量，mg/L	≤20	出水含油量，mg/L	≤15
进水固体悬浮物含量，mg/L	≤15	出水固体悬浮物含量，mg/L	≤10（粒径≤8μm）
设备材质	Q235B	内防腐	重防腐蚀涂料

双滤料过滤器设计滤速为 6~12m/h，直径为 1600mm，设计处理量为 20m³/h（最大处理量 25m³/h），罐体直径 1600，高度 3510mm，设备数量 2 套（并联运行），设计滤速为 12.5m/h，反冲洗强度为 11L/（m²·s），反洗周期为 12h，压差大于 0.1MPa 时进行反冲洗，反洗历时 4~8min，初滤排水 1~2min，单次反冲洗水量 5~11m³。

（4）气体脱汞装置。

对污水处理设备内部产生的气体进行收集，利用负载型金属硫化物脱汞剂对气体中的汞进行吸附脱除，汞含量达到《大气污染物综合排放标准》（GB 16297—1996）后排入大气（汞含量≤0.012mg/m³），当脱汞剂达到饱和吸附容量时，需对脱汞剂进行更换，更换周期为 5 年。设计处理量 300m³/h，塔体直径 1000mm，高度 2815mm，脱汞剂床层高度 1500mm，脱汞剂总质量 1.1t（ϕ6mm，ϕ18mm），瓷球总质量 0.7t，设备数量 2 套。气体脱汞装置技术参数见表 6-33。

表 6-33 气体脱汞装置技术参数

项目	参数	项目	参数
设计压力，MPa	0.2	设计温度，℃	70
工作压力，MPa	常压	工作温度，℃	50
设计处理量，m³/h	300	引风机风压，mm H₂O	120
引风机功率，kW	1.1	脱汞剂床层高度，mm	1500
瓷球层高度，mm	600	尾气中的总汞，μg/m³	15
设备材质	Q235B	内防腐	重防腐蚀涂料

三、泰国湾 Arthit 气田工程实例

泰国湾 Arthit 海上平台采用絮凝—气浮工艺对含汞污水进行处理，处理后总汞含量小于 5μg/L，含油量小于 5mg/L，可满足泰国政府严格的海水外排要求，就近外排至周边水域。

泰国海湾位于 sunda 大陆架上，朝向中国南海，长 700km，宽 600km，海水最大深度不超过 90m，北部和远东地区的水深未超过 20m，离岸距离为 60~100km。西部岸边的水深超过 20m[75]。距离泰国湾中心 10%、距离岸边 150km 的区域，水深超过了 75m。泰国湾有 Arthit 气田、Funan 气田、Erawan 气田和 Platong 气田等，均由雪佛龙公司开发。自 1981 年以来，该公司天然气累计产量超过了 $1100 \times 10^8 m^3$，在泰国中部海湾地区运营着超过 134 个平台，提供天然气产生占全国总电力需求的 30%。

泰国湾 Arthit 气田北部气田处理厂进口原料气压力 2.17MPa，最高温度 50℃，原料气汞含量最高为 1500μg/m³，气田水汞含量为 63~7219μg/L，砷含量 2000~4000μg/L，气田水处理量 1383.3m³/d。经处理后需满足生产水排放限值（10μg/L Hg、250μg/L As），泰国湾各气田污水处理均采用雪佛龙公司开发的絮凝—气浮组合处理工艺，其流程图如图 6-35 所示。

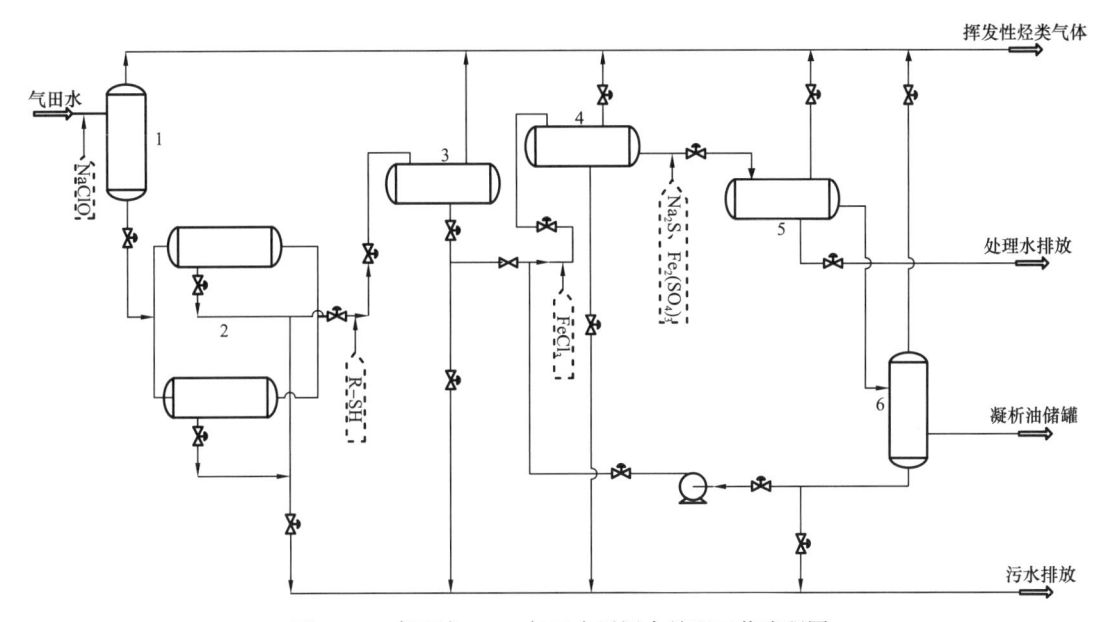

图 6-35　泰国湾 Arthit 气田含汞污水处理工艺流程图

1—沉降罐；2—水力旋流器；3—脱气装置；4—缓冲罐；5—诱导气浮装置；6—沉淀罐

泰国湾絮凝—气浮组合工艺处理含汞污水工艺流程如下：

（1）加入次氯酸钠（NaClO），将单质汞氧化为汞离子，亚砷酸盐氧化为砷酸盐，如式（6-9）和式（6-10）所示：

$$Hg+ClO^-+H_2O \longrightarrow Hg^{2+}+2OH^-+Cl^- \tag{6-9}$$

$$H_2AsO_3+ClO^- \longrightarrow H_2AsO_4+Cl^- \tag{6-10}$$

（2）脱气装置脱除污水中不稳定的液烃及单质汞。

（3）缓冲罐入口处加入氯化铁试剂。溶剂中氯化铁可提供正离子，使分散的固体杂质聚结。缓冲罐为聚结反应的发生提供充足时间，聚结后物质为悬浮态汞、离子汞、砷和铁离子等复杂混合物。同时，加入硫醇类物质（含硫碳酸盐或二硫代碳酸），形成含离子汞和砷的难溶金属沉淀。如式（6-11）至式（6-11）所示：

$$H_2AsO_4+FeCl_3 \longrightarrow FeAsO_4+3HCl \tag{6-11}$$

$$FeCl_3+3H_2O =\!\!=\!\!= Fe(OH)_3+3HCl \tag{6-12}$$

$$Fe(OH)_3+Hg =\!\!=\!\!= Fe-O-HgO \tag{6-13}$$

$$Thiol+Hg \text{ or } Hg^{2+} =\!\!=\!\!= HgS\downarrow \tag{6-14}$$

$$Thiol+As \text{ or } As^{6+} =\!\!=\!\!= AsS\downarrow \tag{6-15}$$

（4）在缓冲罐下游加入絮凝剂，使水中含汞、砷（及重烃）的不溶物质析出。絮凝剂为丙烯酸盐和丙烯酸酯的异分子聚合物，用于聚集水中独立分散的颗粒，在凝析油中形成悬浮状固体颗粒。借助空气注入可使悬浮状固体在液体表面聚集，通过诱导气浮装置撇去。

（5）撇去的油类和固体杂质进入净化器进行处理，此处大部分的水将与固体分离。分离出的水进行回收，凝析油和悬浮态固体进入凝析油储罐，污泥进行回收后集中处理。流程中主要物流的汞、砷及液烃含量变化见表6-34，流程中主要药剂加剂量见表6-35。

表6-34 流程中主要物流的汞、砷及液烃含量变化

项目	缓冲时间，min	液烃，mg/L	Hg，µg/L	As，µg/L
由分离器分离出的水	—	3000	2000	300
旋流分离器之后	—	500	500	300
脱气装置之后	5	200	500	300
缓冲罐之后	2	200	500	300
IGF罐（固体进入净化器）	10	高	高	高
净化器（与IGF单元连接）	10	<30	<5	<250
排放水	—	<30	<5	<250

表6-35 泰国湾Arthit气田北部污水处理流程中主要药剂加剂量

试剂	NaClO mg/L	FeCl$_3$ mg/L	Thiol（重金属捕集剂）mg/L	有机絮凝剂 mg/L
入口处的水	—	—	—	—
旋流分离器	200	—	—	—
脱气装置	100	—	—	—
缓冲罐	50	200（罐前）	200（罐前）	200（罐后）
IGF罐（固体进入净化器）	—	高	高	高
净化器（污水进入IGF单元）	—	10	10	1
排放水（由IGF单元来）	—	10	10	1

Funan，Erawan和Platong处理厂中过滤装置的除汞和除坤效果见表6-36，大部分汞得到去除，而砷的去除效果较差。Funan和North Pailin中央处理平台水处理后排放水检测结果见表6-37和表6-38[76]。

表6-36 过滤装置的除汞和除坤效果

操作数据	汞浓度，µg/L	砷浓度，µg/L
Funan处理厂生产水		
未过滤测得值	11	382
经5µm过滤器过滤后	3.7	255
经0.45µm过滤器过滤后	1.9	251

续表

操作数据	汞浓度，μg/L	砷浓度，μg/L
Platong 处理厂生产水		
未过滤测得值	155	
经 3μm 过滤器过滤后	12	255
经 0.45μm 过滤器过滤后	<1	251
Erawan 处理厂生产水		
未过滤测得值	191～235	—
经 3μm 过滤器过滤后	69	—
经 0.45μm 过滤器过滤后	10	—

表 6-37 Funan 中央处理平台（CCP）排放水检测结果

日期	TpH，mg/L	Hg，μg/L	As，μg/L	备注
2003.5	10	6	1228①	—
2003.9	19	37①	87	加入少量 NaClO
2004.1	12	3	316①	—
2004.5	9	3	155	—
2004.9	16	10	380①	—
2005.1	7	5	253	—
2005.5	15	10	834①	—

① 超出限制。

表 6-38 North Pailin 中央处理平台（CCP）排放水检测结果

日期	TpH，mg/L	Hg，μg/L	As，μg/L	备注
2003.5	10	6	1228①	加入少量 NaClO
2003.9	19	37①	87	加入过量 NaClO
2004.1	12	3	316①	开始加入硫醇
2004.5	9	3	155	—
2004.9	16	10	380①	Fe^{3+} 量不足
2005.1	7	5	253	—
2005.5	15	10	834①	Fe^{3+} 量不足
2005.7	17	11①	126	NaClO 超量

① 超出限制。

参考文献

[1] WATRAS C J, BLOOM N S, HUDSON R J M.et al. Sources and fates of mercury and methylmercury in Wisconsin Lakes [M].Lewis Publisher, 1994.

[2] 何健源, 金云云, 何方. 环境化学 [M]. 上海: 华东理工大学出版社, 2001.

[3] WiILKEN RD. Mercury analysis: a special example of species analysis [J]. Anal.Chem., 342, 795, 1992.

[4] PUK R R, WEBER JH. Determination of mercury (Ⅱ), monomethylmercury cation, dimethylmercury and diethylmercuryby hydride generation, cryogenic trapping andatomic absorption spectrometric detection [J]. Analytica Chimica Acta, 1994, 292 (94): 175-183.

[5] 党伟, 羊东明. 油田含油污水处理现状及综合利用技术 [J]. 石油规划设计, 2005, (04): 28-30.

[6] OTTO M, BAJPAI S. Treatment technologies for mercury in soil, waste, and water [J]. Remediation Journal, 2007, 18 (1): 21-28.

[7] 常青. 水处理絮凝学 [M]. 北京: 化学工业出版社, 2003: 223-224.

[8] 黄鸣荣, 高国玉, 何晓弟. 含汞污水处理方法的研究 [J]. 化工设计, 2010, 20 (2): 33-35.

[9] 晁宏洲. 气田污水回灌一元化地面撬装处理工艺技术推广应用研究 [D]. 西安: 西安石油大学, 2012.

[10] 雷彬, 江丽, 詹燕. 浅谈絮凝剂在气田水处理中的应用 [J]. 油气田环境保护, 2005, 15 (1): 12-14.

[11] MATLOCK M M, HOWERTON B S, ATWOOD D A. Irreversible precipitation of mercury and lead [J]. Journal of Hazardous Materials, 2001, 84 (1): 73-82.

[12] HENKE K R, ROBERTSON D, KREPPS M K, et al. Chemistry and stability of precipitates from aqueous solutions of 2, 4, 6-trimercaptotriazine, trisodium salt, nonahydrate (TMT-55) and mercury (Ⅱ) chloride [J]. Water Research, 2000, 34 (11): 3005-3013.

[13] WILHELM S M. Mercury and arsenic removal from Arthit produced water process description [R]. Mercury Technology Services, 2007.

[14] 王君杰, 王凤贺, 雷武, 等. 新型重金属捕集剂 NBMIPA 处理含铜汞污水 [J]. 环境工程学报, 2012, 6 (4): 3933-3936.

[15] Mersorb. Mercury adsorbents design and performance characteristics. [EB/OL]. [2018-05-12]. http://www.nucon-int.com/.

[16] JUN L, Glen E. Fryxell, et al. Self-Assembled mercaptan on mesoporous.Silica (SAMMS) Technology for Mercury Removal and Stabilization [R]. U. S. DOE, 1997.

[17] EBADIAN M A. Mercury contaminated material decontamination methods: investigation and assessment [R]. Florida International University, 2001.

[18] 陈曦. 《Popular Science》2009 最佳科技成果 [J]. 装备制造, 2010, 29 (1): 66-68.

[19] 李江, 甄宝勤. 吸附法处理重金属污水的研究进展 [J]. 应用化工, 2005, 34 (10): 591-594.

[20] 邹照华, 何素芳, 韩彩芸, 等. 吸附法处理重金属污水研究进展 [J]. 环境保护科学, 2010, 36 (3): 22-25.

[21] 张荣斌. 工业污水中汞的处理技术 [J]. 山东化工, 2007, 36 (6): 17-22.

[22] 蒋剑春. 活性炭应用理论与技术 [M]. 北京：化学工业出版社，2010.

[23] 周勤俭，李先柏. 污水处理中吸附法的研究与应用 [J]. 湿法冶金，1997（4）：58-62.

[24] MELAMED R, DA L A B. Efficiency of industrial minerals on the removal of mercury species from liquid effluents [J]. Science of the Total Environment, 2006, 368（1）：403-406.

[25] 车荣睿，聂艳梅. 离子交换法处理含汞污水的进展 [J]. 水处理技术，1989（4）：12-17.

[26] 汪大晖，徐新华，宋爽. 工业污水中专项污染物处理手册 [M]. 北京：化学工业出版社，2000.

[27] ATLE M Y. Apparatus method for separation of phases in a multiphase flow：US2010264088 [P]. 2010-10-21.

[28] 叶一芳. 应用离子交换树脂法处理低浓度含汞污水 [J]. 环境污染与防治，1989，11（3）：34-35.

[29] LOTHONGKUM A W, SUREN S, CHATURABUL S, et al. Simultaneous removal of arsenic and mercury from natural-gas-co-produced water from the Gulf of Thailand using synergistic extractant via HFSLM [J]. Journal of Membrane Science, 2011, 369（1）：350-358.

[30] CHEN A S C, FLYNN J T, COOK R G, et al. Removal of oil, grease, and suspended solids from produced water with ceramic crossflowmicrofiltration [J]. SPE Production Engineering, 1991, 6（2）：131-136.

[31] 陈兰，张贵才，刘敏. 油田含油污水处理中膜技术的研究与应用 [J]. 精细石油化工进展，2006，7（2）：52-55.

[32] 李娟，李静，金明华，等. 准液膜法处理含汞污水 [J]. 吉林大学学报，2003，29（6）：771-772.

[33] 钟丽云，仉博，徐静，等. 氯碱行业含汞污水的处理技术 [J]. 北方环境，2013，29（1）：51-52.

[34] 王军民. 含重金属污水的处理技术进展 [J]. 水处理技术，1996（1）：14-15.

[35] 罗红. 螯合絮凝技术用于PVC含汞废水深度处理的研究及应用 [J]. 聚氯乙烯，2014，42（4）：42-46.

[36] FRANKIEWICZ T C, GERLACH J. Removal of hydrocarbons, mercury and arsenic from oil-field produced water：US6117333 [P]. 2000-9-12.

[37] CHRISTOFFER S, ARMAN J. Evaluation of treatment techniques for mercury contaminated leachates [D]. Göteborg：Chalmers University of Technology, 2012.

[38] JOHN A K, TIMOTHY H, WALLUM J. System and method for removing mercury from produced water and natural gas condensate using SAMMS [EB/OL]. [2018-06-11] PECOFacet, 2009. http://www.pecofacet.com/.

[39] FENG X, FRYXELL G E, WANG L Q, et al. Functionalized monolayers on ordered mesoporous supports [J]. Science, 1997, 276（5314）：923-926.

[40] BROWN J, RICHER R, MERCIER L. One-step synthesis of high capacity mesoporous Hg^{2+} adsorbents by non-ionic surfactant assembly [J]. Microporous and Mesoporous Materials, 2000, 37（1）：41-48.

[41] LIM M H, BLANFORD C F, STEIN A. Synthesis of ordered microporous silicates with organosulfur surface groups and their applications as solid acid catalysts [J]. Chemistry of Materials, 1998, 10（2）：467-470.

[42] 时均，汪家鼎，余国琮，等. 化学工程手册（下卷）[M]. 北京：化学工业出版社，1996：136-139.

[43] 王方主. 国际通用离子交换技术手册 [M]. 北京：科学技术文献出版社，2000：124-136.

[44] 朱屯. 萃取与离子交换 [M]. 北京：冶金工业出版社，2005：456-466.

[45] ALPTEKIN, GOKHAN. Mercury removal sorbents: US20140274667[P].2013-03-15[2016-03-29].

[46] 环境保护部.膜分离法污水处理工程技术规范: HJ 579-2010[S].中国环境科学出版社,2010.

[47] America Water Works Association.Factsheet: membrane filtration[R].American Water Works Association, 2005.

[48] 袭亮,姚秉华,对兴隆.支撑液膜分离工程应用研究新进展[J].膜科学与技术,2009,29(3): 80-87.

[49] 杜军,周堑,陶长元.支撑液膜研究及应用进展[J].化学研究与应用,2004,16(2):160-164.

[50] 崔春花,任钟旗,张卫东,等.中空纤维支撑液膜技术处理含铜废水[J].高校化学工程学报, 2008,22(4):679-683.

[51] 郑丁杰,贾悦,吕晓龙.中空纤维更新液膜处理含镍电镀废水[J].工业水处理,2009,29(11): 49-51.

[52] KORTE NE, FEERNANDO Q. A review of arsenic(Ⅲ) in groundwater[J].Environ Control, 1991, 21(1):2-5.

[53] PANCHAROEN U, POONKUM W,LOTHONGKUM AW. Treatment of arsenic ions from produced water through hollow fiber supported liquid membrane[J]. Alloys and Compounds, 2009, 482(1):328-334.

[54] KANEL SR, GRENECHE JM, CHOI H, ARSENICV. Removal from ground water using nano scale zero-valent iron as a colloidal reactive barrier material[J].Environmental Science & Technology. 2006,40(6): 2045-2050.

[55] KAWAMURA Y, MITSUHASHI M, TANIBE H. Adsorption of metal ions on polyaminated highly porous chitosan chelating resin[J]. Industrial & Engineering Chemistry Research, 1993, 32(2): 386-391.

[56] 傅贤书,黄琼玉.软硬酸碱(SHAB)原则在重金属废水处理中的应用[J].环境科学,1987(4): 47-50.

[57] HUBICKI Z, HUBICKA H. Studies of extractive removal of silver(Ⅰ) from nitrate solutions by Cyanex 471X[J].Hydrometallurgy, 1995:207-219.

[58] CHAKRABARTY K, SAHA P, GHOSHAL A K.Simultaneous separation of mercury and lignosulfonate from aqueous solution using supported liquid membrane[J].Journal of Membrane Science,2010,346(1): 37-44.

[59] PRAPASAWAT T, RAMAKUL P, SATAYAPRASERT C. Lothongkum, Separation of As(Ⅲ) and As(Ⅴ) by hollow fiber supported liquid membranebased on the mass transfer theory[J]. Korean J. Chemical. Engineering, 2008, 25(1):158-163.

[60] UEDEE E, RAMAKUL P, PANCHAROEN U. Performance of hollowfiber supported liquid membrane on the extraction of mercury(Ⅱ) ions[J].Korean Journal of Chemical Engineering, 2008, 25(6): 1486-1494.

[61] PEREZ MEM, REYESA JA, SAUCEDO TI. Study of As(Ⅴ) transfer through a supported liquid membrane impregnated with trioctylphosphine oxide(Cyanex 921)[J]. Membrane Science, 2007, 302(1-2):119-126.

[62] BRIAN BL, MILESE D. Llltralow concentration mercury treatment using chemical reduction and air

stripping（u）[J]. Environment Science and Chemistry, 2001: 1-22.

[63] 环境保护部. 污水絮凝与絮凝处理工程技术规范: HJ2006-2010[S]. 中国环境科学出版社, 2011.

[64] FANG S, DOAN M, LONG W, et al. Synthesis of Copolymer of Acrylamide and a Cationic-Nonionic Bifunctional Polymerizable Surfactant and Its Micellar Behavior in Water[J]. Journal of Dispersion Science and Technology, 2014, 35（2）: 301-306.

[65] 吕生华, 俞从正, 章川波, 等. 阳离子高分子絮凝剂的制备与应用[J]. 西北轻工业学院学报, 2000, 18（4）: 18-22.

[66] 魏鑫, 钟宏. 反相乳液聚合的研究进展[J]. 化学与生物工程, 2007, 24（12）: 12-14.

[67] PRASAD Y D, SERGEY M S, KRISTINE S S. Methods to enhance pulp bleaching and delignification[P]. 2005-05-03[2007-06-12].

[68] ARTHUR J D, LANGHUS B G, PATEL C. Technical summary of oil & gas produced water treatment technologies[J]. LLC, 2005.

[69] 王敏, 杨昌柱, 闫莉, 等. 波纹板聚结油水分离器的研究[J]. 交通环保, 2004, 25（1）: 26-28.

[70] AMINI S, MOWLA D, GOLKAR M, et al. Mathematical modelling of a hydrocyclone for the downhole oil–water separation（DOWS）[J]. Chemical Engineering Research & Design, 2012, 90（12）: 2186-2195.

[71] 白志山, 汪华林. 油滴旋流分离中的相间滑移数值模拟[J]. 华东理工大学学报: 自然科学版, 2006, 32（11）: 1355-1359.

[72] Ospar Commission. Background document concerning techniques for the management of produced water from offshore installations[C]. Offshore Industry Series, 2002.

[73] Mercury Arsenic. Removal from Arthit produced water process description[R]. Mercury Technology Services, 2007.

[74] DARRELL L, GALLUP, JAMES B. Strong. Removal of mercury and arsenic from produced water[R]. Chevron Corporation, 2008.

第七章　含汞固废处理

随着工业技术的发展，含汞固废的产出量在不断增加。若其不经合理的无害化处理，将造成严重的环境污染，危害人体健康。依据含汞固废特性，选择合理的含汞固废处理工艺解决含汞固废的汞污染问题，已成为当前汞处理领域面临的重要课题。本章包括含汞固废的管理及技术发展现状、含汞污泥减量化工艺、热处理工艺、固化/稳定化工艺、深井回注工艺等内容。

第一节　概　　述

含汞固废来源广泛，不同来源固废的产量、特性、汞含量及其中汞的存在形态等均会有很大差别。目前，针对不同类型的含汞固废发展了不同的处理工艺，但每种工艺均有各自的优缺点。因此，在处理工艺选择过程中，应综合含汞固废的来源、产量及特性（含水率、含油量、汞含量及存在形态等）、工艺适应性及经济性等因素来选择合理的处理工艺。

一、含汞固废来源及特性

每种来源的含汞固废都有其对应的特殊性质，而这种特殊性质对含汞固废的处理方式的选择起着关键性的影响。因此，掌握含汞固废的来源、特性、汞的存在形态及处理要求，对固废处理工艺的选择具有实际指导意义。

1. 含汞固废的来源及性质

工业生产过程中产生的含汞固废主要包括含汞污水处理装置产生的含汞污泥、气体及凝析油等脱汞产生的失效脱汞剂、检修和清汞过程产生的固体废弃物、被汞腐蚀的设备构件以及相关个人防护用具等。本章以含汞污水处理过程产生的含汞污泥、天然气和凝析油脱汞产生的失效脱汞剂为主要研究对象。

含汞固废根据 GB 5085.3—2007《危险废物鉴别标准浸出毒性鉴别》要求，固体废物浸出液中汞的含量超过 0.1mg/L 或含有烷基汞，则判定该含汞固废是具有浸出毒性特征的危险废物，需对其进行无害化处理。

含汞固废的性质主要包括理化特性、生物特性等，其中理化特性将直接影响其处理工艺选用及处理效果，因此需对其进行研究，为后续含汞固废的处理工艺的选用提供依据。含汞固废理化特性常关注固废的物理组成、粒径、含水率、容积密度、汞含量、毒性浸出性质等。以某气田含汞污水处理装置产生的含汞污泥为例，通过测定得出含汞污泥的理化特性参数，主要包括含水率、含油量、汞含量、pH 值、相对密度、沉降比、比阻等，含汞污泥理化特性参数见表 7-1。

表 7-1 含汞污泥的理化特性参数

项目	检测值	项目	检测值
相对密度	1.0140～1.0143	汞含量, mg/kg	115～585
含水率, %	99.1～99.4	沉降比 (SV30), %	85.6～94.7
pH 值	6.92～6.98	比阻, 10^{12}m/kg	9.46～9.89
含油量, mg/kg	11074～30487	体积平均粒径, μm	29.337～35.804

由表 7-1 可知，气田含汞污泥①含水量很高（最高甚至达 99.4%）；②总汞含量高且波动大；③相对密度小、沉降比较大、体积平均粒径小，污泥脱水难度大。此外，气田含汞污泥中砷、锌、铅、铬等重金属，苯等挥发性有机化合物可能会严重超标，加大了含汞污泥的无害化处理难度。

2. 含汞固废中汞的存在形态

含汞固废中汞的存在形态复杂，不同来源的含汞固废中汞的存在形态不同，不同形态的汞的毒性不同，处理难度不同。因此，研究含汞固废中汞的存在形态，可用来预测和解释含汞固废中汞形态的转化，为含汞固废处理工艺的设计提供依据。气田含汞固废中的汞主要以单质汞、无机汞、有机汞的形态存在，含汞固废中汞的存在形态见表 7-2。

表 7-2 含汞固废中汞的存在形态

固废来源		汞的主要存在形态		
		单质汞	无机汞	有机汞
污泥		Hg^0	Hg^{2+}, HgO, HgS, $HgCl_2$ 等	CH_3Hg^+, $CH_3Hg(OH)$, CH_3HgCl, $C_6H_5Hg^+$, $(CH_3)_2Hg$, $CH_3Hg(SR)$, $(CH_3Hg)_2S$ 等
失效脱汞剂	天然气脱汞失效脱汞剂	Hg^0	HgS	—
	凝析油脱汞失效脱汞剂	Hg^0	Hg^{2+}, HgS, 卤化汞等	CH_3Hg^+, $(C_2H_5)Hg^+$ 等
清汞固废		Hg^0	Hg^{2+}, HgS, HgI_2 等	—

污水处理产生的污泥中，汞的存在形态主要与含汞污水中汞的存在形态有关。污泥中汞主要以单质汞、无机汞、有机汞的形式存在。失效脱汞剂中汞的存在形态主要与天然气、凝析油中汞的存在形态及脱汞剂的类型有关。天然气与凝析油失效脱汞剂中的汞均主要以无机汞（HgS、卤化汞等）的形式存在，可能含少量的单质汞等。

3. 含汞固废中汞的控制指标

含汞固废在处理、处置及后续再利用过程中，有严格的控制指标，这些控制指标将对含汞固废的处置提供依据和指导。不同处置方法对汞及其化合物含量控制限值的要求也不尽相同，具体要求见表 7-3。

表 7-3 汞及其化合物含量控制限值

标准名称	控制限值	标准用途
《危险废物鉴别标准浸出毒性鉴别》（GB 5085.3—2007）	不得检出烷基汞，汞（以总汞计）的浓度限值：0.1mg/L	鉴别危废
《大气污染物综合排放标准》（GB 16297—1996）	汞及其化合物的最高允许排放浓度限值：0.015mg/m³	固废处置
《危险废物填埋污染控制标准》（GB 18598—2001）	允许进入填埋区控制限制，有机汞稳定化控制限值：0.001mg/L；汞及其化合物（以总汞计）：0.25mg/L 2015 征求意见稿：不得检出烷基汞，总汞：0.12mg/L	固废处置
《农用污泥污染物控制标准》（GB 4284—2018）	汞及其化合物最高容许含量：5mg/kg（pH 值＜6.5 的酸性土壤）和 15mg/kg（pH 值≥6.5 的中性和碱性土壤）	固废再利用
《油田含油污泥综合利用污染控制标准》（DB23/T 1413—2010）	垫井场或通井路：Hg≤0.8mg/kg，石油类≤20000mg/kg；农用：石油类≤3000mg/kg，Hg 含量要求同 GB 4284—1984	固废再利用

二、含汞固废处理工艺技术现状

国内对于含汞固废的管理起步较晚，对其处理工艺的研究和应用少。但近年来，随着环保力度的加大，含汞固废的管理和处理工作逐渐受到重视。目前，含汞固废处理主要围绕"减量化、无害化和资源化"三个方向开展，其衍生出来的处理工艺主要有热处理工艺、固化/稳定化工艺、深井回注工艺。此外，化学浸出工艺、生物处理工艺、玻璃化工艺等也得以发展。此类处理工艺不仅适合含汞固废，同样也适合含油污泥等其他类型的固废，但在关键参数的控制上应注意区别。

1. 含汞固废管理现状

1）国内含汞固废的管理

国内对含汞固废管理的监督约束机制正逐渐完善。直到 1985 年，国家环保局才在污控司内成立化学品和固体废物管理处，开始进行固体废物的管理工作。20 世纪 80 年代中期，提出了"减量化、无害化、资源化"的技术政策，并确定今后较长一段时间内以"无害化"处理为主。我国已就含汞固废处置制定了一系列法律法规和政策，国家法规对含汞固废的要求见表 7-4。

近年来，为积极响应国家环保的号召和高效、经济地处理含汞固废，"十三五"生态环境保护规划鼓励大型石油化工产业基地以及污泥产量大的石油和天然气行业自建危险废物处置设施。但是否在处理厂内部建设含汞污泥的处理处置设施，还需要从污泥产量、汞含量、工艺适应性、经济性等多方面综合考虑。

表 7-4 国家法规对含汞固废的要求

法规名称	实施年限	具体要求
《刑法》	2015修订	第三百三十八条规定：违反国家规定，向土地、水体、大气排放、倾倒或者处置有毒物质或者其他危险废物，造成重大环境污染事故，致使公私财产遭受重大损失或者人身伤亡严重后果的，处三年以下有期徒刑或者拘役，并处罚金；后果特别严重的，处三年以上七年以下有期徒刑，并处罚金
《最高人民法院、最高人民检察院关于办理环境污染刑事案件适用法律若干问题的解释》	2017	非法排放、倾倒、处置危险废物三吨以上的；排放、倾倒、处置含铅、汞等污染物，超过国家或者地方污染物排放标准三倍以上，认定为"严重污染环境"
《国家危险废物名录》	2016	天然气除汞净化过程中产生的含汞废物、废弃的含汞催化剂及含汞污水处理过程中产生的废树脂、废活性炭和污泥（HW29 含汞废物）均属于危险废物
《中华人民共和国固体废物污染环境防治法》	2016修订	第五条：国家对固体废物污染环境防治实行污染者依法负责原则；第三条：对固体废物污染环境的防治，实行"减少固体废物的产生量和危害性、充分合理利用固体废物和无害化处置固体废物"原则；第十七条：收集、贮存危险废物，必须按照危险废物特性分类进行。贮存危险废物不得超过一年
"十三五"生态环境保护规划（国发〔2016〕65号）	2016	第六章第3节规定：鼓励大型石油化工等产业基地配套建设危险废物利用处置设施。鼓励产生量大、种类单一的企业和园区配套建设危险废物收集贮存、预处理和处置设施。第六章第3节规定：以石化和化工行业为重点，打击危险废物非法转移和利用处置违法犯罪活动。开展危险废物规范化管理督查考核，以含铬、铅、汞、镉、砷等重金属废物和生活垃圾焚烧飞灰、抗生素菌渣、高毒持久性废物等为重点开展专项整治
《危险废物污染防治技术政策》	2001	危险废物技术政策的总原则是"减量化、资源化和无害化"
《危险废物和医疗废物处置设施建设项目环境影响评价技术原则（试行）》环发〔2004〕58号	2004	应充分考虑项目建设可能产生的二次污染问题，其基本要求应按国家对危险废物处置的相关标准、规定，分析项目采用工艺、设施及环境保护措施的合理性
《重金属污染综合防治"十二五"规划》	2014	污水处理的厂的污泥推荐采用"无害化"处置；重金属固体废物堆场的含汞废水、废渣按"资源化、无害化"的要求，综合利用，安全贮存

2）国外含汞固废的管理

国外发达国家对含重金属废物的处理处置则极为重视。对这类危险废物的污染控制的基本原则是避免产生（clean）、综合利用（cycle）、妥善处理（control），即所谓的"3C原则"[1]。

美国国家环保局颁布的《危险和固体废物修正法》限制了特殊废物的土地处置限值，通常称为"土地处置禁令"（简称LDR），该规定要求含汞有害废弃物必须达到土地处置限值规定的安全标准，即含汞固废（浸出汞浓度超过0.2mg/L的固体废弃物）必须通过适当处理将浸出汞浓度降至0.025mg/L以下才可被填埋。

现行的"土地处置禁令"将含汞有害固体废弃物分为低浓度汞固体废弃物、高浓度汞固体废弃物，美国国家环保局推荐的含汞固废处理工艺见表7-5。

表 7-5 美国国家环保局推荐的含汞固废处理工艺

按汞含量分类	推荐处理工艺
低含汞固废（Hg：20~260mg/kg）	固化技术或萃取技术[10]
高含汞固废（Hg：≥260mg/kg）	热处理

注：含汞的放射性废物或者混合污染的废弃物不适用热处理技术来处理，推荐固化/稳定化技术作为含高浓度汞的混合污染废弃物或基质的合适处理方式[11]。

欧洲的水框架指令将汞列为不稳定的危险污染物之一，我国将含汞固废列为第Ⅰ类污染物[2,3]。2013年，联合国环境规划署通过了旨在全球范围内控制和减少汞排放的国际公约《水俣公约》。2015年5月，在日内瓦召开的《控制危险废物越境转移及其处置巴塞尔公约》缔约方大会第十二次会议上，制定了关于由汞及汞化合物构成、含有汞及汞化合物或受其污染的固废，实行环境无害化处理的技术准则。

2. 含汞固废处理技术现状

国外针对含汞固废开发了多种处理工艺，具有代表性的有热处理工艺、固化/稳定化工艺、深井回注工艺、生物处理工艺等。其中，热处理工艺、固化/稳定化工艺和深井回注工艺已经有多个工程应用，而生物处理工艺多处于室内实验或中试试验阶段，并未大规模应用。

热处理工艺是一种能够实现含汞固废彻底无害化的处理方法。国际上早期开发热处理技术的国家主要以美国为代表（其是最早开展固体废物热处理技术的国家），主要追求回收贮存性能源（燃料气、炭黑等）。再者以日本为代表，其追求固废的无害化处理，减少焚烧造成的二次污染和需要填埋处置的固废量。法国 Shibata 在专利中首次阐明了污泥的热解吸处理工艺。到20世纪70年代，德国科学家 Bayer 等[4]开发了污泥低温热解吸工艺。在含汞固废热处理工艺中具有代表性的有美国 SepraDyne Raduce 公司研发的 SepraDyne™-Raduce 真空干馏系统、德国 TTI 公司的高温热解技术、德国 ECON 公司研发的 VacuDry® 真空热解吸工艺等[5]。现目前针对含汞固废的热处理技术研究主要集中在热处理和真空干馏两个方面。

美国 SepraDyne 公司研发的 SepraDyne™-Raduce 真空干馏系统，已在布鲁克海文国家实验室（以下简称 BNL）进行实验[6]。其将含汞混合废物（土壤、污泥等）经破碎/研磨、干燥后在 600~750℃的高真空（67.73kPa）干馏炉中进行真空干馏处理。处理后的固废脱汞率均在99%以上，最终干馏残渣中的总汞含量低于 10mg/kg，浸出液中汞含量低于 0.025mg/L。德国 TTI 公司的高温热解吸技术将含汞固废输送至热解装置中，在隔绝空气的条件下将其加热至约 500℃，使固废中的有机物裂解。处理过程不会产生二噁英，固废中汞等重金属被固定在处理后的残渣中，浸出率低[7]。德国 ECON 公司开发的 VacuDry® 真空热解吸工艺主要用于含汞及其化合物的固废，如含汞污泥、土壤、催化剂等[8]。其处理规模为 0.5~10t/h，处理后的含汞固废中汞含量小于 10mg/kg，最低可达 1mg/kg，回收汞的纯度大于97%，最高甚至可达 99.99%[9]。

固化/稳定化工艺（Stabilization/Solidification，简称 S/S）是从20世纪50年代发展起

来的一种危险废物处理技术，该工艺是一种较为理想的危险固废的无害化处理方法，能在较大程度上减少固废中汞等重金属有害物质的迁移性和浸出率，减少对周围环境的危害。据美国EPA统计，1983—2005年间，在57个汞污染处理项目中，有18个采用了固化/稳定化技术（包括12个场地修复和6个实验室规模小试）[10]。目前，固化/稳定化工艺处理含汞固废的技术关键是确保含汞固化体的长期稳定性。研究对汞有强烈吸附作用，并与上述固化材料或固化过程相互促进，对固化后无不良影响的稳定化剂是一个重要的发展趋势[11]。

用于固化含汞固废的工艺主要包括水泥固化/稳定化工艺、低温化学键磷酸盐陶瓷固化/稳定化工艺（Chemically Bonded Phosphate Ceramics，简称CBPC）和硫聚合物固化/稳定化工艺（Sulfur Polymer Stabilization/Solidification，简称SPSS）。水泥是目前最常用的经济易得的固化稳定剂。低温化学键磷酸盐陶瓷类似水泥，有陶瓷特性，其固化/稳定化工艺通过物理、化学作用共同实现固化汞及其化合物，可添加少量Na_2S或K_2S来提高固化/稳定化效果[12]。硫聚合物的固化/稳定化过程是利用硫聚水泥（Sulfur Polymer Cement，简称SPC；硫聚水泥含95%元素硫和5%有机调节剂），使汞化合物与硫发生反应生成稳定的硫化汞，从而实现汞的化学固定[13]。固化工艺中不同稳定剂类型及处理效果见表7-6。

表7-6　不同稳定剂类型及处理效果

固化工艺	研究人员或机构	固废类型	稳定剂	固化后浸出汞浓度 mg/L
水泥基	张新艳等[11]	模拟固废（汞300mg/kg）	沸石	<0.025
	Hulet等[14]	汞污染土壤	液态硫、二硫代氨基甲酸钠	<0.025
	Zhuang等[15]	汞污染的盐水净化污泥（总汞500～7000mg/kg）	木质素的衍生物	<0.090
	Zhang等[16]	模拟固废 汞含量为1000mg/kg	CS_2浸润后活性炭粉末	<0.025
CBPC	Wagh等[17]	含汞模拟固废（0.1%～0.5% $HgCl_2$）	K_2S	<0.025
	美国能源局[18]	含盐汞污染混合废弃物	K_2S	<0.025
	Hulet等[14]	元素汞（62kg）和汞污染土壤（330kg）	—	<0.025
	Fuhrmann等[19]	单质汞	Na_2S	<0.025
其他	Smith等[20]	内华达州拉斯维加斯的FluidTech的黏土	DTC、STTC、NaHS	0.0027
	Sutton等[21]	含汞土壤（汞含量4000mg/kg）	二硫代氨基甲酸盐和液态硫	<0.025
		含汞土壤（汞含量4400mg/kg，主要是元素汞）	专有配方的添加剂和EPA处方剂	<0.025

深井回注工艺是将含汞固废泥浆化后回注至适当地层中的处理工艺。以美国、加拿大、欧盟为首的发达国家发展起步最早，发展程度较高，与回注相关的法律法规较健全。如美国1980年制定的《地下回注控制法》(Underground Injection Control Program)规定了各州回注井应当具备的最低标准。从1989年开始，Unocal泰国分公司就已经开始对含汞污泥的处理进行室内研究并得到了一种含汞污泥处置工艺，即将含汞污泥回注到废弃气井中。1995年，通过深井回注处置了240m³含汞污泥。2001年，将265m³含汞污泥（元素汞：0.3%~4.5%，石油烃类：10%~30%，水：10%~30%，固体：60%~70%）泥浆化，随后回注到泰国Baanpot Alpha 08井和09井中[22]。委内瑞拉的Pedernales区域（海洋钻采区），在5年内将414×10⁴m³钻采流体（固体含量：12%~20%，Hg：0~0.06mg/L，矿物油：2~7mg/L）回注至废弃井中，充分保护了当地海域和周围环境[23]。

生物处理技术因其有环境友好性而受到广泛重视，但相对其他处理工艺而言，研究成果少，没有大规模应用。美国康奈尔大学（Cornell University）的Wilson等[24]研发了一种利用转基因的大肠杆菌来吸收汞的除汞技术。通过小规模的实验证实了大肠杆菌吸收汞的能力，该细菌能消耗汞含量为2mg/L溶液中99.75%的汞。Heaton等[25, 26]提出利用植物转基因技术使植物具有汞吸收性，他们用一种普通的植物作为样本进行转基因，以实现脱除有机汞制剂中的有机组分，并把它们转化为小分子量的汞。中国科学院Wang等[27]研究发现，亚硒酸盐还原菌—弗氏柠檬酸杆菌Y9在好氧和厌氧条件下，均表现出较高的还原能力和制备硒纳米粒子（nano-Se0，硒纳米粒子在好氧和厌氧条件下将单质汞转化成的HgSe分别为45.8%~57.%和39.1%~48.5%）的能力。同时，弗氏柠檬酸杆菌Y9也会释放细胞内的硒纳米粒子，加强对汞的固定[28]。此外，研究发现可用于处理含汞污泥的菌种类型有嗜热自养甲烷杆菌、嗜水气单胞菌、嗜麦芽假单胞菌、恶臭假单胞菌等[29]。目前，生物处理工艺仍存在诸多难点，如专门针对含汞固废处理的植物和微生物种类少、菌种不好选择培育、处理周期性长等问题，仍需进一步深入研究，方能进入商业化应用。

第二节　含汞污泥减量化

含汞污泥减量化是指通过调理、浓缩、离心脱水等工艺减少污泥含水率，减少污泥体积的过程。含汞污泥含水率很高（高于99%），体积庞大，需对其进行减量化处理，以减少污泥体积、重量或满足污泥后续处理条件。含汞污泥的减量化处理主要包括污泥调理、浓缩和脱水处理等工艺过程。

一、污泥中水分的存在形式

污泥水分的分布是污泥脱水的关键，不同形式的水分需要通过不同的处理方式才能脱除，但目前对污泥中水分的分布形式存在诸多争议。

Vesilind等[30]提出"四分法"，将污泥水分分为自由水、间隙水、表面水和化学结合水。Coackley等[31, 32]将污泥中水分的存在形式分为自由水、间隙水、表面结合水和内部结合水。李兵等[33-35]在书中指出，污泥中水分的存在形式分为间隙水、毛细结合水、表面吸附水、内部结合水。陈忠喜等[36]在书中指出，污泥中水分的存在形式主要分为游离水/自由水、毛细结合水、间隙水、表面吸附水和内部水。为解决污泥脱水难的问题，汤连生等[37]对污泥水分分布进行研究，重新将污泥中水分划分为重力水、封闭水、包裹水和内部结合水，分别占比 47.6%、31.7%、17.5% 和 3.2%。

美国 Keey 研究了不同结合态水的结合能，结果表明，污泥中机械附着的水的键能等级很低，其中自由水的键能为 0，即不受污泥颗粒的束缚；毛细管结合状态的水的键能不大于 100kJ/kmol；物理附着水的键能是 3000kJ/kmol；而化学附着的水的键能最大为 5000kJ/kmol[38]。

总体来说，污泥中水分存在形式可分为间隙水、毛细结合水、表面吸附水和内部结合水，污泥水分分布如图 7-1 所示。

间隙水：存在物污泥颗粒间，被污泥颗粒包围，但并不与污泥颗粒直接结合，作用力很弱，很容易去除。间隙水约占污泥中总水分的 70%，主要通过污泥浓缩，在重力作用下即可去除。

毛细结合水：存在于污泥颗粒周围，通过毛细作用结合，其结合能较小。毛细结合水约占污泥中总水分的 20%，要去除这部分水分，需要较高的机械力和能量，例如离心力、负压抽真空、电渗力和热渗力，常用机械脱水（离心机、压滤机、真空抽滤等）去除。

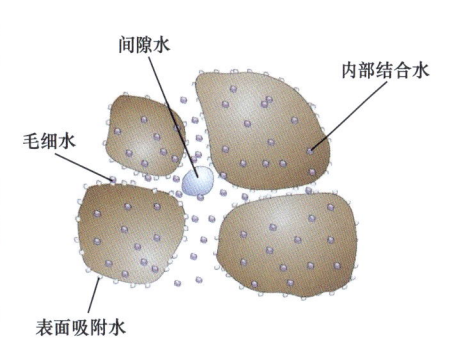

图 7-1　污泥水分分布

表面吸附水：细小的污泥颗粒具有较大的比表面积，污泥的表面吸附水则通过表面张力吸附在污泥颗粒上，约占污泥中总水分的 7%。这部分水分与污泥颗粒间的结合能较大，靠污泥浓缩和机械脱水难以去除，通常需要加入混凝剂，通过其凝结作用，达到去除水分的目的。

内部结合水：这部分污泥水分被包围在微生物的细胞膜种，内部水与污泥颗粒的结合能最大，也最难去除。内部结合水和表面吸附水约占总水分的 3%。要想去除内部结合水，需要通过生化分解，破坏微生物细胞膜，使内部分变成外部水去除，或者通过人工加热干化热处理或焚烧去除。

脱水的难易程度依次为内部结合水、表面吸附水、毛细结合水、间隙水。通常所说的污泥脱水主要是去除毛细结合水和表面吸附水。

二、污泥减量化

污泥的组成较复杂，主要包括大量的水分、有机有毒物质、石油烃类、各种化学药剂、病原体、无机盐及杂质等。其中气田含汞污泥的组成又与天然气中的汞含量、处理工艺、污水性质、污水处理药剂等密切相关。

1. 工艺流程

含汞污泥减量化主要包括化学调理、浓缩、脱水三个单元，其处理流程如图 7-2 所示。减量化后污泥含水率能降低至 80% 左右，特别需要注意的是含汞污泥存在挥发性有毒物质，因此在整个工艺设计过程中应注意工艺流程的连续性与密闭性。

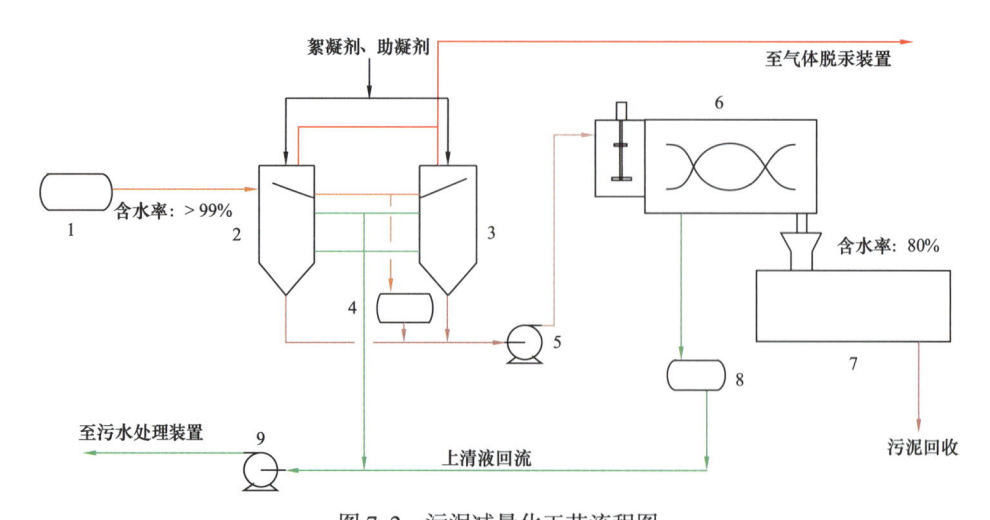

图 7-2 污泥减量化工艺流程图

1—污泥收集罐；2，3—污泥浓缩罐；4—渣罐；
5，9—泵；6—卧螺离心机；7—全自动包装机；8—脱出水缓冲罐

自污泥收集罐来的含水率约 99% 的污泥首先进入污泥浓缩罐，在浓缩罐内加入絮凝剂、助凝剂，通过调理使污泥絮凝沉淀，形成大絮团。经调理浓缩后的污泥由泥浆泵送入卧螺离心机。卧螺离心机内污泥依靠泥水之间的相对密度和密度差，在高速离心力的作用下，固体污泥被甩在离心机转鼓壁上，并在螺旋输送器的缓慢推动下，输送到离心机转鼓的出口连续排出，液体则溢流排至转鼓外，汇集后排出离心机，由此得以实现连续脱水。分离出的污水去污水处理装置进行处理，分离出的固体污泥含水率约 80%。对于不具备含汞固废处理能力的处理厂，形成的固体污泥直接进入污泥料仓，然后通过全自动包装机将污泥进行装袋，随后外运至第三方单位处理。污泥浓缩罐、污泥料仓顶部设置尾气收集口，汇集后进入污水处理单元气体脱汞装置脱汞后放空。

1）污泥化学调理

化学调理是指向高含水污泥中加入适量的絮凝剂、助凝剂等化学药剂，使细腻的污泥小颗粒絮凝成大絮团，改善其沉降和脱水性能。对于气田含汞污泥来说，固体颗粒细小，与水的结合能力很强，通常向污泥中投加絮凝剂来改变悬浮溶液中的胶体表面电荷及水分分布情况，并加以搅拌使化学药剂与污泥胶体粒子相互碰撞，混凝成团而沉淀，达到去稳定化的效果。污泥颗粒体积的增大降低了比表面积，改善了污泥表面与内部水分的分布情况，减少水分吸附，使水更容易被脱除[39]。

絮凝剂主要通过中和电荷、压缩双电层、吸附架桥和网捕等作用达到絮凝效果[40]。常用絮凝剂主要有无机絮凝剂和有机絮凝剂两大类，在气田含汞污泥的处理过程中，主要采用有机高分子絮凝剂。有机高分子絮凝剂中使用最广泛的是聚丙烯酰胺（PAM）及其衍生物，其加剂浓度通常为 5~50mg/L。絮凝剂的单独使用可能不能满足生产需求，为取得较好的调理效果，常与以聚合氯化铝（PAC）为主的无机絮凝剂混合使用。助凝剂主要是调节污泥的 pH 值，改善污泥的颗粒结构，破坏胶体的稳定性，增强絮体强度和絮凝剂的絮凝效果[41]。其包括硅藻土、污泥焚烧灰及石灰（CaO）等惰性物质。

不同种类的絮凝剂和助凝剂效果不同，同种絮凝剂对不同种类污泥的絮凝效果也是不

同的。絮凝剂的选择也与后续脱水有关。因此，污泥絮凝剂种类的选择要综合考虑絮凝效果、沉降和脱水性能、成本、污泥脱水设备及后续处理工艺等因素，其加剂量、加剂条件及顺序应该根据实验科学选取。

2）污泥浓缩

调理后的污泥在污泥浓缩罐进行浓缩，污泥浓缩是通过沉降作用去除污泥中的间隙水，达到后续设备的进料要求，同时使污泥初步减容，缩小后续设备的尺寸。主要方法包括气浮浓缩、离心浓缩和重力浓缩。含汞污泥在采用气浮浓缩时，空气对污泥中汞含量会有影响，也会增加蒸发气体中的汞浓度。离心浓缩效果较好，但其设备成本较高。而污泥的重力浓缩简单方便，结合污泥化学调理即可达到很好的浓缩效果。因此，结合含汞污泥特性和经济性，常采用重力浓缩作为含汞污泥处理的浓缩方式。经调理、浓缩后的污泥进入后续脱水设备进行脱水处理。

3）污泥脱水

污泥脱水是重要的污泥减量化手段，主要指通过去除污泥中的毛细结合水，降低污泥含水率，从而减少污泥的体积和重量，便于后续运输、处理和处置。其脱水方式主要包括自然干化和机械脱水。但气田污泥中含有易挥发的汞、苯等易挥发有毒物质，不能采用自然干化。

污泥机械脱水是指采用机械设备对污泥进行脱水。机械脱水设备作为污泥减量化的重要设备，主要包括带式压滤机、板框压滤机、离心脱水机、叠螺脱水机。但从设备的密闭性和适应性考虑，适应气田含汞污泥的脱水设备有离心脱水机和叠螺脱水机，其主要性能比较见表7-7[42-44]。脱水设备的选择关系着污泥的脱水效果，因此，在设备选用时应结合污泥产量及特性、设备适应性、后续维护和总投资等多方面因素综合考虑。

表7-7 机械脱水设备主要性能比较

项目	离心脱水机	叠螺脱水机
脱水方式	离心脱水	挤压脱水
进泥含水率，%	95~99.5	95~99.5
出泥含水率，%	75~85	75~80
使用范围	使用范围广，适用于黏度小、密度差异大的污泥	使用范围广，也适用于含油污泥
运行状态	可连续运行	可连续运行
工作环境	密闭式、无异味	密闭性不如离心机、异味小
占地面积	紧凑	紧凑
噪声	较大	小
设备磨损部件	基本无	基本无
冲洗水量	少	少
应用状况	冀东油田柳一联、长庆油田采油六厂胡一联合站、胜利乐安油田	齐鲁石化、中海油海上平台、胜利油田、大庆海拉尔油田

2. 工艺设备

含汞污泥因其含有单质汞等常温下易挥发物质，在减量化过程中，需特别注意装置的连续性与密闭性。脱水过程中主要选用离心脱水机与叠螺脱水机。

1）离心脱水机

离心脱水中应用较多的是卧螺沉降离心机，这是一种高速旋转的、可产生强大离心力的设备，由于悬浮物和水的相对密度和密度的不同，直接导致了离心力的大小、状态的不同，在不同的相对密度和密度条件下，不同的物质会在离心力下产生不同方向、不同力度的引流，从而使固相与液相得到有效的分离。

离心脱水机主要由转鼓、带空心转轴的螺旋输送器、差速系统、液位挡板、驱动系统和控制系统组成。污泥经转轴进入转筒后，在高速离心力的作用下，被甩入转鼓料腔内。相对密度大的污泥离心力也大，被甩在转股内壁上，形成固体层；水则在内部形成水环，这个内层的水环可以平稳、均匀地实现内部的加速过程。固体层的污泥在螺旋输送器的缓慢推动下，被输送到转载的锥端，经转股周围的出口连续排出，液体则溢流排至转鼓外，汇集后排出离心机，得以实现连续脱水。

卧式螺旋卸料沉降离心机（卧螺离心机）是离心脱水机中的一种。其可以分离含固相颗粒直径不小于 2μm 的悬浮液，能以 0~4000r/min（不同厂家、不同型号具有差异）的转速长期平稳运行，进泥含水率在 96%~98%，出泥含水率在 75%~85%。该设备在工程应用中具有密闭性好、连续运行、结构紧凑、附属设备少等优点。卧螺离心机原理图如图 7-3 所示，卧螺离心机主要有以下特点：

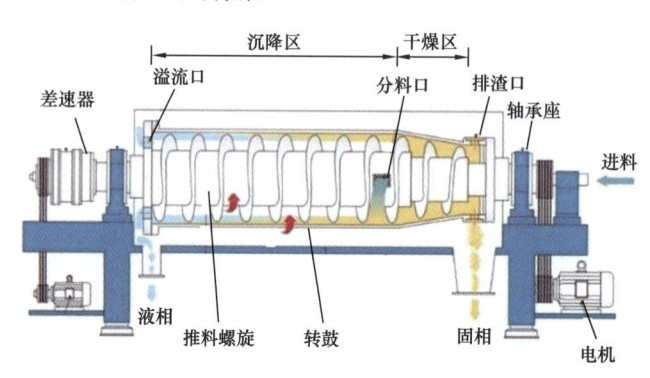

图 7-3 卧螺离心机原理图

（1）设备紧凑、占地较小，减少了基建投资；
（2）可连续运行，稳定可靠，故障率低；
（3）设备密闭，工作环境好；
（4）电耗高，噪声大。

国内胜利乐安油田、独山子公司、冀东油田柳一联、长庆油田等单位采用离心脱水机对含油污泥进行减量化处理，处理后的污泥含水率在 75%~85%。

2）叠螺脱水机

叠螺脱水机主要由固定环、游动环、螺旋轴、叠螺片、电动机等构成。其原理主要是通过螺杆的挤压来实现污泥的脱水，污泥在浓缩部经重力浓缩后被运输到脱水部，在前进的过程中滤缝及螺距逐渐变小，在背压板的阻挡作用下，产生的内压不断缩小污泥容积，以达到脱水的目的。叠螺脱水机原理图如图7-4所示。

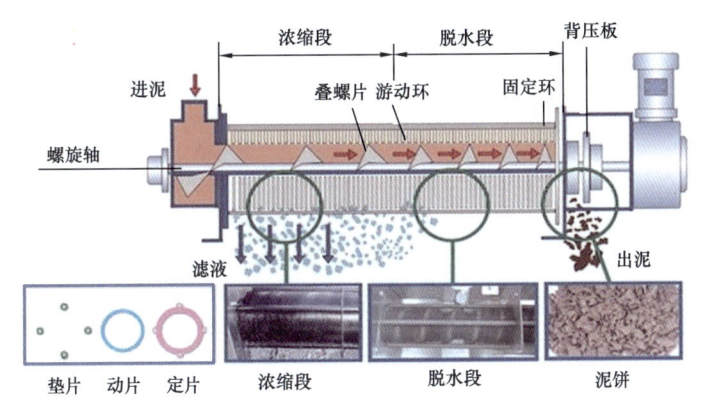

图7-4 叠螺脱水机原理图

叠螺脱水机的进泥含水率一般在95%～99.5%，出泥含水率在75%～80%，其主要包括以下特点：

（1）设备具有自清洗功能，更擅长处理含油污泥；
（2）设计紧凑，占地面积小；
（3）可连续运行，并且操作维护简单；
（4）螺旋轴转速低（2～4r/min），用电少，用电仅为离心脱水机的1/20；
（5）噪声和振动小，工作环境较好；
（6）设备不适用与含较大硬度颗粒、砂石等物质的污泥脱水。

国内陕西延长石油、山东胜利油田、大庆海拉尔油田、中海油海上油田[45,46]等单位采用叠螺脱水机对含油污泥进行减量化处理，脱水处理效果好。

3. 实施方案

以某气田含汞污水处理产生的污泥处理为例，处理规模为41m³/d，污泥收集罐中污泥含水率大于99%，含汞污泥理化特性见表7-1。要求减量化后污泥含水率在80%左右，减量化后污泥交由第三方处理。所采用减量化实施方案工艺流程如图7-2所示。含水率约99%的污泥首先加入有机絮凝剂及助凝剂，随后进入污泥浓缩罐调理浓缩。经调理浓缩后由泥浆泵送入卧螺离心机进行脱水。离心脱水后形成的泥饼直接进入污泥料仓，然后通过全自动包装机将污泥进行装袋处理，外运交由第三方单位处理。

该方案所用主要设备有污泥浓缩罐、卧螺离心机、全自动包装机、自动加药装置，各设备主要参数见表7-8。主要设备进口污泥量及含水率见表7-9。

针对上述某气田污泥高含水率、难脱水的特性，用3种无机高分子絮凝剂（PAC，PFC，PAFC），9种有机高分子絮凝剂（CPAM-5，CPAM-20，CPAM-40，CPAM-50，APAM-1600，APAM-1700，APAM-1800，NPAM-2，NPAM-5）和1种助凝剂（CaO）对污泥进行调理实验。对有机高分子絮凝剂种类进行优选，实验结果见表7-10。

表 7-8　污泥减量化主要设备及参数

设备名称	设备规格	主要元件	主要材质及参数
污泥浓缩罐	DN2400mm×5000mm	搅拌装置	材质：Q235B 污泥停留：10h
卧螺离心机	2080mm×1020mm×6550mm	转鼓、带空心转轴的螺旋输送器	处理量：1m³/h 总功率：8.5kW 内部主要部件材质：316L
全自动包装机	2200mm×900mm×2900mm	计量、输送装置	包装速度：Q=500L/h 含送料、装料、封口
自动加药装置	—	搅拌装置、计量泵	材质：316L

表 7-9　主要设备进口污泥量及含水率

项目	污泥量，m³/d	含水率，%	备注
污泥浓缩罐进口	41	99.6	—
卧螺离心机进口	5	96	—
包装机进口	0.5（0.79t）	80	相对密度1.6

表 7-10　有机高分子絮凝剂种类优选实验结果

药剂种类	药剂加剂量 mg/L	30min后上清液体积 mL	离心后污泥含水率 %	实验现象
CPAM-5	25	18	86.51	絮体较大
CPAM-20	25	15	86.44	絮体细小
CPAM-40	25	18	86.35	絮体较大、结实，沉降快
CPAM-50	25	18	86.32	絮体较大、结实，沉降快
NPAM-2	25	18	86.91	絮体细小
NPAM-5	25	12	86.88	絮体细小
APAM-1600	25	12	86.31	絮体较大、沉降快
APAM-1700	25	11	86.45	絮体较大
APAM-1800	25	18	86.24	絮体较大、结实，沉降快

注：(1) 污泥用量为80mL，各药剂浓度均为0.1%。
　　(2) 离心机转速：3000r/min，时间：10min。

由表 7-10 可知，有机高分子絮凝剂 APAM-1800 调理后的含汞污泥的絮体大、上清液清澈，絮体结实，搅拌时不易分散。综合分析，选用 APAM-1800 作为上述气田含汞污泥的絮凝剂。并利用其加剂量对污泥絮凝效果和离心后污泥含水率的影响对其进行优选，优选实验结果见表 7-11。

表 7-11　APAM-1800 加剂量优选实验结果

APAM-1800 加量，mg/L	0	10	15	20	25	30	35	40
30min 后上清液体积，mL	10	5	5	8	11	9	10	11
离心后污泥含水率，%	88.81	87.47	87.79	86.62	86.44	86.50	86.32	86.39
实验现象	污泥颗粒细腻	絮体细小，沉降体积小	絮体较大，沉降较快	絮体大且结实，沉降快，上清液清澈	絮体大，絮团结实	絮体大，结实，上清液黏稠、有挂丝现象

注：（1）污泥用量 50mL。
　　（2）离心机转速：3000r/min，时间：10min。

从污泥沉降体积、絮凝效果、上清液清澈程度、离心后污泥含水率、回流水的处理难度及加剂成本等多方面综合考虑，采用 APAM-1800 加剂量为 25mg/L。该加剂量条件下，污泥颗粒形成的絮体大，絮团结实，上清液清澈，离心后污泥含水率较低（86.44%）。为取得更好的调理效果，采用污泥助凝剂 CaO 与絮凝剂 APAM-1800 进行复合选用，其加剂量优选实验结果见表 7-12。

表 7-12　加剂量对离心后污泥含水率影响的实验结果

CaO 加剂量，mg/L	800			1600		
APAM-1800 加剂量，mg/L	15	20	25	15	20	25
30min 后上清液体积，mL	20	20	23	22	22	20
离心后污泥含水率，%	85.51	85.22	85.23	82.52	81.15	81.37
实验现象	絮团蓬松	絮团紧实，上清液清澈，各烧杯中现象无明显差别				

注：（1）污泥用量 50mL。
　　（2）离心机转速：3000r/min，时间：10min。

综合考虑实验调理效果和经济性，采用质量分数为 0.1% 的絮凝剂 APAM-1800 及助凝剂 CaO 进行污泥调理，加剂量分别为 25mg/L 和 800mg/L。该加剂量条件下，污泥颗粒形成的絮体大，絮团结实，上清液清澈，离心后污泥含水率较低。

第三节　热处理工艺

含汞固废的热处理是指在高温条件下，含汞固废中的汞及其化合物等污染物从固体基质中分解挥发，并对挥发出来的含汞蒸气进行汞回收后再净化外排的过程。该过程可实现汞及其化合物等污染物与固废基质完全分离，彻底达到含汞固废的无害化。热处理是含汞固废无害化处理工艺中的一种，针对含汞固废的热处理方法主要有热解吸和真空干馏。热处理工艺适用于各种形式的含汞固废，具有汞挥发彻底、污染气体排放少、资源回收率高等优点。美国 EPA 将热处理作为处理含汞量超过 260mg/kg 的含汞固废的最佳可用技术[5]，现已全面应用于处理含汞的土壤、污泥、失效脱汞剂等含汞固废。

一、热解吸

热解吸又称热脱附，是含汞固废热处理的方法之一。作为一种非燃烧技术，热解吸过程污染物处理范围宽、设备可移动、处理后的固废残渣可再利用。特别是对含汞有机物，非氧化燃烧的处理方式可以避免二噁英的生成，广泛用于含汞及有机污染物污染固废的处理。

1. 工艺原理及流程

含汞固废热解吸以直接或间接加热的方式，将含汞固废的温度升高至汞及其化合物等污染物的分解点以上，使其从固体基质中分解挥发成气态，再分离处理。气相中的汞蒸气将以冷凝的方式进行回收，残余气相再送入后续单元进行处理。若含汞固废中存在有机物，则此过程伴随发生有机物的热解。热解是指将含有机物的含汞固废在无氧或缺氧的条件下进行加热，随着温度的不断升高，固废中所含的大分子量有机物化学键断裂，发生一次裂解和二次裂解反应，最终生成小分子量的气体、液体和固态残渣，即含碳有机物在缺氧加热的情况下分解为相对分子质量较高的有机液体（焦油）、相对分子质量低的有机液体（醇、醛类等）、有机酸、炭渣、CO、CH_4、CO_2、H_2 和 H_2O 等，其中气相为 CH_4 和 CO_2 等，液相以醛类、醇类和水为主，固态为炭黑、灰渣和残炭。其热解反应可用下式表示：

$$\text{有机物} \xrightarrow[\text{无氧或缺氧}]{\text{加热}} \text{可燃性气体} + \text{有机液体} + \text{固体残渣}$$

该过程中产生的挥发性气体含有有毒有机化合物，将通过二次燃烧或催化氧化以消除其毒性。产生的尾气通过尾气处理系统进行处理，脱汞后的残渣可用作填充材料或进一步处理。

热解吸系统主要包含预处理单元、热解吸单元以及尾气处理单元。其工艺流程如图 7-5 所示。预处理单元主要降低含水率较高的含汞固废中的水分，使其达到后续设备进料要求。预处理后的固废在热解吸器中经足够高的温度和足够长的时间使汞等污染物完全分解挥发。一个典型的热解吸装置的脱汞温度在 320～700℃[5]。

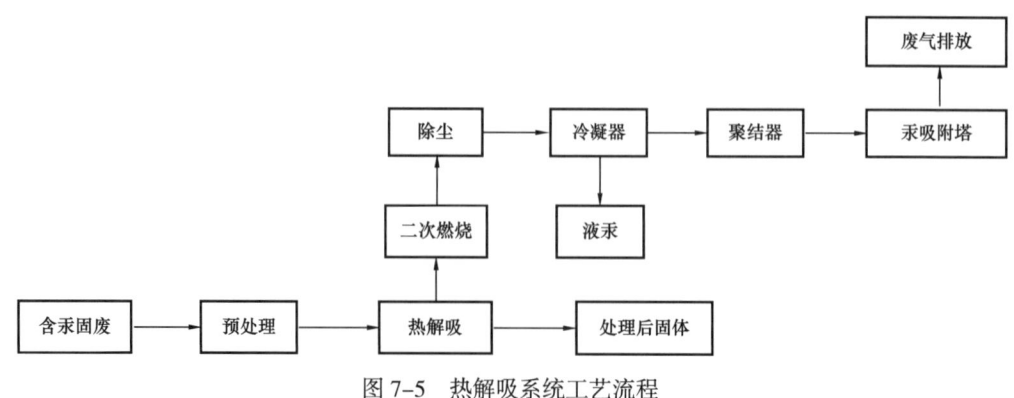

图 7-5 热解吸系统工艺流程

热解吸单元产生的尾气中含有机污染物，其将在二次燃烧室中进行处理。处理后的尾气在除尘器中脱除颗粒物质，随后进入冷凝器被冷凝以收集液态单质汞。尾气中含有少量汞，需通过汞吸附塔进行脱汞处理后方能外排。外排过程中需设置汞监测设备，防止残余的汞泄漏到大气中。热解吸工艺应用情况见表7-13。

表7-13 热解吸工艺应用情况

固废来源	固废类型	处理规模，t	初始汞浓度，mg/kg 或浸出汞浓度，mg/L	最终汞浓度，mg/kg 或浸出汞浓度，mg/L
工业垃圾[47]	土壤和沉淀物	80000	—	<1mg/kg <0.2mg/L
实验处理坑[48]	污泥	1.3	8~5510mg/kg 0.2~1.4mg/L	<10mg/kg 0~0.008mg/L
氯碱生产[48]	土壤和污泥	1	1~350mg/kg	0.01~0.7mg/kg
金属回收[48]	土壤和污泥	0.5	500~1260mg/kg	0.02~1mg/kg

采用热处理工艺处理含汞固废处理时，需注意以下问题：

（1）运行过程中需考虑系统的密封性与连续性；

（2）汞蒸气密度比空气密度大7倍，气体出口及气体排放聚集点应设置在热解吸器底部；

（3）根据固废自身特性合理控制热处理温度、停留时间、升温速率、系统压力等参数。

热解吸工艺已在工业中应用多年，其可靠性已经过大量工程运用的验证。该技术可用于处理各种形式的含汞固废，包括单质汞、无机汞和有机汞的混合物，几乎能达到100%的去除固废中的汞（指将汞含量降至0.1mg/kg），并能对挥发出的汞部分或全部回收，适用性强，常用于汞污染严重的固废。通常热解吸过程在降压环境下工作以降低汞的沸点及防止汞蒸气泄漏，并且可降低设备操作温度，减少能耗。此外，该过程还能破坏固废中的共存污染物（如石油烃类、有机溶剂等），实现污染物的一次性脱除。相比焚烧而言，其没有二噁英、呋喃等有毒气体的产生，是一种真正绿色、环保的技术。但该技术较其他处理方法，处理成本较高，能耗较大，可能造成其他污染物的凝聚，需进行后续处理。同时，必须对该系统进行仔细监测，避免汞和其他有毒气体泄漏到大气中。

2. 处理工艺单元

气田含汞污泥产量大，有机物含量高，组成复杂。其含水量达99%以上，汞含量通常大于200mg/kg。属于含有机物含量较高的含汞固废，适合采用热解吸系统进行无害化处理。热解吸过程中有机物会随温度升高而分解（通常伴随有机物的热解）为有机小颗粒并进入气体中。因此，需对尾气中的有机污染物进行二次燃烧处理，以消除挥发性有机物的毒性。

针对含汞污泥提出的热解吸处理工艺流程如图7-6所示[49]。其能处理包含所有汞及其化合物的含汞固废，处理工艺包括预处理、热解吸及尾气处理三个处理单元。

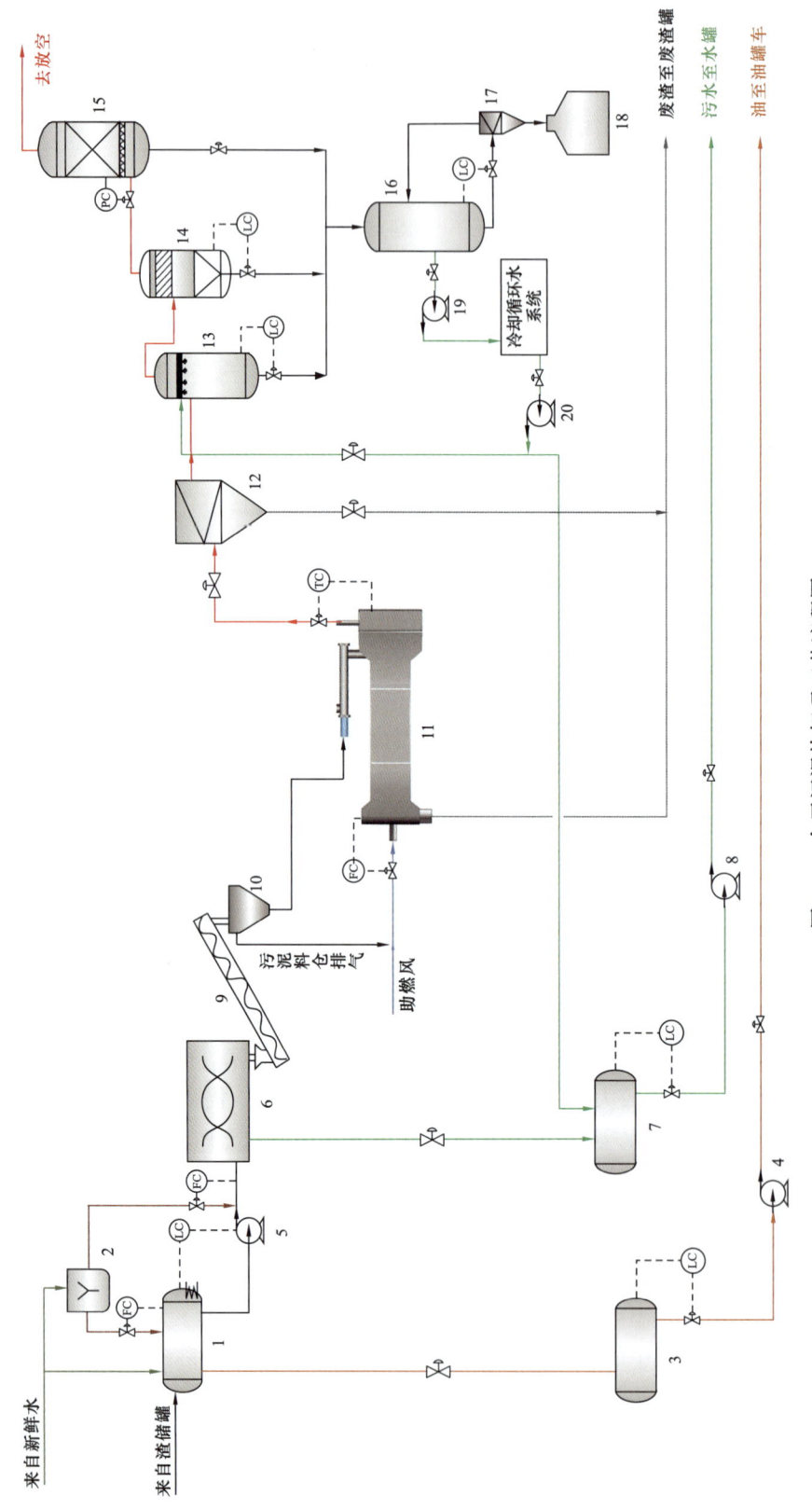

图 7-6 含汞污泥热解吸工艺流程图

1—调质罐；2—加药装置；3—污油罐；4、5、8、19、20—泵；6—叠螺式脱水机；7—污水罐；9—螺旋输送机；10—固废料仓；11—热解装置；12—滤筒式除尘器；13—喷淋冷凝装置；14—聚结器；15—汞吸附塔；16—沉降罐；17—旋流器；18—汞收集罐

1）预处理单元

预处理单元主要包含污泥调质分离和脱水。含汞污泥通过进料设备进入污泥调质罐，通过投加絮凝剂和破乳剂，使污泥中的泥沙和油分离。调质罐上部浮油在浮油收集装置的作用下收集至污油罐内，通过输油泵将分离出来的污油输送至污油罐车。从调质罐底部出来的污泥进入脱水机进行泥水分离，在脱水机上游加入已充分溶解的絮凝剂，经脱水后的污泥含水率低于80%，脱水机底部排出的污泥由螺旋输送机送至后续热处理设备。脱水机分离出的污水进入污水罐，通过泵输至水罐或含汞污水处理装置进水缓冲罐。

2）热解吸单元

热解吸单元主要包括含汞污泥的干燥、热解与燃烧三个阶段。预处理后的含汞污泥通过密封的螺旋输送机送至污泥料仓，随后进入热解装置。污泥首先进入热解装置的干燥段，以进一步脱除污泥中的水分，干燥后的污泥含水率约为30%。随后，干燥完成的污泥进入热解装置的热解段。热解段中，污泥热解温度控制在400~650℃，真空度为85kPa，停留时间约40min。此阶段污泥中的汞及其化合物以汞蒸气的形式蒸发，有机物由大分子转化为小分子进入气相。最后，气相与热解残渣一起进入热解装置的燃烧段进行充分燃烧，以除去残余的有害物质。此时，燃烧段温度约850~1000℃，气体在火焰上停留2s以上，以便气体中的有害物质充分分解燃烧。燃烧烟气逆向进入干燥段对脱水污泥进行干燥，干燥完成后进入尾气处理单元以进一步处理。反应时可向热解炉中通入适当燃料气用于稳定热解温度。固相由热解及燃烧产生的灰渣构成，由热解装置底部排出，其中残余汞含量小于0.1mg/kg。灰渣可根据不同要求进行适当处理，如填埋、用作建筑材料等。

3）尾气处理单元

热解装置产生的尾气中主要包含汞蒸气、水蒸气及一些固体尘粒。尾气处理单元由尾气除尘、尾气冷凝和尾气净化三部分组成，其工艺流程如图7-7所示。净化后的尾气满足GB 16297—1996《大气污染物综合排放标准》规定，气体中汞及其化合物的浓度小于0.015mg/m^3，方能排入大气。

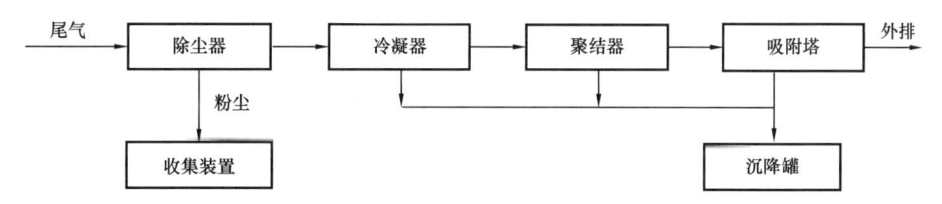

图7-7 尾气处理工艺流程

（1）尾气除尘。

尾气中的固体尘粒易与其中的汞再次结合为更难处理的含汞悬浮物。因而，尾气必须经高效除尘后才能进入冷凝设备。并且，后续处理设备的处理效果及最终排放的废气质量，对除尘设备所需达到的效果有进一步要求。例如，除尘精度、除尘效率、处理量均需根据实际情况做出具体的要求。

目前，常用除尘器有旋风分离器、袋式除尘器、滤筒除尘器等。旋风除尘器除尘效率一般在85%左右，通常对粒度小于5～10μm的粒子无效，所以只能用于高温除尘的预处理。袋式除尘器是目前使用最多的过滤式除尘器，除尘效率高达99%以上，除尘器出口气体含尘浓度在数十毫克每立方米之内，对亚微米粒径的细尘有较高的分级效率，适用于除尘要求较高的场所。滤筒式除尘器是一种基于袋式除尘器设计研发的新除尘设备，使用与袋式除尘器不同的新型滤筒作为滤料，使其具有结构紧凑、效率高、单位体积过滤面积大和维护管理简单等优点。

在实际生产过程中应根据不同的现场要求选择合适的除尘设备。特殊要求的情况下可考虑组合使用。三种除尘器的性能及适应性分别见表7-14和表7-15。

表7-14 三种除尘器的性能对比

除尘器		除尘作用力	适用范围			不同粒径除尘效率，%		
			粒径，μm	尘浓，g/m³	工作温度，℃	50μm	5μm	1μm
旋风除尘器		离心力	>5	<100	<400	94	27	8
袋式除尘器	振打清灰	惯性力、扩散力与筛分	>0.1	3～10	<300	>99	>99	99
	脉冲清灰					100	>99	99
	反吹清灰					100	>99	99
滤筒除尘器		惯性力、扩散力与重力	>0.5	<100	<300	100	>99	≥99

表7-15 三种除尘器对各类因素的适应性

类别	粗尘粒	细尘粒	超细尘粒	高温气体	腐蚀性气体	气体流动波动大	除尘效率大于99%	占空间小	投资少	运行费用低	维修量大
旋风除尘器	Y	C	N	Y	Y	N	N	Y	Y	N	Y
袋式除尘器	Y	Y	Y	C	C	Y	Y	N	N	N	N
滤筒式除尘器	Y	Y	Y	C	C	Y	Y	C	N	N	N

注：（1）Y表示适应，N表示不适用，C表示采取措施后可适应。
（2）粗尘粒是指50%质量的尘粒粒径大于75μm；细尘粒是指90%质量的尘粒粒径小于75μm、大于10μm；超细尘粒指90%质量的尘粒粒径小于10μm。

虽然袋式除尘器的使用在各类除尘器中占60%～70%，但其不足之处在于高温除尘方面。经过滤材的不断研发，现在袋式除尘器的工作温度已经从80℃提高到200℃。经过特殊处理的袋式除尘器的工作温度可达350℃，但含尘气流的温度应小于550℃。

美国GORE公司生产的GORE®低阻薄膜滤袋采用最新研发的专利透气膜（膨体聚四氟乙烯，ePTFE）过滤[50]，其使用寿命长，透气率好，工作效率高，滤袋可持续回收利用。当携带粉尘颗粒的气流经过滤袋时，其中的粉尘颗粒被透气膜（ePTFE）截留下来，停留在膜表面，以此达到除尘的目的。与传统滤材相比，膜过滤能进行亚微米级别的过滤，并且采用该膜过滤时粉尘颗粒仅积聚在其表面，并不会进入其内部结构。因此，在进行清灰操作时，几乎所有的粉尘都能从其表面脱落。清灰后在放大500倍的情况下观察GORE®膜结构滤材与非膜结构滤材清灰情况分别如图7-8和图7-9所示。可以看出GORE®膜在清灰操作后，几乎完全清洁。

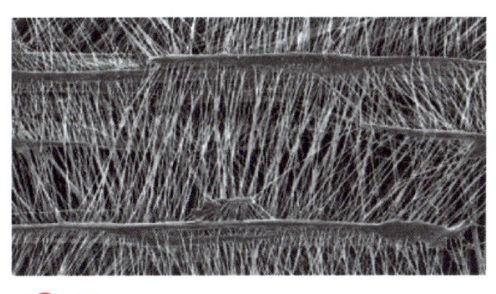

图7-8 GORE®膜清灰后表面情况　　　图7-9 非膜结构滤材清灰后表面情况

GORE®低阻薄膜滤袋允许更低的压降和更多的气体流动，使得能量消耗进一步降低。过滤袋有一个聚四氟乙烯基的接缝带，使得粉尘几乎不可能通过针孔泄漏。GORE®低阻薄膜滤袋独有的特性是能够耐高温，耐化学腐蚀，即使在连续的工作周期内存在高温和化学暴露，其仍能抵抗裂纹，其主要参数见表7-16。在本工艺流程中，尾气除尘效率需达到99.5%。综合各方面因素考虑，选用滤筒式除尘器除去尾气中的固体颗粒。

表7-16 GORE®低阻薄膜滤袋主要参数

项目	参数	项目		参数
质量，g/m²	830	破裂强度，kPa		3447
厚度，mm	0.89	断裂强度 N/cm	横向	890/5.08
连续工作温度，℃	260		纵向	668/5.80
最大工作温度，℃	274	热稳定性		260℃下收缩小于2%

（2）尾气冷凝。

含汞蒸气的尾气经除尘后，温度降低至110~170℃，随后进入冷凝装置再次降温。其目的是通过冷凝回收尾气中的汞，以及降低尾气温度以满足后续处理设备的温度要求（例如，后续尾气净化单元中，采用活性炭吸附塔吸附尾气中残余的汞时，若进塔温度大于80℃，其吸附效果基本无效，因此进塔温度应控制在较低范围）。汞特有的腐蚀特性，即汞可能会聚集在设备内部，甚至渗入内壁，造成设备液态金属脆化腐蚀。若冷却设备中具有复杂组件，则汞会附着在这些设备组件上，不仅造成汞总量的损失还会给设备带来腐蚀。所以冷却时应尽量采用内部结构简单的设备，即含汞尾气冷凝装置应采用直接喷淋冷却。

喷淋冷凝装置直接将水或水雾喷向高温尾气，利用水的气化潜热使高温尾气得以冷却。经过喷淋冷凝装置冷凝后的尾气温度能降至40℃，实现汞蒸汽冷凝为液态汞进行回收。同时，尾气中的水蒸气冷凝为液相水。冷凝下来的液态汞与液相水同时进入沉降罐，并利用密度差进行初步分离。沉降罐上部液相水进入回收罐循环再利用，下部液态汞进入旋流器进一步与水分离，分离出来的汞进入收集罐进行收集。

（3）尾气净化。

尾气净化装置主要由聚结器和吸附塔两部分组成。冷凝后的尾气首先进入聚结器，脱除其中悬浮的液态汞及游离水。聚结器对尾气中直径 0.3μm 以上液滴的脱除率达 99.9%，可保证进入吸附塔的尾气完全为气相，并确保脱汞塔进料气的温度高于水露点 5℃以上。随后残余尾气进入吸附塔以进一步除去其中残余的汞蒸气。吸附塔中的吸附材料推荐采用负载型金属硫化物/卤化物。其吸附机理、工艺特点等在天然气脱汞章节已做详细说明，这里不再赘述。最后将净化后汞含量满足 GB 16297—1996《大气污染物综合排放标准》规定的尾气排入大气。对排入大气的尾气还需设置气体监测装置，防止有毒气体泄漏到大气中。

3. 工艺设备

热处理工艺中决定处理效果的关键设备是含汞固废热解装置，其好坏直接影响含汞固废处理后的废渣、废气是否能达到治理目标，决定整个处理工艺的处理效果。含汞固废热解装置主要由干燥段、热解段和燃烧段三部分组成，其装置组成如图 7-10 所示。

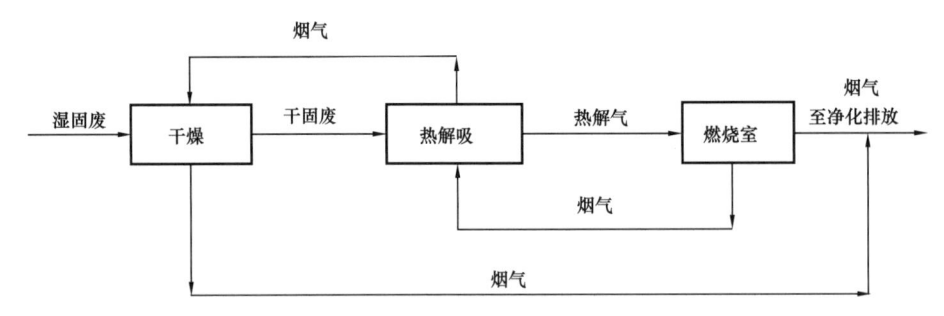

图 7-10 热解装置组成

热解装置干燥段为含汞固废提供干燥场所。含汞固废在干燥段与燃烧段来的热烟气充分接触、受热、蒸发、干燥，使得固废温度升高，含水率进一步降低，为固废热解做好准备。

热解装置热解段为干燥后的含汞固废提供热解场所，干燥完成的含汞固废进入热解段后立即被大量运动着的高温逆向热气体包裹，在炽热的炉膛交汇，固废开始升温热解。热解段温度控制在 400~650℃，停留时间约 40min。

热解装置燃烧段为干燥段与热解段提供热量。热解后的气相逆相进入燃烧段燃烧，固相也随之进入燃烧段燃烧。固废在翻滚中与燃烧物迅速混合流化燃烧，燃烧室特殊炉膛的蓄热量极大，使物料充分燃尽。为了避免固废中的灰分熔化和二噁英的生成，一般需考虑燃烧段的温度控制在 850℃，特殊二燃室内腔设计可以让燃烧的火焰停留 2s 以上，达到有害气相充分分解燃烧。燃烧室产生的烟气优先用于热解段的加热，热解段出口烟气温度为 600℃，这部分烟气再进入热解装置干燥段进行余热利用。当系统自身能量不能维持自身平衡时，燃烧室需外加燃料（天然气、煤或油）作为补充，以达到维持系统能量平衡的目的。

4. 实施方案

针对某气田污水处理产生的含汞污泥提出热解吸实施方案。处理规模为 1m³/d（浓缩后），污泥中总汞含量大于 200mg/kg，污泥含油率小于 10%（进脱水机前的物料），污泥含水率大于 90%。要求处理后产生的废渣浸出液中汞浓度应小于 0.1mg/L，不得检出烷基汞，装置排放的尾气中汞含量小于 0.012mg/m³。

该实施方案主要设备包括调质罐、热解炉、除尘器、喷淋系统、旋流分离器、尾气净化装置，其处理工艺流程如图 7-7 所示。主要设备技术参数见表 7-17。

表 7-17 主要设备技术参数

设备名称	外形尺寸	技术参数
调质罐	ϕ800mm × 2300mm	系统加温方式：热水循环加热、电伴热带加热，系统加热温度：50～75℃
热解炉	2800mm × 1600mm × 2500mm	干燥后含水率：约 30%，热解段温度：450～650℃，热解停留时间：约 40min，热解段压力：真空度 85kPa 或常压，燃烧段温度：850～1000℃，热负荷：约 550kW
除尘器	2500mm × 1800mm × 2800mm	烟气流量：800m³/h，除尘精度：1μm，除尘效率：99.5%
喷淋系统	ϕ1800mm × 3800mm	喷淋装置烟气进口温度：110～170℃，出口温度≤40℃，冷却水进水温度要求≤30℃
旋流分离器	ϕ150mm × 1050mm	溢流口径 50mm，汞出口直径 10mm
尾气净化装置	ϕ1000mm × 2800mm	最大气体处理量 300m³/h，填充高度 1.1m，材质为 Q235-A 或 304 不锈钢

预处理中所采用的化学试剂为聚合氯化铁、聚丙烯酰胺和分散剂，聚合氯化铁加剂量为 2000～2500mg/L，聚丙烯酰胺加剂量为 30～200mg/L，采用的分散剂为高效阳离子表面活性剂、强力渗透剂等复合而成的，加剂量为 100～200mg/L。热解炉中需加入一定量的催化剂来加速污泥的裂解反应并降低反应温度，可加入的催化剂种类有 $FeCl_3$，Na_2CO_3 和金属氧化物等。

二、真空干馏

真空干馏是含汞固废热处理工艺中的一种。其与热解吸工艺最大的不同点在于，真空干馏过程没有氧气的参与，汞及其化合物等污染物均以蒸气的形式存在。因此在对其后续处理过程中，汞及其化合物等挥发性污染物容易通过冷凝单元被冷凝下来，使得尾气无须进行二次燃烧或催化氧化，此过程对固废的脱汞率能达到 99%[6]，适合处理不含有机物的固废，如失效脱汞剂等。

1. 工艺原理及流程

真空干馏是指在真空状态下对含汞固废加热，其中汞等无机污染物挥发，有机物污染物发生热解被破坏的过程。真空的使用可降低汞的沸点，从而使汞等污染物更容易从固体基质中挥发出来。含汞固废的真空干馏过程主要包括脱水、热解、缩合和碳化等过程[6]。

不同含汞固废的真空干馏过程虽各有差别，但一般均可分为三个阶段：

（1）脱水。真空干馏初期，温度相对较低，大约维持在80~100℃，固废中的水分首先蒸发脱离固体基质。

（2）热解。升高温度，从220℃左右开始，含汞固废中的有机物逐渐分解产生低分子挥发物，并伴随发生大分子键的断裂，即发生热解，有机物被破坏。

（3）缩合和碳化。温度进一步升高，随着水和有机物蒸气的析出，固废中的汞及其化合物也逐渐挥发出来。剩余物质受热缩合成胶体，胶体逐渐固化和碳化。随着到达预设温度以及加热时间延长，所生成的固体产物中的碳含量逐渐增多，氢、氧、氮和硫等其他元素含量逐渐减少。

真空干馏系统与热解吸系统基本相似。其处理过程主要包括预处理、真空干馏和尾气处理三个单元，其处理系统工艺流程如图7-11所示。含汞固废预处理单元包括脱水、研磨等，预处理过程中含汞固废含水率需降低至25%~30%。随后经预处理的固废通过料仓进入真空干馏炉，进料完毕后干馏炉被密封，打开真空泵，控制炉内真空度在85kPa。通过加热干馏炉使其中的汞及其化合物等挥发性物质得以挥发。此过程中，有毒有机物发生热解，毒性被破坏。挥发出的含汞气体进入尾气处理装置处理，处理过程中汞等挥发性污染物几乎全部在冷凝器中被冷凝下来，并根据密度差实现汞与其他冷凝下来的污染物的分离。随后残余尾气依次通过除雾器及汞吸附塔，除去尾气中的液滴及吸附其中残余的汞，待达标后外排。外排过程中需设置汞监测设备，防止残余的汞排放到大气中。

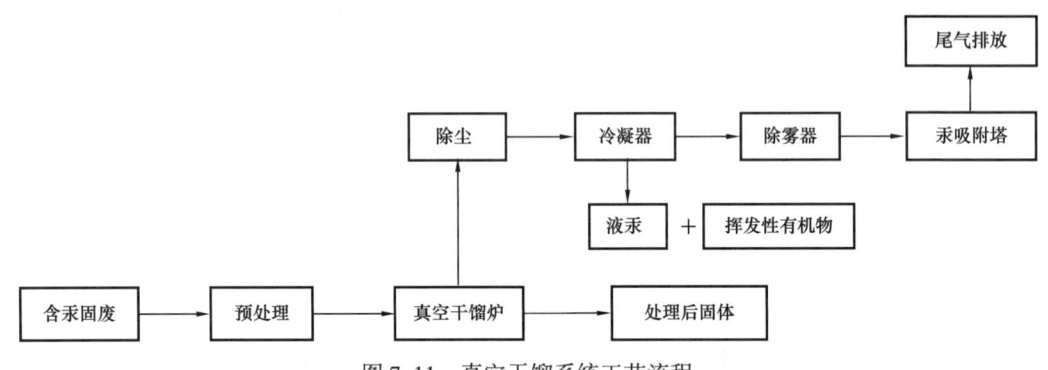

图7-11 真空干馏系统工艺流程

真空干馏炉可采用燃料燃烧器加热或电加热。燃料式真空干馏炉通过加热干馏炉外夹套内的空气，对干馏炉间接加热。在电加热干馏炉中，加热元件直接与含汞介质接触，适用于处理量较小的场合使用。为了使汞得到更好的挥发，真空状态下干馏炉的操作温度一般为425~540℃[5]。真空干馏系统应用情况见表7-18。该工艺具有以下工艺特点：

（1）含汞固废中的含水率高于20%~25%时，进入干馏单元前需进行预处理。

（2）固废处理停留时间由其汞浓度决定，浓度越高，停留时间越长。

（3）含汞固废处理效果与初始固废形式、汞浓度无关。

（4）处理过程无氧气参与，不会产生二噁英和呋喃等不完全燃烧产物且尾气量小，可减少设备尺寸，节省投资。

表 7-18　真空干馏系统应用情况

固废来源	固废类型	处理规模	初始汞浓度，mg/kg 或浸出汞浓度，mg/L	最终汞浓度，mg/kg 或浸出汞浓度，mg/L
金属回收[51]	土壤、污泥和杂物	7t/d	—	<0.02mg/L
实验化学坑[52]	土壤	12.46m³	18000mg/kg	0.0183mg/L

真空干馏系统与传统热处理过程相比，其由于消除了吹扫气和具有旋转密封效果，空气污染将会更少，处理环境中几乎不含氧气，不会产生不完全燃烧产物（如二噁英、呋喃）。尾气处理量更少，减少投入资本和维护成本。但真空干馏炉中存在着的有机物质中含有少量的氧气，可能使系统存在爆炸的危险。被污染介质中的大颗粒物质的存在可能会破坏加热元件或燃烧气体和介质间的热传递。相反，较小的颗粒则可能增加尾气中的微粒含量。

2. 处理工艺单元

美国 SepraDyne 的子公司 Raduce 研发的 SepraDyne™-Raduce 真空干馏系统[6]采用真空旋转式干馏炉从非挥发性基质中脱除易挥发成分，从而实现含汞固废的无害化。该流程已在布鲁克海文国家实验室（BNL）进行了全面的验证，目前已商业化应用。SepraDyne™-Raduce 真空干馏工艺可处理进料的总汞含量可达 6000mg/kg，进料含水率需控制在 20%～25%。其处理工艺包括预处理单元、真空干馏单元及尾气处理单元，其工艺流程如图 7-12 所示。

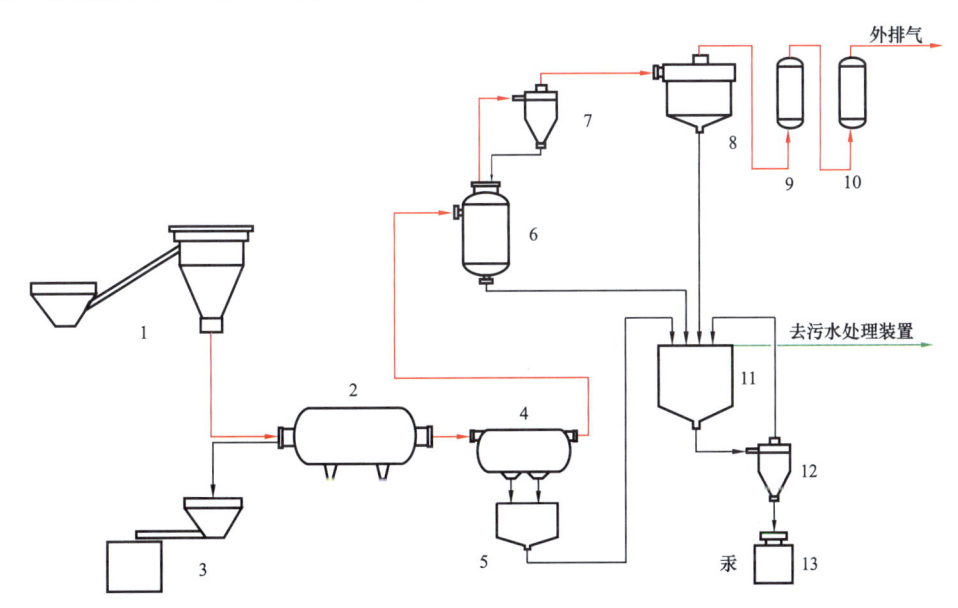

图 7-12　SepraDyne™-Raduce 真空干馏工艺流程图

1—进料系统；2—旋转式真空炉；3—干料收集罐；4—撞击滤尘器；5—收集罐；6—冷凝器；7—旋风分离器；8—除雾器；9，10—吸附塔；11—沉降罐；12—水力旋流器；13—汞回收罐

1）预处理单元

含汞固废在进入干馏炉之前先破碎或研磨，对含水率较高的含汞固废，需进行脱水、干化处理使其含水率在 20%～25%。随后，满足要求的含汞固废通过进料系统进入真空干馏炉。

2）真空干馏单元

含汞固废进入真空干馏炉后，干馏炉被密封并控制其真空度在85kPa。设置真空干馏炉旋转，同时，打开以天然气等为燃料的燃烧器间接加热干馏炉。干馏初期，炉内温度首先保持在一个适当值（约100℃）以便脱除污泥中的水分。干燥阶段完成后，逐渐升高干馏炉内温度，此过程中，低沸点物质先蒸发，挥发性水、有机物、汞等将依次挥发出干馏炉。最终温度提高到预定值，通常在600~750℃范围内，并维持约30min。此条件下，任何残留的有机化合物和所有汞的化合物都会从固废基质中挥发出来或热解。在此期间，真空度保持在68kPa或更高。随后从干馏炉挥发的气体进入尾气处理系统处理。

最后，关闭燃烧器并释放真空，将真空干馏炉中的残渣卸载到接收容器中。处理后产物呈干燥颗粒状，相比处理前体积减少25%~40%，残渣中汞含量降低至2~8mg/kg，残渣浸出液中汞浓度降低至0.008mg/L[53]。残渣可根据不同需求进行适当处理，如填埋、用作建筑材料等。

3）尾气处理单元

尾气处理单元用于间接加热干馏炉的燃料气将直接外排。从干馏炉挥发的气体首先经过撞击滤尘器除去其中的小颗粒物质，然后在冷凝器中挥发性物质被冷凝下来。因为系统在真空条件下运行，所以几乎所有的挥发性物质都很容易凝结成液体。最后通过除雾器和吸附塔进一步除去其中的汞，尾气达标后再排入大气。尾气处理的具体过程与热解吸系统尾气处理过程相似，这里不再赘述。

SepraDyne™-Raduce真空干馏工艺已通过小试试验证明了其可行性，并增大处理量完成了中试规模的现场实验，具体实验结果见表7-19[53]。表7-19所示结果表明，该真空干馏工艺对固废的脱汞率均在99%以上，处理后的含汞固废填埋要求。该工艺极具推广价值，值得国内借鉴和进一步开发。但使用该工艺处理含水率较大的污泥时，需要先对污泥进行预处理脱水，以保证后续工艺顺利进行。

表7-19 SepraDyne™-Raduce真空干馏工艺中试规模实验结果

参数	Drum A-3	Drum E-3	Drum E-5
处理前质量，kg	污泥470	污泥367	污泥342
处理后质量，kg	415	333	300
质量减少百分比，%	11.7	9.3	12.3
处理前汞含量，mg/kg	2130	4880	—
处理后汞含量，mg/kg	1.0	0.55	0.41
汞脱除百分比，%	99.96	99.99	—
处理前的浸出汞浓度，mg/L	1.390	0.191	—
处理后的浸出汞浓度，mg/L	<0.0006	<0.0006	<0.0006
浸出汞浓度减少百分比，%	>99.96	99.69	—
最高操作温度，℃	660	730	700
最低真空度，kPa	88	88	88

SepraDyne™-Raduce 真空干馏工艺对固废的脱汞率均在 99% 以上，处理后含汞固废的浸出汞浓度小于 8μg/L。该工艺能最大限度地实现固废的减容，体积减少 25%~40%，并且出料中汞浓度与进料中汞浓度无关。其可处理含汞量高（≥260mg/kg）的固废，进料固废中汞浓度可高达 6000mg/kg，处理过程不产生二噁英和呋喃等不完全燃烧产物，尾气量少，可减少工程投资。

3. 工艺设备

真空干馏炉是含汞固废真空干馏发生的主要场所，主要由真空干馏室、间接加热系统、搅拌系统、真空泵系统等结构组成。其原理是通过真空泵系统对真空干馏室抽真空，使真空干馏室处于真空状态，来自间接加热系统的加热气体进入干馏炉外部的加热环隙对炉体进行加热，加热气在环隙中的流动可充分利用加热气体的热量。对物料加热的同时，开启搅拌系统，搅拌系统的使用可使被处理的物料受热更均匀。当温度上升到一定程度时，固废中的汞及其化合物和有机物逐渐分解，从固体基质中挥发到气相，并通过蒸气出口离开干馏室进行后续处理。干馏完毕后，停止加热，并对真空干馏室放空。最后，将残余的固废残渣从出料口排出干馏室。真空干馏炉原理图如图 7-13 所示。

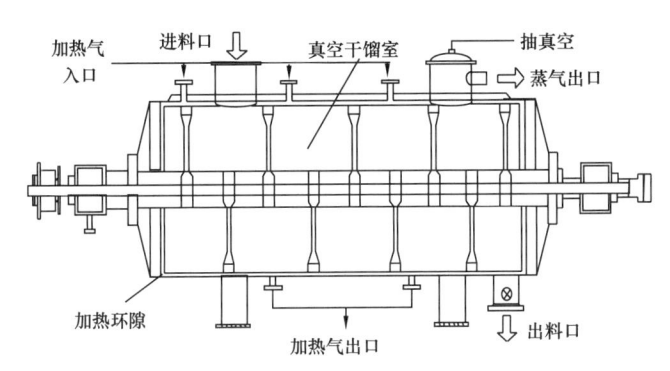

图 7-13 真空干馏炉原理图

真空干馏炉的温度一般能达到 600~750℃。加热过程中，真空泵系统控制干馏室内的环境一直处于真空状态。搅拌装置使物料在筒内形成连续循环状态，进一步提高了物料受热的均匀度。真空干馏炉主要具有以下特点：

（1）干馏炉中的真空度维持在 0.3~365kPa；
（2）干馏炉中的蒸气可利用炉内外压力梯度排出，无须吹扫；
（3）燃烧室的高热气体围绕干馏室旋转，增大传热效率；
（4）干馏过程完全封闭，不与外界环境接触。

第四节　固化／稳定化工艺

固化／稳定化工艺是指将含汞固废固定或包容在惰性基质材料中，并采用一些化学反应减少含汞固废中汞的迁移性的过程，是一种含汞固废无害化处理方法。该工艺能有效固化含汞固废中各种形态的汞，适用于汞含量低于 260mg/kg 的含汞固废。

一、工艺原理及流程

固化/稳定化技术包含固化与稳定化两层含义。固化是指在含汞固废中添加固化剂，使其转变为不可流动固体或形成紧密固体的过程。该过程只会利用添加剂改变固废的物理形态（如从液态转变为固态），而不会改变固废的化学特性。固化的产物是结构完整的整块密实固体，这种固体可以方便的尺寸大小进行运输，而无须任何辅助容器。稳定化是指将含汞固废中有毒有害的汞及其化合物等固体有害物质，转变为低溶解性、低迁移性及低毒性物质的过程。过程中产生的化学反应会通过降低固废成分的移动性和改变固废成分的毒性，来改变固废的危险特性。

含汞固废固化/稳定化工艺流程如图7-14所示。将待处理的含汞固废与液体试剂（结合剂）或干粉试剂加入反应设备中，并进行混合。该过程中首先发生稳定化过程，汞及其化合物与稳定剂发生反应并稳定下来，形成泥浆状、糊状或其他半液体状态，留下充足的时间发生固化过程，以将其密封进固体空间。随后，稳定好的混合物进入干化设备干化或冷却硬化形成固体。最后对固化后的固体进行检测，确保达到固化填埋要求后再进行填埋。

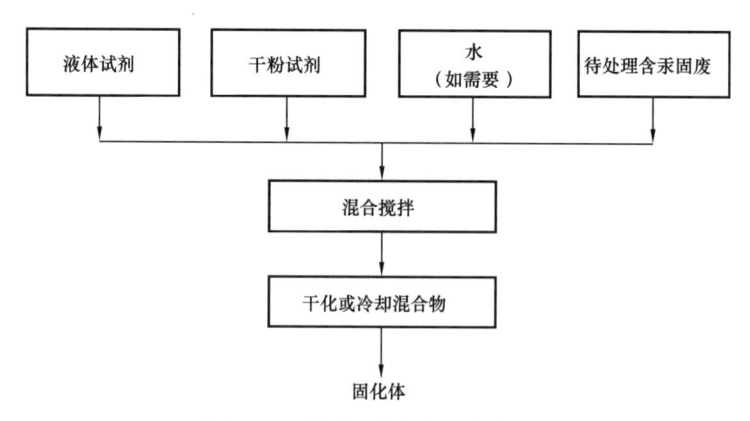

图7-14 固化/稳定化工艺流程

固化/稳定化工艺处理效果的影响因素主要有pH值、固废特性、试剂种类等。根据含汞固废特性的不同应合理选择固化/稳定化试剂，处理后各项指标应符合安全填埋标准，经固化/稳定化后的含汞固废需对其物理数据（强度、密度、渗透性等）和化学数据（渗滤特性）进行安全评价。其中最重要的是渗滤特性，主要以可浸出毒性作为判别依据。根据GB 18598—2001《危险废物填埋污染控制标准》规定，固化后固化体浸出液中汞及其化合物的浓度（以总汞计）在小于0.25mg/L，有机汞浓度在小于0.001mg/L时才允许被填埋。

固化工艺是指将稳定后的固废与黏合剂（固化剂）混合起来，然后冷却形成固体的过程。黏合剂包括水泥、硫聚合物水泥（SPC）、低温化学键磷酸盐陶瓷（CBPC）、硫化物或磷酸盐黏结剂、水泥窑灰、聚酯树脂或聚硅氧烷化合物等，可用其生成泥浆、浆糊或其他半液体类的物质，以便最终形成固体状态。尽管含汞固废的稳定化和固化工艺能减少汞对环境的排放，但其长期稳定性效果并未得到充分的研究。因此，收集和分析关于这些效果的信息和数据是有必要的。

现有多种用于科研或商业中的固化含汞固废的物质和材料，其中以水泥基、低温化学建磷酸盐陶瓷（CBPC）固化和硫聚合物水泥（SPC）为固化剂的三种固化工艺为主。每种固化方法均有各自的优缺点。

1. 水泥基固化

水泥是最常用的危险废物稳定剂，其经水化反应后可生成坚硬的固化体，因此也是最常用的固废固化处理技术之一。水泥的种类很多，最常用的是普通硅酸盐水泥。其是一种以硅酸三钙（3CaO·SiO$_2$）、硅酸二钙（2CaO·SiO$_2$）为主要成分的无机胶结材料。水泥固化的作用机理是水泥中的粉末状水化硅酸钙胶体（C—S—H）对 Hg 等重金属产生吸附作用[55]，以及水泥中的水化物能与重金属形成固溶体，从而将其束缚在水泥硬化组织内，以降低其可渗透性，达到降低固废中危险成分浸出的目的。

水泥固化法处理含汞固废的工艺流程如图 7-15 所示。含汞固废以一定重量比与水泥、添加剂和水一起被投入原料混炼机中（不同含汞固废的混合比例需经实验确定），经搅拌混合均匀。此过程水泥与水发生水化反应生成凝胶，将含汞固废微粒分别包容，并逐步硬化形成水泥固化体，使得固废中的汞及其化合物被封闭在固化体内。待混合物料反应一段时间后，通过出料装置压制成型。最后，将成型的固化体运至蒸汽养护室养护，使之形成具有一定强度的固化产品。

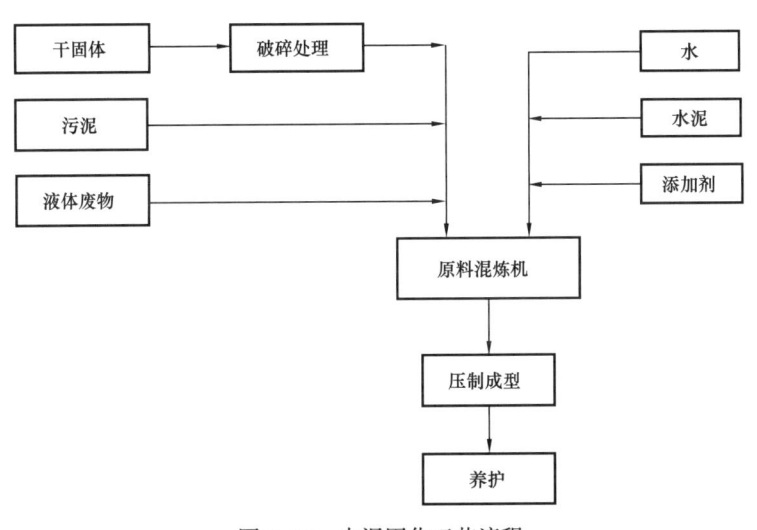

图 7-15 水泥固化工艺流程

为达到满意的固化效果，在固化操作过程中，要严格控制 pH 值、水灰比、凝固时间、水泥与固废的比例、添加剂和固化块的成型条件等工艺参数。水泥固化过程中，由于固废组成的特殊性，常会遇到混合不均匀、过早或过迟凝固、操作难以控制、产品的浸出率高、固化体的强度较低等问题。为改善固化条件，提高固化体的性能，固化过程中可掺入适量的添加剂。含汞固废水泥基固化工艺有以下特点：

（1）水泥固化工艺要求 pH 值大于 8，此时，汞以不溶性的氢氧化物或碳酸盐的形式存在，一些汞离子还可以转入固化体的晶格中；

（2）水灰比一般控制在 1:2 左右时，水泥具有良好的和易性；

（3）含汞固废与普通水泥的配比一般为 1∶（3～8），具体数值可由实验确定。在被处理的有害固废中往往含有妨碍水合反应的物质，为不影响固化效果，可适当加大水泥配比；

（4）添加剂常选用硫化物（Na_2S，K_2S 等）和活性氧化铝，具体加入量可由实验确定；

（5）固化体推荐在 60～70℃ 下养护 24h。

固化产物性能是固化操作最重要的控制指标，包括产品的机械强度、抗渗透、抗浸出性、抗干、抗湿、抗冻、抗融等特性，水泥基固化应用情况见表 7-20。

表 7-20 水泥基固化应用情况

废弃物类型	稳定剂	污染物汞含量 mg/kg	固化前浸出汞浓度 mg/L	固化体浸出汞浓度 mg/L
氯碱工业废渣[56]	Na_2S 和 $FeSO_4$ 两步预处理	—	—	<0.001
土壤[57]	二硫代氨基甲酸钠	4000	0.282	0.0139
盐水净化污泥[58]	木质素的衍生物	500～7000	0.2～0.4	<0.090
沉积物[59]	碳酸盐饱和	—	—	<0.025

以水泥为基本材料的固化技术适用于无机类型的含汞固废。采用水泥固化法处理含汞固废时固化工艺和设备比较简单，设备和运行费用低，水泥原料和添加剂便宜易得，操作在常温下即可进行，对含水率较高的固废可以直接固化。固化产品经过沥青涂覆能进一步降低汞的浸出，固化体的强度、耐热性、耐久性均好，产品适于投海处置，有的产品可作路基或建筑物基础材料。但该固化方法增加了固化体积和质量，固化效率没有硫与汞反应生成硫化汞对汞的固化效率高，可溶氯化物、有机质等存在会对固化过程产生不良影响。

2. 低温化学键磷酸盐陶瓷固化

低温化学键磷酸盐陶瓷（CBPC）作为固化药剂，类似水泥，是一种坚硬致密的陶瓷。其有效成分是 MgO 和 KH_2PO_4，可在室温下凝固，兼具陶瓷特性，通过无机氧化物（MgO）和磷酸溶液（KH_2PO_4）之间的酸碱反应来制备，反应过程见式（7-1）。

$$MgO + KH_2PO_4 + 5H_2O \longrightarrow MgKPO_4 \cdot 6H_2O \quad (7-1)$$

CBPC 工艺流程如图 7-16 所示。首先将足够的水加入混合容器的固废中，以达到目标含水量。然后将煅烧的 MgO 和 KH_2PO_4 黏合剂研磨成粉末，并以 1∶1 的比例混合。同时，将一定量的添加剂（如 K2S 或粉煤灰）添加到黏合剂中。在混合容器中将水、黏合剂、添加剂及含汞固废组成的混合物混合约 30min，由于反应放热，混合物温度最高可达 80℃[60]。此过程中，由于 KH_2PO_4 的解离，混合物开始时显酸性，pH 值约为 4，酸性环境促使 MgO 与固体废弃物中的氧化物溶解为 Mg^{2+} 和其他金属阳离子，这些金属阳离子与磷酸根阴离子按 MKP 形成的反应式生成 $MKP \cdot 6H_2O$ 而被固化[61]。混合停止后，浆液在大约 2h 内将发生凝固，并形成高强度和低开孔率的陶瓷废料形式。

CBPC 固化汞的过程是通过化学和物理结合作用来达到封装汞的效果。因硫化汞比磷酸汞的溶解度低 3 个数量级，故可利用少量的硫化钠或硫化钾将微溶磷酸盐颗粒进一步生成硫化汞，以提高 CBPC 固化含汞固废的效果[61]，CBPC 固化应用情况见表 7-21。

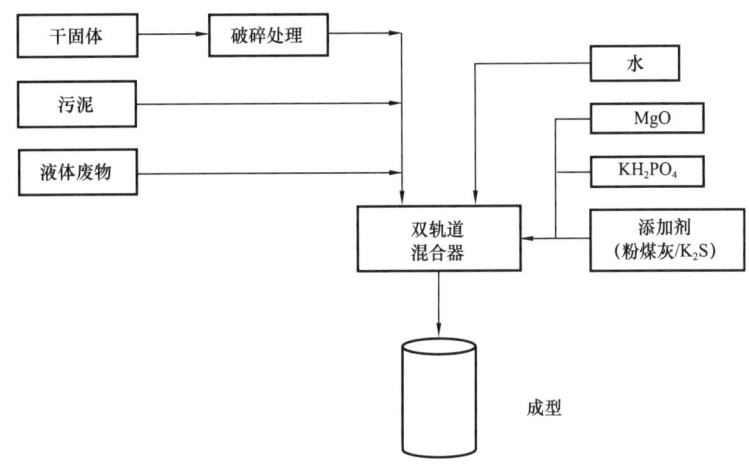

图 7-16　CBPC 工艺流程

表 7-21　CBPC 固化应用情况

废弃物类型	固化体中固废含量 %（质量分数）	稳定化剂	固化前浸出汞浓度 mg/L	固化体浸出汞浓度 mg/L
模拟混合废[62]	58～70	K_2S	540～650	<0.00004 <0.000005
模拟粉尘[63]	—	K_2S	40	<0.00085
模拟固废[63]	—	K_2S	138～139	<0.00002～0.01
土壤[63]	—	K_2S	2.27	<0.00015
模拟固废[64]	60～78	Na_2S	250	0.0047～0.0151
模拟固废[65]	50，70	Na_2S	276.82	0.0135

CBPC 工艺过程具有以下特点：

（1）混合过程添加适量添加剂（如 K_2S，Na_2S）可提高固化效果，降低 Hg 的可浸出性；

（2）整个过程无须加热，无须去除水分；

（3）可在较宽的 pH 值范围内处理酸性和碱性固体废弃物；

（4）CBPC 固化体的密度通常在 $1.8g/cm^3$，且具有大于 13.89MPa 的抗压强度；

（5）CBPC 固化体开孔率比传统水泥固化低 50%，最高可达 78% 的固废装载量。

CBPC 可用于处理高浓度的含汞固废，如干燥的含汞固体、污泥和液体等。与水泥基固化相比，其具有出色的防水性和耐化学性。该过程在小于 80℃ 的温度下进行，因此不需要额外的热量输入，也不会产生潜在的危险性气体，稳定且安全。由于混合和浇注设备容易获得，所以该工艺易于实施。该过程需用 K_2S 或其他化合物进行预处理以便化学稳定汞，但过量的硫化物会增加汞的可浸出性。目前，对于 CBPC 固化体的长期有效性和耐久性的研究较少，一些固废成分（如赤铁矿）可能会加速固化体的凝结时间并降低 CBPC 浆料的固化效果和可操作性。对于高盐含汞固废，随着时间的推移，其中盐类阴离子的浸出可能会恶化固化体的完整性，因此该类固化体可能需要在其表面采用聚合物涂覆，以减少盐类阴离子的浸出[66]。

3. 硫聚合物固化/稳定化

硫聚合物的固化/稳定化工艺（SPSS）是利用硫聚水泥（SPC），将汞化合物与硫反应转变成难溶的硫化汞，同时包封该废弃物的过程。其中SPC是由95%元素硫和5%有机调节剂（二环戊二烯）组成的一种热塑性材料，在119℃下可融化形成低黏度液体，可以很容易地与固废混合、均化和冷却形成耐用的固体材料[67]。

硫聚合物固化工艺是在硫稳定化基础上增加的一个固化步骤，由于最终固化体表面积较小，因此汞蒸发和沥滤的可能性很低。SPSS过程分以下两个阶段进行：

第一阶段，汞与粉状硫聚水泥（SPC）中的硫（S）反应形成硫化汞，如式7-2所示。此阶段容器被加热至40~60℃以提高硫化物的形成，硫化反应搅拌不少于15min。

$$Hg+S \longrightarrow HgS \tag{7-2}$$

第二阶段，将硫化汞在125~130℃的温度下压缩并加入含硫聚合物基体中混合4~8h，直至形成均匀的熔融混合物[68]。最后，倒入合适的模具进行冷却，以形成单一的固体。这一阶段增加了对汞的屏蔽，可防止和避免汞释放到环境中。通过减少硫化汞与环境的接触，最大程度地降低硫化汞转换为其他形式的可能性，其工艺流程如图7-17所示。

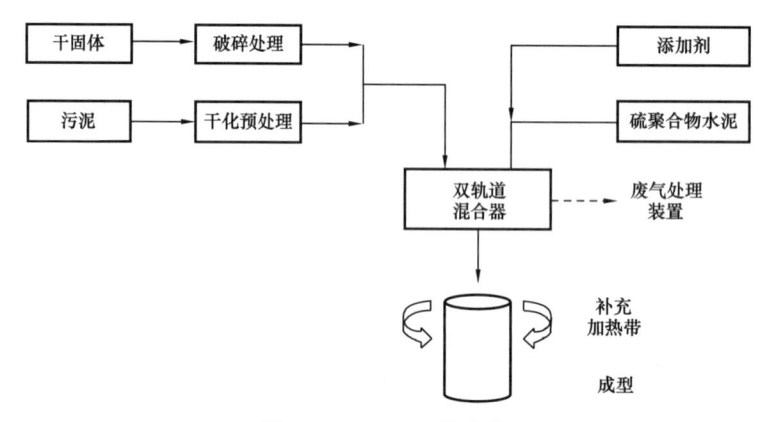

图7-17　SPSS工艺流程

所有经过稳定化处理和微型封装的最终产品都是紧凑型固体形态，具有与混凝土类似的稳定性和抵抗力。因此，该工艺确保彻底消除汞的移动性，并且孔隙率极低，无法渗透，因此最大程度地降低汞释放到环境中的风险。最终成品采用特定的坚硬独石形态，为了方便运输，可将其尺寸调整为所需要的形状。SPSS工艺过程具有以下特点：

（1）混合反应过程在惰性气氛（氮气）中进行，以防止氧化汞的形成，并形成密封；

（2）少量添加剂（常用Na_2S）可确保硫化反应并增强其化学稳定性，添加量取决于固废中的汞含量；

（3）含水率高的固废需在反应后将温度提高至85~95℃，以脱除其中的水分；

（4）加热混合过程产生的含汞废气需进行收集处理。

采用欧盟标准（CEN/TS 14405：2004和UNE-EN-12457）进行测试的结果显示，成型固体和压碾后样本的浸出汞浓度远低于0.01mg/L[69]。因此，所有经过硫聚合物的固化/

稳定化的固化体中浸出汞浓度均低于 GB 5085.3—2007《危险废物鉴别标准浸出毒性鉴别》要求的 0.1mg/L，已不属于危险废物，SPSS 固化应用情况见表 7-22。

表 7-22　SPSS 固化应用情况

废弃物类型	固化体中固废含量 %（质量分数）	稳定化剂	固化前浸出汞浓度 mg/L	固化体浸出汞浓度 mg/L
含元素汞的放射性固废[70]	33.3	Na₂S	2.64	0.0013～0.050
混合模拟固废[71]	40	无	250	<0.2
尾气吸收液[72]	25～45	无	0.14	<0.009
矿渣[73]	—	Na₂S	未报道	0.009～0.039
土壤[74]	—	专利稳定化剂	0.20～0.92	0.0005～0.016
元素汞[74]	—	专利稳定化剂	—	0.0004～0.004

SPSS 流程能处理包括元素汞在内的几乎所有类型的含汞固废。该工艺操作简单，其具有较低的反应温度（125～135℃）。与水泥相比有很强的不透水性（如低渗透率和孔隙率）、高抗环境腐蚀性、高机械强度。由于低黏度和低融化温度，SPC 比其他热塑性材料（如聚乙烯）更易于使用。虽然 SPSS 过程发生在相对较低的温度下，但仍可能存在汞的挥发，需要对其进行控制。同时，需注意含汞固废在处理之前需脱水，并且固化完成后，如果固化体冷却太快，SPC 中可能出现空隙和气泡，使水和气体渗透到固化体中。若整个过程温度过高，SPC 可能会溢出硫化氢气体和硫蒸气。

4. 其他固化工艺

很多其他的材料也能用于含汞固废的固化封装处理，包括聚乙烯、碱性矿渣、沥青、聚酯和环氧树脂、合成橡胶、聚硅氧烷等。

1）聚乙烯固化

Burbank 等[75]考察了聚乙烯固化包含低含量汞和其他重金属的混合废弃物、含有 9.2mg/kg 汞的硫酸铵滤饼和含有 1.3mg/kg 汞的蒸发基质淤泥。研究发现，单独依靠聚乙烯固化不能有效降低汞浸出性，而加入氧化钙反而增加了汞的浸出性，即使含汞固废的汞浓度低。应用聚乙烯固化含汞固废需要进一步解决汞的挥发问题。

2）沥青

Radian 公司报道了应用沥青来固化汞污染的土壤（含汞 78mg/kg）。研究发现，热混合的沥青会促进汞的挥发，不适合固化含汞固废。Adams 等[76]讨论了用沥青固化焚化炉尾气吸收液，处理前后固化体浸出汞浓度分别为 0.14mg/L 和小于 0.009mg/L。

3）碱性矿渣固化

碱性矿渣（Alkali-activated Slag，简称 AAS）由 100% 颗粒状的高炉矿渣和硅酸钠活化剂组成。它的吸附活性依赖于碱激活的铝硅酸盐。高炉矿渣与可溶的硅酸钠反应生成无定形的晶体水合硅酸钙 C—S—H。在硅酸盐水泥基质中，C—S—H 具有很强的吸附重金属的趋势。相比传统硅酸盐水泥基质，AAS 基质具有更多的凝胶空隙和更低的空隙断裂。Guangren 等[77]添加 Hg（NO）$_3$·H$_2$O 到矿渣溶液中，使汞含量分别为占矿渣重量比的 0，0.10%，0.5% 和 2%，然后将其固化成型。发现低浓度的汞离子对水化产物的压缩强度，孔结构和水化程度的影响较小。添加 2% 的汞离子进入 AAS，出现早期水化过程明显迟缓、早期抗压强度减小的现象，但水化后 28d 负面影响消失。2% 汞离子可有效固定在 AAS 中，所得固化产品的浸出汞浓度满足要求。

4）聚酯和环氧树脂类

聚酯是树脂热硬化的产物，能够通过化学反应来固化包括汞在类的重金属。利用聚酯固化含 1000mg/kg 汞的硝酸盐/氯化物，处理后固化体浸出汞浓度为 0.01~0.2mg/L [78]。

5）聚硅氧烷

聚硅氧烷或者陶瓷硅泡沫包含 50% 乙烯基—聚二甲基硅烷、20% 石英、25% 专有分子和小于 5% 的水。聚硅氧烷已经成功用于固化由 1000mg/kg 铅、汞、铬组成的模拟含汞固废。对于含高浓度的氯化物固废，固化后浸出汞浓度为 0.01mg/L；对于含高浓度的硝酸盐固废，固化后浸出汞浓度为 0.06mg/L [79]。

固化/稳定化处理使汞更稳定、更难浸出，但其只是减少汞的浸出率，并不会减少固废中的汞含量，由此得到的固化体仍需要填埋处理。通常 pH 值降低，汞的浸出率升高，因此酸性环境会增加稳定化固化体中汞的浸出率。但一些研究也表明，可溶性汞化合物（如硫酸亚汞和硫酸汞）会在较高 pH 值下形成，在各种处理环境中，汞复杂的理化性质使固化体的稳定性成为一个巨大的挑战。一些固化/稳定化工艺还包含采用特殊试剂对固废进行预处理，例如，在稳定化前添加硫化钠降低汞的溶解度（形成硫化汞）。这些预处理步骤可能会有利于减小固废的迁移性，但会增加相应的投资。

二、填埋

固废填埋是指采取工程措施将处理后的固废集中堆、填、埋于场地内的安全处置方式。受汞或汞化合物污染的固废若符合国家或地方条例所规定的特别设计的填埋场接受标准，则可以在受控的填埋场中进行处置。固废的填埋方式分为混合填埋和单一填埋。在欧洲，脱水固废与城市垃圾混合填埋比较多；美国多数采用单独填埋。我国的危险固废填埋发展处于起步阶段，自 1993 年后才建成了第一个专门用于危险废物安全填埋场，并开始实行危险固废的单独填埋[54]。

气田产生的含汞固废中的汞含量较高，无法直接达到填埋标准。因此，只有对含汞固废固化/稳定化后才能进行填埋。经固化/稳定化后的成型固化体，通过车辆运输至填埋区储料库，并在库区内养护。养护完成后的固化体送至填埋场进行填埋，填埋流程如图 7-18 所示。

图 7-18 含汞固废填埋流程

含汞固废固化体进入填埋场的入场条件，填埋场的选址、设计、施工、运行、检测等应参考 GB 18598—2001《危险废物填埋污染控制标准》中的相关规定。填埋场的主要要求如下：

（1）填埋场选址应符合国家及地方要求，考虑对环境的影响；
（2）填埋场的地址条件应能满足基础层要求，天然低层岩性相对均匀，渗透率低等；
（3）填埋场应有足够大的可使用面积保证建成后具有 10 年或更长的使用期，且交通方便；
（4）填埋场应设预处理站，包括固废临时堆放、稳定化养护等；
（5）填埋场选用材料应与所接触的固废相融，考虑其抗腐蚀特性；
（6）填埋场设计有效的渗滤液收集系统、集排气系统、雨水集排水系统；
（7）填埋场的管理运行、污染控制、封装、监测等均应符合 GB 18598—2001《危险废物填埋污染控制标准》中的相关规定。

我国规定，进入填埋场的固化体中有机汞的稳定化控制限值为 0.001mg/L，汞及其化合物（以总汞计）的稳定化控制限值为 0.25mg/L。美国国家环保局对进入填埋场的含汞固废则有更严格的规定，其要求含汞固废中浸出汞浓度必须低于 0.025mg/L 时才允许被填埋，填埋的土力学特性应达到无侧限抗压强度不小于 50kPa，十字板抗剪强度不小于 25kPa，渗透系数在 $10^{-6} \sim 10^{-5}$ cm/s 数量级，臭度降低至三级以下。危险固废填埋场（隔离型）如图 7-19 所示[59]。固废填埋作为固化/稳定化固化体的最终处置方式，其投资少，容量大，见效快。填埋场的建筑材料和防渗材料是有寿命的，因此，含汞固废填埋场运行管理需进行长期的安全监控。

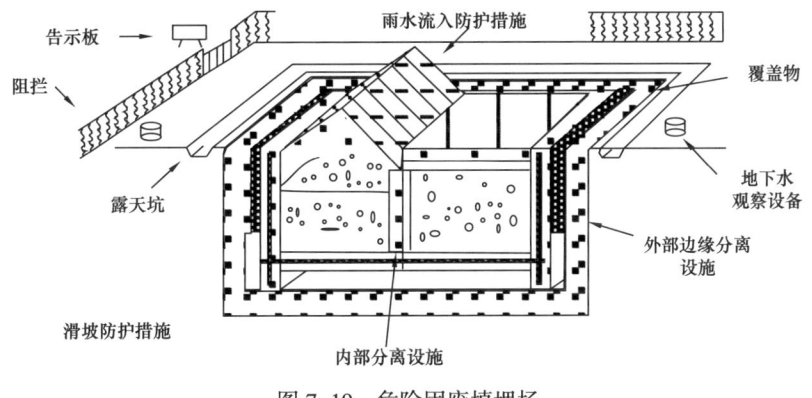

图 7-19　危险固废填埋场

第五节　深井回注工艺

深井回注工艺是一种环境友好、低成本、低风险、高效、处理量极大的含汞固废处理方法。该工艺是固体注射和水力压裂原理的直接应用，地层被泥浆压裂后，其泥浆容纳量显著提高。实践证明，深井回注工艺能够处理大量的、含有各种形态汞的含汞固废，能将其永久地储藏在地层中。

一、工艺原理及流程

深井回注工艺是指将含汞固废泥浆化后注入枯竭油气井或注水井的适当地层的处理工艺。工艺过程主要涉及前期选井选层和后期的地面配制与回注，重点在于高效、合理的地面配制流程。

深井回注的主要工艺可简要概括为以下三步：
（1）选择适当的处置井；
（2）对固废进行预处理，使含汞污泥泥浆化，便于回注；
（3）使用注泥泵将制好的泥浆注入废井中。

深井回注工艺的预处理主要指对固废进行研磨、泥浆化（稠化）、泥浆质量控制。研磨是为了将固废中大颗粒物质等进行粉碎，方便注入。气田污水产生的污泥颗粒较小，可根据实际情况选择是否需要研磨。研磨后的含汞固废经泥浆化处理后经回注泵向回注井回注，其工艺流程如图7-20所示。

图7-20 深井回注工艺流程

深井回注在含汞固废处理上已有应用，典型的含汞固废深井回注工艺流程如图7-21所示。含汞固废首先进入固废调质罐，再向调质罐中加入分散剂和适量热水，将固废中的块状物等杂质打散形成能进入后续处理单元的小颗粒物质，并对大块的岩屑进行分离。随后经调质后的固废进入岩屑分离器将未分散的大颗粒固体分离排出，分离出的小颗粒固废加入水和黏结剂，经离心式研磨泵研磨，研磨后的固废进入储料罐顶部的泥浆振动筛，以此来获得理想的泥浆颗粒。通常泥浆的颗粒大小为100~300μm，泥浆的含固量为20%~35%，尽可能维持在30%以上。加工后的泥浆进入带搅拌机的储罐，通过搅拌混合使泥浆保持最佳的黏度，防止固体颗粒的散出，通常泥浆的黏度维持在40~70mPa·s[80]。随后分批次将储罐中的泥浆通过高压注浆泵送至回注井中。

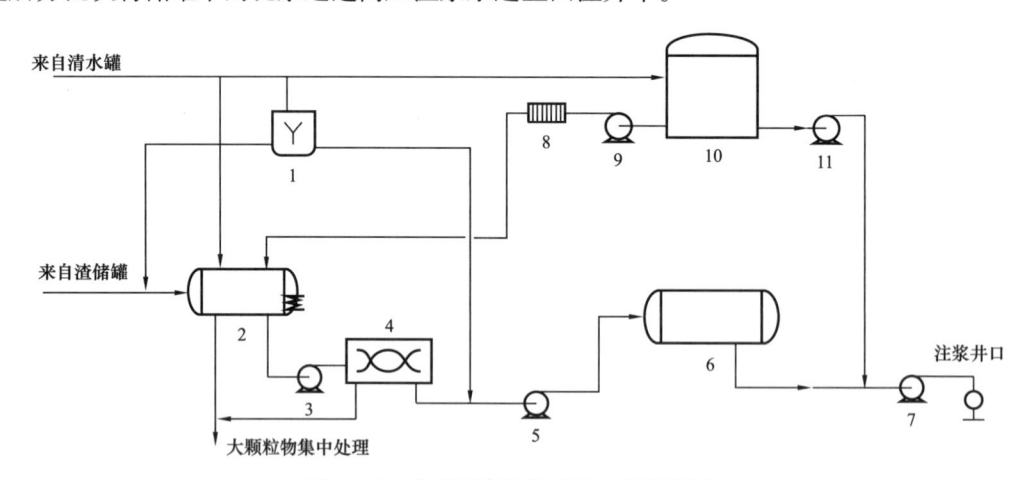

图7-21 含汞固废深井回注工艺流程图
1—加药装置；2—调质罐；3—泥浆泵；4—岩屑分离器；5—离心式研磨泵；6—振动筛及储罐；7—高压注浆泵；8—加热器；9—清水泵；10—清水罐；11—洗井泵

1. 研磨

使用碎屑分离滤网将未处理的含汞固废引入预处理系统，粒径过大而不能通过滤网的含汞固废将会被收集起来集中放入特殊的塑料桶内。预处理的目的是使粒径过大的含汞固废颗粒最终能够通过滤网，进入滤液，以便制成泥浆。减小固废中含汞颗粒的粒径的方法很多，常采用离心研磨泵和振动筛对固体颗粒进行研磨与筛分。

按固废中颗粒的粒径，可以将其分为碎屑和残渣两类，过滤分离后滤液携带碎屑进入泥浆储罐，而残渣则在研磨系统中持续研磨。由于处理批次固废的颗粒尺寸不同，残渣研磨到理想的粒径所用时间也不同。泥浆循环通过漏斗、研磨泵和漏斗上部的泥浆振动筛，以此实现泥浆的理想粒径（理想颗粒的粒径在100～300μm）。

2. 泥浆化

泥浆化主要在储罐中实现，该罐中的泥浆粒径基本达到理想状态。储罐配有搅拌器，可以保持泥浆有理想的黏度，同时能防止固体沉降。泥浆的主要成分是固体颗粒、增黏剂和调节水。针对不同的含汞固废，需要选择不同的增黏剂来制备稠化泥浆，通过提高泥浆黏度来提高泥浆的运载能力。一般要求加入增黏剂后，泥浆黏度为40～70mPa·s。为了确保泥浆有效，还需密切关注泥浆的黏度和相对密度。

3. 泥浆质量控制

泥浆的质量控制主要包括对泥浆相对密度、漏斗黏度、流动点（屈服点）、固体含量、颗粒粒径的控制[81]。

（1）泥浆相对密度控制主要取决于回注固体的浓度；

（2）泥浆的漏斗黏度控制在3.94～7.87s/kg，以满足固体悬浮和泥浆泵送的需要，此过程可添加一些适当的增黏剂；

（3）流动点可使用调节水稀释进行控制，常控制流动点在2.44～3.91kg/m²，以保证回注泥浆在井眼和裂缝系统中运送含汞固废的能力，以及为泥浆提供足够的悬浮特性，使其在12h的停工期间在井眼和裂缝中的沉降量达到最少；

（4）固体含量尽量控制在30%（体积分数）以上，应最大限度地减小泥浆回注体积；

（5）泥浆的颗粒携带能力取决于研磨泵、振动筛等设备的性能，在满足悬浮和回注的需要情况下，常控制粒径在100～300μm。

4. 泥浆回注

为了回注泥浆，进行了固废的研磨和泥浆化（稠化）等预处理。完成预处理的泥浆储存在储槽中等待回注，储槽中安装有搅拌设备，同时还可以引入调节水以便最终控制泥浆质量。推荐采用分批间歇回注的工艺回注泥浆，每批次回注2～3m³含汞固废，这些固废可以配制成4.77～6.36m³密度为1078.47～1198.3kg/m³的泥浆[82]。每回注完一批泥浆后，要泵送7.95m³水冲洗回注井，以便清洁井眼，同时能将固废推向井眼附近地层。

典型的井口回注过程如图7-22所示。回注井口由表层套管、内套管及回注管三层套管组成。表层套管位于井口最外侧，由钢管组成，部分或完全包裹在水泥中。其从水平面向下延伸至地下饮用水源的底部以下，以防止污染饮用水源。内套管位于中间，为注入区的泥浆和上层岩层构造提供密封保护，其同样由钢管组成，水泥包裹，延伸至回注区域。为防止回注区的泥浆从注入区上方的地层返回地表，该套管用水泥进行填充。回注管位于井口最内侧，回注泥浆经此管直接注入回注区，或经过回注管底部的射孔注入回注区。内套管和回注管之间的空间称为环空，内充满惰性加压流体，并在底部由可移动的封隔器密封，防止注入的泥浆倒流。

泥浆回注之前，需要在压裂梯度超过17.1kPa/m（砂岩地层的压裂梯度）的情况下对回注井进行地层完整性测试。在17.1kPa/m或更高的应力梯度下，砂岩地层一定要比页岩地层先被压裂，地层压裂的差异为回注泥浆提供了储存空间。这种高于砂岩而低于页岩的压裂梯度可以预防向砂岩回注诱发的裂缝延伸至页岩，或者穿过页岩。

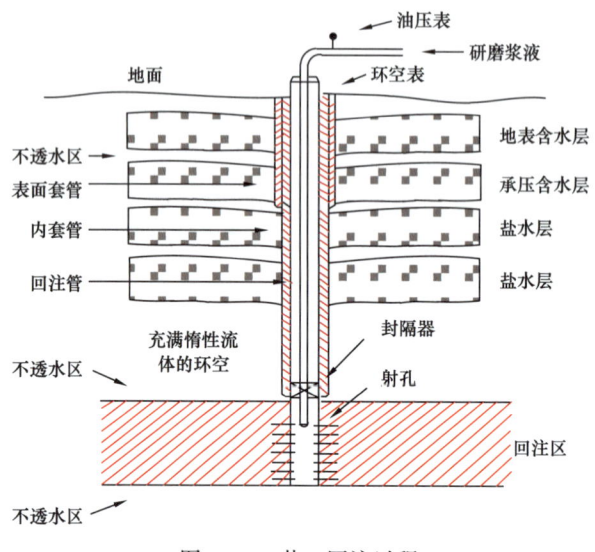

图7-22 井口回注过程

回注期间，要随时关注井眼的压力响应。在整个回注期间，监控井口压力，确保压裂梯度不超过17.1kPa/m。回注井对回注的压力响应可以描述为两种模型[82]：

（1）低，恒定面积的井口回注压力响应（6.21～7.58MPa）暗示地层天然裂缝的被打开，泥浆回注顺利进行；

（2）高，回注时突然增加的压力响应（大于7.58MPa）暗示地层自身有显著改变或回注管道被堵塞，不能继续进行泥浆回注。

当井眼的压力响应为"高"时，建议立即停止回注，查明原因并解决后方可重新进行含汞泥浆的回注操作。

深井回注工艺可以将固废注到含水层以下，这样能够减小含汞固废带来的风险。如若允许，在低于岩石破裂压力的情况下，回注可诱导地层水力压裂或者直接注入高渗透性区域。在这两种情况下，含汞泥浆都被限制在回注井内部的裂缝中或处置层位中，实现含汞泥浆的安全处置。在低于砂岩压裂梯度的压力下回注，进一步减小了汞泄漏到地表的风险。处置单元将处理过的污染残渣/固废注入盖层岩石结构内部的孤立的枯竭层。固废颗粒被限制在处置层位的基岩骨架中，低压的持续存在证实了处置层位和目标层位的孤立性。

深井回注工艺可以处理含各种形态汞（单质汞、离子汞、有机汞）的固废且处理量大，不需要对固废进行浓缩处理，可直接回注，就地处理。并且处理彻底，回注地层深，无二次污染，利于固废的无害化处理，为固废处理提供了新途径。但对回注井的要求很高，回注井要求为完全废弃的、有很好机械完整性的、地质孤立的、且最好在地理上也是孤立的处置井[82]。回注设备在回注过程中损坏严重。注入工作的前期准备复杂，需要查看现场状况、评估注入地层的可用性和适用性、优化注入速率、了解枯竭气井的机械状况、评估风险、考虑固废处理和运输等问题。

二、注入井要求

采用深井回注工艺对含汞固废进行处理时，需要注意合理选择回注井，回注井的选择关系到回注工艺的成败。合理的回注井，不但能够容纳预期的大量的含汞泥浆，还能确保这些有害物质永远被密封在特定地层空间中。回注井选择不合理会使污泥处理量减小、可能产生二次污染、并且可能影响周围油气井的产量。同样应合理调剖回注污泥，控制液固比例、回注污泥特性（稳定性、流变性等）、优选加药种类及加剂量等。

选择回注井时，主要考虑回注井的吸收能力、注射容量、是否需要再次完井、回注井与加工固废储存区的距离四个方面。回注井应满足以下条件[83]：

（1）必须获得有关政府部门的批准，方可用来处置含汞固废；
（2）应该是油气枯竭的废井，密封性能好，地理上和地质上都相对孤立，最好在油气田内部寻找；
（3）与含汞固废储存区的距离不宜过远，应具有较强的泥浆吸收能力；
（4）泥浆容量要大，不需要再次完井；
（5）回注工艺要求回注井为完全废弃的、有很好机械完整性的、地质孤立的且最好在理地上也是孤立的处置井。

三、工程实例

从 1989 年开始，Unocal 公司泰国分公司就已经开始对含汞固废的处理进行室内研究并得到了一种含汞污泥处置工艺，并将该工艺应用到泰国湾气田中。在 1995 年，通过深井回注处置了大约 240m^3 含汞污泥，在 2001 年 9—10 月间将 265m^3 含汞污泥泥浆化，随后采用深井回注到泰国废弃的 Baanpot Alpha 08（BAWA-08）和 Baanpot Alpha 09（BAWA-09）气井中。其含汞污泥中含有元素汞 0.3%～4.5%（质量分数），石油烃类：10%～30%，水：10%～30%，固体 60%～70%。泰国湾含汞污泥深井回注流程图如图 7-23 所示[82]。

注入过程应用固体注入和水力压裂原理，首先将含汞污泥经研磨泵粉碎研磨成足以形成乳状悬浮液装置的小颗粒，向这些固体残渣中加入海水、增黏剂和表面活性剂等并搅拌混合，使固体物质和悬浮液的比为 1∶6。这些悬浮液由泵注入海底的与其他气藏没有连通的贫气井所在的地层里。因此，这些处理过的含汞残渣不能向上回到地表面，也不能进入地下水域[84]。Unocal 公司推荐颗粒粒径为 100～300μm，使回注污泥固体含量维持在 30% 以上。该工艺在操作时采用泥浆分批注入方式，每批 5～7m^3 制备好的含汞污泥泥浆。每批次泥浆注入完成后，泵送 8m^3 清洗水对井眼进行清洗。

此外，委内瑞拉的 Pedernales 区域（海洋钻采区），在 5 年内将 414×10$^4m^3$ 钻采流体（固体含量：12%～20%，Hg：0～0.06mg/L，矿物油：2～7mg/L）回注，充分保护了当地海域和周围环境[85]。

深井回注工艺在油气田拥有适当枯竭油气井/注水井的前提下，可以适用于含各种形态汞的污泥，不受固废中汞含量的限制，并且处理量大。目前，国内还没有油气田采用深井回注工艺对含汞污泥进行处理，但胜利油田（临盘采油厂、临南油田）、大庆油田、中原油田（采油二厂）、河南油田（双河油田 438）等已对含油污泥进行调剖回注并取得良好的成果。

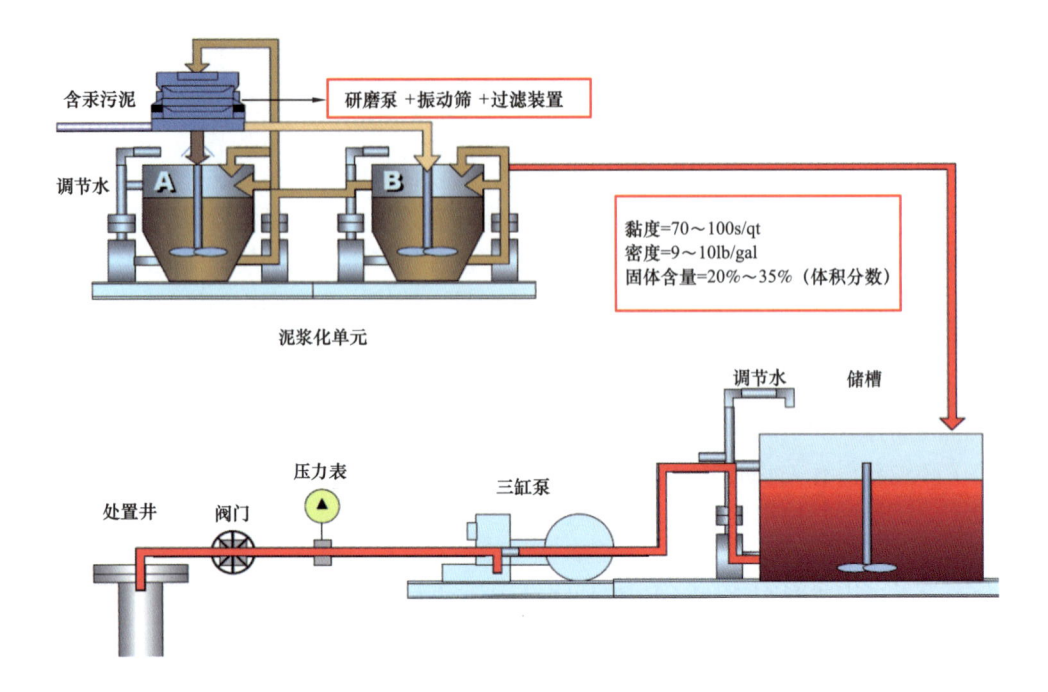

图 7-23　泰国湾含汞污泥深井回注工艺流程图

第六节　其他处理工艺

除上述工艺外，国外对含汞固废处理还开发出了多种工艺，其中具有代表性的有化学浸出工艺、玻璃化工艺、生物处理工艺、电解处理等。生物处理技术具有绿色环保的优势，目前已在实验室规模取得成功应用，成为未来含汞固废处理的一种趋势。

一、化学浸出工艺

化学浸出工艺是基于汞的反应特性，利用化学浸提液与含汞固废充分接触，产生可溶形式的离子汞，使其中的汞及其化合物溶解在浸提液中，通过相分离将汞从固废中分离出来的过程。分离出来的含汞浸提液需做进一步处理（如沉淀、离子交换、吸附等），以脱除其中的汞，产生的残渣进行固化/稳定化处理后进行填埋。含汞固废的化学浸出过程常采用氧化性酸（如硝酸、次氯酸、硫酸等）作为浸提液，因此也称为酸浸（以下统称酸浸）。其处理过程包括化学浸出、化学沉淀等，其流程框图如图 7-24 所示。

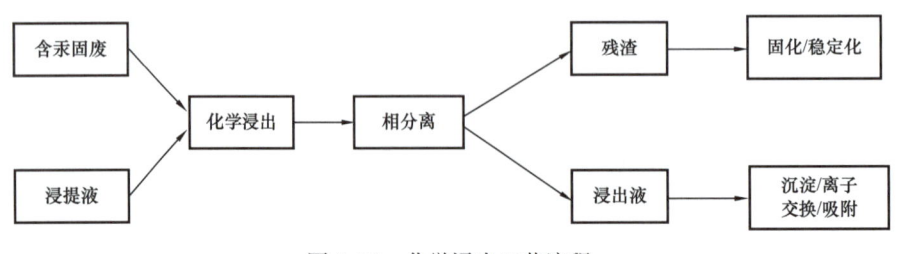

图 7-24　化学浸出工艺流程

含汞固废首先被筛选脱除粗糙固体，然后将酸加入浸出单元。固废中汞的浓度、种类等决定在浸出单元中的停留时间，通常为 10~40min。固液两相采用水力旋流器进行分离，固相被送入冲洗系统，冲洗掉夹带的酸和污染物。然后固体进行脱水处理并与石灰等混合，中和掉残余的酸。在酸性浸出液和冲洗水中加入商业沉淀剂（如氢氧化钠、石灰或其他专业配方）以及絮凝剂来脱除其中的汞[86]。沉淀下来的固体需要进一步处理，如果浸出液汞浓度小于 0.25mg/L，则可以填埋处理。在沉淀过程中单质汞可以从液相中回收[87]。该工艺具有以下特点：

（1）酸浸最常用于从无机介质中去除汞。对于含汞固废，必须制备含水浆液以确保酸与固废充分接触；

（2）从含水介质中除去汞可以使用一次或多次酸洗；

（3）浸出溶液的 pH 值通常为 2~3，特别是当汞以硫化物的形式存在时。

影响化学浸出过程的固废特性包括固体颗粒大小、被处理固废的中和能力、固废中危险金属成分的化学形式类型、固体和酸之间的接触时间、所用酸的种类、pH 值、所使用的接触器类型以及油脂含量，酸浸过程应用情况见表 7-23。

表 7-23 酸浸过程应用情况

固废来源	固废类型	处理规模 t/d	初始汞浓度 mg/kg	最终汞浓度 mg/kg	浸出液汞浓度 mg/L
氯碱厂[88-90]	污泥	1.5	60000	150	<0.025
氯碱厂[88,90]	污泥	—	110000	220	<0.025
氯碱厂[88,90]	污泥	—	55000	50	<0.025

酸浸适用于从无机含汞固废基质中除去无机形式的汞。其优点在于它能将汞从固废中分离出来，进而降低需要处理的固废体积。单质汞在酸性介质中基本不反应，因此，单独的酸浸过程通常不会使单质汞与固废分离，必须采用两种替代的处理方法从固废中去除单质汞，即氧化预处理或氧化酸浸出。氧化浸出更适合于处理含单质汞和有机汞的固废，氧化剂的选择取决于其将汞充分转化为可溶形式的能力。酸浸过程中产生的含汞残渣需要进一步处理，如中和、沉淀或汞齐化。

二、玻璃化工艺

含汞固废玻璃化工艺是指在高温下熔融含汞固废与玻璃熔融材料的混合物，从而形成玻璃固化体的过程。该过程通常需要大量的能量来达到玻璃熔融温度，产生的尾气需要进一步处理。该工艺在全试和中试试验中得到实施，最终产生的玻璃固化体具有耐化学腐蚀和抗浸出的特点。但当含汞固废中汞浓度太高，有机物含量高于 7%~10% 时，该工艺将受到限制，适用于处理含汞土壤及沉积物。

玻璃化工艺主要包括熔融单元、水冷单元和废气处理单元，典型的玻璃化处理工艺流程如图 7-25 所示。含汞固废与熔融材料在高温熔融炉中混合熔融，熔融炉内衬有抗化学和物理磨损，熔点高并高度绝缘的耐火材料，熔融炉的热量通常来自化石燃料的燃烧或电能。随后充分熔融的混合物经过水冷系统冷却凝结，最终形成玻璃固化体。此过程中产生的废气通过废气处理系统处理达标后外排。根据熔融工艺的不同，含汞固废玻璃化工艺分为玻璃窖炉技术（GFT）和等离子炉工艺。

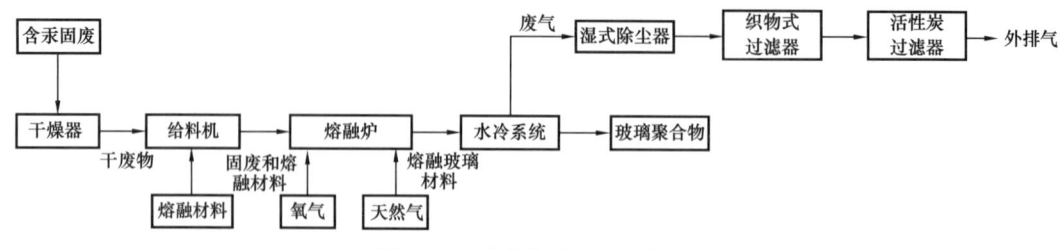

图 7-25 玻璃化处理工艺流程

1. 玻璃窖炉技术

由 Minergy Corporation 研发的专利玻璃窖炉技术（GFT）[91]使用干燥剂使进料含汞固废的含水率低于 10%。干燥后的进料与熔融材料混合，以控制熔化温度并改善玻璃化产物的物理性能。混合后的物料被送至熔炉内，氧气和天然气在炉内燃烧，将其内部温度升至 1600℃，多氯联苯和有机污染物在这个温度下被破坏或挥发。含汞固废被封装在一个玻璃基中，玻璃基以熔融玻璃的形式流出熔炉。熔融材料在水急冷系统中迅速冷却，形成玻璃固化体。过程中产生的废气进入尾气处理系统，该系统由湿式洗涤器、织物过滤器和活性炭过滤器组成。湿式洗涤器去除掉二氧化硫和氯化氢，织物式过滤器滤掉颗粒物质（灰尘），活性炭过滤器过滤掉汞。

2. 等离子炉工艺

等离子炉工艺采用电弧来熔化含汞固废中的不燃物和无机材料，并使有机材料挥发和氧化。随后熔融混合物在水急冷系统中冷却，形成玻璃固化体。部分有机物质被燃烧和热解后送至二次燃烧室完全燃烧，从二次燃烧室出来的废气在蒸发冷却器内骤冷至 204℃ 后依次进入袋式除尘器、活性炭过滤器和高效微粒空气过滤器组。袋式除尘器除掉较大的颗粒，活性炭过滤器用于除去挥发出来的汞，高效微粒空气过滤器组用于除去较细小的颗粒，待达标后外排。在该工艺的运用过程中需注意以下几点：

（1）固废含水量大于 25% 时，处理前需要进行脱水处理；

（2）如果没有足够的玻璃形成原料（SiO_2 质量含量大于 30%）和复合碱（Na 和 K 的质量含量总和大于 1.4%），玻璃化产物的耐久性较差；

（3）有机物含量较高可能导致熔融时过热而损坏处理设备。

氯化物、氟化物、硫化物和硫酸盐的存在可能会干扰玻璃化工艺，导致汞在玻璃化产物中的高迁出率，将砂等熔渣形成材料加入工艺中可用于弥补氯化物、氟化物、硫化物和硫酸盐的存在带来的不利因素。当氯化物质量含量超过 0.5% 时，系统将关闭烟道并排入尾气。当氯化物被过度浓缩时，碱盐、碱土和重金属可能会沉积在废气处理得到的固体残留物中，玻璃化工艺应用情况见表 7-24。

在玻璃化过程中，固废中的有机成分燃烧会释放热量，从而减少外部供热的需求。因此，该工艺在处理含有汞和有机污染物合成物的固废或有机汞化合物时更为有优势。但有机物和水的含量太高，可能因有机组分的挥发、燃烧和水变为水蒸气而导致废气量过大，从而损坏排气系统的控制功能。在某些情况下，玻璃化产物可得到重复使用和销售。

表 7-24 玻璃化工艺应用情况

固废来源	固废类型	处理规模	初始汞浓度 μg/kg	最终汞浓度 μg/kg	浸出液汞浓度 μg/L
农业化学品的制造，配制和包装[92]	土壤和沉积物	2294m³	2220～4760	<40	0.2～0.23
河流沉积物[93]	沉积物	12.25t	<0.001	<0.0025	<0.0000002

三、生物处理工艺

含汞固废的生物处理工艺指利用动物、微生物或植物的新陈代谢活动，将固废中的汞转换为毒性较小的形态或将其中的汞浓缩使其便于处理，降低其移动性和毒性。适合于汞污染土壤和污泥的修复处理。

1. 工艺原理

植物修复技术是指将植物种植在含重金属的土壤或污泥中，通过植物的吸收、转化和固定等生物作用将重金属从土壤或污泥中去除。根据修复不同的修复机理，可将植物修复分为植物提取、植物固定和植物挥发。植物固定是指利用植物根系活动降低重金属的生物可利用性，使其吸附或积累在植物根系表面。植物提取是通过栽种一些对汞具有强吸收能力的植物，利用其吸收作用将土壤或污泥中的有害物质转移到植物的地面部分。植物挥发利用植物将汞吸收到体内后转化为气态挥发到大气中，但释放出的汞蒸气有可能会引起二次污染[94]。

生物处理技术除了采用植物对含汞污泥进行修复外，还可利用微生物来降低含汞污泥的危害性，即利用自然界或人工筛选的微生物的代谢活动，如吸附、沉淀、氧化/还原污泥中的汞及其化合物，从而起到降低污染污泥中重金属毒性的作用[95]。微生物修复包括吸附和挥发。挥发是指利用微生物将污泥中的 Hg 转化成具有挥发性的 Hg^0，Hg^0 会随后挥发至大气中。式（7-3）至式（7-5）总结了微生物对汞的转化[96]（一些情况下，非生化反应也存在）：

$$Hg(Ⅱ) \longrightarrow Hg^0 \uparrow \quad (7-3)$$

$$CH_3Hg \xrightarrow{\text{有机汞裂解酶}} Hg(Ⅱ) \xrightarrow{\text{汞还原酶}} Hg^0 \uparrow \quad (7-4)$$

$$Hg(Ⅱ) \xrightarrow{\text{硫酸盐还原菌}} CH_3Hg^+ \quad (7-5)$$

2. 工艺特点

生物处理工艺通常只适合于污染程度较轻或中等的含汞土壤或污泥的处理，且污泥中若含有较多的生物可利用态的汞，该工艺的处理效果会更好。所选植物和微生物的种类是决定生物修复成功与否的关键因素，该处理过程还会受到汞含量、黏土、腐殖质含量、

pH值和生化活动等因素的影响[97]。

生物处理工艺针对含汞污泥的处理还处于研发阶段，很难系统概括优、缺点。目前生物处理工艺表现出了以下缺点：

（1）植物、微生物针对性很强。气田含汞污泥成分复杂，往往是多种有害物质的混合污染物，但是同一种植物或微生物只能处理某一种重金属，而且生物修复时可能会影响其他重金属的活性[98]。

（2）可用于吸收汞的合适的植物或微生物种类是有限的。汞不属于植物或微生物的微量营养元素，所以到目前为止没有多少合适的植物或微生物。为了解决这个问题，已使用转基因技术来提高植物的耐汞性，但它们的环境安全性尚处于争议阶段[99]。

（3）植物挥发中释放的汞蒸气可能会产生二次污染，所以处理过程中要妥善处置植物挥发产生的有害气体。

（4）植物生长缓慢，修复周期很漫长，不能满足快速修复污染土壤或污泥的要求。

生物处理技术因其环保的独特性，在未来含汞固废处理中显示出了巨大的潜力。目前，生物处理工艺还未用于处理气田含汞固废，但其他行业的含汞污水生物处理已获得成功，并具有商业应用的潜力。生物方法仍在不断的被开发中，对于含汞固废的处理，该工艺仍需进行大量的研究。

四、电解处理

电解处理是指通过外加合适的电流，把含汞固废中的汞及其化合物电解成离子态，再将其沉淀析出固废基质的过程。电解处理已用于含汞土壤的修复[99]，为了处理效果更好，电解处理工艺常与化学浸出工艺共同使用。在电解之前，先对含汞固废进行化学浸出，然后用电解法去除浸提液中溶解的汞化合物。为了获得最大的效率，电解处理工艺最好用于含固体物质少于3%～5%的含汞固废，如含水率大于90%的污泥等。

电解处理含汞固废时，首先将储罐中的含汞固废含水率调节至90%，并用增力电动搅拌机搅拌一段时间，使固废和水均匀混合。随后用电渗析阳离子膜将阴极区域与阳极区域隔开，将储罐中预处理后的含汞固废倒入电解装置的阳极区，阴极区为一定浓度的NaCl溶液，搅拌器和阳极板位于阳极区中心位置。安装好电解装置后，在增力电动搅拌机搅拌下电解一段时间。在电解和搅拌的作用下，阳极区电解水产生H^+来酸化含汞固废，使固废中不可溶的汞及其化合物缓慢溶出。在有螯合或络合剂的情况下发生螯合或络合作用，溶解出的汞离子在外加电流的作用下由阳极区穿过阳离子膜到达阴极区，并与阴极电解水产生的OH^-结合形成沉淀沉积下来。电解结束后，过滤电解装置阴极区溶液，得到氢氧化汞沉淀。最后对沉积物中的汞进行回收。阴极区过滤后的NaCl溶液可循环利用。该过程产生的废液送入污水处理装置进行处理。

在最近的一项研究中，研究人员通过构建Hg—S—I体系的pE—pH图确定浸提液的有效热力学条件，在实验规模的电解池里研究了I_2/I^-浸提液对硫化氢（HgS）污染土壤的电动力修复作用[100]。实验结果表明，决定该过程效率的关键问题是I_2和I_3^-对还原汞的氧化以及由此产生的HgI_4^{2-}络合物的转移。目前，此方法还存在较多的局限性，因此并未得到大规模应用。

第七节　含汞固废处理工艺选用及管理

通过对各种来源的含汞固废研究，针对不同特性的含汞固废应采取有针对性的处理处置方法，以期在最小成本投入的基础上实现含汞固废的无害化。同时，应结合含汞固废的特性进行不同于一般固废的特殊管理，以危险废物的方式对其进行收集、储存与运输。

一、处理工艺的选用

不同含汞固废处理工艺均有各自的优缺点。热处理工艺虽能彻底清除含汞固废中的汞，但其处理成本较高。固化/稳定化工艺虽操作简单，且固化材料廉价易得，但其并不会减少固废中的汞含量。深井回注处理量大且使用范围广，但前提是必须找到适合的地质条件隔离的回注井，因此在对含汞固废处理工艺选用时应综合考虑各种因素，针对性地提出合适的解决方案。含汞固废各处理工艺特点对比见表 7-25。

表 7-25　含汞固废各处理工艺特点对比

工艺	原理	限值因素	适用性	二次污染	处理周期
热处理	通过热解吸或真空干馏方式将汞蒸出后冷凝收集	需要特殊设备和预处理过程，建设成本高，技术复杂	国外应用较多，适应性强，适合于汞污染严重的固废	预处理的废水	较短
固化/稳定化	用物理和化学方法减少固废中汞及其化合物的溶解性、移动性和有毒性	增大固废体积；有机物的存在会影响效果；需要长期监测；存在二次污染的风险	已有大规模试验，适用于低含汞固废	无	较短
深井回注	将含汞固废泥浆化，然后将其回注到枯竭的油气井的适当地层中	永久地将汞储藏在地层中，与环境隔绝	对回注井要求高，适合于处理大量固废	无	较短
生物处理	生物促进作用，将毒性较强的 Hg^{2+} 转化为毒性较弱的物质	需要更多的试验研究来评估其效果；处理时间长；针对性强	应用条件苛刻，适合于污染轻的固废	受污染的植物，植物或微生物蒸发出的汞	较长
电化学处理	通过电迁移、电渗透原理使污染物在直流电场的作用下进行定向迁移	能耗较高；处理过程中会引起固废或土壤酸化	适用于处理含有机物和重金属的土壤或固废	无	较短
玻璃化	将污染物凝结为玻璃状或玻璃—陶瓷状的终产物使污染物固化的高温处理方法	消耗可能较大，需要专业设备；处理前需脱水；缺少形成玻璃的原料	处理汞含量低、固废深度不超过 6m 的区块；不适合于有机物含量大于 7%～10% 的固废	无	较短

根据含汞固废处理工艺特点、国外气田含汞固废处理工程实例、固废产量及特性（汞含量）和经济成本等，对不同类型的含汞固废，建议采用以下方案。

1. 固废汞含量高

含汞固废汞含量高（>260mg/kg），固废产量大，有可用的枯竭回注油气井时，优先选用深井回注工艺；没有可用的枯竭回注油气井时，建议选用热处理工艺。

含汞固废汞含量高（>260mg/kg），固废产量小，推荐对固废减量化处理后交由第三方回收单位处理。产量小的固废采用热处理工艺不经济；采用固废回注工艺需要建设存储区进行储存，定期分批注入。

2. 固废汞含量低

含汞固废汞含量低（≤260mg/kg），固废产量大，当气田有可用的枯竭回注油气井时，优先采用深井回注工艺；当气田没有可用的枯竭回注油气井时，建议采用固化/稳定化—填埋工艺。

固废含汞量低（≤260mg/kg），固废产量小，建议采用固化/稳定化—填埋工艺。

二、含汞固废管理

含汞固废具有极大的危险性，自产出后对环境及人体就存在一定的安全隐患，因此需对其采取合理的措施进行管理。含汞固废的管理主要包含收集、运输与储存三方面内容，其都是后续处理必不可少的环节。收集与储存过程应以《中华人民共和国固体废物污染环境防治法》（2016修正版）第四章，对危险废物污染环境防治的特别规定及 HJ 2025—2012《危险废物收集、贮存、运输技术规范》为依据，进行操作。收集与储存的固废可根据实际情况，综合考虑，选择就地建厂处理或是经预处理后交由第三方处理。

1. 含汞固废的收集

含汞固废的收集是指将分散在不同地方的含汞固废，通过合理的方法收集起来以进一步处理或处置。其收集过程包括两个方面：一是在含汞固废的产生节点将其集中到适当的包装容器中或运输车辆上的活动；二是将已包装或装到运输车辆上的含汞固废集中到临时储存设施。

含汞固废的收集应根据含汞固废产生的工艺特征、排放周期、含汞固废特性、固废管理计划等因素制订收集计划。收集计划应包括收集任务概述、收集目标及原则、含汞固废特性评估、收集量估算、收集作业范围和方法、收集设备与包装容器、安全生产与个人防护、工程防护与事故应急、进度安排与组织管理等。收集过程应制订详细的操作规程，包括适用范围、操作程序和方法、专用设备和工具、转移和交接、安全保障和应急防护等。一切准备完毕后可开始收集工作。

气田处理厂需进行收集作业的含汞固废主要包括污水处理产生的污泥、天然气和凝析油脱汞产生的失效脱汞剂、处理厂检修和清汞过程产生的固体废弃物、被汞腐蚀的设备构件以及相关个人防护用具等。具体收集过程可按以下方法进行收集：

（1）污水处理产生的含汞污泥，应通过密闭输送管道将污泥泵送至污泥收集罐。含汞污泥收集罐应密闭设计，预留尾气收集口，便于将尾气收集并输送至尾气处理单元。并且收集罐应做好防腐蚀工作，禁用铝合金等材料，宜用 316L 或双相不锈钢等材质。经减量化后的污泥，若需交由有资质的第三方处理，则在减量化后，对减量化设备排出的污泥，采用全自动包装机进行打包处理，并使用双层包装。包装容器适合采用高密度聚乙烯、聚丙烯、聚氯乙烯、聚四氟乙烯、不锈钢［M03Ti（GB）］的容器或衬垫的材料，贮存容器的具体要求应符合 GB 18597 和 GB 12464 相关要求。

（2）天然气、凝析油脱汞产生的失效脱汞剂存在于脱汞塔中，要对其进行收集，应首先关停脱汞塔，切断进料，使脱汞塔中的压力降为常压。再用氮气吹扫脱汞塔内部，直到出口气体中烃含量低于 0.2%，吹扫时间约 6h。最后打开脱汞塔顶部的人孔，同时，维持低流量的氮气吹扫，用真空设备将塔中的失效脱汞剂吸入到事先准备好的储存桶中。此过程中，操作人员应做好防腐措施，避免直接接触失效脱汞剂。卸载完成后立即对桶进行密封，并运输至临时储存点，等待进一步处理。

（3）检修过程中产生的碎片、小物件等应密封在塑料袋中，并转移到贴有"危险废物"的封闭储存容器中待进一步处理。被汞污染的管线及设备（或零件）在进行收集作业前应先处理积液，再用水蒸气吹扫，随后喷洒化学抑制剂去污，较长的废弃管线应切割相同长度方便储存及运输。切割过程中，作业人员应注意安全防护。

（4）被汞污染的个人防护装备在净化后应贮存进入固废储存桶。污染的 PPE 用塑料薄膜或塑料垃圾袋或者滚筒衬板封装包裹，送至储存区。

收集含汞固废的操作人员应经过专业培训，严格遵守操作规程。在收集作业时，操作人员应根据工作需要配备必要的个人防护装备，如橡胶手套、防护镜、防护面具和口罩等。收集作业时应配备必要的收集工具和包装物，以及必要的应急监测设备及应急装备。收集过程应参照标准记录表进行记录，并将记录表作为含汞固废储存、管理的重要档案妥善保存。收集结束后应清理和恢复收集作业区域，确保作业区域环境整洁安全。收集过含汞固废的容器、设备、设施、场所及其他物品转作他用时，应消除污染，确保其使用安全。

2. 含汞固废的贮存

含汞固废的贮存是指含汞固废无害化处理或最终处置前的存放行为。气田处理厂应为收集的含汞固废设置专用的贮存库区，为其提供临时贮存场所，待进一步处理或转运处置。含汞固废贮存库区应依据 GB 18597—2001《危险废物贮存污染控制标准》和 GBZ 1—2002《工业企业设计卫生标准》的相关规定，进行选址、设计、建设及运营管理。

含汞固废贮存区域的设置，应根据环境影响评价结论确定其集中贮存设施的位置及与周围人群的距离，并设置防雨、防火装置。贮存设施周围设置围墙或其他防护栅栏，配备通信设备、照明设施、安全防护服装及工具，并设有紧急防护设施。贮存区域内存放地点的地面应采用防渗材料，如混凝土或钢材，混凝土应该涂上耐用的环氧树脂。贮存区域外部的显眼区域应设置警告标志并贴上废物贮存场地的标签。

对于每种类型的含汞固废，应使用独立的贮存区域。贮存室、贮存容器的位置和保存条件应尽量减少挥发，并且贮存区域应具有良好的通风性。贮存容器应使用硬塑料或钢制金属制成且有较好的密封性。如采用桶装含汞固废时，使用聚乙烯薄膜覆盖固废并使用相应的气密盖保持贮存装置的密封性，固废储存桶如图 7-26 所示。贮存容器上应贴上危险废物标签,标明桶中物质及风险性质,危险废物标签如图7-27所示。在装载或贮存过程中,若贮存桶中含汞固废溢出或泄漏,应在桶的周围喷洒汞化学抑制剂并监控汞蒸气含量。待重新收集完毕后,喷洒去污剂化学品进行清理。

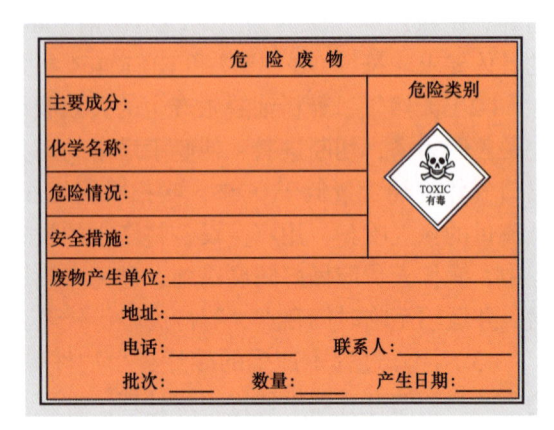

图 7-26　固物储存桶　　　　　　　　图 7-27　危险废物标签

贮存区域的含汞固废达到一定存放量时或存放区域已基本饱和时,可送处理设施进行处理或委托有资质的第三方机构回收处置。含汞固废的贮存期限应符合《中华人民共和国固体废物污染环境防治法》的有关规定,不得超过1年。贮存库区中应尽量减少固废的流动,以避免泄漏或人员伤害的风险。贮存库区应设立监管机构,对进出库区的含汞固废进行监管,并对库区应进行例行检查。检查内容包括是否有泄漏,容器材料退化,故意破坏,火警报警和灭火系统的完整性以及一般状况,并对出现的状况进行迅速处理。

3. 含汞固废的转移和运输

含汞固废的运输是含汞固废自产生到处置的中间环节,也是必不可少的环节。含汞固废的运输应由持有含汞固废经营许可证的单位按照其许可证的经营范围组织实施,承担含汞固废运输的单位应获得交通运输部门颁发的危险货物运输资质。含汞固废采取的主要运输方式有公路、铁路、水路运输,每种运输方式都应满足其对应的运输规定与条例,含汞固废运输管理规定见表7-26。

表 7-26　含汞固废运输管理规定

运输方式	规定
公路	《道路危险货物运输管理规定》(交通部令〔2005〕第9号)、JT 617以及JT 618
铁路	《铁路危险货物运输管理规则》(铁运〔2006〕79号)
水路	《水路危险货物运输规则》(交通部令〔1996〕第10号)

通常公路运输是含汞固废的主要运输方式,载重汽车的装卸作业和运输过程中的事故是造成含汞固废污染环境的重要环节。为保证含汞固废的安全运输,需要按以下要求进行:

(1)含汞固废的运输包装应结构合理,有足够的强度、防护性能好。

(2)转移含汞固废的,必须按照国家有关规定填写含汞固废转移联单,并向含汞固移出地设区的市级以上地方人民政府环境保护行政主管部门提出申请。

（3）危废内部转运时应走确定转运路线，尽量避开办公区和生活区；填写《含汞固废厂内转运记录表》，见表7-27；转运结束后，应对转运路线进行检查和清理，确保无含汞固废遗失在转运路线上，并对转运工具进行清洗。

（4）含汞固废的运输车辆必须经过主管单位检查，并持有相关单位签发的许可证，负责运输的司机应通过培训，持有证明文件。

（5）载有含汞固废的车辆须有明显的标志或适当的危险符号，以引起关注。

（6）载有含汞固废的车辆在公路上行驶时，需持有许可证，其上应注明废物来源、性质和运往地点；必要时需有单位人员负责押运工作。

（7）组织和负责运输含汞固废的单位，应事先做出周密的运输计划和行驶路线，其中包括有限的废物泄露情况下的应急措施。

（8）为保证运输、转移含汞固废的安全无误，应严格执行《危险废物转移联单管理办法》的相关规定。

（9）含汞固废运输应编制应急预案，应急预案可参照《危险废物经营单位编制应急预案指南》，一旦发生风险应：设立事故警戒线、疏散人群，请求环境保护、消防、医疗、公安等相关部门支援。

表7-27　含汞固废厂内转运记录表

企业名称			
危险废物种类		危险废物名称	
危险废物数量		危险废物形态	
产生地点		收集日期	
包装形式		包装数量	
转移批次		转移日期	
转移人		接收人	
责任主体			
通信地址			
联系电话		邮政编码	

参 考 文 献

[1] 程洁红. 重金属污泥处理技术与管理 [M]. 北京：化学工业出版社，2016.

[2] LEOPOLD K, FOULKES M, WORSFOLD P. Methods for the determination and speciation of mercury in natural waters—a review. [J]. Analytica Chimica Acta., 2010, 663 (2): 127.

[3] 宋跃群. 浅析环评中重金属第一类污染物源强计算——以电镀企业为例 [J]. 环境科学与管理. 2013, 38 (2): 177-180.

[4] BAYER B K M. Proceedings of the international recycling congress [Z]. Berlin：1987314-318.

[5] OTTO M, BAJPAI S. Treatment technologies for mercury in soil, waste, and water [J]. Remediation Journal., 2010, 18 (1): 21-28.

[6] DOE. The SepradyneTM-Raduce system for recovery of mercury from mixed waste [R]. U.S. Department of Energy office of Environment Management and office of Science and Technology, 2002.

[7] 杨慧芬. 固体废物处理技术及工程应用 [M]. 北京: 机械工业出版社, 2003.

[8] ECON INDUSTRIES.VacuDry® Working principles learn more about the vacuum distillation process [EB/OL]. [2017-10-7]. http://www.econindustries.com.

[9] LEE W R, EOM Y, LEE T G. Mercury recovery from mercury-containing wastes using a vacuum thermal desorption system [J]. Waste Management, 2016, 60: 546.

[10] U.S. EPA. Treatment technologies for site cleanup: Annual status report [R]. U.S.Environmental Protection Agency, 2004.

[11] 张新艳, 王起超. 含汞有害固体废弃物的固化/稳定化技术研究进展 [J]. 环境科学与技术, 2009, 32 (9): 110-115.

[12] NUTAVOOT P. Initiatives on Mercury [J]. Spe Production & Facilities, 1999, 14 (1): 17-20.

[13] 高鹏, 郭东华, 张伟. 临南油田污泥浆回注处理研究 [J]. 油气田环境保护, 2005 (01): 24-25.

[14] HULET G A, MAIO V C, MORRIS M I, et al. Demonstrations to support change to the >260 ppm mercury treatment regulations [R]. Office of Scientific & Technical Information Technical Reports, 2001.

[15] ZHUANG J M, LO T, WALSH T, et al. Stabilization of high mercury contaminated brine purification sludge [J]. Journal of Hazardous Materials, 2004, 113 (1-3): 157.

[16] ZHANG J, BISHOP P L. Stabilization/solidification (S/S) of mercury-containing wastes using reactivated carbon and Portland cement [J]. Journal of Hazardous Materials. 2002, 92 (2): 199-212.

[17] WAGH A S, SINGH D, JEONG S Y, et al. Mercury stabilization in chemically bonded phosphate ceramics [J]. Ceramic Transactions, 1998, 87 (3): 63-73.

[18] DOE. Stabilization using phosphate bonded ceramics [R]. Department of Energy office of Environment Management and office of Science and Technology, 1999.

[19] FUHRMANN M, MELAMED D, KALB P D, et al. Sulfur polymer solidification/stabilization of elemental mercury waste 1 [J]. Waste Management. 2002, 22 (3): 327.

[20] SMITH W J, FEIZOLLAHI F, BRIMLEY R. Stabilization of a mixed waste sludge surrogate containing more than 260 ppm mercury [R]. Office of Scientific & Technical Information Technical Reports, 2002.

[21] SUTTON W F, WEYAND T E, KOSHINSKI C J. Recovery and removal of mercury from mixed wastes. Final report, September 1994—June 1995 [R]. Office of Scientific & Technical Information Technical Reports, 1995.

[22] COATES J D, WOODWARD J, ALLEN J, et al. Anaerobic degradation of polycyclic aromatic hydrocarbons and alkanes in petroleum-contaminated marine harbor sediments [J]. Applied & Environmental Microbiology, 1997, 63 (9): 3589.

[23] RABUS R, KUBE M, HEIDER J, et al. The genome sequence of an anaerobic aromatic-degrading denitrifying bacterium, strain EbN1 [J]. Archives of Microbiology, 2005, 183 (1): 27.

[24] CHEN S, WILSON D B. Genetic engineering of bacteria and their potential for Hg^{2+} bioremediation [J]. Biodegradation, 1997, 8 (2): 97-103.

[25] HEATON A C P, RUGH C L, WANG N J, et al. Phytoremediation of mercury-and methylmercury-polluted soils using genetically engineered plants [J]. Journal of Soil Contamination, 1998, 7 (4): 497-509.

[26] MEAGHER R B, HEATON A C P. Strategies for the engineered phytoremediation of toxic element pollution: mercury and arsenic [J]. J. Ind. Microbiol Biotechnol, 2005, 32 (11-12): 502-513.

[27] WANG X, ZHANG D, PAN X, et al. Aerobic and anaerobic biosynthesis of nano-selenium for remediation of mercury contaminated soil [J]. Chemosphere, 2016, 170: 266-273.

[28] MEAGHER R B. Phytoremediation of ionic and methylmercury pollution [R]. Office of Scientific & Technical Information Technical Reports, 1998.

[29] GRISHCHENKOV V G, TOWNSEND R T, MCDONALD T J, et al. Degradation of petroleum hydrocarbons by facultative anaerobic bacteria under aerobic and anaerobic conditions [J]. Process Biochemistry, 2000, 35 (9): 889-896.

[30] VESILIND P A. The role of water in sludge dewatering [J]. Water Environment Research, 1994, 66 (1): 4-11.

[31] COACKLEY P A R. The drying characteristics of some sewage sludges [J]. Journal of Institute of Sewage Purification, 1962 (6): 557-564.

[32] VAXELAIRE J, CÉZAC P. Moisture distribution in activated sludges: a review. [J]. Water Research, 2004, 38 (9): 2215-2230.

[33] 李兵, 张承龙, 赵由才. 污泥表征与预处理技术 [M]. 北京: 冶金工业出版社, 2010.

[34] 聂永丰. 固体废物处理工程技术手册 [M]. 北京: 化学工业出版社, 2013.

[35] LOWE P. Developments in the thermal drying of sewage sludge [J]. Water & Environment Journal. 1995, 9 (3): 306-316.

[36] 陈忠喜, 魏利. 油田含油污泥处理技术及工艺应用研究 [M]. 北京: 科学出版社, 2012.

[37] 汤连生, 张龙舰, 罗珍贵. 污泥中水分布形式划分及脱水性能研究 [J]. 北京: 生态环境学报. 2017 (2): 309-314.

[38] 基伊 B R. 干燥原理及其应用 [M]. 上海: 上海科学技术文献出版社, 1986.

[39] COATES J D, WOODWARD J, ALLEN J, et al. Anaerobic degradation of polycyclic aromatic hydrocarbons and alkanes in petroleum-contaminated marine harbor sediments [J]. Applied & Environmental Microbiology, 1997, 63 (9): 3589.

[40] HAWK G G, AULBAUGH R A. High vacuum indirectly-heated rotary kiln for the removal and recovery of mercury from air pollution control scrubber waste [J]. Waste Management, 1998, 18 (6-8): 461-466.

[41] 沈光伟. 含油污泥深度调剖剂的研制及应用 [J]. 石油与天然气化工, 2003 (6): 381-383.

[42] 曹伟华, 孙晓杰, 赵由才. 污泥处理与资源化应用实例 [M]. 北京: 冶金工业出版社, 2010.

[43] 赵凤伟, 李金林, 桂莎, 等. 叠螺式脱水机在含油污泥脱水中的应用 [J]. 工业用水与废水, 2015 (2): 26-29.

[44] 李淑晶. 叠螺式含油污泥浓缩脱水工艺应用分析 [J]. 石油石化节能. 2014 (11): 49-50.

[45] Piskunov A V, Aivaz'yan I A, Cherkasov V K, et al. New paramagnetic N-heterocyclic stannylenes: an EPR study [J]. J. Org. Chem., 691 (2006) 1531-1534.

[46] 李玲. 叠螺式污泥脱水技术在石油化工领域的应用 [J]. 中国科技信息, 2012 (16): 49.

[47] U.S. EPA. Citizen's guide to innovative-treatment technologies for contaminated soils, sludges, sediments, and debris. Technology fact sheet [R]. U.S. Environmental Protection Agency, 1992.

[48] U.S. EPA. A Citizen's guide to thermal desorption [R]. U.S. Environmental Protection Agency, 1992.

[49] 蒋洪, 裴蕾. 一种含汞污泥热处理装置: 206051812U [P]. 2017-03-29.

[50] Gore & Associates. GORE®Low emission filter bags [EB/OL]. [2016-4-20]. https://www.gore.com/products/gore-low-emission-filter-bags.

[51] U.S. EPA. A Citizen's guide to thermal desorption [R]. U.S. Environmental Protection Agency, 1992.

[52] ADAMS J W, KALB P D, MALKMUS D B, et al. Sepradyne/reduce high vacuum thermal process for destruction of dioxins in ineel/werf fly ash [R]. Office of Scientific & Technical Information Technical Reports, 1999.

[53] DOE. The SepraDyne™-Raduce system for recovery of mercury from mixed waste [R]. U.S. Department of Energy office of Environment Management and office of Science and Technology, 2002.

[54] 国家环境保护总局. 危险废物填埋污染控制标准: GB18598—2001 [S]. 北京: 中国标准出版社, 2002: 7.

[55] BUSTO Y, CABRERA X, TACK F M G, et al. Potential of thermal treatment for decontamination of mercury containing wastes from chlor-alkali industry [J]. Journal of Hazardous Materials, 2011, 186 (1): 114-118.

[56] 欧阳嘉谦. 以热脱附系统处理土壤中汞之研究 [J]. 中国台湾: 中央大学, 2014.

[57] ZHUANG J M, LO T, WALSH T, et al. Stabilization of high mercury contaminated brine purification sludge [J]. Journal of Hazardous Materials, 2004, B113: 157-164.

[58] GUHA B, HILLS C D, CAREY P J, et al. Leaching of mercury from carbonated and non-carbonated cement-solidified dredged sediments [J]. Journal of Soil Contamination, 2006, 15 (6): 621-635.

[59] U.S. EPA. Mercury treatment technologies. [EB/OL]. [2007-10-5]. http://www.clu-in.org/contaminantfocus/default.focus/sec/Mercury/cat/Treatment_Technologies.

[60] RANDALL P, CHATTOPADHYAY S. Advances in encapsulation technologies for the management of mercury-contaminated hazardous wastes [J]. Journal of Hazardous Materials, 2004, 114 (1-3): 211-223.

[61] RAO A J, PAGILLA K R, WAGH A S. Stabilization and solidification of metal-Laden wastes by compaction and magnesium phosphate-based binder [J]. Air Repair, 2000, 50 (9): 1623-1631.

[62] DOE. Stabilization using phosphate bonded ceramics [R]. U.S. Department of Energy office of Environment Management and office of Science and Technology, 1999.

[63] Wagh A S, Jeong S Y, Singh D. Stabilization of contaminated soil and wastewater with chemically bonded phosphate ceramics [R]. U.S.Department of Energyoffice of Scientific & Technical Information Technical Reports, 1997.

[64] WAGH AS, JEONG SY. Report on in-house testing of ceramicrete technology for Hg stabilization [R]. Internal Report to National Risk Management Research Laboratory, 2001.

[65] U.S. EPA. Evaluation of chemiscally bonded phosphate ceramics for mercury stabilization of mixed synthetic waste [R]. U.S. Environmental Protection Agency, 2003.

[66] RANDALL P, CHATTOPADHYAY S. Advances in encapsulation technologies for the management of mercury-contaminated hazardous wastes [J]. Journal of Hazardous Materials, 2004, 114 (1-3):

211-223.

[67] KALB P, MILIAN L, YIM S P. Sulfur polymer stabilization / solidification treatability study of mercury contaminated soil from the Y-12 site [R]. Office of Scientific & Technical Information Technical Reports, 2012.

[68] ADAMS J W, BOWERMAN B S, KALB P D. Sulfur polymer stabilization / solidification (Spss) treatability of simulated mixed-waste mercury contaminated sludge [R]. Office of Scientific & Technical Information Technical Reports, 2002.

[69] LÓPEZ F A, ALGUACIL F J, RODRÍGUEZ O, et al. Mercury leaching from hazardous industrial wastes stabilized by sulfur polymer encapsulation. [J]. Waste Management, 2015, 35 (2): 301-306.

[70] FUHRMANN M, MELAMED D, KALB P D, et al. Sulfur polymer solidification/stabilization of elemental mercury waste [J]. Waste Manage, 2002, 22: 327-333.

[71] DARNELL G R. Sulfur polymer cement, a final waste form for radioactive and hazardous wastes [J]. American Journal of Physiology, 1996, 270 (3 Pt 2): 667-74.

[72] KALB P D, ADAMS J W, MEYER M L, et al. Thermoplastic encapsulation treatability study for a mixed waste incinerator offgas scrubbing solution [A]. American Society for Testing and Materials, 1996.

[73] BOWERMAN B, ADAMS J, KALB P, et al. Using the sulfur polymer stabilization / solidification process to treat residual mercury wastes from gold mining operations24-26 [C]. Cincinnati, OH: Society of Mining Engineers Conference, 2003.

[74] European Commission. Commission decision of 3 May 2000 replacing decision 94/3/EC establishing a list of wastes pursuant to article 1 (a) of council directive 75/442/EEC on waste and council decision 94/904/EC establishing a list of hazardous waste pursuant to Article 1 (4) of Council Directive 91/689/EEC on hazardous waste. [EB/OL]. [2000-5-3]. http://eur-lex.europa.eu/.

[75] BURBANKD A, WEINGARDTK M.Mixed waste solidification testing on polymer and cement-based waste forms in support of Hanford's WRAP 2A facility [A]. American Society for Testing and Materials, 1996.

[76] ADAMS J, LAGERAAEN P, KALB P, et al. Polyethylene encapsulation of depleted uranium trioxide [M] // Emerging Technologies in Hazardous Waste Management 8. Springer US, 2002.

[77] QIAN G, SUN D D, TAY J H. Characterization of mercury- and zinc-doped alkali-activated slag matrix: Part I. Mercury [J]. Cement & Concrete Research, 2003, 33 (8): 1251-1256.

[78] DOE. Mixed Waste Encapsulation in Polyester Resins [R]. U.S. Department of Energy office of Environment Management and office of Science and Technology, 1999.

[79] MAIO V, LOOMIS G, SPENCE R D, et al. Testing of low-temperature stabilization alternatives for salt containing mixed wastes-Approach and results to date [R]. Office of Scientific & Technical Information Technical Reports, 1998.

[80] VLADISLAV B, IVO O, BOZIDAR O. Disposal of mercury sulfide and residual ash by deep well injection [C]. Hrvatska znanstvena: GWPC 2002 Annual Forum, 2003.

[81] International Oil & Gas Conference & Exhibition in China.Optimal strategy of disposing of mercury-contaminated waste [C]. 中国石油学会, 2006.

[82] Yod-In-Lom W, Doyle B A. Deep well injection of mercury contaminated sludge in the gulf of Thailand

[C]. SPE International Conference on Health, Safety and Environment in Oil and Gas Exploration and Production, 2002.

[83] U.S. EPA. Presumptive remedy for metals-in soil sites [R]. U.S. Environmental Protection Agency, 1999.

[84] NUTAVOOT P. Initiatives on mercury [J]. Spe Production & Facilities, 1999, 14(1): 17-20.

[85] MELCHOR A E, COSTA A, RODRIGUEZ C, et al. E&P waste management in the orinoco delta [J]. SPE Drilling & Completion, 2002, 17(1): 164-173.

[86] FRTR. Federal remediation technologies reference guide and screening manual, version 4.0 [R]. U.S. Federal Remediation Technologies Roundtable, 2001.

[87] Twidwell L G, Thompson R J. Recovering and recycling Hg from chlor-alkali plant wastewater sludge[J]. JOM, 2001, 53(1): 15-17.

[88] TWIDWELL. The recovery and recycle of mercury from Chlor-Alkali plant wastewater sludge [EB/OL]. [2001-5-8]. http://www.udgroup.com/library/p83.

[89] SADHUKHAN P, BRADFORD M. Thermal treatment and decontamination of mercury-contaminated waste: Recent developments and comparative evaluation [J]. Remediation Journal, 1997, 7(4): 17-24.

[90] Universal Dynamics.The REMERC™ process [EB/OL]. [2004-10-28]. http://udl.com/systems/remerc x.html.

[91] U.S. EPA. Minergy corporation glass furnace technology evaluation report [R]. U.S. Environmental Protection Agency Office of Research and Development, 2004.

[92] FRTR. Cost and performance report-Parsons chemical/ETM enterprises superfund site grand ledge [EB/OL]. http://costperformance.org/pdf/parsons.pdf.

[93] U.S. EPA. Minergy corporation glass furnace technology evaluation report [R]. U.S. Environmental Protection Agency Office of Research and Development, 2004.

[94] PEDRON F, PETRUZZELLI G, BARBAFIERI M, et al. Remediation of a mercury-contaminated industrial soil using bioavailable contaminant stripping [J]. Pedosphere, 2013, 23(1): 104-110.

[95] LUTHER S M, DUDAS M J. Remediation options for mercury contaminated soil at the Turner Valley Gas Plant [R]. Alberta: Turner Valley Gas Plant Resolution Advisory Panel, 1996.

[96] TANGAHU B V, SHEIKH ABDULLAH S R, BASRI H, et al. A review on heavy metals(As, Pb, and Hg) uptake by plants through phytoremediation [J]. International Journal of Chemical Engineering, 2011, 2011(1): 1-31.

[97] 崔兆杰, 成杰民, 王加宁. 盐渍土壤石油-重金属复合污染修复技术及示范研究 [M]. 北京: 科学出版社, 2015: 23.

[98] KOTRBA P, NAJMANOVA J, MACEK T, et al. Genetically modified plants in phytoremediation of heavy metal and metalloid soil and sediment pollution [J]. Biotechnology advances, 2009, 27(6): 799-810.

[99] STEPAN, D J, FRALEY, R H, et al. A review of remediation technologies applicable to mercury contamination at natural gas industry sites [R]. Gas Research Institute Topical Report, 1993.

[100] BIESTER H, GOSAR M, GERMAN MÜLLER. Mercury speciation in tailings of the Idrija mercury mine [J]. Journal of Geochemical Exploration, 1999, 65(3): 195-204.

第八章　汞污染设备清洗

含汞天然气在集输及处理过程中，汞易残留及吸附于管道和设备中，可引起设备腐蚀，对设备检修及日常作业造成安全隐患，危害作业人员安全。一旦含汞介质进入环境中，将对大气和水体造成严重污染。为保护作业人员及工艺设备的安全，需对汞污染设备进行定期清洗。本章主要内容包括汞清洗技术进展、含汞设备清洗工艺、流散汞处理方法、汞清洗剂、废气废液处理方法等，为含汞气田汞清洗提供技术指导，解决含汞气田检修清洗作业中所面临的问题。

第一节　概　　述

一、汞清洗必要性

含汞气田天然气输送至处理厂后，天然气中的汞会随物流进入设备中，与油污、水垢等黏附在设备内壁或在设备内壁扩散渗透。天然气处理过程各设备中可能存在汞富集，并在死角处堆积，使得密闭容器内汞浓度过高。一方面，可能造成设备的腐蚀，如表面液态金属脆化（LME）和汞齐腐蚀（AMC）[1]等，典型案例如1973年Skikda天然气液化厂发生的铝制换热器腐蚀事故，造成27人死亡，72人受伤，7人失踪；另一方面，在设备的检维修期间，汞聚集在容器、储罐、塔器等密闭空间的底部，作业人员可能暴露于汞蒸气中，通过上呼吸道、皮肤进入人体，危害作业人员安全，发生严重的汞中毒事故。汞清洗技术研究已成为设备防护及环境保护的重要课题。

二、清汞技术进展

随着汞对设备和人体的危害性被逐渐重视，国内外已开发有多种汞污染设备清洗工艺，包括高温蒸气法、可剥落涂层法及化学循环清洗法等，需根据汞污染程度及设备类型选择合适的清洗工艺。国外对汞污染装置的清洗工艺及清汞剂研究较多。阿曼石油公司开发的设备汞清除方法包括喷射清洗、蒸气清洗法、循环清洗法等。美国能源部（DOE）开发的汞清除方法包括可剥离性涂层、KI/I_2化学清洗法等。

Perona和Brown[2]于1993年对汞污染设备化学循环清洗工艺进行了研究，由于汞不溶于水和多种无机酸，清洗过程中化学清洗剂的选择至关重要，多采用卤化物清洗剂作为化学清洗剂，如Na_2S，$NaClO$和KI等卤族元素水溶液，可与汞反应生成卤化汞（HgX_4^{2-}），将汞以络合离子形态溶入清洗液中，随清洗废液一同去除。考虑到后续废气、废液的处理及各类清洗剂的氧化性可能对钢材产生腐蚀，推荐采用KI/I_2水溶液进行化学清洗。

Foust[3]于1993年提出，KI/I_2溶液可对单质汞（Hg^0）、硫化汞（HgS）、氧化汞（HgO）

— 271 —

等汞化合物进行高效清洗，清洗后汞以可溶性络合态（HgI_4^{2-}）存在于清洗液中，随废液一同被清除，后续可采用电解法对废液中汞进行回收，或采用絮凝沉淀法将废液中的汞进行稳定、固化，送至固废处理单元集中处理。

Ebadian[4]对可剥离涂层清洗技术进行了分析，可剥离涂层可采用水基有机聚合物等材料，通过刷涂、辊筒碾压及喷射的方式黏附于设备表面，与汞污染物发生化学反应，将其固定在涂层中，待覆盖层干燥后，通过人工剥离或真空法将聚合物碎片收集去除。可剥离覆盖层被去除后，表面疏松污染物随覆盖层被一同带走，达到表面汞清洗的目的。该技术适用于清洗面积较大的汞污染设备，如实验仪器及工业设备表面等，不适用于小型汞污染设备的汞处理。

美国Mercury Instruments公司[5]、美国Ross Healthcare公司[6]等对汞蒸气抑制剂进行了研究，分别开发有MeDeX系列及Mercon系列产品，在空气中喷洒后可迅速与大气中的汞蒸气发生反应，生成稳定的化合物，降低设备内汞浓度，保障人员作业安全。PEI公司[7]研发有MMS100表面活性剂及MMS200清汞剂，可同时去除汞污染设备内的汞和烃类。

三、流散汞清除技术进展

根据汞的溢出面积可分为微量流散汞溢出（影响面积小于$5m^2$）和大量流散汞溢出（影响面积大于$5m^2$）。为最大程度地降低汞对人体和环境的危害，根据事故情况选择适宜的清理方法至关重要。

美国NEW PIG公司、澳大利亚Spill Doktor公司、美国Nifisk-Advance公司等对流散汞清洗技术进行了研究，开发有汞泄漏处理包，包括防护装备、汞蒸气检测仪、真空吸尘器、海绵、移液管、去污剂及喷雾设备等，可对流散汞进行初步清除，处理效果明显。

对于微量流散汞的溢出，可先采用吸管进行物理清除，后续通过气相反应法对室内的残余流散汞进行清除；对于大量流散汞的泄漏，常通过"汞蒸气抑制—流散汞物理清除—微量汞处理"三个步骤进行清洗及防护。

四、清汞作业合格指标

单质汞具有蒸气压低、易挥发、毒性较大等特点，可快速从一个区域转移到另一个区域，需对清洗后的设备设定严格的检测标准。GBZ 2.1—2007《工作场所有害因素职业接触限值第1部分：化学有害因素》[8]中对我国工作场所单质汞和有机汞化合物的职业接触限值进行了限定，要求汞-金属汞（蒸气）8h时间加权平均容许浓度不得高于$0.02mg/m^3$。汞污染设备清洗后，采用氮气吹扫法，每隔1~2h对设备内部蒸气汞浓度进行检测，若8h内检测值均低于$20\mu g/m^3$，即可认为满足清洗要求。

第二节 含汞设备清洗工艺

设备内的汞以单质汞、氧化汞、硫化汞等形态存在，颗粒大小不一，与油污、水垢等黏附于设备内壁，设备内汞的聚积如图8-1所示。通过扫描电子显微镜（SEM）对金属表面汞的吸附状态进行分析[9]，金属表面单质汞吸附SEM图如图8-2所示。单质汞呈球状，大颗粒单质汞直径约 10μm，小颗粒直径小于 1μm，不均匀地分布于设备表面，对设备的清洗造成一定的困难。

通过 X 射线光电子能谱分析（XPS）[10]对吸附有单质汞的钢材进行分析，大部分汞存在于钢材表面，未渗透至钢材内部，浸入深度小于 10nm。金属表面单质汞（Hg^0）饱和蒸气压较低，常温下易气化为汞蒸气，若汞污染设备暴露于空气中一周时间，设备内 90% 以上汞污染物会气化至周围环境中，对环境造成严重危害。汞污染设备需定期进行清洗，以避免汞在设备中的大量聚集，防止设备、管线、仪表发生汞腐蚀现象，保证检修期间及日常运行的安全。

图 8-1　设备内汞的聚积　　　　图 8-2　金属表面单质汞吸附 SEM 图

汞污染设备清洗方法可分为物理清洗和化学清洗，物理清洗通常作为清洗流程的初步清洗工艺，可大幅度降低设备内的汞含量，化学清洗常作为物理清洗后续的深度处理工艺。各清洗方法适用场合见表 8-1[11]。

表 8-1　含汞设备清洗工艺适用场合

方法		适用场合
物理清洗	喷射清洗	汞污染程度低、尺寸较小的卧式容器
	高温蒸气清洗	污染程度适中，内部结构复杂的设备
化学清洗	化学循环清洗	汞污染较严重的密闭型设备
	可剥离涂层	表面积较大、汞污染区域较平整的设备
	化学擦拭	经氧化处理后的汞污染设备
人工清洗		难以清除的汞污染物死角处

一、物理清洗

物理清洗包括喷射清洗、高温蒸气清洗等。喷射清洗对于密闭型设备清洗效果较差，无法保证设备内壁的完全清洗；高温蒸气清洗常用作第一级处理方法，可在密闭条件下将大量单质汞清除，但产生含汞废气量较大。实际应用时，需考虑设备结构及现场实际工况要求，采用不同的清汞方法，或将多种方法组合使用，以达到高效清汞的目的。

1. 喷射清洗

喷射清洗是一种通过在人孔处插入喷嘴，喷射水或清洗液，对设备表面汞颗粒及油污进行碰撞冲击，设备表面颗粒松动，去除设备内壁汞污染物的清汞工艺。清洗液可采用常温水、热水或表面活性剂水溶液等，喷嘴可选用移动式三维旋转型，该方法亦可作为汞蒸气抑制剂喷射方法[12]，以保障后续作业人员安全，喷射清洗工艺如图8-3所示。

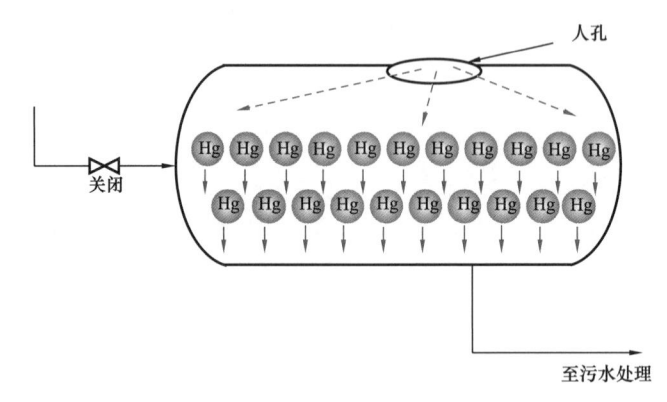

图8-3 喷射清洗工艺

首先对容器进行排液、吹扫、置换、隔离等准备工作，测量设备内部汞蒸气浓度，关闭设备的进出口，打开人孔盖，用透明聚乙烯膜屏蔽人孔，喷射器穿过聚乙烯膜，在容器内部均匀喷射；采用喷射清洗一段时间后，排出清洗液、通入氮气吹扫，关闭设备的进出口，测量设备内部汞蒸气浓度，如果容器内汞蒸气浓度大于 $20\mu g/m^3$，则重复对设备进行清洗作业，直到容器内汞蒸气浓度低于 $20\mu g/m^3$。清洗完成后，清洗液从容器底部排出至清洗罐，通入氮气吹扫至容器干燥，产生的废气可采用溶剂吸收法或化学吸附法进行处理。

喷射清洗具有以下特点：

（1）多采用自来水进行喷射清洗，但汞在水中溶解度极低，清洗效果不明显，需加入汞清洗剂提高清汞效果；

（2）人员在设备外进行操作，设备内部死角处污垢无法清除；

（3）适用于汞污染程度较低，尺寸较小的卧式容器清洗。

2. 高温蒸气清洗

高温蒸气清洗是一种从容器外部注入高温蒸气，通过高温加热将含汞设备表面上的油污、水垢及单质汞颗粒蒸发，分散到水蒸气中的清汞工艺。容器顶部设有蒸气排放口，将排放的蒸气送入排液罐内，经冷凝后进行单质汞回收，剩余废气可采用化学吸附法进行吸附，尾气经处理达标后排放。根据容器尺寸在底部设置一个或多个排液点，排出的冷凝水进入排液罐内，收集后送至污水处理单元。其泵送压力约 0.2MPa，蒸气温度约 120℃，高温蒸气清洗工艺如图8-4所示。

对于高含汞设备，高温蒸气清洗工艺推荐采用热水清洗—蒸气预清洗—高温蒸气蒸煮的三步清洗法。以原料气分离器为例，蒸汽清洗法的清汞程序如下：

（1）首先进行热水清洗，投运换热站，保证采暖水的出口温度在70～90℃，通过连接采暖水管线至容器顶部，对含汞容器注满 80℃ 热水进行初步清洗，清洗后将热水排尽。

（2）进行蒸气预清洗，向容器内注入 115℃ 以上的蒸气，蒸煮过程中排液口保持打开状态。蒸煮 15h 后，污水中烃类含量可大幅降低，关闭排液口对容器进行积液，当腔内液位达到 50%，设备外壁温度上升至 60℃ 以上，通入氮气（30~100kPa），打开液腔进行加压排液，液腔液体排放干净（有气体从排液口排出）后关闭排液阀。此时，容器内烃类及污渍已基本清除，容器整体温度约 65℃，局部温度可达 90℃。

（3）最终通过高温蒸气蒸煮法去除设备内残余汞污染物，保持容器外壁温度高于 85℃；同时，通入氮气以稳定设备内压力为 30~100kPa，打开容器底部排液口将残余液态水排出。

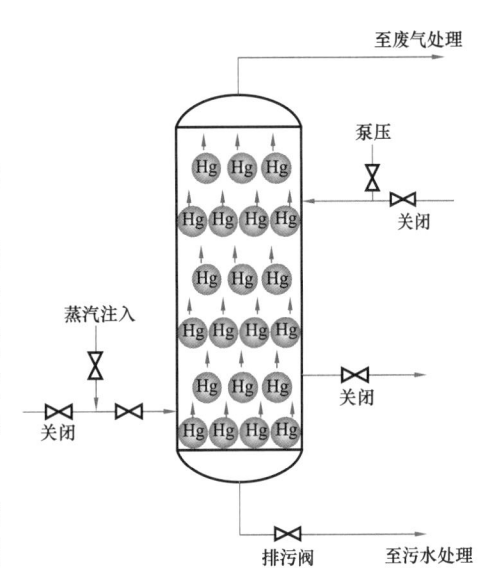

图 8-4 高温蒸气清洗法工艺

（4）每隔 2h 检测设备内蒸气汞含量，低于 20μg/m³ 且排液口无杂质及烃类时停止蒸煮。最后通入氮气吹扫容器 30min，将容器内气体排出，降低温度至 50℃ 以下，即完成蒸气清洗流程，高温蒸气蒸煮持续时间为 50~60h。

蒸气清洗法具有以下特点：
(1) 清洗后容器易于干燥。
(2) 污垢及废物集中于设备底部，便于集中处理。
(3) 可同时清除容器内汞、油污、水垢等污染物。
(4) 清洗时间较长（>60h），废气量大、处理难度大。
(5) 适用于内部结构复杂的设备，如立式容器及塔器的汞清洗作业。

二、化学清洗

化学清洗主要包括化学循环清洗、可剥离涂层及化学擦拭等，由于汞不溶于水和多种无机酸，化学清洗的关键在于高效化学清洗剂的选择。化学循环清洗适用于汞污染较严重的密闭型设备；可剥离涂层适用于表面积较大、汞污染区域较平整的设备；而化学擦拭需要作业人员直接对设备表面进行操作，要求设备内部汞浓度较低，适用于作业人员可安全进入的设备，常用作清洗后的深度处理方法。实际工程中根据清洗环境及设备的不同，选择适合的清洗方法，以达到高效清汞的目的，美国能源部（DOE）对汞污染表面化学清洗流程的推荐方法如图 8-5 所示。

1. 化学循环清洗

化学循环清洗是一种通过化学清洗剂与汞进行充分接触，形成可溶性离子态汞，随含汞废液从设备中脱除出来的清汞工艺。清汞过程中产生的废液再进行统一处理后达标排放。清洗设备主要由循环泵、化学剂储罐、流量调节阀、过滤器和清洗连接管组成。化学循环清洗工艺流程如图 8-6 所示。

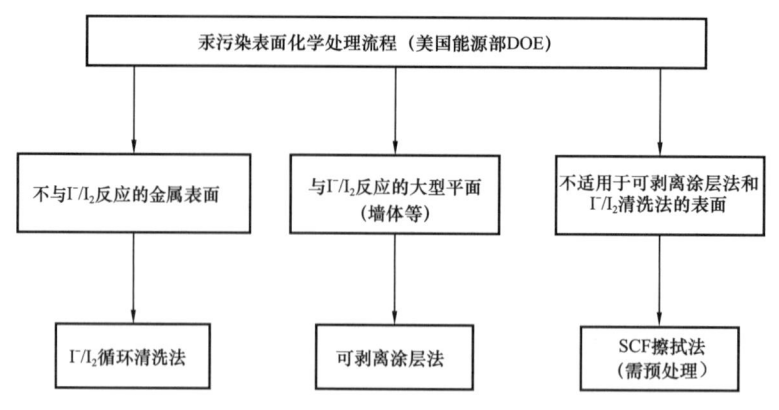

图 8-5　DOE 汞污染表面化学清洗流程

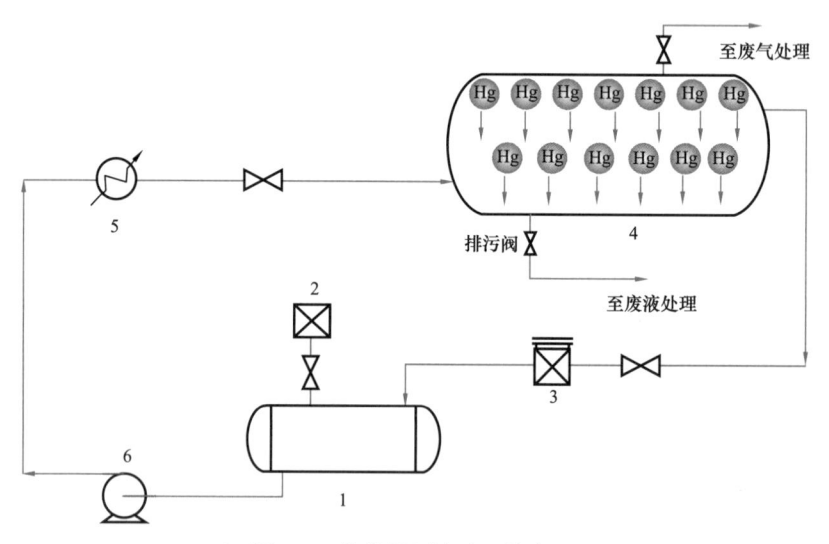

图 8-6　化学循环清洗工艺流程

1—缓冲罐；2—清汞剂储槽；3—过滤器；4—汞污染设备；5—加热器；6—循环泵

  向汞清洗剂储槽中添加汞清洗剂，在缓冲罐中与水成一定比例均匀混合，经清洗循环泵输送至汞污染设备，清洗液采用下进上出的方式，与容器内污染物充分接触，将设备内难溶性汞转化为可溶性络合态汞，随清洗液经过滤器除去泥沙等污染物后，输送回缓冲罐进行循环清洗。清洗废液经初步处理后输送至污水处理单元，废气处理达标后送至放空系统。清洗时间需根据设备汞污染程度确定，一般在 15h 左右。清洗过程中可将化学剂储罐中清洗剂加热至一定温度，以提高清洗速率，温度越高清洗速率越快，但温度过高易导致清洗剂中有效物质分解，降低清洗效果，清洗温度一般控制在 20~65℃ 范围内。初步清洗完成后，打开阀门排液、通入氮气吹扫，使设备降至常温，测量设备内部汞蒸气浓度。若汞蒸气浓度大于 $20\mu g/m^3$，重复循环化学清洗流程，直至设备中汞浓度达到合格标准。

  循环化学清洗的清汞效果关键在于汞清洗剂的选择，要求汞清洗剂对设备内壁无腐蚀、清汞效率高，汞清洗剂应根据设备、材质及汞清除的要求进行选择。设备表面汞多以单质汞、氧化汞、硫化汞等形态存在，在水中溶解性较低，需将其转化为其他形态，以提高清洗效果。常用清洗剂多为氧化性物质，将单质汞等汞化物氧化为高价汞，形成可溶性络合物，溶解至清洗液中，再经过大量水冲洗清除。国外已研发有多种高效汞清洗剂（如 MMS100，MMS200）。

清洗后设备表面还可能残余部分络合态汞，一段时间后会再次分解为单质汞，挥发至空气中。若要求作业人员进入设备内部进行操作，可采用化学擦拭法，对设备表面其他形态的汞进行深度清除，有效避免后续汞浓度回升。

化学循环清洗具有以下特点：
（1）流程全密闭，可保证操作人员安全；
（2）可采用高效汞清洗剂，清洗后容器内汞蒸气含量可降低至微克每立方米级；
（3）清洗后产生的废气、废液量较少，便于处理；
（4）适用于汞聚集较严重的密闭型设备，清洗效果好，但成本较高。

2. 可剥离涂层

可剥离涂层是一种将配置好的有机聚合物（水基）通过刷涂、辊筒碾压、喷射等方式黏附于设备表面，与汞及污垢等污染物结合并发生化学反应，形成固态覆盖层，汞及其他污染物固定于涂层中，通过人工或自动剥离涂层的清汞工艺[13]。

可剥离涂层工艺应用效果的关键在于涂层聚合物的配置方法，可在聚合物中加入强化型纤维，如棉织物，有效提高覆盖层的固化强度。还可采用硫化物改性聚合物，通过汞与硫的强结合力，将设备表面汞进行清除，室内实验效果较好，但尚未应用于工程实际当中。在使用聚合物喷涂前对表面进行预处理，可提高清汞效率。可剥离涂层法覆盖层材料多为有机化合物，其中汞以硫化物的形式存在，性质稳定，可通过焚烧法进行废物残渣处理，二次废物量少，方便经济，处理后残渣可满足美国环保局要求的毒性特征浸出程序（TCLP）和土地处置限制（LDR）标准。

可剥离涂层工艺目前尚未大范围应用，适用于污染程度适中、表面平整的设备，具有汞去除率高、成本低、废气废液量小、易于处理等特点。

3. 化学擦拭

化学擦拭是一种需作业人员直接采用擦拭材料对设备表面进行处理的一种清汞工艺。化学擦拭要求设备内部汞浓度较低，保证作业人员可安全进入设备，一般用作清洗后的深度处理方法。常用的擦拭材料包括forager吸附性海绵、改性棉等材料，通过对擦拭材料进行改性，提高与汞的亲和力，对汞进行清除，其清除目标主要为离子汞（Hg^{2+}），对单质汞清除效率较低。

（1）forager吸附型海绵。

forager海绵是一种含有胺类聚合物的纤维素海绵，含胺聚合物对汞等重金属具有较强的选择性亲和力[14]。其聚合物可与汞等重金属离子形成复合物，提供配体位点将汞包围，形成复合配位体，将汞固定吸附于海绵中进行清除。forager海绵可采用不同的形态，如圆柱状、鱼网状或螺旋状态等，forager海绵经使用后可通过离子交换树脂及活性炭吸附等方法进行再生后重复利用，或通过干化法使海绵减量化，进行集中处理。

（2）改性棉。

常规棉质擦拭物对汞的清除效率很低，推荐采用巯基纤维棉[15]，引入硫醇基团（—SH）对棉纤维进行改性，具有非常强的汞离子（Hg^{2+}）结合能力，对单质汞的吸收能力相对较弱，可采用初步氧化清洗，将单质汞转化为离子态；同时，降低设备内汞蒸气浓度，再通过人工进入进行擦拭处理，提高设备内的汞清除率，防止清洗后容器内汞浓度的再次回升。该方法的使用还处于实验阶段，国外多采用 SCF 型改性棉，用于擦拭汞污染设备金属表面的多孔改性棉材料的研究还有待发展。

单独使用化学擦拭通常无法满足汞污染设备的清洗需求，需结合其他清汞工艺，将设备表面单质汞转换为"活性"的汞离子（Hg^{2+}），如 KI/I_2 化学循环清洗清洗工艺等，经处理后即可采用化学擦拭进行深度处理，防止清洗后离子汞残余在设备内部，造成汞浓度回升，该方法适用于氧化处理后，需深度处理的汞污染设备。

三、清汞作业

汞污染设备的清汞作业主要包括清洗前准备程序、汞清洗程序、汞检测程序三部分，可细分为隔离、置换、汞清洗、氮气吹扫、汞含量检测几个阶段。设备清汞作业程序如图 8-7 所示。

隔离 → 排气排液 → 汞清洗 → 氮气吹扫 → 汞含量检测

图 8-7 设备清汞作业程序

1. 清洗前准备程序

汞污染设备清洗前需对设备进行相应的准备程序，在打开法兰、移除阀门、松动盲板或打破围堵等之前，应进行监测和排污，具体操作步骤如下：

（1）制订计划。

操作者应充分熟悉被清洗的设备及作业场地。分析设备对作业有无影响，针对作业可能带来的环境问题与安全问题，做出相应的防患措施与安全措施。

（2）清洗前的安全教育。

清洗前，清洗作业负责人需向参加清洗的全体人员（包括外单位人员、临时作业人员等）进行清洗技术方案交底，明确清洗内容、步骤、方法、质量标准、人员分工、存在的危险因素、注意事项、安全措施和紧急预案等。

（3）系统隔离。

清洗前需将设备各接口处物流切断，保证清洗设备的单独隔离。对于有电源和动力的设备，在清洗作业进行前必须切断一切电源和动力，并在开关处挂上警示标志牌，如有必要还应在操作机构上加锁，防止设备误启动。

（4）置换和吹扫。

若需要进入设备内部作业，必须用空气或惰性气体置换，以防发生窒息及汞中毒。用蒸气或惰性气体吹扫的方法，清除设备内还没有排净的易燃气体或有毒液体。

（5）汞浓度检测。

确定打开位置（法兰，阀门等），提前做好防护措施等准备工作，对设备打开位置进行汞浓度检测，若检测浓度大于汞浓度限值，则喷射汞蒸气抑制剂，如图 8-8 所示。喷射时间 10～15min，对该区域持续监测记录，根据汞浓度检测结果，附上不同颜色编码标签，用于区别汞浓度危险等级。汞浓度达到标准后，卸下螺栓、螺母、法兰、阀门等组件，放置到专用容器中进行汞清洗及去污。

（6）工艺状态及安全措施确认。

确认设备停产、泄压、退液工作已经结束，并在此确认装置的安全隔离和上锁挂签工作已严格按照方案执行。再次确认装置已经泄压至常压，进行氮气置换并检测合格。确认《安全工作许可证》《管线打开》《临时用电》作业票已办理完毕并置放于现场。确认相关安全隔离和急救措施落实到位，已执行盲板加装和上锁挂签，作业安全隔离相关图纸（盲板加装和上锁挂签图）已张贴到现场。

（7）清汞前的管线连接。

根据清汞方案将设备清洗管线进行连接，容器下方设置排污口，用皮管连接至排液槽，清洗前确认设备氮气引入管线上的8字盲板已经导通，方便随时引入氮气。物理清汞方案及化学清汞方案管线连接方式如图8-9和图8-10所示。

图8-8 汞蒸气抑制剂喷射清洗现场

2. 汞清洗程序

常用的清汞工艺包括喷射清洗、高温蒸气清洗、化学循环清洗等，需根据设备尺寸及种类决定适合的清汞工艺，多采用组合式工艺进行汞清洗。本节以卧式气液分离器为例，分别以高温蒸气清洗工艺及化学循环清洗工艺为例进行分析。

（1）高温蒸气清洗。

高温蒸气清洗由高温蒸气清洗单元、废气处理单元、废液处理单元及汞检测单元组成。通过高温将设备内单质汞蒸发，产生的高含汞废气经冷凝后送至废液处理单元，废液经加剂初步处理后送至污水处理单元，高温蒸气清汞工艺流程如图8-9所示。

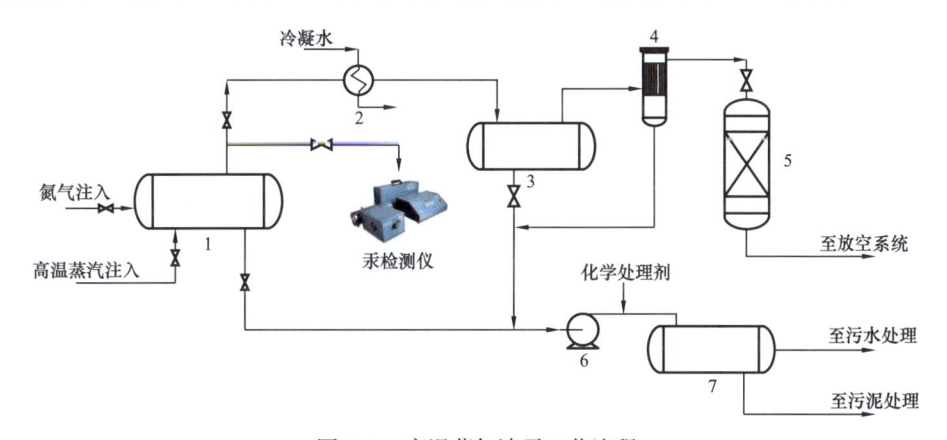

图8-9 高温蒸气清汞工艺流程

1—汞污染设备；2—冷凝器；3—缓冲罐；4—气液聚集器；5—汞吸附装置；
6—污水泵；7—化学沉降罐；8—汞检测仪

汞污染设备采用热水初步清洗后，高温蒸气（约115℃）自下而上通入汞污染设备，与容器内污染物充分接触，通过高温将汞污染物蒸发，经排气阀送至废气处理单元；清洗后通入氮气吹扫，于排气孔处测量设备内汞含量，满足清汞要求后继续通氮气至容器干燥；含汞废气经冷凝器水冷后，大部分蒸气及污染物呈液态滴落，经缓冲罐缓冲后送至废液处理单元，剩余废气经气液聚集器送至汞吸附装置，深度脱汞后送至放空单元；含汞废液及冷凝后废液经污水泵输送至化学沉降罐，添加化学药剂进行初步处理，去除污水中清洗剂组分，降低汞含量后输送至污水处理单元进行进一步处理。

（2）化学循环清汞。

化学循环清汞由化学循环清洗单元、废气处理单元、废液处理单元、汞含量检测单元组成。将清汞剂与水以一定比例在清洗剂储罐中均匀混合后，经循环泵输送至汞污染设备，采用下进上出的方式进行清洗，清洗液经过滤器循环回清洗剂循环罐进行循环使用，流程中可对清洗剂进行加热，提高清洗速率，温度宜控制在20~60℃范围内；清洗过程中产生的废气经冷凝器降温后，将大部分汞污染物转化为液态，冷凝后废液经缓冲罐送至废液处理单元，剩余废气经汞吸附装置深度脱汞后送至放空系统；清洗废液自清汞剂储罐底部排出，泵送至化学沉降罐，加化学处理剂初步处理后，上清液送至污水处理单元，产生的污泥送至污泥处理单元集中处理。化学循环清汞工艺流程如图8-10所示。

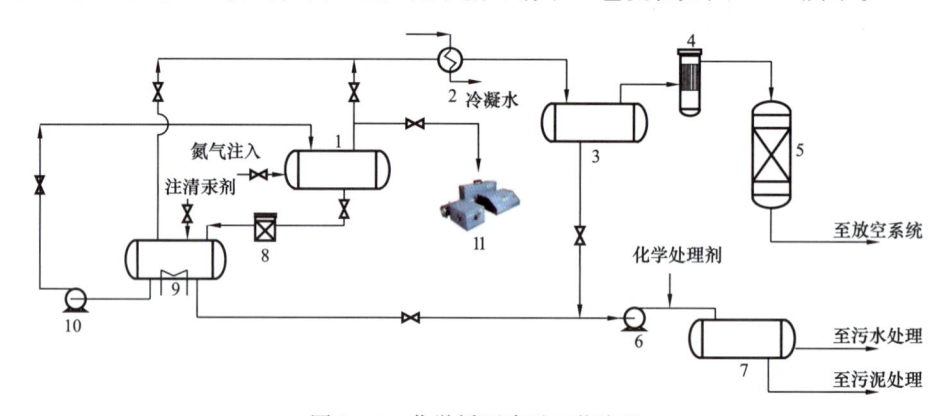

图8-10 化学循环清汞工艺流程

1—汞污染设备；2—冷凝器；3—缓冲罐；4—气液聚集器；5—汞吸附装置；6—污水泵；
7—化学沉降罐；8—过滤器；9—清汞剂储罐；10—循环泵；11—汞检测仪

（3）清洗后深度处理。

若作业人员需进入设备内部作业，需采用人工清汞法对设备内部死角处残留的汞污染物进行清除，以保证作业人员安全。人工清汞法作业人员应执行密闭空间作业的相关规定，穿戴个人防护装备，根据设备内部结构，采用水流喷射法或化学擦拭法进行深度清除，去除设备表面残余的汞及其化合物，防止后续汞浓度回升所造成的安全隐患。密闭空间清洗作业和喷射水流清洗如图8-11所示。

3. 汞检测程序

汞污染设备的所有作业和维护活动，都被视为高危险作业，为保证清洗后容器内汞含量满足安全标准，清洗完成后需对设备内部汞含量进行检测。汞污染设备清洗效果的检验通常采用氮气吹扫法、擦拭法及热解析法。

图 8-11　密闭空间清洗作业和喷射水流清洗

氮气吹扫法是将氮气通入清汞设备内部，检测设备出口氮气汞含量评价清汞效果的方法；擦拭法是使用擦拭材料对设备表面进行擦拭，通过检测擦拭物汞浓度评价清汞效果的方法；热解析法是将设备进行加热一定时间，检测设备中汞浓度评价清汞效果的方法。

考虑到汞污染设备具有密闭、人员进入危险、尺寸较大等特点，擦拭法和热解析法不适用于大型密封设备的汞清洗效果检测。多采用氮气吹扫法，对清洗后容器内部汞含量进行测试，可同时保证汞检测的安全性和准确性。化学循环清汞氮气吹扫检测流程如图 8-12 所示。

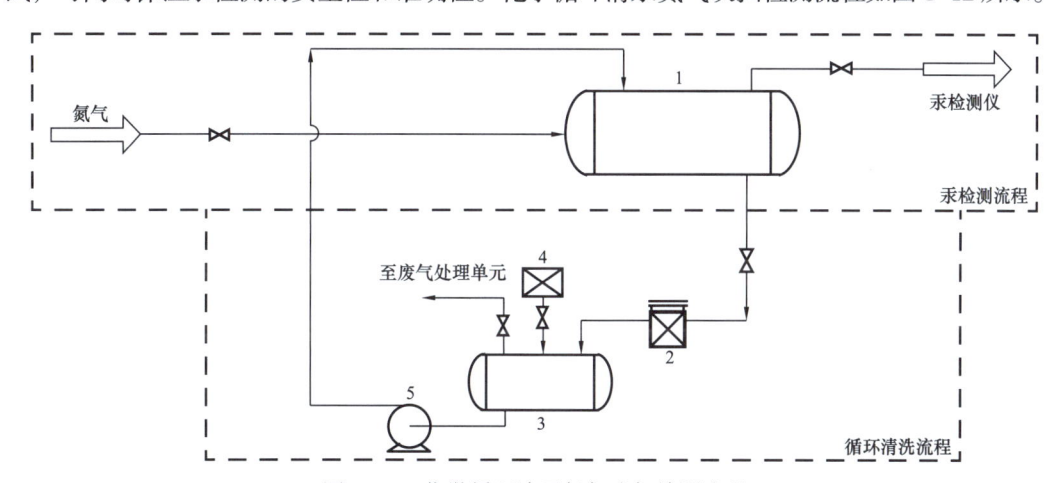

图 8-12　化学循环清汞氮气吹扫检测流程
1—汞污染设备；2—过滤器；3—缓冲罐；4—清汞剂储罐；5—循环泵

汞污染设备汞清洗完成后，将设备温度降低至室温，通过泵吸法或吹扫法，将气体送入汞检测仪，每隔 1~2h 检测一次，若连续 8h 内汞含量检测值均低于 20μg/m³，即认为达到清洗合格标准。

第三节　流散汞处理方法

流散汞泄漏可分为微量流散汞溢出（影响面积小于 5m²）和大量流散汞溢出（影响面积大于 5m²），根据溢出量不同需采用不同处理方法，最大程度降低汞对人体和环境的危害。流散汞经处理后浓度需达到汞浓度接触限值要求的 20μg/m³ 以下，不同程度流散汞泄漏的处理流程如图 8-13 所示。

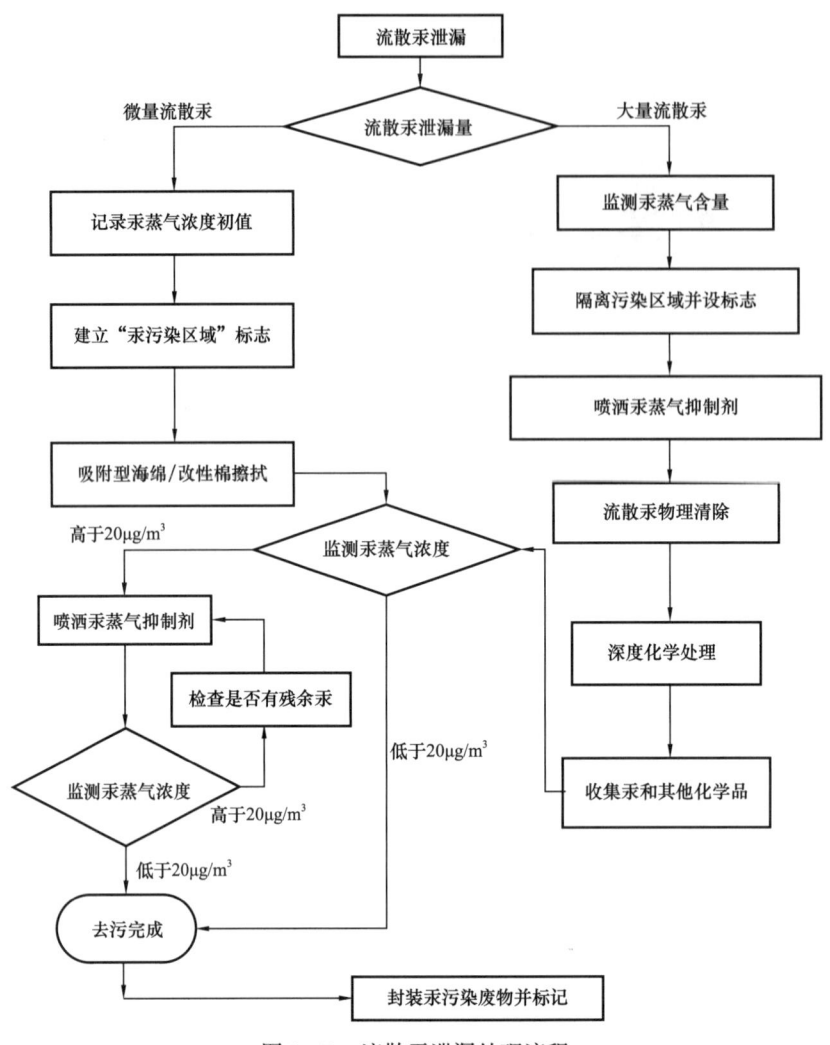

图 8-13 流散汞泄漏处理流程

一、大量汞处理

对于大量流散汞，化学处理方法反应速度较慢，如传统的硫化物覆盖法，反应时间长，处理过程中汞易挥发至空气中，造成作业人员中毒，只可作为应急处理方案，降低汞的挥发速度，无法从根本上解决大量流散汞的清除问题。而物理方法具有处理速度快、操作简单等优点，在保证操作人员安全的前提下，可直接回收大量液态单质汞。推荐先喷洒汞蒸气抑制剂及单质硫覆盖，以减小汞在大气中的挥发速度，再采用物理方法（如真空清洁器）对大量的流散汞进行初步处理，最终采用化学方法对微量流散汞进行深度处理，为工作场合及人员的安全提供保障。

在进行处理前，必须对操作人员采取必要的防护措施，"汞泄漏处理包"技术已成熟，包括人员防护装备、汞蒸气检测仪、真空吸尘器、海绵或移液管、去污剂及喷雾设备等。

生产此类商品的代表性公司包括美国 NEW PIG 公司、澳大利亚 Spill Doktor 公司等，汞泄漏处理工具包如图 8-14 所示。作业人员进行安全防护后，即可开始对大量流散汞的处理，处理流程通常分为"汞蒸气抑制—流散汞物理清除—微量汞处理"三个步骤。

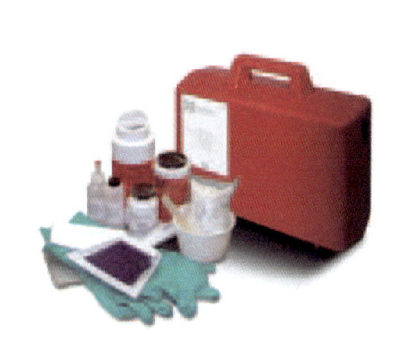

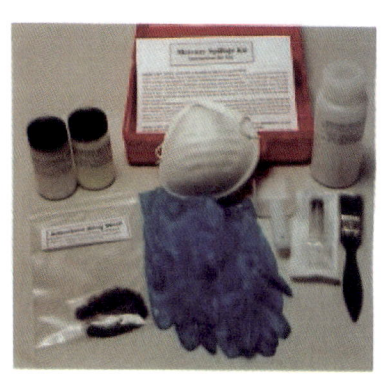

图 8-14　汞泄漏处理工具包

（1）汞蒸气抑制。

汞蒸气的抑制现多采用汞蒸气抑制剂喷射法。汞蒸气抑制剂喷射法主要通过喷雾设备将高效的汞蒸气抑制剂喷涂在流散汞泄漏处，与汞形成稳定化合物，快速降低空气中汞含量。传统的硫粉覆盖法通过硫与汞进行反应生成稳定的硫化汞颗粒，但其反应速度缓慢，且汞呈颗粒状，生成的 HgS 覆盖于单质汞表面，无法与单质汞进一步发生反应，不能从根本上抑制汞蒸气的挥发，现目前已不再适用。

（2）流散汞物理清除。

大量流散汞的处理多采用物理清除法，主要包括汞真空清洁器或真空吸尘器等，将污染处表面的汞蒸气、液态或颗粒汞进行清除，内部多装填有活性炭颗粒，对于大量流散汞的清除效果明显，流散汞真空清洁器设备如图 8-15 所示。

图 8-15　流散汞真空清洁器

二、微量汞处理

在生产和使用汞的过程中，微量流散汞滴落后，难免有小颗粒单质汞残留，肉眼不易察觉，用清洁器等设备难以清除，需采用化学方法进行深度处理，要求选用的化学药剂能在室温下与汞快速反应，生成物具有不易挥发、化学性质稳定、无毒或低毒等特性。推荐采用化学擦拭法对污染区域进行擦拭，擦拭材料可选用forager吸附型海绵、巯基纤维棉等汞吸附型擦拭材料进行清除，清除过程需进行安全防护，保证人员作业安全。

第四节 汞处理剂

单质汞在水和无机酸中溶解度较低，水蒸气清洗法及水流冲洗法无法满足清洗要求，而强酸直接作用在金属表面易造成腐蚀，不适用于金属设备的表面清洗。选择高效、无腐蚀、性质稳定的汞处理剂至关重要。

汞污染设备清洗所采用的汞处理剂可分为汞蒸气抑制剂和汞清洗剂两大类，其中汞蒸气抑制剂主要用于降低空气中汞浓度，为下一步人工作业提供安全保障；汞清洗剂则主要用于含汞设备及流散汞的清洗，通过化学药剂与单质汞快速发生反应，以生成络合离子等方式将单质汞进行清除，后续再通过废液处理将汞进行回收或转化为稳定的汞化物，国外汞清洗剂及汞蒸气抑制剂产品见表8-2。

表8-2 国外汞清洗剂及汞蒸气抑制剂产品

公司	产品名称	类型	主要成分	作用
Mercury Instruments 公司	MeDeX 80	汞蒸气抑制剂	聚亚烷基二醇	去除大气中汞蒸气和汞化物
	MeDeX 81	碱性沉淀剂	—	将汞化物转化为单质汞和氧化汞，用于MeDeX 80后续的污水处理
Ross Healthcare 公司	Mercon-X™ Mercon-GEL™ Mercon-VAP™	汞蒸气抑制剂	硫酸铜 硫代硫酸钠	不同工作场所的汞蒸气抑制
PEI	MMS 100	表面活性剂	—	作为第一级清洗剂使用，去除烃类化合物，降低爆炸下限
	MMS 200	清汞剂	表面活性剂 螯合剂	用于MMS 100后续单质汞和汞化物的深度处理

一、汞蒸气抑制剂

对于汞污染设备的检修及清洗过程，作业人员需与汞污染设备进行身体接触，为保障作业人员安全，必须对设备内部及设备周围空气环境中的汞蒸气浓度进行控制。可喷涂汞蒸气抑制剂，快速降低空气中汞蒸气浓度，达到安全标准后方可进行检修及清洗工作。国外汞蒸气抑制剂产品包括美国Mercury Instruments公司开发的MeDeX产品、美国Ross Healthcare公司开发的MERCON™系列产品等。

1. MeDeX 抑制剂

美国Mercury Instruments公司研制的MeDeX 80是一种螯合剂，能螯合大气中的汞颗粒，将其转换成一种易溶于水溶液的稳定化合物，可快速地从大气中去除汞蒸气和汞化物，适用于设备和容器的停机清洗工作和检修工作。该化学品可生物降解，无毒、无害、无腐蚀性，可与水以一定比例溶解后直接在大气中喷涂，其水溶液也可作为化学循环清洗剂使用。MeDeX 80 亲水性较强，不会残留在烃类介质中，喷涂后可采用大量水冲洗，易于清理。

Medex 80 还可用于汞污染设备的清洗作业，将 Medex 80 喷涂在设备上或浸泡在溶液中，添加 Medex 81 碱性沉淀剂，与单质汞反应生成不溶性汞盐，受重力作用下沉到溶液底部，经沉积后形成污泥，降低上清液中汞含量。

2. Mercon™ 抑制剂

美国 Ross Healthcare 公司生产有 MERCON™ 系列产品，包括 Mercon-X™，Mercon GEL™ 及 Mercon VAP™，可根据实际应用场合选择相应的汞蒸气抑制剂，各类型 Mercon™ 产品适用场合见表 8-3。

表 8-3　MERCON™ 产品适用场合

产品名称	适用场合
Mercon-X™	建筑、工业设施、现场清理
Mercon GEL™	污水管道、收集器、池塘、田地、其他排水系统
Mercon VAP™	汞污染设备表面、高浓度流散汞

1）Mercon-X™

Mercon-X™ 为粉红色乳脂状液体（与汞接触时会变颜色），由 60% 的丙二醇、1.0%～2.0% 的硫酸铜、0.5%～1.5% 的碘化钾、0.5%～1.5% 的硫代硫酸钠和 37% 的专用成分组成。沸点大于 100℃，比水轻，可以安全地喷洒或冲洗汞污染的设备、生产平台、建筑物表面和土壤，可将其与水以 2∶1 的比例稀释。燃烧时可用干粉灭火器、二氧化碳、水喷雾或普通泡沫熄灭。燃烧的有害物质为二氧化硫和硫化氢。本品化学性质稳定，但不能由皮肤吸收、吸入和咽下，人体暴露于本品时会短暂刺激胃部。本品应储存于室温下，避免阳光直射，不慎泄漏时，应用水冲洗清理。

2）Mercon GEL™

Mercon GEL™ 为黏稠透明液体，沸点 144℃，比水重。燃烧时可用干粉灭火器、二氧化碳、水喷雾或普通泡沫熄灭。有害燃烧产物为 CO、CO_2、SO_2、NO_2、SO_3、卤代化合物和少量金属氧化物。本品不能通过皮肤吸收、吸入，人体暴露于本品时会短暂刺激胃部。本品应储存于室温下，避免阳光直射，不慎发生泄漏时，应用大量水冲洗清理。

3）Mercon VAP™

Mercon VAP™ 为褐色液体，由 60% 的丙二醇、15%～20% 的甲醇、1.0%～1.5% 的氯化铵、0.05%～0.3% 的三氯化铁、0.05%～0.2% 的硫酸铜及 9% 的专用成分组成。相对密度 1.1（24℃），沸点为 98℃，燃烧上限 36.5%，燃烧下限 6%。燃烧时可用干粉灭火器、二氧化碳、水喷雾或普通泡沫熄灭。其有害燃烧产物为氨和碘蒸气，人体急性暴露于本品可能导致呼吸不顺、眼睛红肿、失明（甲醇）等症状；慢性暴露的现象为皮肤过敏、红肿、神经系统损害等。本品应储存于室温下，避免阳光直射，防止其分解，不慎泄漏时，应用大量水冲洗清理。

二、汞清洗剂

汞清洗剂主要用于化学循环清洗工艺及化学擦拭工艺中，酸性清洗剂加剂量控制不当易导致设备腐蚀或钢材表面氧化，多采用卤族化合物作为汞清洗剂。其中碘化物具有一定氧化性，可将设备表面单质汞氧化，生成可溶于水的络合物，溶解至清洗液中，再经大量水冲洗去除，具有无污染、废液易处理、成本低等特点，可用作为高效汞清洗剂。国外还开发有 MMS100 和 MMS200 等高效清洗剂，可满足不同程度汞污染设备的清洗要求。

1. 碘化物清汞剂

碘化物清汞剂主要为 I^-/I_2 的水溶液，采用碘化物与其他活性物质复配，可高效去除汞污染设备内部残余的单质汞及其汞化物。

碘化物中 I_2 作为氧化剂，将单质汞氧化为碘化汞（HgI_2）；I^- 作为增溶剂及混合剂，一方面增加 I_2 在水中的溶解度，另一方面与碘化汞（HgI_2）反应形成水溶性络合物（HgI_4^{2-}），将汞浸入清洗剂中，随废液一同清除。碘化物（I^-/I_2）清洗剂清洗原理见式（8-1）至式（8-3）。

$$HgS + I_2 + 2I^- \longrightarrow HgI_4^{2-} + S_{oxidized} \quad (8-1)$$

$$Hg + I_2 + 2I^- \longrightarrow HgI_4^{2-} \quad (8-2)$$

$$HgO + I_2 + 2I^- \longrightarrow HgI_4^{2-} + O^{2-} \quad (8-3)$$

碘化物清汞剂可通过氧化和络合反应清除吸附于污染设备表面多种形态的汞，如氧化物、硫化物、单质汞等形态，配置 0.1mol/L KI 与 0.01mol/L I_2，在 22℃ 条件下与各形态汞反应 24h，对浸出率进行分析，各形态汞在碘化物溶液及水中浸出率见表 8-4[16]。

表 8-4 各形态汞在 I^-/I_2 溶液及水中浸出率

汞形态	汞价态	汞浓度，mg/L	汞浸出率，% I^-/I_2 溶液	汞浸出率，% 蒸馏水
Hg^0	0	1000	>99	<3
Hg_2O	+1	984	>82	<3
Hg_2Cl_2	+1	1099	>75	<3
HgO	+2	945	>94	<3
HgS	+2	1007	>91	<3
$Hg_3(PO_4)_2$	+2	1102	>83	<3
$Hg(NO_3)_2 \cdot H_2O$	+2	819	>99	<2
$HgCl_2$	+2	939	>96	<7
CH_3HgCl	+2	910	>67	26

注：KI/I_2 浓度为 0.1mol/L，固液比 1:10，浸泡温度 22℃，浸泡时间 24h。

由表 8-4 可知，水对汞及其化合物溶解性较低，I⁻/I₂ 清洗液对于 Hg^0、HgO、HgS 及 $Hg(NO_3)_2 \cdot H_2O$ 等汞化物的处理效果较好，适应条件下可与汞及其化合物几乎完全反应，而设备表面汞多以 Hg^0、HgO 和 HgS 的形态存在，采用 I⁻/I₂ 溶液进行循环清洗可达到较高的汞去除率，其性质温和，不易与钢材发生反应，推荐采用 KI/I₂ 溶液进行设备化学循环清洗，或采用其他碘化物（锂、钠、钙、铵等）进行复配，具有毒性低、对设备无腐蚀等特点，可作为汞污染金属的一种高效清洗剂。

汞污染设备的 KI/I₂ 清洗液浓度需根据汞污染程度确定：浓度过低无法满足清洗要求；浓度过高则会对金属表面造成氧化，引起设备的腐蚀。KI/I₂ 清洗液浓度通常采用 1mol/L 碘化钾 /0.5mol/L 碘进行配比，I₂ 的加剂量需为汞含量的 2 倍以上，以保证单质汞可以完全氧化为 HgI，再与 KI 反应生成络合态的 HgI_4^{2-}，浸入清洗剂溶液中，随废液一同清除。不同浓度 KI/I₂ 清汞剂对 Hg^0 及 HgO 浸出率的影响见表 8-5。

表 8-5 KI/I₂ 清汞剂浓度对 Hg^0 及 HgO 浸出率的影响

KI, mol/L	I₂, mol/L	汞浸出率, % (±10%)	
		Hg^0	HgO
0.45	0.01	103	103
0.3	0.1	106	97
0.1	0.01	106	105
0.1	0.001	97	101
0.1	0.0001	42	94
0.1	0	38	86
0.09	0.01	110	100
0.05	0.01	99	103
0.05	0.001	101	105
0.005	0.001	105	101

通常碘（I₂）浓度为 0.001~0.5mol/L、碘化钾（KI）浓度为 0.1~1mol/L，即可满足清洗要求，其中碘（I₂）浓度对清洗效果影响较小，由于其具有氧化性，浓度过高会加剧钢材表面的腐蚀，浓度一般为 0.2mol/L。实际应用中，可根据处理设备表面汞污染程度，对氧化剂、络合剂的浓度和加剂量进行优化，提高汞清洗效率。清洗后废液中，汞以络合态溶解在溶液中，可送至污水处理系统，通过添加化学药剂及其他方法进行处理。

西南石油大学对该类型清汞剂反应机理进行了研究，并开发有高效清汞剂，将单质碘与碘化钾以一定比例混合，加入蒸馏水稀释后即可进行化学清汞。常温下 KI/I₂ 清洗剂清洗速率较慢（大于 20h），不利于实际应用，可对 KI/I₂ 清洗剂进行加热，加快反应速率，但温度不可高于 50℃，造成清洗效果下降。采用 KI/I₂ 清洗剂对汞污染设备清洗时，推荐清洗温度为 20~50℃，清洗时间 8~10h，经室内清汞实验，清洗后设备内汞清除率可达 99% 以上，满足汞污染设备的高效清洗要求。

2. MMS 清洗剂

美国 PEI 公司主要研发有 MMS100 表面活性剂和 MMS200 水基萃取剂两种汞清洗剂，具有无毒、不易燃、不腐蚀，可生物降解等特点，可除去设备内壁悬浮、吸附态的汞及化合物，将两者协同使用可高效去除设备内的汞和烃类残余物。

MMS100 主要为高效表面活性剂，由烃类和金属离子构成，可与烃类形成微乳液，释放烃类中包裹的汞，去除设备内残余烃类化合物，降低爆炸下限（LEL），有利于后续清汞工作。MMS200 主要为水基清汞剂，由表面活性剂和螯合剂组成，可与单质汞反应形成无机可溶性汞盐，将汞浸出至清洗液中，随循环清洗系统一同清除，清洗液集中送至污水处理系统进行处理。

国外某机构对 MMS100 和 MMS200 的汞清洗效果做出了实验，对汞污染设备进行清洗，设备初始汞浓度 40.348μg/m³，将 MMS100 20∶1 的 3L 水溶液以 3L/min 的速度，在 45℃ 条件下化学循环清洗 40min 后，采用氮气吹扫法进行汞检测，气相中汞浓度为 57.013μg/m³。再将 150mL 的 MMS200 与 150mL 稀硝酸以 1∶1 混合，加入 1500mL 蒸馏水，在 45℃ 下反应 60min，测得汞含量 8.01μg/m³。MMS100 和 MMS200 清洗剂对汞污染设备的清洗效果如图 8-16 所示。

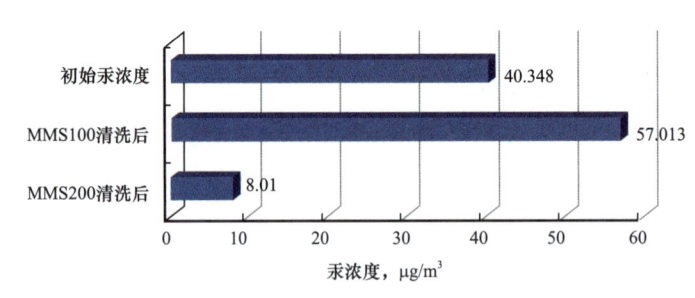

图 8-16　MMS100 和 MMS200 清洗剂对汞污染设备的清洗效果

汞污染设备初始汞浓度为 40.348μg/m³，经 MMS100 处理后，汞浓度回升至 57.013μg/m³，高于设备初始汞浓度。原因可归结于 MMS100 清洗液主要成分为表面活性剂，将设备表面附着的烃类溶解，使得包裹在烃类中的汞扩散至设备内部，提高了设备内气相汞浓度；后续经 MMS200 处理后，汞浓度降低至 8.01μg/m³，汞清除率达 85.95%，清洗后汞浓度可以达到安全标准要求的 20μg/m³ 以下。

第五节　废气废液处理

汞污染设备在清洗过程中会产生大量含汞废液及含汞废气，其汞浓度普遍较高，严重危害环境及人体健康，GB 16297—1996《大气污染物综合排放标准》[17] 中要求，排放废气中汞及其化合物的最高允许排放浓度不得高于 0.012mg/m³；GB 8978—1996《污水综合排放标准》[18] 中要求，排放废液中总汞最高允许排放浓度不得高于 0.05mg/L。设备清洗所产生的废气、废液必须进行相应处理后达标排放。

一、含汞废气处理

汞污染设备在室温下清洗速度很慢，甚至没有清洗效果。化学清洗需适当加热以提高清洗速率，而蒸气清洗法的温度更是超过了100℃，清洗过程中会产生较多含汞废气，直接排放至大气中会对环境造成严重污染，必须对其进行处理后达标排放。汞污染设备清洗产生的废气中汞多以单质汞的形态存在，常用的处理方法包括冷凝法、溶液吸收法、化学吸附法等。

针对汞污染设备清洗产生的废气，化学循环清洗法所产生废气量较少，但汞含量较高；而高温蒸气清洗产生的废气具有总量多、温度高、汞浓度大等特点，单一的废气处理方法常常无法满足要求。通过对含汞废气处理工艺进行分析对比，根据汞污染设备清洗后所产生的废气特点、国外气田清汞废气处理案例和经济成本，参考天然气湿气脱汞技术方案，推荐采用"冷凝+负载型金属硫化物"的组合工艺进行废气处理，含汞废气处理工艺流程如图8-17所示。

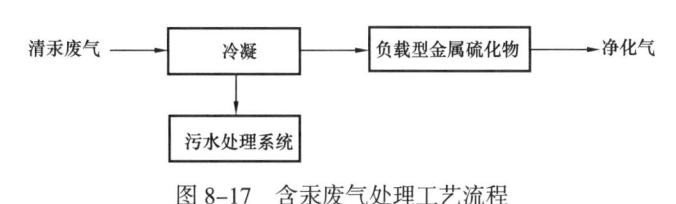

图 8-17　含汞废气处理工艺流程

1. 冷凝法

冷凝法通过将气体通入冷凝液，降低含汞废气温度，将废气中单质汞等汞化物冷凝至溶液中，适用于净化回收高浓度的含汞废气。由于单质汞极易挥发，单独使用冷凝法处理含汞废气无法达到国家排放标准，即使将废气温度降低至0℃，气相汞浓度也超出国家标准200多倍。故冷凝法常作为第一级处理工艺，后续可与溶液吸收法或化学吸附法相结合，提高废气汞脱除深度。

2. 溶液吸收法

溶体吸收法将初步处理后的含汞废气与相应化学试剂充分接触，通过生成汞络合物等方式将废气中的汞脱除。常用的化学吸收剂包括高锰酸钾、次氯酸钠、热浓硫酸等具有强氧化性的物质以及能与汞形成络合物等物质，具有反应速度快、汞清除率高、沉淀物较少、成本低等特点。但该方法处理后废液量较大、含汞量较高，处理难度较大，且溶液吸收法多采用塔器的方式进行吸收和再生，目前已逐步被淘汰，不适用于清洗后含汞废气的脱汞处理。

3. 化学吸附法

化学吸附法采用化学吸附剂对废气中汞进行选择性吸附，达到废气脱汞的目的。处理含汞废气常用的化学吸附剂包括负载型金属硫化物、载硫/载银活性炭、载银分子筛等。汞污染设备清洗后的废气具有含水量大、汞含量高等特点，化学吸附过程推荐采用负载型金属硫化物吸附剂，其原理是通过金属硫化物与废气中单质汞发生化学反应生成难挥发、稳定的辰砂（HgS），其载体选用对湿度、高分子化合物敏感性较低的活性氧化铝，活性金属物质多选用过渡金属（如铜等）。具有反应速度快、毒性小、化学性质稳定等特点，脱汞深度可达 $1\mu g/m^3$。

二、含汞废液处理

设备清洗后的废液中汞及其汞化物含量较高，根据汞清洗剂的不同，废液中汞的形态各异，如 HgI_4^{2-} 和 HgS_2H^- 等汞的络合离子，必须对废液进行相应处理后才能送至污水处理单元。对于采用碘化物清汞剂进行汞污染设备清洗后的废液，废液中含有大量 HgI_4^{2-}，部分 Hg^{2+} 和 Hg^0 及其他汞化合物。对各种污水处理工艺进行对比分析，结合清洗后废液特点，推荐采用化学沉淀工艺进行含汞废液脱汞。清汞废液处理工艺流程如图 8-18 所示。

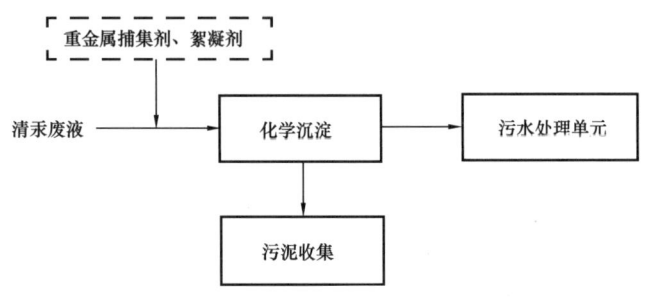

图 8-18 清汞废液处理工艺流程

清汞废液处理工艺推荐采用化学沉淀，大幅降低污水中汞含量，同时去除残余的碘化物。先后投加重金属捕集剂、聚合氯化铝型阴离子絮凝剂及聚丙烯酰胺型阳离子絮凝剂，经充分搅拌处理后，污水中汞及其他污染物浓度可大幅度降低，生成的絮体紧实，稳定性较强。絮凝沉降法处理后含汞污水中汞含量可大幅降低，其水质满足气田污水处理单元水质要求，可送至污水处理单元进行集中处理。

清汞废液经处理后产生的污泥量较大，且汞含量高，推荐将产生的污泥经收集后送至污泥处理单元，采用浓缩工艺使污泥减量化，转送至第三方单位进行集中回收，相比于其他处理工艺经济型更好。

参 考 文 献

[1] WILHELM S M. Risk analysis for operation of aluminum heat exchangers contaminated by mercury [J]. Process Safety Progress，2009，28（3）：259-266.

[2] PERONA J J，BROWN C H. mixed waste integrated Program：A technology assessment for mercury-containing mixed wastes [R] .Office of Scientific & Technical Information Technical Reports，1993.

[3] FOUST DF. Extraction of mercury and mercury compounds from contaminated material and solutions：US5226545 [P] .1993.

[4] EBADIANPD. Mercury contaminated material decontamination methods：investigation and assessment [R]. Office of Scientific & Technical Information Technical Reports，2001.

[5] RADFORDR. Mercury management and chemical decontamination white paper 2010 [R]. Measurement & Monitoring Solutions，2010.

［6］Hazmasters. Ross healthcare products［EB/OL］.［2016-04-11］.http：//www.hazmasters.com/ross-healthcare.

［7］PEI. mercury contaminated equipment cleaning technology［EB/OL］.［2016-04-11］. https：//www.mercury-instruments.com/index.html.

［8］卫生部职业卫生标准专业委员会.工作场所有害因素职业接触限值第1部分：化学有害因素：GBZ 2.1—2007［S］.北京：人民卫生出版社，2008.

［9］CHAIYASIT N，KOSITANONT C，YEH S，et al. Decontamination of mercury contaminated steel of API 5L-X52 using iodine and iodide lexiviant［J］. Modern Applied Science，2010，4（1）：12-20.

［10］SADHUKHAN P，BRADFORD M. Thermal treatment and decontamination of mercury‐contaminated waste：Recent developments and comparative evaluation［J］. Remediation Journal，1997，7（4）：17-24.

［11］牛瑞，蒋洪，陈倩.含汞设备汞污染控制技术［J］.油气田地面工程，2016，35（6）：83-87.

［12］蒋洪，王阳.含汞天然气的汞污染控制技术［J］.石油与天然气化工，2012，41（4）：442-444.

［13］AEPDM. Mercury contaminated material decontamination methods：investigation and assessment［R］. Office of Scientific & Technical Information Technical Reports，2001.

［14］U.S.EPA. Aqueous Mercury Treatment Capsule Report［R］.U.S.Environmental Protection Agency，1997.

［15］LEE Y H，MOWRER J. Determination of methylmercury in natural waters at the sub-nanograms per litre level by capillary gas chromatography after adsorbent preconcentration［J］. Analytica Chimica Acta，1989，221（3）：259-268.

［16］FOUST D F. Extraction of mercury and mercury compounds from contaminated material and solutions：US5226545［P］.1993.

［17］国家环境保护局.大气污染物综合排放标准：GB 16297—1996［S］.北京：中国标准出版社，1996.

［18］国家环境保护局.污水综合排放标准：GB 8978—1996［S］.北京：中国标准出版社，1998.

第九章 气田汞安全防护

含汞天然气从井口开采出来后，经过集输管道输送至处理厂进行处理加工过程中，汞进入天然气、污水等物流中。含汞物流泄漏或超标排放，将会对环境、人体造成极大的危害。为保障含汞气田安全生产、减少汞污染，有必要制订含汞气田生产安全防护措施。本章包括汞危害风险等级及评估、汞防护方法、汞安全防护配置要求、含汞作业环境安全防护、集输及处理系统安全技术要求、汞应急预案及救援等内容。

第一节 概 述

含汞气田生产中，针对天然气和凝析油的净化处理、储存运输，含汞污水与污泥处理，设备检修等生产的各个环节汞所带来的环境污染、设备腐蚀、人员中毒等问题，提出汞污染控制方法，降低污染源危险，完善汞污染防护技术及措施，建立汞对人体、环境的污染安全防护方法。汞安全防护内容包括以下部分：

（1）对汞暴露的区域风险评估，划分汞风险等级，根据不同的风险等级，实施相应的风险管理措施；

（2）提出作业人员汞安全防护装备要求，保障人员作业安全；

（3）对含汞环境（清汞、设备检修等）作业，提出完整的人员汞安全防护措施；

（4）提出集输及处理系统安全技术要求，减少汞对管线及设备腐蚀；

（5）制订汞应急预案，定期对作业人员进行培训及职业健康检查。

一、汞危害风险等级及评估

汞具有高毒性、高挥发性和腐蚀性，将会对作业人员、环境造成危害，影响设备操作及维护人员的健康安全。根据含汞环境检测出的汞浓度划分风险等级，不同的风险等级代表不同区域及工作活动的隐藏危险性，并结合其他危险因素做出风险评估，判定含汞危险区域，提前做好预防措施。

汞吸收途径主要有经呼吸道吸入、经皮肤吸收以及经口摄入，经人体吸收的单质汞，大部分的汞很快被组织中的过氧化氢酶氧化成汞离子，进一步造成蛋白质失活，引起细胞膜通透性改变，导致细胞膜功能的严重障碍，甚至导致细胞坏死。未被氧化的单质汞继续保持其单质形态，随血液循环通过血脑屏障，最后在脑中蓄积损害中枢神经系统。

GBZ 89—2007《职业性汞中毒诊断标准》对汞中毒诊断症状做出了详细的说明。汞的慢性毒性靶器官主要是脑、消化道及肾脏[1]，长期接触一定浓度汞蒸气（高于 $0.01mg/m^3$ 以上）容易造成慢性中毒；单质汞的急性毒性靶器官主要是肾，其次是脑、肺、消化道（包括口腔）及皮肤，空气中的汞浓度为 1.2～8.5mg/m³ 可引起急性中毒。吸入量高达 10mg/m³ 则会立即致死[2]。中毒人员可摄入牛奶或蛋清，再服用解毒剂可清除体内的汞。汞及其化合物物性见表 9-1。对于接触高浓度汞的作业人员应采取个人防护措施。

表 9-1　汞及其化合物理化性质及毒性

毒物名称	汞	氯化汞	氧化汞	硫化汞	甲基汞	二甲基汞	氯化甲基汞
分子式	Hg	$HgCl_2$	HgO	HgS	CH_3Hg	$(CH_3)_2Hg$	CH_3HgCl
物理状态	银白色液态	无色或白色结晶性粉末	黄色、橘黄色或红色的晶体粉末	黑色或红色粉末	具有挥发性、腐蚀性，无色无味的液体	无色，易挥发液体，易燃味带甜	红色结晶，具有特殊臭味
密度 g/cm³	13.546	5.43（固）	11.14（固）	8.10	0.88（25℃）	2.961	4.063
毒性	剧毒	剧毒	剧毒	中度	剧毒	剧毒	剧毒
致死量	10mg/m³（IDLH）	1mg/kg（LD_{50}）	18mg/kg（LD_{50}）	10g/kg（LD_{50}）	2mg/m³（LD_{50}）	—	16mg/kg（LD_{50}）
解毒剂	二巯基丙磺酸钠（为主）、依地酸二钠钙、青霉胺、谷胱甘肽、二巯基丁二酸等							

注：IDLH：立即威胁生命健康浓度；LD_{50}：半数致死量（大鼠，口服）。

汞除了对人的危害，汞在大气中的停留时间较长，会对大气造成全球性的污染，由于汞的迁移性和转化性，会污染地表土壤和水环境，进一步危害地球圈生态系统。我国颁布的《大气污染物综合排放标准》《污水综合排放标准》《土壤环境质量标准》等国家标准均规定了相应的汞浓度限值，其中大气汞含量控制指标不大于 15μg/m³、污水汞含量控制指标小于 50μg/L、土壤汞含量控制指标不大于 1.5mg/m³ [3-5]。

1. 汞风险等级

不同的汞浓度对作业人员的危害不同，根据液体和气体中汞浓度的不同，含汞作业环境区域风险等级划分了三类，见表 9-2，不同的汞浓度代表着不同区域及作业的风险。

表 9-2　汞含量风险等级划分

风险等级		低危险性	中等危险性	高危险性
汞含量	液体，μg/L	<10	10～100	>100
	气体，μg/m³	<5	5～50	>50

汞危险区域的工作区是根据预测的汞污染程度建立的，结合现场的气候条件，区域的划分距离可能会发生变化。一般分为三个工作区：污染区、污染削减区和清洁区[6]。三个工作区域人员安全措施、许可条件及作业内容如下。

（1）污染区（>5μg/m³）。污染区包括所有潜在的汞污染面积。所有进入管制区的作业人员必须佩戴合适的个人防护装备，达到培训合格和医疗监测健康上岗的要求。其中污染区根据不同汞浓度的危害性，再分为控制区（<20μg/m³）、中危区（20~50μg/m³）、高危区（>50μg/m³）、急性中毒区（1.2~8.5mg/m³）和致死区（10mg/m³）。

（2）污染削减区。现场作业人员的防护装备卸下并清洗的区域、临时储存含汞废物和受汞污染的设备及材料区域。作业人员只有通过污染削减区出口的个人装备清洗站净化去污后，才能进入清洁区。

（3）清洁区（<5μg/m³）。清洁区是一个非污染区的服务区域，非危险品的存储和其他管理活动通常发生在该区域。清洁区应配备饮用水、急救箱、作业装备和清洁的个人防护装备。

2. 风险评估

在进入作业区域前，尤其是含汞气田存在汞暴露的区域，应对汞风险事故源进行分析，制备完整的汞风险评估方案，了解系统中的薄弱环节和潜在的汞危险，实施汞风险管理，提出汞预防措施。汞职业接触限可作为风险评估依据，风险评估包括风险识别、风险分析、风险评价来确定哪些地方或特定设备需要进行集中风险调查。风险评估程序如图9-1所示。

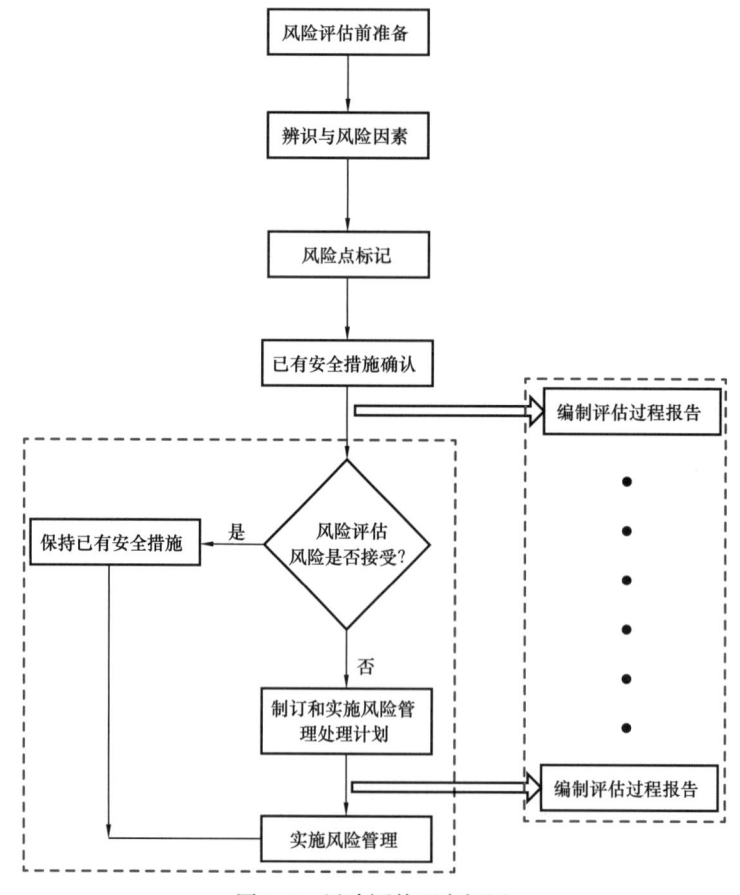

图9-1 风险评估程序框图

1）风险识别

在进入作业区前，根据作业区域汞分布规律，可按天然气处理单元划分。分析汞含量高的物流点、管线及设备。也可按照不同含汞环境（清管作业、设备清洗、检修、流散汞泄漏收集作业等），分析存在汞浓度高的环境[7]。主要考虑单元有高低压装置间窜气、设备堵塞超压、含汞介质泄漏等带来的危险。根据检测到的汞浓度和记录的历史数据判定含汞环境的风险点或风险级别。汞风险评估主要包括以下内容：

（1）含汞环境下的工作内容，不同操作规程的可靠性分析；

（2）汞可能泄漏或逸散的场所，泄漏或逸散的原因分析，泄漏或逸散量估计，可能影响范围分析，出现泄漏或逸散后控制措施分析；

（3）含汞环境下作业人员数量，作业人员汞知识培训情况，掌握自救互救技能人员数量；

（4）工作场所汞防护设施及使用运行情况；

（5）个人防护用品配备种类及适用性和数量分析；

（6）工作场所附近可用的应急救援设施的配置情况及适用性分析；

（7）汞中毒事故应急救援预案可行性分析；

（8）含汞工作场所周边医疗救护机构救护能力分析；

（9）含汞工作场所周边人群及社会单位分布情况。

2）风险分析

风险分析是理解风险性质和确定风险等级的过程。风险分析为风险评价和风险管理提供了基础。风险分析是对"已识别的风险"进行"后果和发生可能性"分析，这就提示风险分析的具体工作内容是包括对风险源、风险原因以及风险的正面、负面的结果，和这些结果发生可能性的考虑。同时，还要考虑现有的风险应对措施及其有效性，然后结合风险发生的可能性及后果确定风险等级。

例如：当发现某区域汞浓度超标，首先要分析造成汞浓度超标的风险原因，并找出风险源。再分析该区域因汞浓度超标对环境、对作业人员的危害结果，从这些结果反过来考虑解决措施来降低风险源的危险级别及采取安全防护措施。

3）风险评价

风险评价是把风险分析的结果与预先设定的风险准则相比较，或在各种风险的分析结果之间进行比较，以确定风险等级。含汞环境的风险等级主要以表9-2中气体和液体的汞浓度来判定风险级别。

以某气田为例，通过检测该气田天然气处理厂的汞浓度分布判定高风险点。该气田天然气处理厂采用注乙二醇防止水合物冻堵、J-T阀节流制冷脱水脱烃的处理工艺使外输干气达到烃水露点要求。该处理厂具有脱水脱烃装置、乙二醇再生及注醇装置、凝析油稳定等装置[8]。利用汞分析仪对该气田天然气处理厂中关键物流点进行现场取样，并对天然气、凝析油、水、乙二醇等介质中汞含量检测分析，该气田天然气处理厂汞浓度分布情况如图9-2所示。

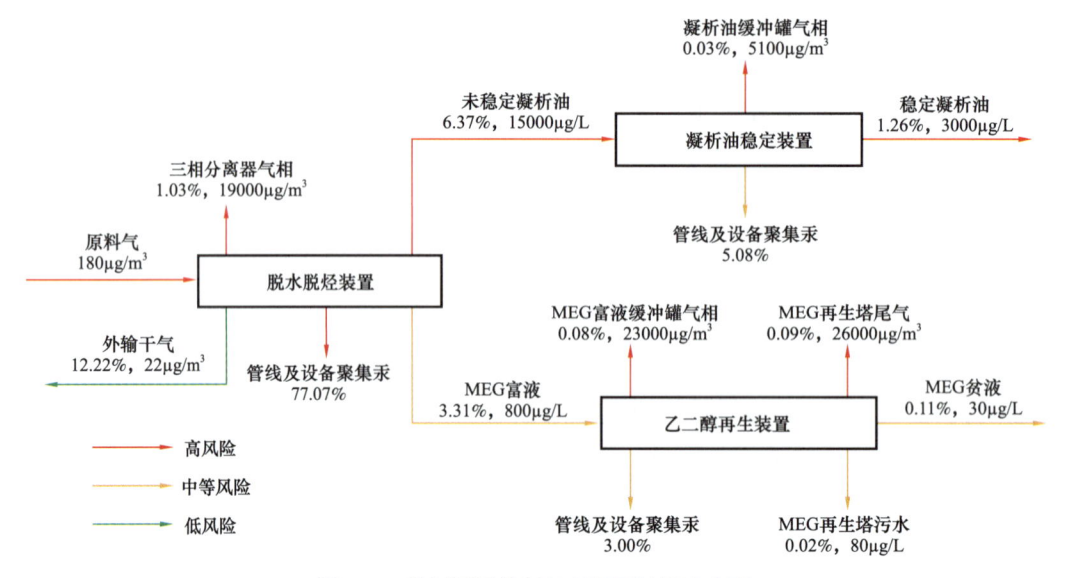

图 9-2　某气田天然气处理厂汞浓度分布图

根据汞浓度分布图 9-2 可知，原料气经三相分离器分离后，三相分离器气相出口汞浓度飙升，脱水脱烃装置产生的污水、闪蒸汽、乙二醇再生塔尾气等物流中聚集严重，这些物流涉及相关的管线、设备及区域均属于高风险点。

4）风险管理

含汞气田作业环境，经风险识别、风险分析、风险评价后，对含汞环境提出风险管理措施，保障作业人员安全，减少环境污染。

（1）现场控制。

现场控制指在进入现场作业区域前，对工作区域实施管理，根据汞浓度检测结果划分三个明确的工作区：污染区（EZ）、污染削减区（CRZ）和清洁区（CZ）。根据三个区域规定作业人员操作内容、安全防护要求、许可条件等，并在三个工作区入口设置明显的标志。

（2）实时监控。

在整个工作期间进行实时监测工作区的汞浓度，防止工作区汞浓度超标。汞监测测试频率根据操作条件（工作任务、天气条件等）而定。

二、人员职业接触限

我国颁布的 GBZ 2.1—2007《工作场所有害因素职业接触限值：化学因素》对汞及其化合物做了明确的说明，并规定一个汞蒸气浓度值来判定作业是否安全，该浓度反应的是劳动者在职业活动过程中长期反复接触对机体不引起急性或慢性有害健康影响的容许接触水平[9]。化学因素的职业接触限值可分为时间加权平均容许浓度、短时间接触容许浓度和最高容许浓度三类。

（1）时间加权平均容许浓度（PC-TWA），是指以时间为权数规定的 8h 工作日的平均容许接触水平。

（2）短时间接触容许浓度（PC-STEL），是指在一个工作日内，任何一次接触不得超过 15min 时间加权平均的容许接触水平。

（3）最高容许浓度（MAC），是指工作地点、在一个工作日内、任何时间均不应超过的有毒化学物质的浓度。

如表 9-3 所示，对高含汞气田的汞职业接触限值应按照此标准执行。所以对于接触超过标准规定浓度的含汞气田的作业人员应该进行必要的个人防护。

表 9-3　国内工作场所汞的职业接触限值

名称	时间加权平均容许浓度（PC-TWA），mg/m³	短时间接触容许浓度（PC-STEL），mg/m³
汞蒸气	0.02	0.04
有机汞化合物（按 Hg 计）	0.01	0.03

国外在确定含汞环境的污染程度和潜在的暴露风险已做了大量研究，规定了汞蒸气暴露浓度的限值。

2002 年，美国政府工业卫生学家会议（ACGIH）建议的汞蒸气的阀限值（TLV）为 25μg/m³，烷基汞 10μg/m³ [10]。

2011 年，德国职业接触限（MAK）规定，金属汞职业接触限值为 0.02mg/m³ [11]。

国外更详细的汞及其化合物的职业接触限值见表 9-4。

表 9-4　国外的汞及其化合物的职业接触限值

标准	存在形式	浓度，mg/m³
德国职业接触限值 MAK	汞（金属汞）和无机汞化合物（如 Hg）	0.02（MAK）
欧盟 98/24/EC《工作期间接触化学有害因素工人健康安全保护》IOELVs	汞和二价无机汞化物，包括氧化汞和氯化汞（测量汞）	0.02（TWA）
美国环境保护署（EPA）RFC	汞蒸气	0.0003
世界卫生组织（WHO）与壳牌（SHEEL）OEL	汞蒸气	0.025
美国政府工业卫生学家会议（ACGIH）TLV-TWA	汞蒸气	0.025
毒物和疾病登记署（ASTDR）MRL	汞蒸气	0.0002
美国政府工业医师协会 TLVs	烷基化合物（汞）	0.01（TWA） 0.03（STEL）
	芳香基化合物（汞）	0.1（TWA）
	芳香基化合物（汞）	0.025（TWA）

注：短时间接触限值（STEL）指在工作日内任何时间某化学物质的浓度都不应超过的 15min 加权平均浓度。职业接触限值（MAK）是指工作场所空气中化学物质（气体、蒸气和颗粒物）可容许的最高浓度（通常为每天 8h、每周平均工作 40h）。OEL（Occupational Health Exposure Limit）表示职业卫生接触限值；RFC（Reference Concentration）表示参考浓度；MRL（Minimal Risk Level）表示最低风险水平。IOELVs（Indicative Occupational Exposure Limit Values）是指欧盟建立的指示性职业接触限值第三次列表；TLV-TWA（Threshold Limit Value-time-weighted Average）：阀限值－时间加权平均浓度，是指 8h 工作日和 40h 工作制的时间加权平均浓度。TLVs（Threshold Limit Values）是指空气中化学物质浓度的最高限值，在此浓度下，近乎所有劳动者工作期间每日反复接触该化学物质而不致不良健康效应值。TWA（Time-weighted Average）表示时间加权平均浓度。

三、汞防护方法

管道或设备存在泄漏风险，在罐、塔器等密闭空间内作业时，容器内可能存在汞浓度较高的气体或液态汞积聚，作业风险高。汞防护方法的前提是控制汞污染，通过相应的脱汞工艺先降低天然气、凝析油、污水、固废中的汞含量。减少高含汞介质泄漏造成汞安全防护困难。从污染源降低汞浓度，并采取个人防护，减少环境污染，保障作业人员安全。

汞防护方法主要有含汞介质处理、通风排汞措施、个人防护措施等。

1. 含汞介质处理

天然气中的汞会腐蚀管线和设备，尤其是铝制换热器，一旦发生汞泄漏也会带来一系列的安全问题。含汞介质处理就是利用脱除技术将汞从天然气、凝析油、污水、固废中脱离出来，降低汞对设备、环境和人身的危害。不同的含汞介质控制标准不同，脱汞方法也不尽相同。具体方法见表9-5。

表 9-5 不同含汞介质处理方法

含汞介质		控制指标	处理方法
天然气		$<0.01\mu g/m^3$	化学吸附等
凝析油		$1\sim 5\mu g/L$	化学吸附、气提等
污水	总汞	$<0.05mg/L$	絮凝沉降法、吸附法等
	烷基汞	不得检测出	
含汞固废	热解	$<0.1mg/L$	热解（$>260mg/L$）、固化稳定化（$<260mg/L$）、深井回注
	固化/稳定化	$<0.025mg/L$	

目前，天然气及凝析油脱汞工艺以化学吸附为主。对高含汞天然气，脱汞装置设置于天然气处理单元之前，避免汞对设备的二次污染，减少后续工艺含汞污染物的产生。对含汞较高的凝析油推荐在外输前应进行脱汞处理。对含汞污水、固废应分别采用相关脱汞工艺处理达标后排放或处置。

2. 通风排汞措施

通风措施通过引入新鲜空气来降低空气中的汞浓度。通风措施是在工作场所内建立通风换气系统，加快空气的流动，使含汞天然气容易消散，汞浓度降低。通风防护可作为日常汞防护和密闭空间内降低汞浓度的方法。其方法投资小、见效快、应用广泛。

3. 个人防护措施

个人防护是保证作业人员在含汞环境安全工作的基本措施，是在进入汞危险区域或处理突发事故时广泛应用的方法，采用防护装备通过物理或化学的方法防止汞进入人体，以防止吸入和接触汞及其化合物。当工作场所中的汞浓度超过规定的标准要求时，作业人员必须按要求佩戴个人防护装备。作业人员还应养成卫生习惯，不在岗位吸烟、进餐、饮水。下班后及时淋浴、更衣，用1:5000高锰酸钾溶液漱口、洗手。

第二节 作业人员职业汞安全防护

在含汞环境下，作业人员应根据汞浓度采用正确的安全防护装备。作业人员的个人汞安全防护包括个人防护装备配置及净化、佩戴汞检测仪及定期的职业医疗检测。要确保应首先在安全的地方佩戴好个人防护装备，防止作业过程中吸入或接触汞及其化合物。在作业时，应佩戴个人防护装备和使用汞检测仪，实时监测汞浓度，通过仪器及时反应作业的危险性，保障个人安全。作业人员也应当定期进行职业医疗检测，发现检测指标超标，应及时采取治疗手段。

一、个人汞防护装备配置及净化

个人防护是保障作业人员安全的一个重要措施。个体防护装备的配备总体符合GB/T 11651—2008《个体防护装备选用规范》。为保证作业人员的生命健康和人身安全，作业人员可结合国外专门针对汞安全防护装备的文献及标准，选用正确合理的汞防护安全配置[12]。

1. 个人防护装备选用

在维护和检查期间，通常在工作区域进行环境空气监测，通过采用正确的个人防护装备（PPE）保护作业人员不吸入或不经皮肤吸收汞，PPE的使用决策树如图9-3所示。根据美国环境保护总署（EPA）的规定，个人防护装备一般分为5个等级，见表9-6[6]。

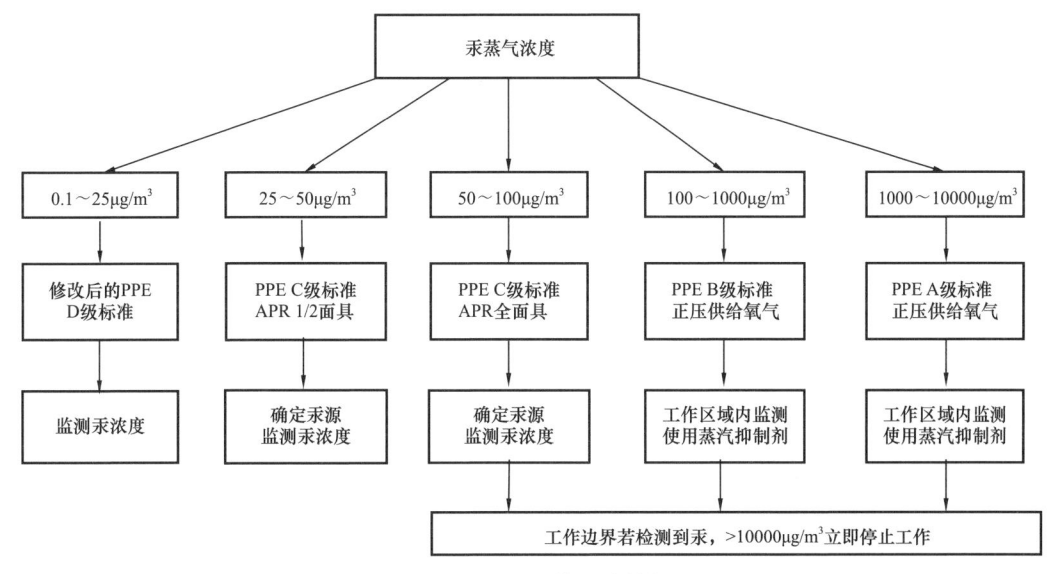

图9-3 PPE的使用决策树

表 9-6　PPE 等级分类

级别 项目	PPE A 级标准	PPE B 级标准	PPE C 级标准	PPE D 级标准
呼吸器	正压自给式呼吸器（SCBA）或长管式呼吸器	正压自给式呼吸器（SCBA）或长管式呼吸器	全/半面罩、空气净化呼吸器（APR）	逃生面罩
服装	全封闭化学防护服	连帽化学防护服	连帽化学防护服	工作服
手套	内、外防化手套	内、外防化手套	内、外防化手套	手套
靴子	化学防护靴	化学防护靴	化学防护靴	安全靴
帽子	安全帽	安全帽	安全帽	安全帽
其他	双向无线电通信	双向无线电通信	双向无线电通信	双向无线电通信

注：PPE C 级标准的指定防护因数 APF≥1000。

个人防护装备的品种繁多，涉及面广，包括呼吸防护用品、防护服、防护手套、防护靴等。汞可以与服装和皮革结合，因此，个人防护穿戴的衣服和鞋子必须由不结合汞的材料制成，如 PVC（聚氯乙烯）、PP（聚丙烯）、PE（聚乙烯）、氯丁橡胶（氟橡胶）等。在选用个人汞防护用品时，也应当考虑其他有害气体的防护，多种防护因素结合选用防护用品。

吸入汞蒸气多为作业人员主要中毒途径，选用呼吸防护用品十分重要，呼吸防护用品应根据 GB/T 18664—2002《呼吸防护用品的选择、使用与维护》选用。同时，要考虑是否缺氧、易燃易爆气体、有毒、空气污染以及气体种类、特性及其浓度等因素之后，选择适宜的呼吸防护用品[13]。

根据有害环境性质和危害程度选择相应的呼吸防护产品，呼吸防护用品选择见表 9-7。呼吸器种类多，针对呼吸器及配套的空气压缩机提出质量要求：

（1）呼吸器的空气质量要求。
① 氧气含量 19.5%～23.5%（体积分数）；
② 空气中凝析烃的含量小于或等于 5×10^{-6}（体积分数）；
③ 一氧化碳的含量小于或等于 12.5mg/m^3（10ppm）；
④ 二氧化碳的含量小于或等于 1960mg/m^3（1000ppm）；
⑤ 没有明显的异味。

（2）空气呼吸器检查、检验要求。
① 每次使用前后都应进行检查，每月至少检查 1 次，并妥善保存检查记录。
② 每年进行 1 次技术检验，主要检验面罩系统、背板系统及压力表组件系统。技术检验可由取得生产厂家授权检验的单位自行开展，其检验人员应经厂家培训合格。
③ 至气瓶出厂之日起，铝合金碳纤维复合缠绕气瓶每 3 年不得少于一次安全检验，其安全使用年限不得超过 15 年。

（3）空气压缩机。
① 避免污染的空气进入空气供应系统，当毒性或易燃气体可能污染进气口的情况发

生时，应对压缩机进口的空气进行检测。

② 压缩空气在一个大气压下的水露点低于周围温度 5~6℃。

③ 定期更新吸附层和过滤层，压缩机上应保留有资质人员签字的检查标签。

表 9-7 呼吸防护用品选择

有害环境性质	呼吸防护用品	细则
在高于 IDLH 浓度环境中	供气式呼吸防护产品	例如正压自给式呼吸器（SCBA）或辅助逃生型呼吸器的正压供气式呼吸器（SAR）
在低于 IDLH 浓度环境中	过滤式或防护等级更高的呼吸防护产品	半面罩、全面罩、电动送风呼吸器
在 PEL 以下环境中	选择低等级防护用品	—
确认有毒气体存在	全面罩或通风头罩	—

注：汞的立即威胁生命或健康浓度（IDLH）为 10000μg/m³，汞的允许接触限值（PEL）为 20μg/m³。

根据有害环境性质和危害等级选择相应的个人防护产品，不同类型的个人防护用品使用特点如下。

（1）正压自给开路式空气呼吸器（SCBA）：带低压警报的自给式正压式空气呼吸器，额定最短时间为 15min，在任何汞蒸气浓度下均可提供呼吸保护。该装置可允许使用者从一个工作区域移动到另一个工作区域。正压自给开路式空气呼吸器（SCBA）配备的全面罩适用于亚洲人脸型，配戴舒适、视野宽阔，安全性更高。面罩密封边缘双层设计，避免环境中的有毒有害气体侵入防毒面罩，面罩配有口鼻罩，降低面罩内呼出的 CO_2 含量，面罩内部气流自动冲刷面屏，以防产生雾气。最大供气量可达到 450L/min 以上，呼吸器气瓶有 3L、4.7L、6.8L、9L 和 12L 等。正压式空气呼吸器如图 9-4 所示。

图 9-4 正压式空气呼吸器

（2）压力需求型空气管线正压式空气呼吸器：带辅助自给式空气源，额定最短工作时间为 5min，只要空气管线和呼吸空气源相连通，在任何汞蒸气浓度下均可提供呼吸保护。额定工作时间少于 15min 的辅助自给式空气源仅适用于逃生或自救。

（3）长管式呼吸器：多采用聚氨酯 PU 管、黄色素筋环绕加固，无死扣不打结，可时刻保持顺畅呼吸。面屏材质多采用聚氨酸脂，供气通过空气压缩机供氧气。长管式呼吸器如图 9-5 所示。

（4）全（半）面罩：全面罩采用橡胶材质，质轻舒适，不刺激皮肤。低鼻梁、低轮廓设计，提供最佳视野。面具本体可清洗，配件可更换；梯形过滤盒，活性炭含量多，寿命长，吸收效果好。采用冷流量呼气阀，减少 55% 呼气阻力，减少热量，湿气在面具内的积聚，向下开口式呼气设计保护了呼气阀免受污染，适合恶劣工作环境。全（半）面罩如图 9-6 所示。

全（半）面罩一般配备有专用于汞蒸气、氯气防护的滤毒盒。滤毒盒配有汞蒸气失效指示器，当指示器颜色从橙色变为棕色时，说明滤盒将穿透。在佩戴安装有滤毒盒的面罩后，应注意失效指示器。同时，使用时随时观察失效指示器是否变色，若变色应立即离开危险区域。滤毒盒如图9-7所示。

图9-5　长管式呼吸器　　　图9-6　全（半）面罩　　　图9-7　滤毒盒

（5）全封闭化学防护服：适用于对剧毒、腐蚀性气体、液体和固体提供最高等级防护。适用于工业、危险品处理、石油石工等。面料非常耐用，耐穿刺、耐撕裂。有针对260种危险化学品的测试数据。外观黄绿色，能见度高。化学防护服的外形图如图9-8所示。

（6）连帽化学防护服：可防高浓度无机酸碱，对大多数有机物可提供有效防护，对汞的防护耐渗透时间达480min以上，兼具化学品和生物防护性能。防护服材料性能优良，进行化学品渗透及机械性能测试，并且符合相关标准。防护服材料不含卤素，用后处置方便，一旦受污染则需采用与处理污染物同等的方法处理。防护服设计合理，在艰苦的工作环境中穿着合体灵活。连帽化学防护服的外形图如图9-9所示。

图9-8　全封闭化学防护服　　　图9-9　连帽化学防护服

（7）内、外防化手套：这类手套是一种由高性能的丁腈胶料制成的手套。这种手套即有较高的强度，又有较强的抗化学品性能，较高的耐刺穿耐钩破特性，舒适耐用，较高的弹性、舒适性和灵活性，适用非常广泛。此手套长久以来一直被认为是行业的标准。丁腈手套采用抗溶剂腈胶棉植绒，属直截佩戴式手套。手套厚度0.38mm，长度为33cm。手套

对汞的防护时间大于 480min。手套可配合防护衣使用，手套的外形图如图 9-10 所示。

（8）化学品防护靴：高级聚氯乙烯（PVC）安全靴，防 200J 的钢头、防扎防化鞋底，靴内布里，穿着舒适。符合相关标准；粗帆布衬垫，海绵状物的内底，100% 防水。防护靴可配合化学防护衣使用。化学品防护靴外形图如图 9-11 所示。

图 9-10　内、外防化手套

图 9-11　化学品防护靴

目前，GBZ 2.1—2007《工作场所有害因素职业接触限值：化学有害因素》规定汞的职业接触限值为 20μg/m^3。若作业环境中汞浓度高于此值，需要使用完整的个人防护装备；低于这个浓度，可以继续正常工作。个人汞安全防护装备选用程序如图 9-12 所示。

2. 人员防护装备净化

与含汞污物接触过的作业人员防护装备，需要进行净化去污处理，才能保证健康不受威胁。除非装在密封的容器或强力聚乙烯袋中，汞污染的个人防护装备不得超出控制区域。一个完整的人员防护装备净化程序应包括以下步骤：

（1）离开工作区时，应在去污站清洗靴子和手套。

（2）穿过专用通道去人员去污站，如图 9-13 所示。

（3）作业人员进入湿式去污站，相应的技术员将去污化学试剂喷洒到个人防护装备上，其次再用水清洗，如图 9-14 所示。

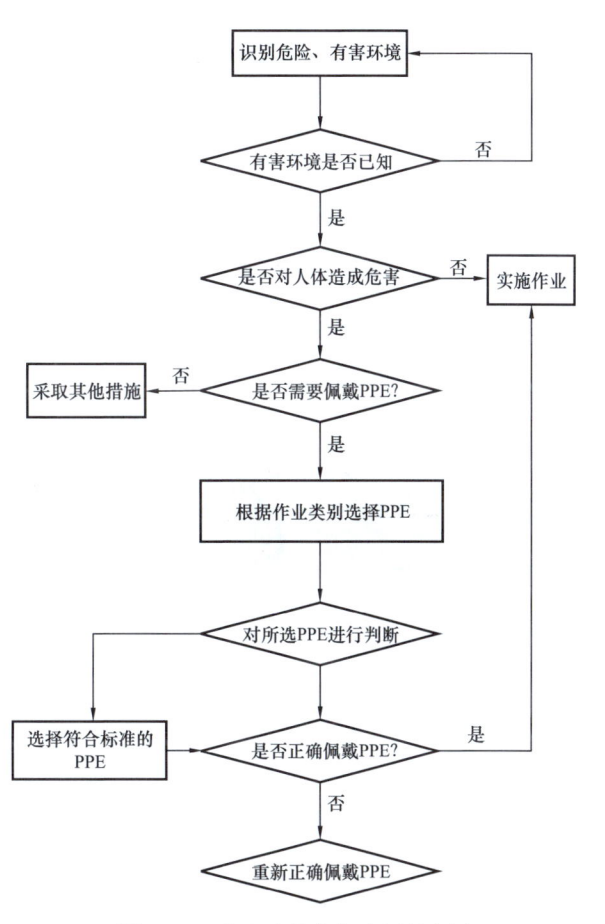

图 9-12　个人防护装备选用程序图

（4）离开湿式去污站进入干式去污站，相应的技术员将协助作业人员脱去受磨损 PPE（个人防护装备），如图 9-15 所示。

（5）当作业人员脱掉所有的 PPE（个人防护装备）后离开干式去污站。

（6）干式去污站的技术员将所有受污的衣物丢入准备好的废物桶里。使用测汞仪对使用后的个人防护装备进行测量，如果汞蒸气读数超过 $20\mu g/m^3$，则要对其进行相应的处理，作业人员装备清洗流程如图 9-16 所示[14]。

图 9-13 作业人员进入去污站

图 9-14 技术员向作业人员喷洒去污化学剂

图 9-15 技术员协助作业人员脱去 PPE

3. 人员防护装备储存与维护

正压式空气呼吸器、防护服、靴子及手套等防护装备的存放位置应便于作业人员能够方便快速地取得。现场作业人员是指应提供正确、安全操作的人员以及需要在含汞环境进行有效控制的人员。针对特定地点制订的应急预案可要求配备额外的正压式空气呼吸器。

正压式空气呼吸器应存放在干净卫生的地方。每次使用前后都应对所有的正压式空气呼吸器进行检测。每班作业前应对正压式空气呼吸器进行检查，汞蒸气滤毒盒在使用前应包装完好、滤毒盒指示色带为黄色，若为灰色则应及时更换汞蒸气滤毒盒，并做好相关更换记录。

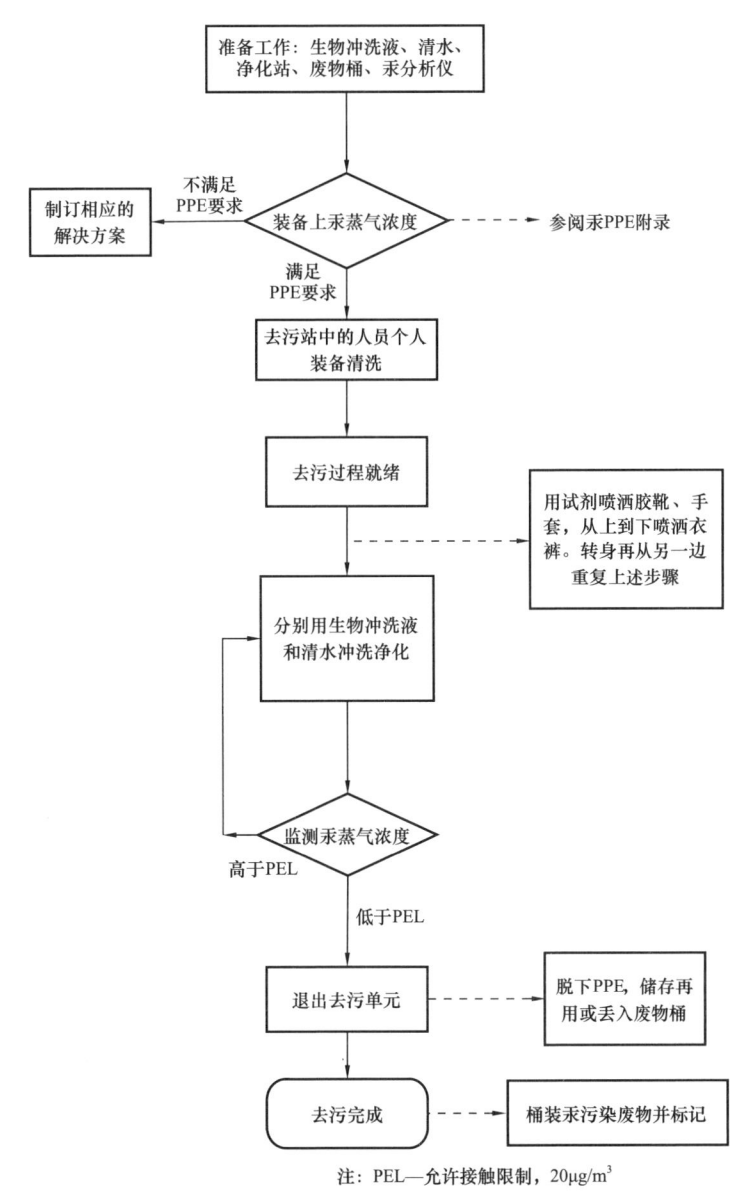

图 9-16 作业人员个人装备清洗流程

注：PEL—允许接触限制，20μg/m³

每月始查结果的记录，包括日期和发现的问题，应妥善保存，记录应保留 12 个月。需要维护的设备应做好标识并从库房中拿出，直到修好或更换后再放回。应指导使用者如何正确维护该设备，或采取其他方法以保证设备的完好。应根据生产厂商的推荐做法进行操作[15]。

二、汞检测仪

采用合适的汞检测仪对作业环境汞浓度检测是保障作业人员安全及健康重要措施。汞检测仪器检定及维护应遵循法规 DZ/T 0182—1997《测汞仪通用技术要求》、JJG 548—2008《测汞仪检定规程》等标准。

1. 汞检测仪性能要求

汞检测仪种类较多，针对含汞气田汞检测仪要求设备，汞检测仪性能要求如下：

（1）量程为 0.1~2000μg/m³，仪器的示值误差限为 $\pm 5 \times 10^{-6}$。

（2）检测精度相对 ≤ ±10%（相对指示值）。

（3）泵吸式仪器响应时间不大于 30s。

（4）连续性仪器连续运行 6h，非连续性仪器连续运行 1h，零点漂移应不超过示值误差限。

（5）报警设置误差不大于报警设置点的 ±20%。

（6）仪器应标明制造单位名称、仪器型号和编号、制造年月、质检标志，附件应齐全，并附有制造厂的使用说明书、产品合格证。

（7）仪器的显示应清晰完整。各调节器部分应能正常调节，各紧固件应无松动。

（8）仪器报警功能的检查，仪器开机后，观察仪器有无报警声和报警灯是否闪烁，以及检查仪器的报警设定点。

以下几种汞检测设备其精度均满足汞检测要求，作业人员可根据实际情况选用。几种汞蒸气检测设备的主要参数见表 9-8。

表 9-8　汞蒸气检测设备主要参数

设备名称	原理	检测范围	备注	适用场所
MERCURY TRACKER 3000 IP	原子吸收原理	0~100μg/m³ 0~1000μg/m³ 0~2000μg/m³	检出限 0.1μg/m³ 响应时间 1s	可置于容器空间外测定容器内部空间
便携式 MVI	双光束紫外光吸收原理	0.1~200μg/m³ 1.0~2000μg/m³	精确度 ±10% 响应速度 3s	容器内部
UT-3000 测汞仪	金-汞齐化原理	10L 样品：0.1~2000ng/m³ 1L 样品：1~1000ng/m³	检出限 0.1ng/m³ 样品量 0.1~100L	室内
VM-3000 测汞仪	UV 紫外线吸收原理	0.1~100μg/m³ 0~1000μg/m³ 0~2000μg/m³	灵敏度 0.1μg/m³ 响应时间 1s	室内室外容器内外均可

2. 便携式汞蒸气采样设备

进入密闭空间作业的人员，适合佩戴便携式汞蒸气采样设备。该设备主要由 SKC 被动式剂量计、Radiello 扩散采样器、采样管和低流量采样泵组成，其中 SKC 被动式剂量计、Radiello 扩散采样器的目标检测限值为 12.5μg/m³，Radiello 采样器比 SKC 被动式剂量计的汞采样率高。被动剂量计有两个显著的局限性：颗粒状汞化合物不能被设备收集；采样率取决于空气流速，当空气速度大于 229m/min 时，微粒收集需要使用采样泵（主动采样法），人员作业时应时刻注意显示仪表上的汞浓度值。人员采样设备的配置如图 9-17 和图 9-18 所示。

图 9-17 便携式汞蒸气采样设备

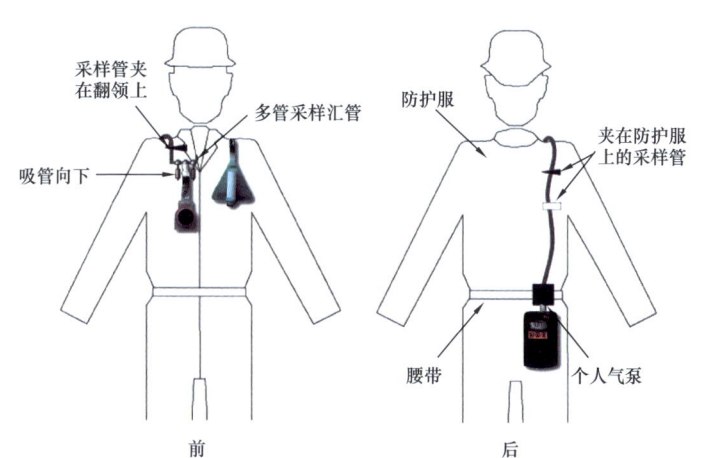

图 9-18 人员采样设备

汞检测仪应定期检定及维护，固定式汞检测仪器应当定期检定及维护，每年校准检定一次，便携式汞检测仪半年检定一次。检定过程应遵循 GBZ 159—2004《工作场所空气中有害物质监测的采样规范》，检定结果若不满足要求，重复测量 3 次，仍不满足精度要求，则通知维修人员维修。

三、作业人员医疗检测

根据《中华人民共和国职业病防治法》（以下简称《职业病防治法》）制定职业健康监护管理办法并于 2002 年 5 月 1 日起施行。职业健康监护主要包括职业健康检查、职业健康监护档案管理等内容。职业健康检查包括上岗前、在岗期间、离岗时和应急的健康检查。

医疗监测是测量有害物质在人体血液、尿或其他身体组织中含量，以确定有害物质在人体的吸收量。含汞工作场所空气中的汞浓度监测无法考虑皮肤接触或防护装备的有效性，因此作业人员应将空气监测与定期医疗监测相结合使用，作为含汞工作场所的汞接触测量值。

作业人员上岗前检查项目主要有常规项目、口腔黏膜、牙龈检查。在岗期间检查项目：内科常规检查、三颤、牙龈检查、尿汞定量、血、尿常规、肝功能、心电图、尿 δ–微球蛋白、尿蛋白定量，体检周期为一年。患有神经精神疾病，肝、肾疾病等作业人员禁止参加汞相关活动[18]。

用人单位应当组织从事接触职业病危害作业的劳动者进行职业健康检查。从事接触职业病危害因素的作业不得安排有职业禁忌的劳动者从事其所禁忌的作业。

汞的医疗监测结果通常以尿汞检测值作为依据。根据 GBZ 89—2007《职业性汞中毒诊断标准》规定，尿汞的正常参考值应不高于 4µg/g 肌酐，长期从事汞相关作业的人员，尿汞增高是指尿汞高于其生物接触限值为 35µg/g 肌酐，若超过该值需采取医疗治疗。

1. 需要进行尿汞检测的人员

人员的工作类型、性质和持续时间是选择作为尿汞检测样本的关键。某些工作环境中仅需要一个代表性人员组成的样本即可获得所需检测结果。

尿汞检测人员为连续几天到几周或在规定期限内进行下述活动：定期维护和清洁含汞处理设备及部件；切割、焊接和加热汞污染材料；在汞污染土壤中工作；化验室工作的汞分析及实验人员等。

2. 人体尿汞检测规程

（1）发生汞暴露前应进行尿汞检测作为基础参考值。

（2）若人员暴露于工作场所中空气的汞浓度超过 10µg/m^3，不论其控制情况如何，都应再次进行尿汞检测。

（3）尿汞检测应定期进行（一年几次），据检测数据评估最终的个人和总体结果，并采取相应的措施，见表 9-9[19]。

表 9-9 尿汞检测采取措施

HgU 肌酐，µg/g	措施
<35	暂无
36~37	①调查造成尿汞上升的原因，采取纠正措施； ②重新进行尿汞检测； ③检测 NAG 酶（N-乙酰基—葡糖酰胺酶），检验早期效果
>75	①调查造成尿汞上升的原因，采取纠正措施； ②重新进行尿汞检测； ③测量 NAG（N-乙酰基-葡糖酰胺酶）酶，检验早期效果； ④有关人员不能再工作于汞暴露危险区域，直到汞含量降至正常值以下

第三节 含汞作业环境的安全防护

含汞天然气生产及处理过程的现场环境比较复杂，汞暴露区域较多，气体流动性强，容易造成人员汞中毒。含汞作业环境包括脱汞剂装卸作业、凝析油装卸作业、清管作业、含汞化验师作业等区域，需重点考虑现场特殊作业（清汞作业、设备检修作业等需进入密闭空间）区域的安全。

针对不同的作业环境提出相应的作业人员汞安全防护措施。在进入不同作业区域前，应确保作业人员掌握含汞环境作业的危害性及注意事项。作业人员处于不同的作业区域时，面临的风险等级不同，所采取的管理方法也有差异，不同的操作过程应严格执行汞防护规程。

一、作业前准备要求

作业准备工作的基本内容包括技术准备、物质准备、场外协调工作准备等。认真细致地做好准备工作，对充分发挥各方面的积极因素、合理利用资源、加快作业速度、提高作业质量、确保人员作业安全都起着重要作用。

（1）安全作业许可。

对于没有制订安全操作程序的操作，应使用包括特别许可规定和安全预防措施的文件资料（热工许可证、按照所列条目进行的检查表）申请作业许可证。申请文件资料应包括：个人防护设备的要求，应正确盲封、空置或解脱连接的设备，应正确排空的设备和管线，在处理加工区域挖掘掩埋的管线的操作程序等。

（2）人员上岗要求。

提前制订操作和维护作业规程，在准备进入作业区域作业前，作业人员完成技能、安全知识培训，熟悉作业规程，根据设计图纸掌握设备内部结情况，了解作业过程中存在的风险及正确处理办法，掌握设备的用法。

（3）汞浓度检测。

含汞天然气处理装置作业前，针对低凹区、设备接口区、可能泄漏的含汞环境等高风险区域先进行汞浓度检测，开放区域的检测点应选取2个以上，且沿汞蒸气扩散方向间隔不小于2.5m，检测频率为每2h一次[20]。汞浓度测量应由具备专业测量资格的人员遵照GB/T 16781.1—1997《天然气中汞含量测定原子吸收光谱法》，佩戴个人安全防护装备，推荐采用PPE C级（半面罩）标准。在检测点上风向进行检测，每次检测的数据都应记录并保存。根据检测到的浓度及历史数据作为参考来确定作业人员汞防护等级。若汞浓度过高，则需通过强制通风、喷洒化学抑制剂等措施降低作业区域的汞浓度。

（4）风险评估。

根据检测到的汞浓度及记录的历史数据，分析小组应进行风险评估以判定风险点或风险级别，并告知作业人员。对于密闭空间，判定是否达到进入许可要求。

（5）阀门、连接件和测量仪表检查。

应对阀门、法兰、连接件、测量仪表和其他部件都应经常检查以便及时发现需要检测、修理和维护的部件，调查分析设备运转不良的原因。出现在含汞条件下不能正常运转的情况，就应考虑更换设备和工作方法。

（6）作业工具。

作业人员应确定需携带的设备及工具，包括引风机、防爆工具、汞检测仪、作业警示牌（根据检测的汞浓度区分警示级别）等，确保作业区域水、电、路及现场设施完善。

（7）风向标。

含汞天然气田生产和加工场所，应遵循有关风向标的规定，设置风向袋、彩带、旗帜或其他相应的装置以指示风向，风向标应置于人员在现场作业或进入现场作业容易看得见的地方。风向标应具备夜光显示功能。

（8）警告标志。

加工和处理含汞废物的设施可能存在汞蒸气暴露，应按照设置标志牌的规定，在明显的地方（如入口）张贴如"含汞作业区——只有汞检测仪显示为安全时才可进入"或"此区域内应佩戴个人防护设备"等清晰的警告标志。在这些区域作业时，应设置含汞区域指示牌。含汞区域指示牌如图9-19所示。

主要风险			
可能在身体积累（长期有害）。可能对未出生的孩子造成伤害。吸入有毒（可能导致肺炎/发热）。产品可通过皮肤吸收。可能会刺激皮肤，眼睛和呼吸系统。与钠、钾和锂剧烈反应并可能导致火灾/爆炸。与氨、胺、草酸和乙炔会形成爆炸。会溶解金、银、铜、锌和铝等金属。对水生生物有很强毒性			对环境的毒性和危害
预防措施		灭火/急救	
防止与碱金属（例如钠和钾）接触	火灾/爆炸	粉末，泡沫，喷水或二氧化碳（CO_2）	
呼吸系统防护 过滤器型号：ABEK Hg/P3	吸入	在新鲜空气处休息，如有必要，进行人工呼吸。请立即就医	
防护服 防护手套（丁基橡胶、氯丁橡胶、PVC）	皮肤接触	脱去受污染的衣服，并用大量的水和肥皂清洗皮肤。如果有症状，请立即就医	
结合对眼睛和呼吸系统的保护	眼睛接触	用大量清水冲洗（取出隐形眼镜）。如果有症状，请立即就医	
含汞工作区域请不要吃、喝或抽烟	摄入	如果受害者有意识，允许受害者漱口，然后让他喝2杯水。不要诱发呕吐，并立即就医	
存储：		储存在室内，并保持通风。与所有其他产品分开。保持容器密封	
清理溢出物：		疏散区域并联系专家公司	
个人防护：		全面罩，自给式呼吸器及手套和靴子（丁基橡胶，氯丁橡胶或PVC）	
清理：		与专家协商消除大量的泄漏。用吸收剂吸收小量溢出物并收集在桶/容器中。用水清洗残留物（防止冲洗水排入下水道/地表水）。按照当地规定运输储存容器	

图9-19 含汞区域指示牌

（9）应急程序。

作业人员在作业期间也应安排至少一人在场外协助。作业人员还应考虑应急情况下的作业突发情况，熟悉逃生通道，检查消防设施是否完善及撤离路线。提前制订应急程序、关停程序框图应张贴在作业人员易取得的地方。

（10）汞污染金属表面热加工。

汞污染的金属应先进行清汞处理。清汞无法清除进入金属晶间内的汞，在可能有汞污染的设备上进行热加工（例如汽蒸、焊接、切割或破碎）之前，应进行热试验。使用丙烷燃烧器将金属加热 2min（金属温度高于 200℃），并测量金属烟雾。如果检测到汞超过 $0.1\mu g/m^3$ 的检测限，则认为汞污染设备。在设备进行热加工时，应注意以下几点：

① 作业人员必须穿戴正确的个人防护设备，推荐采用 PPE C 级标准（半面罩）。

② 所有含汞设备的热加工应在逆风处进行，当进行汞蒸气含量较高的焊接工作时，应由 HSE 进行评估和专家监事。如有必要，焊接附近的所有作业人员都应使用的"正压呼吸器"。

二、脱汞剂装卸作业

脱汞剂装卸作业主要包括脱汞剂装填前的准备和检查工作、脱汞剂装填、装填后的泄漏测试、脱汞剂卸料。

1. 脱汞剂装卸作业过程

在装填前应对脱汞设备进行泄漏测试，确保脱汞塔中已经排水干燥并去除了有害气体，确保脱汞塔内件安装完毕。在装填过程中应先装填底层惰性球，再装脱汞剂，装填到脱汞剂的上层装填线时，停止装填吸附剂。然后装填惰性瓷球到要求高度，时刻确保脱汞剂、惰性球平铺。卸料前，先用 N_2 持续吹扫失效脱汞剂，烃含量低于 0.2%（体积分数），吹扫时间约 6h，确保汞浓度 $20\mu g/m^3$ 以内。卸料时需以保护脱汞剂的良好状态为前提，以便进行再生（安全的去除其中吸附的汞和处理脱汞剂载体）。脱汞剂必须保持干燥且不含烃类。脱汞剂装填操作示意图如图 9-20 所示。

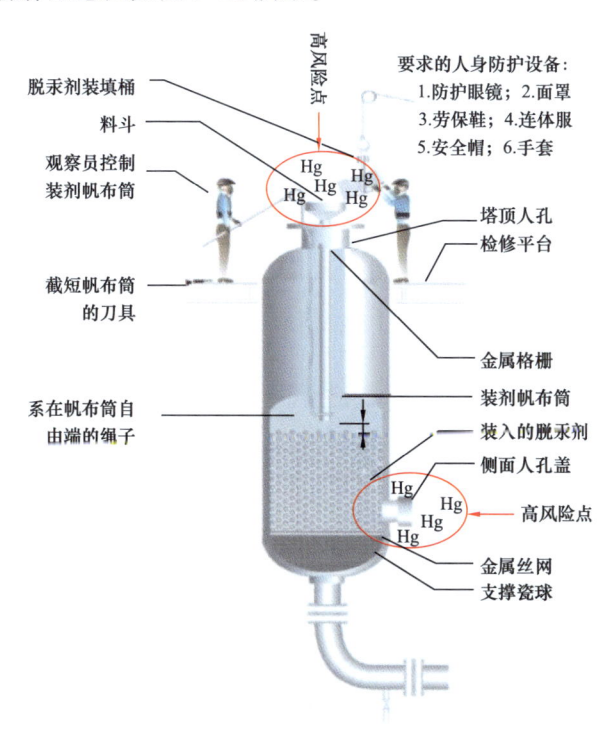

图 9-20　脱汞剂装填操作示意图

2. 安全风险来源

脱汞剂装卸作业主要风险有脱汞塔设备表面、底部少量失效脱汞剂残留，大量的汞持续挥发、烃类中毒、粉尘污染等。作业高风险点主要有塔顶人孔和侧面人孔，当人孔盖打开时，脱汞塔内的汞蒸气、粉尘、烃类气体挥发出来，危害作业人员安全。

3. 安全措施

脱汞塔在装填或卸料前，先用 N_2 气进行吹扫，除去烃类及单质汞，先要确保脱汞塔内汞蒸气浓度在 $20\mu g/m^3$ 以内。在装卸过程中人员采用 PPE D 级汞防护标准。若人孔汞浓度过高，可先喷洒化学抑制剂降低汞浓度。卸料时，可采用真空设备将脱汞剂吸出，失效脱汞剂放置于汞废物桶内，并贴上危险物标签。作业人员作业时，需要至少 1 名场外人员全程现场监控，若需进入设备内，应严格执行密闭空间作业程序。

三、凝析油装卸作业

高含汞凝析油在装卸、储存、转输过程中，尤其是装卸作业，油气和汞蒸气的挥发极易造成环境污染、汞中毒等事故。提出汞防护措施，确保含汞气田凝析油储存、装卸、运输过程中安全、环保。

1. 凝析油装卸作业过程

凝析油装卸程序应遵循 GB 13348—2009《液体石油产品静电安全规程》和制定的凝析油装车安全管理条例。当槽车进入栈桥停车平稳后，检查工作准备就绪后，确保栈桥附近的汞浓度 $20\mu g/m^3$ 以内。鹤管端部的垂管从槽车上部的人孔插入油罐车内，然后用泵或虹吸自流罐车，装油完毕。对于上装式发油，驾驶员打开排气阀门，放空管线，稳油 2min 以上后，缓慢拔出鹤管和防溢油报警探头，作业过程中防止凝析油溢出。迅速将集油杯套上鹤管归位，对发油数量无异议后，关闭装油口仓口盖，最后取下静电接地夹，槽车才离开。凝析油装卸作业如图 9-21 所示。

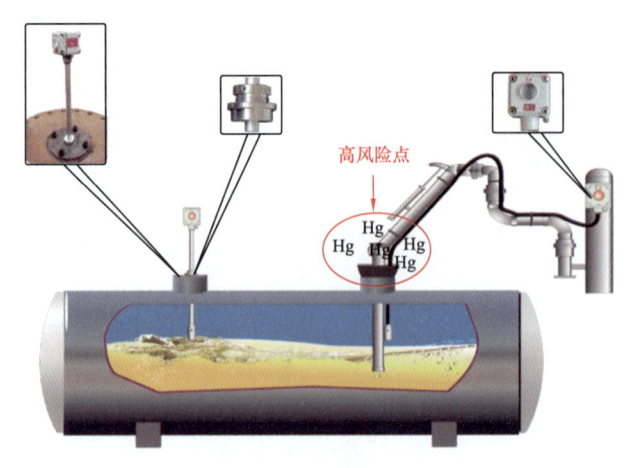

图 9-21 凝析油装卸作业图

2. 安全风险来源

若铁路槽车或公路槽车采用上部装卸油品时，人孔未封闭，作业主要的风险是鹤管末端输送油品时，扰动造成含汞凝析油挥发，造成作业区域汞浓度上升，作业风险高。夏季应尽量避免在高温时段进行装车。推荐采用密闭下部装车，减少油气中汞的挥发[21]。

3. 安全措施

推荐高含汞凝析油应先脱汞后再进行装车运输。在装卸过程中，作业人员推荐采用PPE D级汞防护标准，作业期间应持续检测汞浓度变化。作业人员需严格控制鹤管输送油品流速，减少罐内油品扰动，从而减少油气挥发。作业期间作业人员至少需 1 人监护作业完成。

四、清管作业

汞易积聚在粗糙管壁和阀门等部位，为了减少管线内壁汞聚集，减少杂质、污液对设备和仪器仪表的冲刷、汞腐蚀等破坏作用，应定期对管线进行清管作业。

1. 清管作业过程

在清管作业收球时，先将球筒进气阀打开，让球（清管器）进筒后，后关收球筒进气阀，打开收球筒放空阀泄压至 0.2~0.5MPa，关闭放空阀，打开排污阀门排污，检查污水罐液位并记录。清管作业的污水应进入污水脱汞处理装置集中处理，不得随意排放。确认球筒内压力泄为零后关闭排污阀门，打开收球筒放空阀，开注水阀门向收球筒内注水，打开排污阀，待污水放完后关闭排污阀，卸放松楔块。在盲板下方放置含汞废物桶，打开清管发射器/接收器的盲板后，取出清管球后，拖出的含汞废物立即装到废物桶里面。清管作业如图 9-22 所示。

图 9-22 清管作业图

2. 安全风险来源

清管器接收作业需打开盲板，取出清管球或处理清管中的废物时，安全风险主要有大量含汞废物，甚至还有单质汞，挥发出的汞蒸气导致作业风险较高。取出的清管球应当清洗。另外，清管产生的汞废物需安全处置，不得随意排放。

3. 安全措施

在清管作业收球过程中，作业人员推荐采取 PPE C 级（半面罩）汞防护标准。作业人员应实时监控盲板周围的汞蒸气浓度，确保做好汞泄漏逸散的监测、处理和记录。如果检测汞蒸气浓度≥5μg/m³，应使用汞蒸气抑制剂喷射盲板出口及汞废物桶口以降低含汞废物中的汞挥发。

含汞废物收集完成应立即盖好储存桶，并贴上危险等级标签。所有装有危险废物的容器应移动到指定放置区域并等待运输。放置区域应设有明显的警告标志。

五、清汞作业

汞易积聚在粗糙的金属（设备内壁、管道壁、丝网）表面，设备在运行作业期间，除了选用耐汞腐蚀的金属材料及防汞腐蚀涂层外，还应定期对设备及元件进行清汞作业，以降低汞对设备的腐蚀及含汞废物产生。常见的清汞作业方法有高温蒸汽清洗、化学循环清洗法和人工清洗。

1. 清汞作业过程

化学循环是全密闭清洗工艺，安全风险低，无须采取汞防护措施。人工清洗包括人工喷射清洗和进入设备内部清洗，存在汞暴露风险。根据不同作业方法提出清汞作业中的安全防护措施，保障人员安全。

1）人工喷射清洗

人工喷射清洗法，人需站在人孔附近进行喷射清洗，存在汞暴露风险。首先对容器进行排液、吹扫、置换、隔离等准备工作，测量设备内部汞蒸气浓度，确认容器顶部的压力泄放点检测的汞浓度低于 20μg/m³ 才能打开人孔盖。关闭设备的进出口，打开人孔盖后，用透明聚乙烯膜屏蔽人孔，喷射器穿过聚乙烯膜，喷射水或清洗液。对设备表面汞颗粒及油污进行碰撞冲击，使表面颗粒松动，从而去除设备内壁上吸附的汞污染物。人工喷射清洗作业如图 9-23 所示。

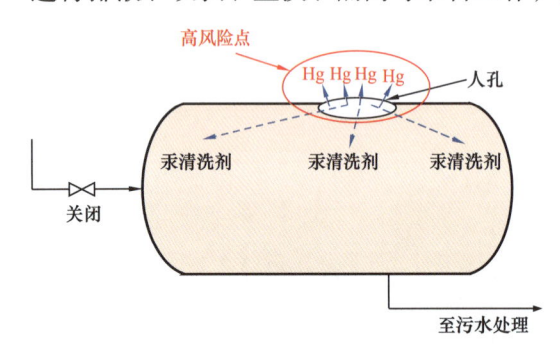

图 9-23 汞蒸气抑制剂喷射清洗现场

2）进入设备内部的人工清洗

进入含汞设备内部人工清洗时，设备内部汞浓度高，作业风险高。作业前，先测量设备内部汞蒸气浓度，确认容器顶部的压力泄放点检测的汞浓度低于 20μg/m³ 才能打开人孔盖，作业人员进入设备内部用刮具对设备内部死角进行人工清洗处理。某些部位需要擦拭清洗需携带吸附性海绵或改性棉，用擦拭材料对设备内壁、元件表面进行擦拭。

2. 安全风险来源

人工喷射清洗的安全风险主要是设备内部的汞通过人孔盖从乙烯薄膜缝隙挥发出来，导致人孔附近空气中的汞浓度上升，作业人员作业风险高。

人工清洗需进入设备内部作业时，由于设备内部表面及底部残留的汞蒸气挥发，导致设备内部空气中的汞浓度较高，主要风险有汞中毒、缺氧（富氧）、爆炸等。

3. 安全措施

在进行清汞作业前，进入设备清洗的准备工作应执行密闭空间作业安全防护要求。容器顶部的压力泄放点检测的汞浓度低于 $20\mu g/m^3$ 才能打开人孔盖，若不满足进入要求，应重复进行密闭清汞作业。在作业过程中，应持续对周围环境中的汞含量进行连续监测，确保在 $20\mu g/m^3$ 下进行工作。

人工喷射清洗作业人员推荐采用 PPE C 级（全面罩）标准，作业期间若超出 $20\mu g/m^3$，可在人孔盖附近喷洒化学抑制剂。作业期间，必须有 1 人以上在旁进行监护。

进行设备内部人工清洗的作业人员推荐采用 PPE A 级标准，采用全密闭化学防护服、长管式呼吸器等防护装备。作业人员作业时间不应超过所在单位规定时间。在进入含汞设备作业时，必须有 1 人以上在外进行监护，并在作业现场安排 2 名救护人员。

清洗过程产生的废液应收集储存进入废液处理装置处理，达标后排放，或交由第三方处理。清汞作业产生的含汞废渣和废弃擦拭材料应分类储存或处置。

六、密闭空间作业

密闭空间与外界隔离，进出口受限，自然通风不良。主要风险有汞蒸气聚集，容易导致人员急性中毒或死亡，存在缺氧或氧浓度过高、爆炸、碳氢化合物气体和蒸气的麻醉作用等风险。对作业环境进行评估，以判定是否存在密闭空间，参考 GBZ/T 205—2007《密闭空间作业职业危害防护规范》，制定相应的作业规程及程序。密闭空间作业包括设备清汞作业、含汞设备检修作业、油罐/污水罐清泥作业等作业过程。

1. 进入密闭空间准备工作

进入含汞密闭空间作业时，作业风险高，为保障作业人员安全，应执行密闭空间作业相关技术规程及程序。对于含汞设备应先进行清汞作业，采用化学清汞或物理清汞工艺，达到清汞作业要求合格后方可进行其他作业。进入密闭空间准备工作包括以下内容：

1）进入许可条件

用人单位制定密闭空间作业准入程序和汞安全作业规程，提供相关职业培训。对密闭空间可能存在的职业因素进行检测、安全风险评估，以评定是否达到密闭空间准入的技术条件。准入者、监护者应参加职业卫生培训及上岗资格，掌握汞防护知识、设备工艺流程、内部结构和安全作业规程，获得准入作业资质。

含汞密闭环境下，作业负责人判定作业程序和防护设施及用品达到允许条件后，签署准入证，提供作业许可相关文件，确定作业时长，作业人员才能进入密闭空间。

2）密闭空间的气体检测要求

主要检测可燃性气体、汞蒸气、氧气的浓度。采用便携式仪器对密闭空间进行连续监测，直读式仪器的检验精度和分辨率以及密闭空间内监测点的设置应符合 GB 12358—2006《作业环境气体检测报警仪通用技术要求》的要求。

正常时氧含量在 18%～22%，缺氧的密闭空间应符合 GB 8959—2006《缺氧危险作业安全规程》。密闭空间空气中可燃性气体浓度应低于爆炸下限的10%。对油罐的检修，空气中可燃性气体的浓度应低于爆炸下限的1%[22]。汞蒸气浓度应低于20μg/m³。若可燃气体检测的结果不合格，检测的密闭空间不能进行用火作业和进入密闭空间作业。若氧含量小于18%或汞浓度高于20μg/m³，必须采取机械通风。

若检测发现设备中汞含量较高，应进行设备清汞后再进行检修作业。

3）作业人员防护装备及工具准备

个人防护装备在每次使用前应做详细检查、清洗和消毒。便携式检测仪（可燃气体、汞、氧）保证性能良好。含汞密闭环境下，作业人员采取PPE A级防护标准，佩戴长管式呼吸器，穿戴连帽汞化学防护服、丁腈手套、化学品防护靴等防护装备。

作业人员应携带便携式检测仪，准备好作业专业工具，防爆照明灯、通信设备、绳子、排风扇等工具，还应保障进出口安全，并准备应急救援设备。

4）密闭空间作业前期工作

进入密闭空间作业前，应采用清除、隔离、清洗和通风等有效措施，控制密闭空间中的汞含量及其他污染物。进入密闭空间要切实做好前期的工艺处理，截断所有与密闭空间相连的管道、阀门，并张贴警示标识，将密闭空间与一切不必要的热源隔离。应用惰性气体（N_2）进行置换，天然气含量低于其爆炸下限的1%即置换合格，再用新鲜空气通风，通风一段时间后检测密闭空间内的汞浓度，设备容器压力泄放点汞浓度低于20μg/m³后方可打开容器。

2. 密闭空间作业程序

当所有前期准备工作确保已完成，作业人员才可进入含汞密闭空间进行作业，应严格采取以下程序：

（1）作业期间，对监测点的含氧量、可燃性气体浓度、汞浓度连续检测并记录。对含汞浓度高的地方应用化学抑制喷射，时间为10~15min。作业过程中应持续采取机械通风，防止密闭空间内持续挥发汞蒸气聚集。

（2）检修作业人员进入含汞设备内时，对设备内中残留的废液、固废收集放置于汞废物桶中，不得就地排放或排入下水道中。若设备内发现残留的汞，应先进行人工清汞作业。若检修需开孔、焊补等动火作业先检测天然气、氧气浓度，使用防爆工具作业。

（3）对于较大的密闭空间，应准备好从高处将被救人员放到地面的工具。监护者应密切注意密闭空间的作业人员动态，防止安全绳扣松动。一旦发现异样，停止作业。

（4）作业照明光线充足，照明采用防爆性灯，电压不得超过36V。特别潮湿容器内照明电压为12V且绝缘可靠。

（5）当作业人员在密闭空间发生事故时，救护人员必须佩戴汞防毒面具，捆好绳子、安全带进入容器内。加大设备内送风量，立即将滤毒呼吸器送入设备内（有条件应使用液氧呼吸器），同时，立即用电话向120报警。救护人员将滤毒呼吸器给伤者戴上，戴好安全帽以保护头部。对于高处救护，将被救护人员平稳放进吊框内，地面人员拉住吊绳，平稳地将被救护人员放到地面通风阴凉处，对其进行人工呼吸和心脏起搏，直至医务人员赶到现场采取进一步的急救措施。

（6）密闭空间作业完成之后，作业人员应及时包装并运出汞废物，移除的管道应袋装或包裹，如果污染需要送到规定的区域进行清洁，管道两端也应包装，以防交叉污染。贴上彩色编码标签来识别检测到的汞风险等级水平。禁止遗留作业相关设备工具。密闭空间作业程序如图9-24所示[23]。

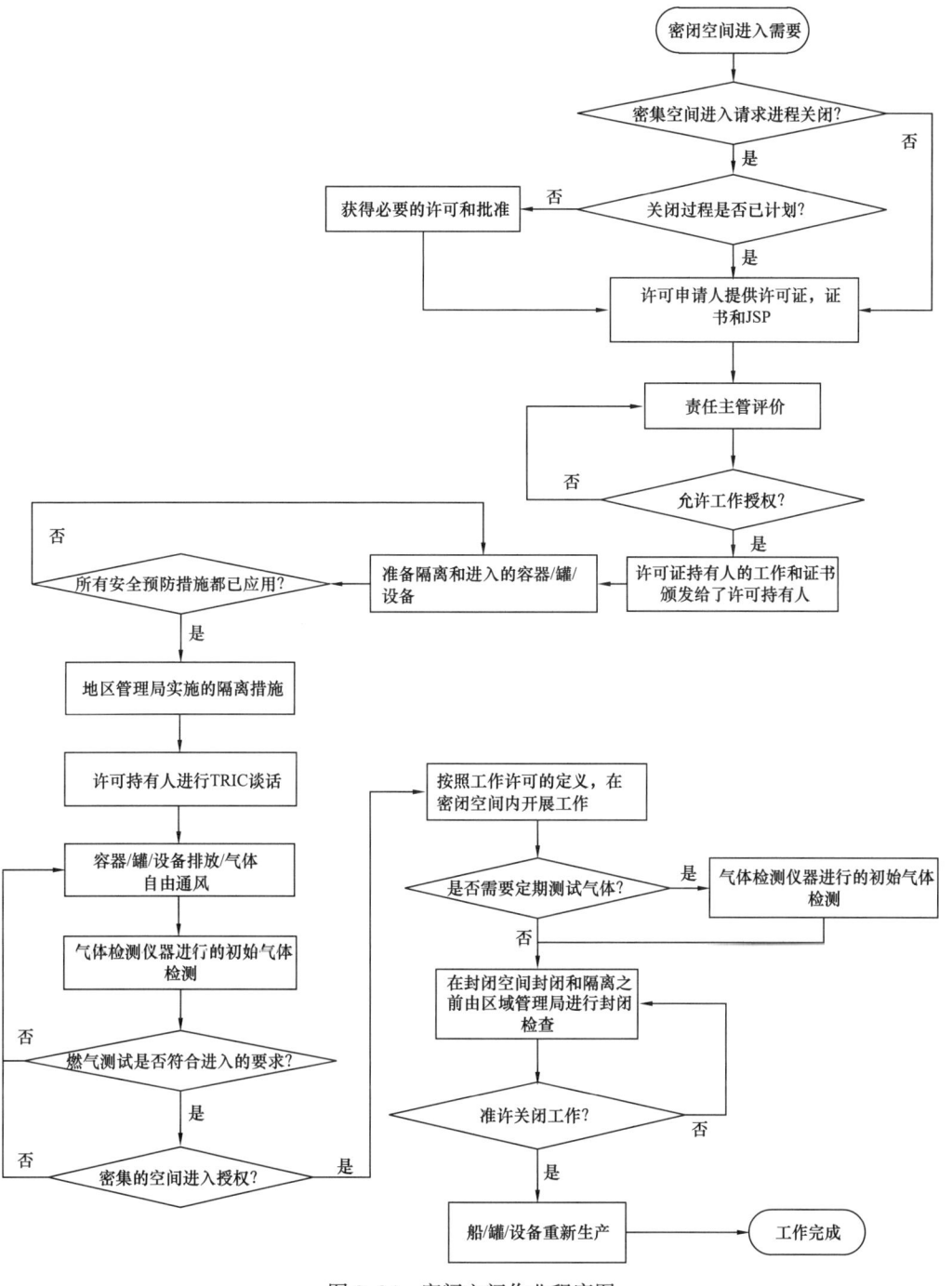

图9-24 密闭空间作业程序图

针对某些特殊的密闭空间作业，如设备清汞作业，若设备管壁或底端残留大量的废液、废渣，应先进行清理，防止在清汞过程中，废渣、废液中汞大量挥发。设备内的废液可通过排污管线排出，罐底沉积的污泥国内一般采取"蒸罐+人工清理"。人工清理准备工作所需的工序多、步骤复杂，而且人员汞安全防护级别在 PPE B 级以上，危险性大，因此清罐全过程所占时间较长。以清理 1 座 50km^3 为例，一般需要 45～50 个工作日。清罐方法可借鉴国外 BLABO 系统、COW 系统、RSO L 系统等密闭式污泥清理工艺[24]。

七、含汞介质泄漏处理作业

含汞气田从井口到处理厂处理最后外输的生产过程中，存在含汞天然气泄漏、含汞凝析油泄漏、含汞污水泄漏等问题，一旦发生含汞介质泄漏，如不及时处理，会对大气、地面、地表水造成严重污染，发生人员大面积中毒。提出含汞介质泄漏处理时的汞安全防护显得尤为重要。

1. 含汞天然气泄漏

含汞气田井口、管线及设备，存在泄漏风险，天然气流动性强，天然气泄漏快，与空气混合存在爆炸风险。提前制定天然气泄漏时的安全防护措施并定期演练，可大大减少作业风险，减小人员中毒概率。

听到汞泄漏报警信号后各小组迅速赶赴现场。由于短时间无法判断汞浓度的变化情况，当听到汞泄漏警报时，抢险人员采取 PPE C 级汞防护标准处理泄漏。非作业人员采取 PPE D 级汞防护标准，必须在 45s 时间内戴好防护服到集合地点集合，作业人员应立即停止作业，并撤离到安全区域。所有作业人员立即按逃生路线跑到井场或处理厂上风口的安全区集合。值班组长清点人数，确保所有人员到场。援救队（至少两人）采取 PPE C 级汞防护标准按搜救路线进行搜救未到人员。

2. 含汞液体泄漏

含汞气田生产中，脱水脱烃装置产生的污水、凝析油稳定装置、储罐区、油泵房、装车台、输油、水管线，均可能存在含汞液体泄漏的风险。液体的流动性虽然比气体差，但容易污染地面，甚至污染地表水及生活用水，尤其是含汞凝析油属于易挥发的轻质油品，挥发的油蒸气不仅容易造成火灾或爆炸风险，而且还携带一定浓度的汞蒸气，极具危险性。

若发生污水（泥浆）泄漏，抢险组织人员，穿戴好汞防护装备，推荐采取 PPE D 级标准。若发生凝析油泄漏，抢险组织人员采取 PPE C 级（半面罩）汞防护标准。切记采用安全防爆工具处理含汞凝析油，作业期间严禁烟火，防止发生火灾爆炸事故，在抢险作业中，带上护目镜，防止含汞液体溅到眼睛或皮肤。

八、含汞化验室作业

含汞气田设置的化验室需要对含汞天然气、含汞污水及含汞废物等物质进行化验分析，作业人员含汞样品取样和转移、检测均存在汞挥发风险，为保证化验分析的准确性和人身健康安全。根据汞的物化性质和毒性，建立化验室日常操作的安全防护程序如下：

（1）取气样、液样、固样以及现场排气、排液时，应先测试罐内汞的浓度，作业人员推荐采用PPE C级汞防护标准。取样人员应处于取样口的上风处并有专人监护。

（2）做实验时，应开窗、打开换气扇或在通风橱内进行。化验室内应设置全面通风或局部通风设施，通风设施设置应满足GB Z1—2015《工业企业设计卫生标准》要求。在有汞蒸气产生的地点，可先采用小型通风换气系统，降低局部地区汞浓度。当汞污染源较分散不能采用局部排风，或采用局部排风后，化验室内有害物浓度仍超过卫生标准时，需要采用全面通风[25]。

（3）化验人员进入化验室时必须穿防护服，佩戴防护手套、防护眼镜和碘化或氯化活性炭口罩等防护装备，推荐采用PPE D级汞防护标准。

（4）化验室内应设置汞浓度检测设备，对室内及化验操作环节周围的汞浓度进行实时监测和记录，保证化验室内的汞浓度控制在 $20\mu g/m^3$ 以内。化验室内可选用LabAnalyzer 254测汞仪、AULA-254 Gold全自动测汞仪、Lumex RA-915+测汞仪等，可在实验室中快速测定各种气样、水样、土壤、废物样品的汞含量。

（5）汞易与锌、铜、铝形成汞齐，加速这些金属在空气中被氧化或被汞致脆，含汞物质的化验分析仪器中的元件材质应避免使用锡、锌、铅、银、铝、铜等金属。

（6）化验室中尽量避免汞与浓硝酸、浓硫酸、王水和次氯酸等氧化性酸接触。与钠、钾和锂剧烈反应并可能导致火灾/爆炸，与氨、胺、草酸和乙炔会形成爆炸。

（7）若室内汞含量较高，可能会发生汞大量泄漏或逸散的化验室，应设置事故通风装置及事故排风系统相连锁的泄漏报警装置。事故通风的通风量、开关设置、进风口和排风口设置应满足GBZ 1—2015《工业企业设计卫生标准》的要求。

实验室若出现流散汞泄漏，用一次性注射器或拾汞棒将散落的汞珠吸入一个专用的盛有清水的宽口容器内，对于液面可用甘油或5%硫化钠液覆盖，防止汞蒸气的蒸发。将盛有汞的宽口容器密封好，在容器上贴上"含汞废物"标记。对于清除完汞珠的地面应用硫粉覆盖，因为硫黄粉与水银结合可形成难以挥发的硫化汞化合物，防止未除净的汞蒸发，将使用过的清除物品及硫粉收集到一个塑料袋内在塑料袋上贴"含汞废物"+标记。最后将这些含汞废物交到有关环保部门进行处理[26]。

若操作过程中汞浓度超过 $20\mu g/m^3$ ，应立即采取泄漏处理措施，并准备采取应急预案。化验室内发生人员汞中毒情况，应立即按照现场应急救援程序对中毒人员进行医疗救护。长期接触汞的实验室人员应定期进行体内汞含量检测，做到早预防、早发现、早治疗。

第四节 集输及处理系统安全技术要求

含汞天然气在集输和处理过程中，在设计和建造脱汞设备及相应的管线时，应考虑汞对设备及管线的腐蚀；在设计装置时，也应当考虑汞容易积聚在阀门、金属丝网、粗糙的管壁等区域；在集输及处理系统运行时，产生的含汞尾气、废液、固废应妥善处理。

一、管线及设备材料

汞对设备及管线的腐蚀主要是由于汞与金属表面接触后汞渗透到金属晶间内，降低金属原子键合力，造成金属表面脆。单质汞还能溶解金属表面，破坏金属本身结构，生成易溶于水的腐蚀产物。

采用抗汞腐蚀性强的金属材料，同时应结合其他形式的腐蚀综合考虑设备和管道用材，在含汞中应避免使用铝合金和不含铬的镍合金 UNSN04400，可选用奥氏体、马氏体、双相不锈钢，ASTM A516 Gr 70 低温碳钢，钛合金。

目前，常用的 316L 管道材料表现出良好的汞致脆耐受性，304 不锈钢只有在高塑性变形时才会表现出一些汞致脆的敏感性。在含汞的天然气液化深冷过程中，应尽量避免使用双相不锈钢，在含硫、含碳较高的含汞环境中要避免使用 316L 型不锈钢。气田很多仪表中均含有 Cu，并且运行温度很有可能高于室温，所以在含汞环境中也应注意汞对仪表的腐蚀[27]。

除了选用耐汞腐蚀的金属材料，也可以采用防汞腐蚀涂层来杜绝汞与金属设备表面接触，从而有效防止汞腐蚀。商业常用防腐涂层有 MAGNAPLATEHCR、MAGNAPLATE NEDOX、Chemical Grafting、化学镀镍、陶瓷防腐层等。

汞易积聚在管线及设备表面，含汞气田在生产中，也应当定期对管道及设备进行清汞处理，降低汞对管线及设备腐蚀的风险。

二、工艺装置的安全措施

管线及设备必须在设计、建造、测试时考虑考虑运行介质存在汞腐蚀的情况，设备的安装也必须达到与有关规范和工业上采用的标准。

对存在汞的生产工艺及设备，宜按照 GBZ/T 194—2007《工作场所防止职业中毒卫生工程防护措施规范》的规定，尽量考虑密闭化、自动化、机械化，密闭形式应根据工艺流程、设备特点、生产工艺、安全要求及操作维修条件等因素决定[120]，将汞浓度控制在接触限值以内，最大限度减少汞挥发。

1. 设计要求

管线铺设设计时应使气体充分流动，应尽量减少管线 90° 弯曲，避免含汞积液的产生。还应减少阀门数量，尽量采用闸阀以方便清汞。在清管区域也应设置废物收集装置防止泄漏。

汞容易在金属网、滤芯、狭窄通道、粗糙管壁等位置聚集，工艺装置在设计时应采取工艺措施减少单质汞及其化合物的积聚或沉淀。设备安装位置应考虑主风向、地形等因素。

处理厂单元的含汞设备应设置汞检测取样口。汞检测取样时，应注意采取安全防护措施。

含汞的设备在设计时应考虑定期清汞需要进人的情况，人孔、排污口设计应合理，方便进出或排污。设备在运行或停产检修、清汞产生的汞废物具有一定危险性，必须安全处理，不得随意排放。需设置排放设备、排水管、放空管以及废弃、废液处理设备。

2. 安全监测系统

脱汞装置及含汞较高的物流管线（污水管线、尾气管线等）及设备应安装固定汞检测仪及报警装置，当检测到空气中的汞浓度超过 $20\mu g/m^3$，在现场应发出报警信号，且信号为汞报警专用铃声。

另外，管线还应设置管道防腐检测系统，能检测防腐层破损情况及金属内外表面腐蚀情况。对采集气管线及易腐蚀设备定期进行汞含量及汞腐蚀检测，对重要管线及易发生汞聚集的设备进行颜色标识。管线及设备也要定期检修和保养。管道内腐蚀检测可采用漏磁法检测器及超声波检测器。设备的内腐蚀检测可在设备停产检修时进行，采用超声和射线透测法检验。

设备及管线在安装时，应注意法兰、焊接等接口是否完好。安装完成后应对管线及设备进行泄漏测试。

3. 汞废物处理

汞废物主要包括含汞污水、天然气和凝析油脱汞产生的失效脱汞剂、处理厂检修和清汞过程产生的固体废弃物、废弃的含汞管线及设备构件以及相关个人防护用具等。对于不同的含汞废物应先进行分类，根据类别存放或处理。

废弃的管线及设备在离开现场前应进行汞含量检测，若发现已经汞污染，应送去清汞净化处理后用清水冲洗、吹扫并敞开在大气中。对于阀门、管道、冷却器等有开口端的装置转移前应用聚乙烯或类似物覆盖或用法兰盖密封隔离，以减少溢出和泄漏。

气田污水、闪蒸汽、乙二醇再生塔尾气、凝析油等物流中汞含量较高，需考虑产生的废气、废液的处理问题。在含汞物流较高的区域，尾气应进入脱汞处理装置达标后进入放空系统或燃料系统，若发生紧急情况，尾气或含汞天然气直接紧急放空；设备清理出的大量的废液可进入污水脱汞装置，少量的废液可收集到桶中转移处理；排出的含汞固废，尤其是清管带出的含单质汞应小心收集至专门的桶内交由第三方处理。

第五节　汞应急预案及救援

汞应急预案按照政府的有关规定制定。预案内容包括应急响应程序，该程序提供有组织的立即行动计划以警报和保护现场作业人员、承包方人员及公众；预案还应包括汞的特性及汞浓度可能产生危害的严重程度，汞扩散特性及不同浓度的影响区域等。

所有执行汞应急预案的作业人员应进行汞应急预案培训，掌握汞应急预案的内容，定期参加汞应急预案的演练，使其清楚各自在应急情况下的职责。启动应急救援情况时应立即响应现场救援程序。

一、应急预案

应急预案应包括下述条款：

（1）应急组织机构及职责，包括其电话号码和联系方式（医疗救护、政府部门、生产部和承包商、汞技术专家及公司）。

（2）汞及其化合物的物性及毒性。

（3）应急响应程序（包括警示、信息报告、汞中毒处置措施）。

（4）现场设施描述、地图、图纸。

（5）作业场地附近的居民点、商业场所、公园、学校、道路、医院及其他人口聚集区域设施的具体位置。

（6）紧急撤离路线和路障的位置，应急救援设施设置及位置。

应急救援设施包括空气呼吸器、逃生型呼吸防护器具、便携式汞检测报警设备、应急照明灯、安全带或安全绳、汞泄漏处理工具等。

汞含量高的天然气处理区域宜在重点防护区域设置气防柜，气防柜内应急救援设施配备、存放、检查及维护参照化工企业气体防护站工作和装备标准 HG/T 23004—1992《化工企业气体防护站工作和装备标准》执行。

可能发生汞泄漏或逸散的临时性工作场所作业人员及监督人员应配置应急救援设施，设施宜置于作业人员易于获取的位置。

二、培训和演练

对于含汞的油气开采区域的 QHSE 部门，应警示所有作业人员可能出现汞浓度超过阈限值的操作过程，并指派可能会接触汞的作业人员应接受汞安全防护知识培训。QHSE 部门应根据装置或作业的特定性、复杂性来决定作业人员应进行的培训内容以及培训深度。

培训人员包括长期作业人员、现场监督人员、参观者或临时指派人员。长期作业人员培训内容包括：

（1）接受与该工作相关的 HSE 培训，经考核合格后方能独立上岗。

（2）汞的毒性、特点、性质和暴露于汞环境的症状，解毒方法、基本的急救、心肺复苏术，做好汞的职业接触限值教育。

（3）人身安全汞防护装备配套设施的性能、使用范围、正确使用和维护方法。

（4）预防汞产生危害的方法及相关规定。

（5）汞监测系统报警信号及时判断、正确响应的方法；风向的辨别知识，疏散路线和紧急集合地点。

（6）不同含汞环境作业的操作规程。

（7）含汞废物的收集、储存、运输的安全规定和作业程序。

现场监督人员培训除了上述内容还需包括：

（1）监测和记录整个处理过程中所有与汞有关的活动（包括受污染的设备储存和运输），并将结果提供给资产所有者和（或）代表进入资产的汞数据库。

（2）确保在履行合同要求过程中产生的对环境的排放根据本规范的要求进行管理，并在适用的情况下报告。

（3）应急预案中现场监督人员的责任。外来参观者和其他临时指派人员进入潜在危险区域之前，应向其介绍出口路线、紧急集合区域、所有报警信号、紧急情况的相应措施以及个人防护装备的使用等。

参与含汞危险作业的作业人员都应进行应急预案的培训及现场应急救援程序的演练；同时，还应专门配置应急救援专项人员，定期参加应急预案的演练，使其清楚各自在应急情况下的职责和作用。

应急演练可以通过演讲课、课堂讨论或在设备上实操演练和模拟演练的方式进行。演练应通知地方相关部门参加，并对不同含汞危险操作环境分别进行演练。对预案演练中存在的不足进行修订和再测试，直到专家确认其可行性和可靠性。演练每年至少进行一次，做好演练过程的记录和总结。

三、现场应急救援

1. 应急救援原则

（1）当发生人员汞中毒，应先将中毒患者移送至有新鲜空气、空气通风良好的地方。如有条件，应对患者进行输氧。

（2）尽量使患者保持平静，不可喂食。

（3）若没有呼吸，心跳停止，应立即进行人工呼吸和心脏按摩结合的心肺复苏术。

（4）立即打电话给120求救，并告知医院人员中毒者接触过汞。

（5）保护现场，及时向有关人员报告。

2. 应急救援程序

（1）发生汞泄漏或中毒事故时，立即报告相关部门，停止引起汞中毒的作业，启动应急救援预案和控制措施。

（2）事故现场作业人员立即撤离至紧急集合地点或就地庇护所，并清点作业人员人数。

（3）事故现场应划出危险区域，设立警示标识和警戒线，设置要求参照GBZ 158—2003《工作场所职业病危害警示标识》。推荐汞浓度在 $5\mu g/m^3$ 以上的区域均设为限制进入区域，与抢险无关的人员及车辆不得进入警戒区域[29]；

（4）事故抢险救援人员进入事故区域，迅速找出泄漏或逸散源，在确保自身安全情况下，切断泄漏源、修复泄漏点、清理泄漏物，控制事故的进一步扩大。泄漏的流散汞可采用物理方法收集，化学方法处理。

（5）现场有中毒人员时，事故抢险救援人员迅速将中毒人员转移至事故现场外上风向空气新鲜处，并立即与邻近医疗机构联系进行紧急医疗救助。若皮肤接触含汞物质，应脱去受污染的衣物，并立即用大量流动的清水进行冲洗。医疗人员自身应根据检测的汞浓度级别当穿戴汞防护装备。

若眼睛接触含汞物质，应挑起眼睑，用流动的清水或生理盐水进行冲洗。

若吸入接触含汞物质应迅速脱离汞污染现场至空气新鲜的地方，保持呼吸通畅，如果呼吸困难，应给予输氧，如呼吸停止，应立即进行人工呼吸。若食入含汞物质，应立即用水漱口，给饮牛奶或蛋清，作业人员在平日的饮食中也应当多食用高含蛋白质、果胶、维生素E和硒的食物。

（6）密闭空间的应急救援程序按照GBZ/T 205—2007《密闭空间作业职业危害防护规范》要求进行。

（7）事故现场应加强通风，使逸散的汞蒸气尽快消散。

（8）汞浓度持续上升而无法控制时，应立即向当地政府部门报告，通知疏散下风向的居民，并实施应急方案，必要时采取紧急放空。汞中毒的现场急救处理程序如图9-25所示。

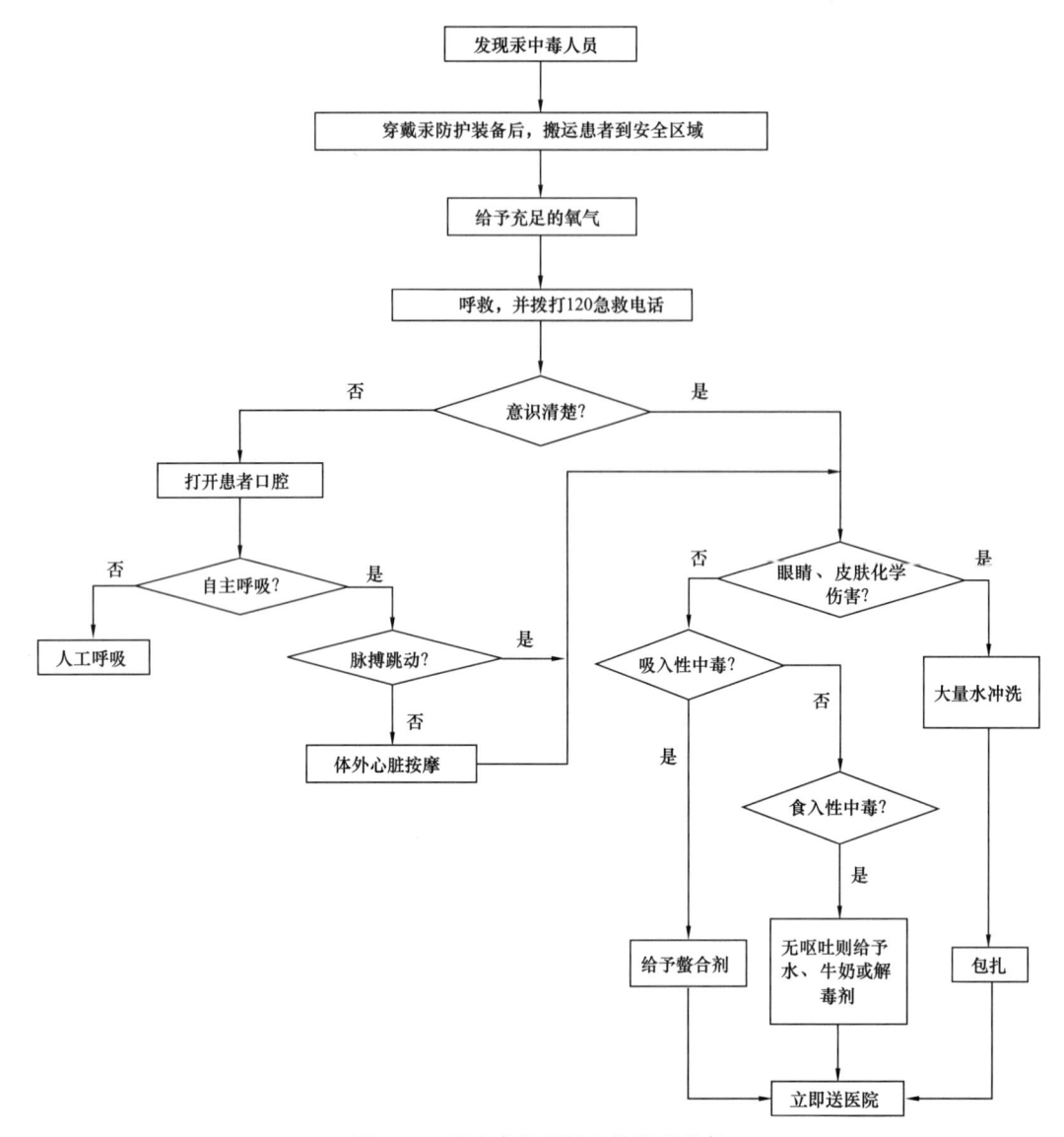

图 9-25　汞中毒的现场急救处理程序

参 考 文 献

[1] 中华人民共和国卫生部.职业性汞中毒诊断标准:GBZ 89—2007[S].北京:中国标准出版社,2007.

[2] National Institute for Occupational Safe and Health. Occupational health guidelines for chemical hazards[M]. DHHS(NIOSH)Pub. Co., 1981.

[3] 中华人民共和国环境保护局.油田含油污泥综合利用污染控制标准:DB 23/T 1413—2010[S].北京:中国标准出版社,2010.

[4] 中华人民共和国国家技术监督局.大气污染物综合排放标准:GB 16297—1996[S].北京:中国标准出版社,1996.

[5] 中华人民共和国国家技术监督局.污水综合排放标准：GB 8978—1996［S］.北京：中国标准出版社，1996.

[6] JAMES VV.Minizing occupational exposure to mercury in hydrocarbon processing plants［R］.PEI，2012.

[7] 蒋洪，刘支强，严启团，等.天然气低温分离工艺中汞的分布模拟［J］.天然气工业，2011，31（3）：80-84.

[8] ABDULLAH R A.Development of sorbent materials to remove mercury from liquid hydrocarbons［D］.Dhahran：King Fahd University，2012.

[9] 中华人民共和国卫生部.工作场所有害因素职业接触限值：化学因素：GBZ 2.1—2007［S］.北京：中国标准出版社，2007.

[10] Safetyhealth N I F O.NIOSH recommendations for occupational safety and health：compendium of policy documents and statements［J］.Morbidity & Mortality Weekly Report，1992，41（21）：385-385.

[11] 李祈，张敏.中国 GBZ2.1 与德国 MAK 工作场所化学有害因素职业接触限值比较研究［J］.中华劳动卫生职业病杂志，2014，32（1）：166-175.

[12] 中华人民共和国国家质量监督检验检疫总局.个体防护装备选用规范：GB/T 11651—2008［S］.北京：中国标准出版社，2008.

[13] 中华人民共和国国家质量监督检验检疫总局.呼吸防护用品的选择、使用与维护：GB/T 1864—2002［S］.北京：中国标准出版社，2002.

[14] ALLAN G，Rudolpus Van Borkhove，Khanmis Wahalbi.Onsite mercury management procedure［R］.Petroleum Development Oman L.L.C.，2011.

[15] 中华人民共和国国家能源局.含硫化氢油气生产和天然气处理装置作业安全技术规程：SY 6137—2012［S］.北京：石油工业出版社，2012.

[16] 中华人民共和国地质矿产部.测汞仪通用技术要求：DZ/T 0182—1997［S］.北京：中国标准出版社，1997.

[17] 国家质量监督检验检疫总局.工作场所空气中有害物质监测的采样规范：GBZ 159—2008［S］.北京：中国标准出版社，2008.

[18] 中华人民共和国卫生部.职业健康监护管理办法［J］.中国工业医学杂志，2002，15（4）：129-130.

[19] VOSSEN J.Engineering and operations specification for onsite mercury management：SP-2087［R］.Petroleum Development Oman L.L.C.，2010：14-19.

[20] 塔里木油田公司标准化技术委员会.含汞天然气处理装置检修防护措施规范：Q/SY TZ 0342—2012［S］.新疆：中国石油天然气股份有限公司塔里木油田分公司，2013.

[21] 潘永东，李官全.油气田轻油（凝析油）装车安全若干问题探讨［J］.石油化工安全环保技术，2010，26（4）：35-37.

[22] 中华人民共和国卫生部.密闭空间作业职业危害防护规范：GBZ/T 205—2007［S］.北京：中国标准出版社，2007.

[23] ALLAN G，Del Ellbec，Khanmis Wahalbi.Entry into a confined space［R］.Petroleum Development Oman L.L.C.，2011.

[24] 徐如良，张晓方.大型油罐底泥自动清理及资源化处理［J］.石油化工环境保护，2002（4）：26-30.

[25] 中华人民共和国卫生部. 工业企业设计卫生标准: GBZ 1—2015 [S]. 北京: 中国标准出版社, 2010.
[26] 聂爽. 实验室汞污染及防治 [J]. 中国计量, 2005 (6): 35-35.
[27] 陈倩, 蒋洪, 牛瑞. 含汞气田汞腐蚀控制 [J]. 油气田地面工程, 2016, 35 (1): 72-76.
[28] 中华人民共和国卫生部. 工作场所防止职业中毒卫生工程防护措施规范: GBZ/T 194—2007 [S]. 北京: 中国标准出版社, 2007.
[29] 中华人民共和国卫生部. 工作场所职业病危害警示标识: GBZ 158—2003 [S]. 北京: 中国标准出版社, 2003.